住房和城乡建设领域专业人员岗位培训考核系列用书

材料员专业基础知识

（第二版）

江苏省建设教育协会　组织编写

中国建筑工业出版社

图书在版编目(CIP)数据

材料员专业基础知识/江苏省建设教育协会组织编写. —2版. —北京：中国建筑工业出版社，2016.7
住房和城乡建设领域专业人员岗位培训考核系列用书
ISBN 978-7-112-19591-6

Ⅰ.①材… Ⅱ.①江… Ⅲ.①建筑材料-岗位培训-教材 Ⅳ.①TU5

中国版本图书馆 CIP 数据核字(2016)第 159663 号

本书作为《住房和城乡建设领域专业人员岗位培训考核系列用书》中的一本，依据《建筑与市政工程施工现场专业人员职业标准》JGJ/T250－2011、《建筑与市政工程施工现场专业人员考核评价大纲》及全国住房和城乡建设领域专业人员岗位统一考核评价题库编写。全书共 9 章，内容包括：工程建设相关法律法规知识，工程材料基本知识，施工图识读、绘制基本知识，工程施工工艺和方法，工程项目管理基本知识，建筑力学基本知识，工程预算的基本知识，物资管理基本知识，抽样统计分析基本知识。本书既可作为材料员岗位培训考核的指导用书，又可作为施工现场相关专业人员的实用工具书，也可供职业院校师生和相关专业人员参考使用。

责任编辑：王华月　刘　江　岳建光　范业庶
责任校对：王宇枢　刘梦然

住房和城乡建设领域专业人员岗位培训考核系列用书
材料员专业基础知识（第二版）
江苏省建设教育协会　组织编写
*
中国建筑工业出版社出版、发行（北京海淀三里河路 9 号）
各地新华书店、建筑书店经销
北 京 红 光 制 版 公 司 制 版
北京富生印刷厂印刷
*
开本：787×1092 毫米　1/16　印张：18¼　字数：444 千字
2016 年 9 月第二版　　2018 年 2 月第八次印刷
定价：**50.00** 元
ISBN 978-7-112-19591-6
(28783)

住房和城乡建设领域专业人员岗位培训考核系列用书

编审委员会

出版说明

为加强住房和城乡建设领域人才队伍建设，住房和城乡建设部组织编制并颁布实施了《建筑与市政工程施工现场专业人员职业标准》JGJ/T 250—2011（以下简称《职业标准》），随后组织编写了《建筑与市政工程施工现场专业人员考核评价大纲》（以下简称《考核评价大纲》），要求各地参照执行。为贯彻落实《职业标准》和《考核评价大纲》，受江苏省住房和城乡建设厅委托，江苏省建设教育协会组织了具有较高理论水平和丰富实践经验的专家和学者，编写了《住房和城乡建设领域专业人员岗位培训考核系列用书》（以下简称《考核系列用书》），并于2014年9月出版。《考核系列用书》以《职业标准》为指导，紧密结合一线专业人员岗位工作实际，出版后多次重印，受到业内专家和广大工程管理人员的好评，同时也收到了广大读者反馈的意见和建议。

根据住房和城乡建设部要求，2016年起将逐步启用全国住房和城乡建设领域专业人员岗位统一考核评价题库，为保证《考核系列用书》更加贴近部颁《职业标准》和《考核评价大纲》的要求，受江苏省住房和城乡建设厅委托，江苏省建设教育协会组织业内专家和培训老师，在第一版的基础上对《考核系列用书》进行了全面修订，编写了这套《住房和城乡建设领域专业人员岗位培训考核系列用书（第二版）》（以下简称《考核系列用书（第二版）》）。

《考核系列用书（第二版）》全面覆盖了施工员、质量员、资料员、机械员、材料员、劳务员、安全员、标准员等《职业标准》和《考核评价大纲》涉及的岗位（其中，施工员、质量员分为土建施工、装饰装修、设备安装和市政工程四个子专业）。每个岗位结合其职业特点以及培训考核的要求，包括《专业基础知识》、《专业管理实务》和《考试大纲·习题集》三个分册。

《考核系列用书（第二版）》汲取了第一版的优点，并综合考虑第一版使用中发现的问题及反馈的意见、建议，使其更适合培训教学和考生备考的需要。《考核系列用书（第二版）》系统性、针对性较强，通俗易懂，图文并茂，深入浅出，配以考试大纲和习题集，力求做到易学、易懂、易记、易操作。既是相关岗位培训考核的指导用书，又是一线专业岗位人员的实用工具书；既可供建设单位、施工单位及相关高职高专、中职中专学校教学培训使用，又可供相关专业人员自学参考使用。

《考核系列用书（第二版）》在编写过程中，虽然经多次推敲修改，但由于时间仓促，加之编著水平有限，如有疏漏之处，恳请广大读者批评指正（相关意见和建议请发送至JYXH05@163.com），以便我们认真加以修改，不断完善。

本书编写委员会

主　　编： 王毅芳　惠文荣

副 主 编： 陈兰英　王　昆

编写人员： 朱　超　朱　敏　张　磊　顾　明
张永强　洪　林

第二版前言

根据住房和城乡建设部的要求，2016 年起将逐步启用全国住房和城乡建设领域专业人员岗位统一考核评价题库，为更好贯彻落实《建筑与市政工程施工现场专业人员职业标准》JGJ/T 250—2011，保证培训教材更加贴近部颁《建筑与市政工程施工现场专业人员考核评价大纲》的要求，受江苏省住房和城乡建设厅委托，江苏省建设教育协会组织业内专家和培训老师，在《住房和城乡建设领域专业人员岗位培训考核系列用书》第一版的基础上进行了全面修订，编写了这套《住房和城乡建设领域专业人员岗位培训考核系列用书（第二版）》（以下简称《考核系列用书（第二版）》），本书为其中的一本。

材料员培训考核用书包括《材料员专业基础知识》（第二版）、《材料员专业管理实务》（第二版）、《材料员考试大纲·习题集》（第二版）三本，反映了国家现行规范、规程、标准，并以材料应用为主线，不仅涵盖了材料员应掌握的通用知识、基础知识、岗位知识和专业技能，还涉及新技术、新设备、新工艺、新材料等方面的知识。

本书为《材料员专业基础知识》（第二版）分册，全书共 9 章，内容包括：工程建设相关法律法规知识，工程材料基本知识，施工图识读、绘制基本知识，工程施工工艺和方法，工程项目管理基本知识，建筑力学基本知识，工程预算的基本知识，物资管理基本知识，抽样统计分析基本知识。

本书既可作为材料员岗位培训考核的指导用书，又可作为施工现场相关专业人员的实用工具书，也可供职业院校师生和相关专业人员参考使用。

第一版前言

为贯彻落实住房城乡建设领域专业人员新颁职业标准，受江苏省住房和城乡建设厅委托，江苏省建设教育协会组织编写了《住房和城乡建设领域专业人员岗位培训考核系列用书》，本书为其中的一本。

材料员培训考核用书包括《材料员专业基础知识》、《材料员专业管理实务》、《材料员考试大纲·习题集》三本，反映了国家现行规范、规程、标准，并以材料应用为主线，不仅涵盖了材料员应掌握的通用知识、基础知识和岗位知识，还涉及新工艺、新材料等方面的知识。

本书为《材料员专业基础知识》分册。全书共分7章，内容包括：施工图识读基本知识；工程材料基本知识；建筑力学基本知识；工程施工工艺和方法；工程项目管理基本知识；标准计量知识；工程建设相关法律法规知识。

本书既可作为材料员岗位培训考核的指导用书，又可作为施工现场相关专业人员的实用手册，也可供职业院校师生和相关专业技术人员参考使用。

目　录

第1章　工程建设相关法律法规知识 ………………………………………… 1

1.1　《建筑法》 ………………………………………………………………… 1

1.2　《安全生产法》 …………………………………………………………… 4

1.3　《建设工程安全生产管理条例》和《建设工程质量管理条例》 ………… 9

1.4　《劳动法》、《劳动合同法》 ……………………………………………… 12

第2章　工程材料基本知识 ………………………………………………… 13

2.1　无机胶凝材料 ……………………………………………………………… 13

2.1.1　石灰 ……………………………………………………………………… 13

2.1.2　石膏 ……………………………………………………………………… 14

2.1.3　水泥 ……………………………………………………………………… 15

2.2　混凝土 ……………………………………………………………………… 22

2.2.1　混凝土的分类 …………………………………………………………… 22

2.2.2　普通混凝土的组成材料及其技术要求 ………………………………… 23

2.2.3　混凝土的主要技术性质 ………………………………………………… 28

2.2.4　普通混凝土的配合比 …………………………………………………… 32

2.2.5　轻混凝土、高性能混凝土、预拌混凝土 ……………………………… 33

2.2.6　常用混凝土外加剂的品种及应用 ……………………………………… 36

2.3　砂浆 ………………………………………………………………………… 39

2.3.1　砂浆的分类 ……………………………………………………………… 39

2.3.2　砌筑砂浆 ………………………………………………………………… 40

2.3.3　抹面砂浆 ………………………………………………………………… 43

2.4　石材、砖、砌块 …………………………………………………………… 47

2.4.1　石材 ……………………………………………………………………… 47

2.4.2　砖 ………………………………………………………………………… 49

2.4.3　砌块 ……………………………………………………………………… 54

2.5　金属材料 …………………………………………………………………… 58

2.5.1　钢材的分类 ……………………………………………………………… 58

2.5.2　钢材的主要技术性能 …………………………………………………… 59

2.5.3　常用建筑钢材 …………………………………………………………… 63

2.5.4　钢结构用钢材 …………………………………………………………… 69

2.5.5　钢筋混凝土结构用钢材 ………………………………………………… 70

2.5.6 铝合金 …… 72
2.5.7 不锈钢 …… 73
2.6 沥青材料及沥青混合料 …… 74
2.6.1 沥青 …… 74
2.6.2 沥青混合料 …… 76
2.7 防水材料及保温材料 …… 80
2.7.1 防水材料 …… 80
2.7.2 保温材料 …… 84
第3章 施工图识读、绘制基本知识 …… 87
3.1 房屋建筑施工图的基本知识 …… 87
3.1.1 房屋建筑施工图的作用及组成 …… 87
3.1.2 房屋建筑施工图的图示特点 …… 87
3.1.3 制图标准相关规定 …… 88
3.2 建筑施工图的图示方法及内容 …… 90
3.2.1 建筑总平面图 …… 90
3.2.2 建筑平面图 …… 92
3.2.3 建筑立面图 …… 93
3.2.4 建筑剖面图 …… 95
3.2.5 建筑详图 …… 97
3.3 房屋建筑施工图的识读 …… 97
3.3.1 施工图识读方法 …… 97
3.3.2 施工图识读步骤 …… 97
第4章 工程施工工艺和方法 …… 98
4.1 地基与基础工程 …… 98
4.1.1 土的工程分类 …… 98
4.1.2 基坑（槽）开挖的主要方法 …… 100
4.1.3 基坑（槽）支护的主要方法 …… 102
4.1.4 基坑（槽）回填的主要方法 …… 104
4.1.5 浅基础施工工艺 …… 104
4.2 砌体工程 …… 109
4.2.1 脚手架工程 …… 109
4.2.2 垂直运输设施 …… 113
4.2.3 砌筑砂浆 …… 113
4.2.4 砖砌体施工 …… 114
4.2.5 砌块砌体施工 …… 116
4.3 钢筋混凝土工程 …… 118
4.3.1 模板工程 …… 118

4.3.2 钢筋工程 …… 121
4.3.3 混凝土工程 …… 126
4.4 钢结构工程 …… 133
4.4.1 钢结构的特点 …… 133
4.4.2 钢结构的应用范围 …… 133
4.4.3 钢框架的构件组成 …… 134
4.4.4 钢构件的工厂制作 …… 134
4.4.5 钢结构的现场安装 …… 135
4.5 防水工程 …… 138
4.5.1 屋面防水工程 …… 138
4.5.2 地下防水工程施工 …… 142
4.6 工程施工工艺和方法综合分析 …… 144
第5章 工程项目管理基本知识 …… 146
5.1 施工项目管理概述 …… 146
5.1.1 项目基本知识 …… 146
5.1.2 项目管理基本知识 …… 147
5.1.3 施工项目管理的主要内容和组织形式 …… 147
5.1.4 施工项目目标控制 …… 150
5.2 工程项目质量管理 …… 152
5.2.1 施工项目质量管理的概念和方法 …… 152
5.2.2 施工项目质量控制系统的建立和运行 …… 153
5.2.3 施工项目施工质量控制 …… 155
5.3 工程项目安全管理 …… 159
5.3.1 施工安全管理体系 …… 159
5.3.2 施工安全技术措施 …… 161
5.3.3 施工安全教育与培训 …… 163
5.4 工程项目成本管理 …… 165
5.4.1 施工项目成本的构成 …… 165
5.4.2 项目成本管理的内容 …… 168
5.4.3 项目成本管理的措施 …… 169
5.4.4 施工成本计划 …… 170
5.4.5 施工成本控制 …… 171
5.5 工程项目进度管理 …… 175
5.5.1 工程项目进度管理的概念 …… 175
5.5.2 建筑工程流水施工 …… 176
5.5.3 网络计划技术 …… 177
5.5.4 施工项目进度控制 …… 179
5.6 工程项目管理基本知识综合分析 …… 181

第6章　建筑力学基本知识 …… 183

6.1　平面力系 …… 183

6.1.1　力的基本性质 …… 183

6.1.2　力矩和力偶的性质 …… 185

6.1.3　平面力系的平衡方程 …… 186

6.2　杆件强度、刚度和稳定的基本概念 …… 192

6.2.1　杆件变形的基本形式 …… 192

6.2.2　杆件强度的概念 …… 193

6.2.3　杆件刚度和稳定性的概念 …… 193

6.3　材料强度、变形的基本知识 …… 193

6.3.1　材料强度及常用强度指标 …… 193

6.3.2　材料的变形 …… 193

6.3.3　强度和变形对材料选择使用的影响 …… 194

6.4　力学试验的基础知识 …… 195

6.4.1　材料的拉伸试验 …… 195

6.4.2　材料的压缩试验 …… 195

6.4.3　材料的弯曲试验 …… 195

6.4.4　材料的剪切试验 …… 196

第7章　工程预算基本知识 …… 197

7.1　工程计算 …… 197

7.1.1　建筑面积的计算 …… 197

7.1.2　建筑工程的工程量计算 …… 201

7.1.3　装饰装修工程的工程量计算 …… 202

7.1.4　建筑设备安装工程的工程量计算 …… 204

7.1.5　市政工程的工程量计算 …… 204

7.2　工程造价计价 …… 206

7.2.1　工程造价构成 …… 206

7.2.2　工程造价的定额计价基本知识 …… 213

7.2.3　工程造价的工程量清单计价基本知识 …… 220

7.2.4　工程量清单文件编制 …… 224

第8章　物资管理基本知识 …… 232

8.1　材料管理的基本知识 …… 232

8.1.1　材料管理的意义 …… 233

8.1.2　材料管理的任务 …… 233

8.1.3　材料管理的主要内容 …… 235

8.1.4　现场材料管理的阶段划分及各阶段的工作要点 …… 240

8.1.5 现场材料管理的内容 …… 241
8.2 机械设备管理的基本知识 …… 250
8.2.1 建筑现场机械设备管理的重要性 …… 251
8.2.2 施工机具的分类 …… 252
8.2.3 施工机具装备的原则 …… 263
8.2.4 施工机具管理的主要内容 …… 271
第9章 抽样统计分析基本知识 …… 278
9.1 数理统计的基本概念、抽样调查的方法 …… 278
9.1.1 总体、样本、统计量、抽样分布的概念 …… 278
9.1.2 抽样的方法 …… 278
9.1.3 材料数据抽样和统计分析方法 …… 278
9.2 材料数据抽样和统计分析方法 …… 279
9.2.1 排列图 …… 279
9.2.2 因果分析图 …… 279
9.2.3 直方图 …… 279
参考文献 …… 280

第1章 工程建设相关法律法规知识

1.1 《建 筑 法》

《中华人民共和国建筑法》（以下简称《建筑法》）于1997年11月1日第八届全国人民代表大会常务委员会第二十八次会议通过，自1998年3月1日起施行。根据2011年4月22日第十一届全国人民代表大会常务委员会第二十次会议《关于修改的决定》修正，修改后的《中华人民共和国建筑法》自2011年7月1日起施行。

《建筑法》立法的目的在于加强对建筑活动的监督管理；维护建筑市场秩序；保证建筑工程的质量与安全；促进建筑业健康发展。《中华人民共和国建筑法》分总则、建筑许可、建筑工程发包与承包、建筑工程监理、建筑安全生产管理、建筑工程质量管理、法律责任、附则8章85条。

1. 从业资格的有关规定

（1）法律相关条文

《建筑法》关于从业资格的条文如下：

第十二条 从事建筑活动的建筑施工企业、勘察单位、设计单位和工程监理单位，应当具备下列条件：

（一）符合国家规定的注册资本；

（二）与其从事的建筑活动相适应的具有法定执业资格的专业技术人员；

（三）有从事相关建筑活动所应有的技术装备；

（四）法律、行政法规规定的其他条件。

第十三条 从事建筑活动的建筑施工企业、勘察单位、设计单位和工程监理单位，按照其拥有的注册资本、专业技术人员、技术装备和已完成的建筑工程业绩等资质条件，划分为不同的资质等级，经资质审查合格，取得相应等级的资质证书后，方可在其资质等级许可的范围内从事建筑活动。

第十四条 从事建筑活动的专业技术人员，应当依法取得相应的执业资格证书，并在执业资格证书许可的范围内从事建筑活动。

（2）建筑业企业的资质

建筑业企业，是指从事土木工程、建筑工程、线路管道设备安装工程的新建、扩建、改建等施工活动的企业。建筑业企业资质是指其拥有的资产、主要人员、工程业绩和技术装备等条件的总称。建筑业企业等级，是指国务院行政主管部门按资质条件把企业划分成的不同等级。

1）建筑业企业资质序列

建筑业企业资质分为施工总承包资质、专业承包资质、施工劳务资质三个序列。取得施工总承包资质的企业称为施工总承包企业；取得专业承包资质的企业称为专业承包企业；取得劳务分包资质的企业称为施工劳务企业。

2）建筑业企业资质等级

施工总承包、专业承包各资质类别按照规定的条件划分为若干资质等级，施工劳务资质不分等级。建筑工程、市政公用工程施工总承包资质等级均分为特级、一级、二级、三级。

2. 建筑安全生产管理的有关规定

《建筑法》第五章内容为建筑安全生产管理。本章对建筑安全生产管理作出规定，对强化建筑安全生产管理，保证建筑工程的安全性能，保障职工及其相邻居民的人身和财产安全，具有非常重要的意义。

3. 建筑安全生产管理方针

《建筑法》的第三十六条规定："建筑工程安全生产管理必须坚持安全第一、预防为主的方针"。

"安全第一"是安全生产方针的基础，当安全和生产发生矛盾的时候，必须先要解决安全问题，保证劳动者在安全生产的条件下进行生产劳动。只有保证安全的前提下，生产才能正常的进行，才能充分发挥职工的生产积极性，提高劳动生产率，促进我国经济建设的发展和保持社会的稳定。

"预防为主"是安全生产方针的核心和具体体现，是实施安全生产的根本途径。安全工作必须始终将"预防"作为主要任务予以统筹考虑。除了自然灾害造成的事故以外，任何建筑施工事故都是可以预防的。关键之关键，必须将工作的立足点纳入"预防为主"的轨道，"防患于未然"，把可能导致事故发生的所有机理或因素，消除在事故发生之前。

安全与生产的辩证统一关系——生产必须安全，安全促进生产。生产必须安全。就是说，在施工作业过程中，必须尽一切所能为劳动者创造安全卫生的劳动条件，积极克服生产中的不安全、不卫生因素，防止伤亡事故和职业性毒害的发生，使劳动者在安全、卫生的条件下顺利地进行生产劳动。安全促进生产，就是说，安全工作必须紧紧地围绕着生产活动来进行，不仅要保障职工的生命安全和身体健康，而且要促进生产的发展。离开生产，安全工作就毫无实际意义。

4. 建设工程安全生产基本制度

（1）安全生产责任制度

安全生产责任制度是建筑生产中最基本的安全管理制度，是所有安全规章制度的核心，安全生产责任制度是指将各种不同的安全责任落实到负责有安全管理责任的人员和具体岗位人员身上的一种制度，这一制度是安全第一，预防为主方针的具体体现，是建筑安全生产的基本制度，安全责任制的主要内容包括：一是从事建筑活动主体的负责人的责任制，比如，施工单位的法定代表人要对本企业的安全负主要的安全责任；二是从事建筑活动主体的职能机构或职能处室负责人及其工作人员的安全生产责任制，比如，施工单位根据需要设置的安全处室或者专职安全人员要对安全负责；三是岗位人员的安全生产责任制。

（2）群防群治制度

群防群治制度是职工群众进行预防和治理安全的一种制度，这一制度也是"安全第

一、预防为主”的具体体现，同时也是群众路线在安全工作中的具体体现，是企业进行民主管理的重要内容，这一制度要求建筑企业职工在施工中应遵循有关生产的法律、法规和建筑行业安全规章、规程，不得违章作业，对于危及生命安全和身体健康的行为有权提出批评、检举和控告。

(3) 安全生产教育培训制度

安全生产教育培训制度是对广大建筑干部职工进行安全教育培训，提高安全意识，增加安全知识和技能的制度。安全生产，人人有责，只有通过对广大职工进行安全教育、培训，才能使广大职工真正认识到安全生产的重要性、必要性，才能使广大职工掌握更多有效的安全生产的科学技术知识，牢固树立安全第一的思想，自觉遵守各项安全生产和规章制度，分析许多建筑安全事故，一个重要的原因就是有关人员安全意识不强，安全技能不够，这些都是没有搞好安全教育培训工作的具体体现。

(4) 安全生产检查制度

安全生产检查制度是上级管理部门或企业自身对安全生产状况进行定期检查的制度，通过检查可以发现问题，查出隐患，从而采取有效措施，堵塞漏洞，把事故消灭在发生之前，做到防患于未然，是“预防为主”的具体体现。通过检查，还可总结出好的经验加以推广，为进一步搞好安全工作打下基础，安全检查制度是安全生产的保障。

(5) 伤亡事故处理报告制度

施工中发生事故时，建筑企业应采取紧急措施减少人员伤亡和事故损失，并按照国家有关规定及时向有关部门报告的制度。事故处理必须遵循一定的程序，做到四不放过（事故原因不清不放过、事故责任者和群众没有受到教育不放过、没有防范措施不放过，事故责任者没有受到处理不放过）。

(6) 安全责任追究制度

法律责任中规定建设单位、设计单位、施工单位、监理单位，由于没有履行职责造成人员伤亡和事故损失的，视情节给予相应处理。情节严重的，责令停业整顿，降低资质等级或吊销资质证书；构成犯罪的，依法追究刑事责任。

5.《建筑法》中有关质量管理的规定

(1) 建设工程竣工验收制度

《建筑法》的第六十一条中规定“交付竣工验收的建筑工程，必须符合规定的建筑工程质量标准，有完整的工程技术经济资料和经签署的工程保修书，并具备国家规定的其他竣工条件。建筑工程竣工经验收合格后，方可交付使用；未经验收或者验收不合格的，不得交付使用”。

工程项目的竣工验收是施工全过程的最后一道程序，是建设投资成果转入生产或使用的标志，也是全面考核投资效益、检验设计和施工质量的重要环节。

(2) 建设工程质量保修制度

建筑工程的质量保修制度，是指对建筑工程在交付使用后的一定期限内发现的工程质量缺陷，由施工企业承担修复责任的制度。《建筑法》第六十二条规定：“建筑工程实行质量保修制度。建筑工程的保修范围应当包括地基基础工程、主体结构工程、屋面防水工程和其他土建工程，以及电气管线、上下水管线的安装工程，供热、供冷系统工程等项目；保修的期限应当按照保证建筑物合理寿命年限内正常使用，维护使用者合法权益的原则确定。具体的保修范围和最低保修期限由国务院规定”。

1.2 《安全生产法》

《中华人民共和国安全生产法》（以下简称《安全生产法》），由中华人民共和国第九届全国人民代表大会常务委员会第二十八次会议于2002年6月29日通过公布，自2002年11月1日起施行。

2014年8月31日第十二届全国人民代表大会常务委员会第十次会议通过全国人民代表大会常务委员会关于修改《中华人民共和国安全生产法》的决定，自2014年12月1日起施行。

《安全生产法》立法的目的，是为了加强安全生产监督管理，防止和减少生产安全事故，保障人民群众生命和财产安全，促进经济发展而制定。《安全生产法》包括总则、生产经营单位的安全生产保障、从业人员的权利和义务、安全生产的监督管理、生产安全事故的应急救援与调查处理、法律责任、附则7章，114条。涵盖了从业人员的安全生产权利义务、生产经营单位的安全生产保障、安全生产的监督管理等内容，修订后的《安全生产法》更加强调安全生产监管主体责任、生产经营单位安全生产管理义务以及违法惩处的力度。

1. 生产经营单位的安全生产保障有关规定

(1) 建立安全生产保障体系

《安全生产法》的第二十一条规定“矿山、金属冶炼、建筑施工、道路运输单位和危险物品的生产、经营、储存单位，应当设置安全生产管理机构或者配备专职安全生产管理人员。前款规定以外的其他生产经营单位，从业人员超过一百人的，应当设置安全生产管理机构或者配备专职安全生产管理人员；从业人员在一百人以下的，应当配备专职或者兼职的安全生产管理人员”。

(2) 明确岗位责任

1) 生产经营单位主要负责人的职责

《安全生产法》第十八条规定，生产经营单位的主要负责人对本单位安全生产工作负有下列职责：

① 建立、健全本单位安全生产责任制；

② 组织制定本单位安全生产规章制度和操作规程；

③ 保证本单位安全生产投入的有效实施；

④ 督促、检查本单位的安全生产工作，及时消除生产安全事故隐患；

⑤ 组织制定并实施本单位的和平安全生产事故应急救援预案；

⑥ 及时、如实报告生产安全事故。

同时，第四十七条规定生产经营单位发生生产安全事故时，单位的主要负责人应当立即组织抢救，并不得在事故调查处理期间擅离职守。

2) 生产经营单位安全生产管理人员的职责

① 经常性检查；

② 发现问题立即处理；

③ 不能处理立即报告。

3）对安全设施、设备质量负责的岗位职责

① 对安全设施设计质量负责的岗位。

《安全生产法》第三十条规定：建设项目安全设施的设计人、设计单位应当对安全设施设计负责。

矿山、金属冶炼建设项目和用于生产、储存、装卸危险物品的建设项目的安全设施设计应当按照国家有关规定报经有关部门审查，审查部门及其负责审查的人员对审查结果负责。

② 对安全设施施工、竣工验收负责的岗位职责。

《安全生产法》第三十一条规定：矿山、金属冶炼建设项目和用于生产、储存、装卸危险物品的建设项目的施工单位必须按照批准的安全设施设计施工，并对安全设施的工程质量负责。

矿山、金属冶炼建设项目和用于生产、储存危险物品的建设项目竣工投入生产或者使用前，应当由建设单位负责组织对安全设施进行验收；验收合格后，方可投入生产和使用。安全生产监督管理部门应当加强对建设单位验收活动和验收结果的监督核查。

③ 对安全设备质量负责的岗位职责。

《安全生产法》第三十四条规定：生产经营单位使用的涉及生命安全、危险性较大的特种设备，以及危险物品的容器、运输工具，必须按照国家有关规定，由专业生产单位生产，并经取得专业资质的检测、检验机构检测、检验合格，取得安全使用证或者安全标志，方可投入使用。检测、检验机构对检测、检验结果负责。

涉及生命安全、危险性较大的特种设备的目录由国务院负责特种设备安全监督管理的部门制定，报国务院批准后执行。

2. 管理保障措施

（1）人力资源管理

1）主要负责人与安全生产管理人员的管理

第二十四条规定：生产经营单位的主要负责人和安全生产管理人员必须具备与本单位所从事的生产经营活动相应的安全生产知识和管理能力。

危险物品的生产、经营、储存单位以及矿山、金属冶炼、建筑施工、道路运输单位的主要负责人和安全生产管理人员，应当由主管的负有安全生产监督管理职责的部门对其安全生产知识和管理能力考核合格。考核不得收费。

危险物品的生产、储存单位以及矿山、金属冶炼单位应当有注册安全工程师从事安全生产管理工作。鼓励其他生产经营单位聘用注册安全工程师从事安全生产管理工作。注册安全工程师按专业分类管理，具体办法由国务院人力资源和社会保障部门、国务院安全生产监督管理部门会同国务院有关部门制定。

2）对一般从业人员的管理

《安全生产法》第二十五条规定：生产经营单位应当对从业人员进行安全生产教育和培训，保证从业人员具备必要的安全生产知识，熟悉有关的安全生产规章制度和安全操作规程，掌握本岗位的安全操作技能，了解事故应急处理措施，知悉自身在安全生产方面的权利和义务。未经安全生产教育和培训合格的从业人员，不得上岗作业。

生产经营单位使用被派遣劳动者的，应当将被派遣劳动者纳入本单位从业人员统一管理，对被派遣劳动者进行岗位安全操作规程和安全操作技能的教育和培训。劳务派遣单位应当对被派遣劳动者进行必要的安全生产教育和培训。

生产经营单位接收中等职业学校、高等学校学生实习的，应当对实习学生进行相应的安全生产教育和培训，提供必要的劳动防护用品。学校应当协助生产经营单位对实习学生进行安全生产教育和培训。

生产经营单位应当建立安全生产教育和培训档案，如实记录安全生产教育和培训的时间、内容、参加人员以及考核结果等情况。

3）对特种作业的人员的管理

《安全生产法》第二十七条规定：生产经营单位的特种作业人员必须按照国家有关规定经专门的安全作业培训，取得相应资格，方可上岗作业。

（2）物力资源管理

1）设备日常管理

《安全生产法》第三十二条规定：生产经营单位应当在有较大危险因素的生产经营场所和有关设施、设备上，设置明显的安全警示标志。

《安全生产法》规定设备必须经常性维护、保养，并定期检测，保证正常运转。专人做好记录。

2）设备淘汰制度

《安全生产法》第三十五条规定：国家对严重危及生产安全的工艺、设备实行淘汰制度，具体目录由国务院安全生产监督管理部门会同国务院有关部门制定并公布。法律、行政法规对目录的制定另有规定的，适用其规定。

省、自治区、直辖市人民政府可以根据本地区实际情况制定并公布具体目录，对前款规定以外的危及生产安全的工艺、设备予以淘汰。

生产经营单位不得使用应当淘汰的危及生产安全的工艺、设备。

3）生产经营项目、设备转让管理

《安全生产法》规定受让人必须具备安全条件。

4）生产经营项目、场所协调管理

《安全生产法》规定生产经营单位对承包单位、承租单位的安全生产工作统一协调。

（3）经济保障措施

① 保证安全生产所需资金；

② 保证安全设施所需资金；

③ 保证劳动保护与培训所需要资金；

④ 保证工伤社会保险所需资金。

（4）技术保障措施

1）对新工艺、新技术、新材料、新设备使用的管理

《安全生产法》第二十六条规定：生产经营单位采用新工艺、新技术、新材料或者使用新设备，必须了解、掌握其安全技术特性，采取有效的安全防护措施，并对从业人员进行专门的安全生产教育和培训。

2）对安全条件论证和安全评价的管理

《安全生产法》第二十九条规定：矿山、金属冶炼建设项目和用于生产、储存、装卸危险物品的建设项目，应当按照国家有关规定进行安全评价。

3）对废弃危险物品的管理

《安全生产法》第三十六条规定：生产、经营、运输、储存、使用危险物品或者处置废弃危险物品的，由有关主管部门依照有关法律、法规的规定和国家标准或者行业标准审批并实施监督管理。

生产经营单位生产、经营、运输、储存、使用危险物品或者处置废弃危险物品，必须执行有关法律、法规和国家标准或者行业标准，建立专门的安全管理制度，采取可靠的安全措施，接受有关主管部门依法实施的监督管理。

4）对重大危险源的管理

《安全生产法》第三十七条规定：生产经营单位对重大危险源应当登记建档，进行定期检测、评估、监控，并制定应急预案，告知从业人员和相关人员在紧急情况下应当采取的应急措施。

生产经营单位应当按照国家有关规定将本单位重大危险源及有关安全措施、应急措施报有关地方人民政府安全生产监督管理部门和有关部门备案。

5）对员工宿舍的管理

生产、经营、储存、使用危险物品的车间、商店、仓库不得与员工宿舍在同一建筑物内，并应当与员工宿舍保持安全距离。

6）对危险作业的管理

《安全生产法》第四十条规定：生产经营单位进行爆破、吊装以及国务院安全生产监督管理部门会同国务院有关部门规定的其他危险作业，应当安排专门人员进行现场安全管理，确保操作规程的遵守和安全措施的落实。

7）对安全生产操作规程的管理

《安全生产法》第四十一条规定：生产经营单位应当教育和督促从业人员严格执行本单位的安全生产规章制度和安全操作规程；并向从业人员如实告知作业场所和工作岗位存在的危险因素、防范措施以及事故应急措施。

8）对施工现场的管理

《安全生产法》第四十五条规定：两个以上生产经营单位在同一作业区域内进行生产经营活动，可能危及对方生产安全的，应当签订安全生产管理协议，明确各自的安全生产管理职责和应当采取的安全措施，并指定专职安全生产管理人员进行安全检查与协调。

3. 安全生产中从业人员的权利

（1）知情权，即有权了解其作业场所和工作岗位存在的危险因素、防范措施和事故应急措施。

（2）建议权，即有权对本单位的安全生产工作提出建议。

（3）批评权和检举、控告权，即有权对本单位安全生产管理工作中存在的问题提出批评、检举、控告。

（4）拒绝权，即有权拒绝违章作业指挥和强令冒险作业。

（5）紧急避险权，即发现直接危及人身安全的紧急情况时，有权停止作业或者在采取可能的应急措施后撤离作业场所。

（6）依法向本单位提出要求赔偿的权利。

（7）获得符合国家标准或者行业标准劳动防护用品的权利。

（8）获得安全生产教育和培训的权利。

4. 安全生产中从业人员的义务

（1）自律遵守的义务，即从业人在作业过程中，应当遵守本单位的安全生产规章制度和操作规程，服从管理，正确佩戴和使用劳动保护用品。

（2）自觉学习安全生产知识的义务，要求掌握本职工作所需的安全生产知识，提高安全生产技能，增强事故预防和应急处理能力。

（3）危险报告义务，即发现事故隐患或者其他不安全因素时，应当立即向现场安全生产管理人员或者单位负责人报告。

5. 安全生产监督管理的有关规定

（1）安全生产监督管理部门

根据法律法规规定，国务院安全生产监督管理部门对全国安全生产工作实施综合监督管理；县级以上地方各级人民政府安全生产监督管理部门对本行政区域内安全生产工作实施综合监督管理。

（2）安全生产监督管理措施

《安全生产法》中规定：负有安全生产监督管理职责的部门依照有关法律、法规的规定，对涉及安全生产的事项需要审查批准（包括批准、核准、许可、注册、认证、颁发证照等，下同）或者验收的，必须严格依照有关法律、法规和国家标准或者行业标准规定的安全生产条件和程序进行审查；不符合有关法律、法规和国家标准或者行业标准规定的安全生产条件的，不得批准或者验收通过。对未依法取得批准或者验收合格的单位擅自从事有关活动的，负责行政审批的部门发现或者接到举报后应当立即予以取缔，并依法予以处理。对已经依法取得批准的单位，负责行政审批的部门发现其不再具备安全生产条件的，应当撤销原批准。

（3）安全生产管理部门的职权

《安全生产法》中规定：安全生产监督管理部门和其他负有安全生产监督管理职责的部门依法开展安全生产行政执法工作，对生产经营单位执行有关安全生产的法律、法规和国家标准或者行业标准的情况进行监督检查，行使以下职权：

1）进入生产经营单位进行检查，调阅有关资料，向有关单位和人员了解情况；

2）对检查中发现的安全生产违法行为，当场予以纠正或者要求限期改正；对依法应当给予行政处罚的行为，依照本法和其他有关法律、行政法规的规定作出行政处罚决定；

3）对检查中发现的事故隐患，应当责令立即排除；重大事故隐患排除前或者排除过程中无法保证安全的，应当责令从危险区域内撤出作业人员，责令暂时停产停业或者停止使用相关设施、设备；重大事故隐患排除后，经审查同意，方可恢复生产经营和使用；

4）对有根据认为不符合保障安全生产的国家标准或者行业标准的设施、设备、器材以及违法生产、储存、使用、经营、运输的危险物品予以查封或者扣押，对违法生产、储存、使用、经营危险物品的作业场所予以查封，并依法作出处理决定。

5）监督检查不得影响被检查单位的正常生产经营活动。

6. 安全生产监督检查人员的义务

安全生产监督检查人员应当忠于职守，坚持原则，秉公执法。安全生产监督检查人员执行监督检查任务时，必须出示有效的监督执法证件；对涉及被检查单位的技术秘密和业务秘密，应当为其保密。

7. 安全事故应急救援与调查处理的规定

（1）安全生产应急救援预案

生产经营单位应当制定本单位生产安全事故应急救援预案，与所在地县级以上地方人民政府组织制定的生产安全事故应急救援预案相衔接，并定期组织演练。

（2）生产安全事故的等级标准

根据相关法律法规规定，一般分为以下几个等级：

1）特别重大事故，是指造成30人以上死亡，或者100人以上重伤（包括急性工业中毒，下同），或者1亿元以上直接经济损失的事故；

2）重大事故，是指造成10人以上30人以下死亡，或者50人以上100人以下重伤，或者5000万元以上1亿元以下直接经济损失的事故；

3）较大事故，是指造成3人以上10人以下死亡，或者10人以上50人以下重伤，或者1000万元以上5000万元以下直接经济损失的事故；

4）一般事故，是指造成3人以下死亡，或者10人以下重伤，或者1000万元以下直接经济损失的事故。

（3）安全事故报告

事故发生后，事故现场有关人员应当立即向本单位负责人报告；单位负责人接到报告后，应当于1小时内向事故发生地县级以上人民政府安全生产监督管理部门和负有安全生产监督管理职责的有关部门报告。

情况紧急时，事故现场有关人员可以直接向事故发生地县级以上人民政府安全生产监督管理部门和负有安全生产监督管理职责的有关部门报告。

（4）应急抢救工作

《安全生产法》规定：单位负责人接到事故报告后，应当迅速采取有效措施，组织抢救，防止事故扩大，减少人员伤亡和财产损失。有关地方人民政府和负有安全生产监督管理职责的部门的负责人接到生产安全事故报告后，应当按照生产安全事故应急救援预案的要求立即赶到事故现场，组织事故抢救。

（5）事故的调查与处理

《安全生产法》规定：事故调查处理应当按照科学严谨、依法依规、实事求是、注重实效的原则，及时、准确地查清事故原因，查明事故性质和责任，总结事故教训，提出整改措施，并对事故责任者提出处理意见。事故调查报告应当依法及时向社会公布。事故责任者按法律法规承担相应的责任。

1.3 《建设工程安全生产管理条例》和《建设工程质量管理条例》

《建设工程安全生产管理条例》（以下简称《安全生产管理条例》）制定的目的是加强

建设工程安全生产监督管理，保障人民群众生命和财产安全。由国务院于 2003 年 11 月 24 日发布，自 2004 年 2 月 1 日起施行。共计 8 章 71 条。

《建设工程质量管理条例》（以下简称《质量管理条例》）经 2000 年 1 月 10 日国务院第 25 次常务会议通过，2000 年 1 月 30 日发布起施行。目的是加强对建设工程质量的管理，保证建设工程质量，保护人民生命和财产安全。凡在中华人民共和国境内从事建设工程的新建、扩建、改建等有关活动及实施对建设工程质量监督管理的，必须遵守本条例。共 9 章 82 条。

1.《安全生产管理条例》关于施工单位安全责任的有关规定

（1）有关人员的安全责任

1）施工单位主要负责人

施工单位主要负责人是指对企业日常生产经营活动和安全生产工作全面负责、有生产经营决策权的人员。

《安全生产管理条例》第二十一条规定：施工单位主要负责人依法对本单位的安全生产工作全面负责。施工单位应当建立健全安全生产责任制度和安全生产教育培训制度，制定安全生产规章制度和操作规程，保证本单位安全生产条件所需资金的投入，对所承担的建设工程进行定期和专项安全检查，并做好安全检查记录。

2）施工单位的项目负责人

施工单位的项目负责人是指由企业法定代表人授权，负责建设工程项目管理的负责人员，包括项目经理、项目技术负责人等。

《安全生产管理条例》第二十一条规定：施工单位的项目负责人应当由取得相应执业资格的人员担任，对建设工程项目的安全施工负责，落实安全生产责任制度、安全生产规章制度和操作规程，确保安全生产费用的有效使用，并根据工程的特点组织制定安全施工措施，消除安全事故隐患，及时、如实报告生产安全事故。

3）专职生产安全管理人员

专职生产安全管理人员是指在本企业专职从事安全生产管理工作的人员，包括企业安全生产管理机构的负责人及其工作人员和施工现场专职安全生产管理人员。专职生产安全管理人员必须持证上岗。

《安全生产管理条例》第二十三条规定：专职安全生产管理人员负责对安全生产进行现场监督检查。发现安全事故隐患，应当及时向项目负责人和安全生产管理机构报告；对违章指挥、违章操作的，应当立即制止。

（2）安全生产教育培训

1）管理人员的考核

《安全生产管理条例》第三十六条规定：施工单位的主要负责人、项目负责人、专职安全生产管理人员应当经建设行政主管部门或者其他有关部门考核合格后方可任职。

2）作业人员的安全生产培训

《安全生产管理条例》第三十六条规定：施工单位应当对管理人员和作业人员每年至少进行一次安全生产教育培训，其教育培训情况记入个人工作档案。安全生产教育培训考核不合格的人员，不得上岗。

第三十七条规定：作业人员进入新的岗位或者新的施工现场前，应当接受安全生产教育培训。未经教育培训或者教育培训考核不合格的人员，不得上岗作业。

施工单位在采用新技术、新工艺、新设备、新材料时，应当对作业人员进行相应的安全生产教育培训。

3）特种作业人员的专门培训

《安全生产管理条例》第二十五条规定：垂直运输机械作业人员、安装拆卸工、爆破作业人员、起重信号工、登高架设作业人员等特种作业人员，必须按照国家有关规定经过专门的安全作业培训，并取得特种作业操作资格证书后，方可上岗作业。

2.《质量管理条例》关于施工单位质量责任和义务的有关规定

施工单位的质量责任和义务：

1）施工单位应当依法取得相应资质

施工单位必须在其资质等级许可的范围内承揽工程，禁止以其他施工单位名义承揽工程和允许其他单位或个人以本单位的名义承揽工程。

2）施工单位不得转包或违法分包

根据《质量管理条例》的规定，禁止承包单位将其承包的全部工程转包给他人，禁止承包单位将其承包的工程肢解以后，以分包的名义分别转包给他人，禁止违法分包。

对于实行工程施工总承包的，无论质量问题是由总承包单位造成的，还是由分包单位造成的，均由总承包单位负全面的质量责任。

另一方面，总承包单位与分包单位对分包工程的质量承担连带责任。依据这种责任，对于分包工程发生的质量责任，建设单位或其他受害人既可以向分包单位请求赔偿全部损失，也可以向总承包单位请求赔偿损失。总承包单位在承担责任后，可以依法及分包合同的约定，向分包单位追偿。

3）施工单位必须按照设计图纸施工

施工单位必须按照工程设计要求、施工技术标准和合同约定，对建筑材料、建筑构配件、设备和商品混凝土进行检验，未经检验或检验不合格的，不得使用。

材料、构配件、设备及商品混凝土检验制度，是施工单位质量保证体系的重要组成部分，是保障建设工程质量的重要内容。另外，施工人员对涉及结构安全的试块、试件以及有关材料，应在建设单位或工程监理单位监督下现场取样，并送具有相应资质等级的质量检测单位进行检测。

4）承包单位应履行保修义务

建设工程质量保修制度，是指建设工程在办理竣工验收手续后，在规定的保修期限内，因勘察、设计、施工、材料等原因造成的质量缺陷，应当由施工承包单位负责维修、返工或更换，由责任单位负责赔偿损失。

建设工程实行质量保修制度是落实建设工程质量责任的重要措施。

对在保修期限内和保修范围内发生的质量问题，一般应先由建设单位组织勘察、设计、施工等单位分析质量问题的原因，确定维修方案，由施工单位负责维修。但当问题较严重复杂时，不管是什么原因造成的，只要是在保修范围内，均先由施工单位履行保修义务，不得推诿扯皮。对于保修费用，则由质量缺陷的责任方承担。

1.4 《劳动法》、《劳动合同法》

1. 劳动合同和集体合同的有关规定

(1) 劳动合同的概念

劳动合同，是指劳动者与用工单位之间确立劳动关系，明确双方权利和义务的协议。

劳动合同分为固定期限劳动合同，无固定期限劳动合同，单项劳动合同。固定期限劳动合同是指用人单位与劳动者约定合同终止时间的劳动合同。用人单位与劳动者协商一致，可以订立固定期限劳动合同。无固定期限劳动合同，是指用人单位与劳动者约定无确定终止时间的劳动合同。单项劳动合同，即没有固定期限，以完成一定工作任务为期限的劳动合同，是指用人单位与劳动者约定以某项工作的完成为合同期限的劳动合同。

(2) 劳动合同的订立

1) 劳动合同的当事人

《劳动法》规定：劳动合同是劳动者与用人单位确立劳动关系、明确双方权利和义务的协议。用人单位包括劳动合同法规定的用人单位设立的分支机构，依法取得营业执照或者登记证书的，可以作为用人单位与劳动者订立劳动合同；未依法取得营业执照或者登记证书的，受用人单位委托可以与劳动者订立劳动合同。

2) 劳动合同的类型

劳动合同的期限分为有固定期限、无固定期限和以完成一定的工作为期限。

劳动者在同一用人单位连续工作满10年以上，当事人双方同意续延劳动合同的，如果劳动者提出订立无固定期限的劳动合同，应当订立无固定期限的劳动合同。

劳动合同可以约定试用期。试用期最长不得超过6个月。

2. 劳动安全卫生的有关规定

(1) 劳动安全卫生

劳动安全卫生又称劳动保护，以保障职工在职业活动过程中的安全与健康为目的的工作领域及在法律、技术、设备、组织制度和教育等方面所采取的相应措施。

(2)《劳动法》对劳动安全卫生的规定

用人单位必须建立、健全劳动安全卫生制度，严格执行国家劳动安全卫生规程和标准，对劳动者进行劳动安全卫生教育，防止劳动过程中的事故，减少职业危害。

劳动安全卫生设施必须符合国家规定的标准。新建、改建、扩建工程的劳动安全卫生设施必须与主体工程同时设计、同时施工、同时投入生产和使用。

用人单位必须为劳动者提供符合国家规定的劳动安全卫生条件和必要的劳动防护用品，对从事有职业危害作业的劳动者应当定期进行健康检查。

从事特种作业的劳动者必须经过专门培训并取得特种作业资格。

劳动者在劳动过程中必须严格遵守安全操作规程。劳动者对用人单位管理人员违章指挥、强令冒险作业，有权拒绝执行；对危害生命安全和身体健康的行为，有权提出批评、检举和控告。

国家建立伤亡事故和职业病统计报告和处理制度。县级以上各级人民政府劳动行政部门、有关部门和用人单位应当依法对劳动者在劳动过程中发生的伤亡事故和劳动者的职业病状况，进行统计、报告和处理。

第 2 章　工程材料基本知识

2.1　无 机 胶 凝 材 料

工程中能将散粒状材料（如砂、石等）或块状材料（如砖、石块、混凝土砌块等）粘结成为整体的材料，称为胶凝材料。

胶凝材料按其化学成分可分为无机胶凝材料和有机胶凝材料两大类，无机胶凝材料主要有石灰、石膏、水泥等，这类胶凝材料在建筑工程中的应用最广泛；有机胶凝材料有沥青、树脂等。

无机胶凝材料按其硬化条件的不同，可分为气硬性胶凝材料和水硬性胶凝材料。气硬性胶凝材料是指只能在空气中凝结硬化的胶凝材料，如石灰、石膏、水玻璃和菱苦土等。水硬性胶凝材料是指不仅能在空气中凝结硬化，而且能更好地在水中硬化，保持和发展其强度的胶凝材料，如各种水泥。因此，气硬性胶凝材料只适用于干燥环境中的工程部位；水硬性胶凝材料既适用于干燥环境，又适用于潮湿环境及水中的工程部位。

2.1.1　石灰

石灰是以碳酸钙($CaCO_3$)为主要成分的原料(如石灰石)，经过高温下适当的煅烧，尽可能分解和排出二氧化碳(CO_2)后所得到的成品。其主要成分是氧化钙(CaO)。

石灰在煅烧过程中，往往由于石灰石原料的尺寸过大或窑中温度不匀等原因，使得石灰中含有未烧透的内核，这种石灰称为“欠火石灰”。欠火石灰的未消化残渣含量高，有效氧化钙和氧化镁含量低，使用时缺乏粘结力。另一种情况是由于烧制的温度过高或时间过长，使得石灰表面出现裂缝或玻璃状的外壳，体积收缩明显，颜色呈灰黑色，块体密度大，消化缓慢，这种石灰称为“过火石灰”。过火石灰用于建筑结构物中，仍能继续水化，以致引起体积膨胀，导致产生裂缝等破坏现象，故危害极大。

1. 石灰的熟化和硬化

生石灰（块灰）加水熟化为熟石灰[$Ca(OH)_2$]，这个过程称为石灰的熟化或消解，工地称为“淋灰”。

生石灰在熟化过程中，有两个显著的特点：一是体积膨胀大；二是放热量大，放热速度快。

熟化后的石灰在使用前必须进行“陈伏”。这是因为生石灰中存在着过火石灰。过火石灰结构密实，熟化极其缓慢，为了消除过火石灰的危害，生石灰在使用前应提前化灰，使石灰浆在灰坑中储存两周以上，以使生石灰得到充分熟化，这一过程称为“陈伏”。陈伏期间，为了防止石灰碳化，应在其表面保留一定厚度的水层，用以隔绝空气。

石灰浆体在空气中逐渐硬化，是由下面两个过程同时进行完成的。

（1）结晶作用：游离水分蒸发，氢氧化钙逐渐从饱和溶液中结晶。

（2）碳化作用：氢氧化钙与空气中的二氧化碳化合生成碳酸钙结晶，释放出水分并被蒸发。

$$Ca(OH)_2 + CO_2 + H_2O \longrightarrow CaCO_3 + 2H_2O$$

碳化作用实际是二氧化碳与水形成碳酸，然后与氢氧化钙反应生成碳酸钙。所以这个作用不能在没有水分的全干状态下进行。由于空气中的二氧化碳含量很低，并且表面已形成的碳化层结构较致密面，使二氧化碳难深入内部，所以石灰的碳化过程是十分缓慢的。

2. 石灰的特性

（1）凝结硬化缓慢，强度低。石灰浆在空气中的碳化过程很缓慢，且结晶速度主要依赖于浆体中水分蒸发的速度，因此，石灰的凝结硬化速度是很缓慢的。生石灰熟化时的理论需水量较小，为了使石灰浆具有良好的可塑性，实际熟化的水量是很大的，多余水分在硬化后蒸发，会留下大量孔隙，使硬化石灰的密实度较小，强度低。

（2）可塑性好，保水性好。生石灰熟化为石灰浆时，能形成颗粒极细（粒径为0.001mm）呈胶体分散状态的氢氧化钙粒子，表面吸附一层厚厚的水膜，使颗粒间的摩擦力减小，因而具有良好的可塑性。

（3）硬化后体积收缩较大。石灰浆中存在大量的游离水，硬化后大量水分蒸发，导致石灰内部毛细管失水收缩，引起显著的体积收缩变形。这种收缩变形使得硬化石灰体产生开裂，因此，石灰浆不宜单独使用，通常工程施工中要掺入一定量的集料（砂）或纤维材料（麻刀、纸筋等）。

（4）吸湿性强，耐水性差。生石灰具有很强的吸湿性，传统的干燥剂常采用这类材料。生石灰水化后的产物其主要成分 $Ca(OH)_2$ 能溶解在水中，若长期受潮或被水侵蚀，会使硬化的石灰溃散。

2.1.2 石膏

我国的石膏资源极其丰富，分布很广，自然界存在的石膏主要有天然二水石膏（$CaSO_4 \cdot 2H_2O$，又称生石膏或软石膏）、天然无水石膏（$CaSO_4$，又称硬石膏）和各种工业废石膏（化学石膏）。以这些石膏为原料可制成多种石膏胶凝材料，建筑中使用最多的石膏胶凝材料是建筑石膏，其次是高强石膏。

1. 石膏的凝结硬化

建筑石膏与适量的水混合，最初成为可塑的浆体，但很快失去塑性，这个过程称为凝结，以后迅速产生强度，并发展成为坚硬的固体，这个过程称为硬化。

$$CaSO_4 \cdot \frac{1}{2}H_2O + \frac{3}{2}H_2O \longrightarrow CaSO_4 \cdot 2H_2O$$

半水石膏极易溶于水（溶解度达8.5g/L），加水后，溶液很快即达到饱和状态而分解出溶解度低的二水石膏（溶解度2.05g/L），二水石膏呈细颗粒胶质状态。由于二水石膏的析出，溶液中的半水石膏下降为非饱和状态，新的一批半水石膏又被溶解，溶液又达到饱和而分解出第二批二水石膏，如此循环进行，直到半水石膏全部溶解为止。同时，二水石膏迅速结晶，结晶体彼此联结，使石膏具有了强度。随着干燥而排出内部的游离水分，结晶体之间的摩擦力及粘结力逐渐增大，石膏强度也随之增加，最后成为坚硬的固体。

建筑石膏在凝结硬化过程中，将其从加水开始拌和一直到浆体刚开始失去可塑性的过程称为浆体的初凝，对应的这段时间称为初凝时间；将其从加水拌和一直到浆体完全失去可塑性，并开始产生强度的过程称为浆体的硬化，对应的这段时间称为浆体的终凝时间。

2. 建筑石膏的特点

(1) 凝结硬化很快，强度较低。由于凝结快，在实际工程中使用时往往需要掺入适量的缓凝剂，如动物胶、亚硫酸盐酒精溶液、硼砂等。建筑石膏的强度较低，其抗压强度仅为3.0～5.0MPa，只能满足作为隔墙和饰面的要求。

(2) 硬化时体积略微膨胀。建筑石膏在凝结硬化时具有微膨胀性。这种特性可使硬化成型的石膏制品表面光滑饱满，干燥时不开裂，且能使制品造型棱角清晰，尺寸准确，有利于制造复杂花纹图案的石膏装饰制品。

(3) 孔隙率大，体积密度小，保温隔热性能好，吸声性能好等。建筑石膏水化时的理论需水量仅为其质量的18.6%，但施工中为了保证浆体具有足够的流动性，其实际加水量常常达60%～80%左右，大量的水分会逐渐蒸发出来，而在硬化体内留下大量的孔隙，其孔隙率可达50%～60%。由于孔隙率大，因此石膏制品的体积密度小，属于轻质材料，而且具有良好的保温隔热性能和吸声性能。

(4) 耐水性、抗冻性差。因建筑石膏硬化后具有很强的吸湿性，在潮湿环境中，晶体间粘结力削弱，强度显著降低，遇水则晶体溶解易破坏，吸水后受冻，将因孔隙中水分结冰而崩裂。

(5) 防火性好。建筑石膏硬化后的主要成分是二水石膏，当其遇火时，二水石膏释放出部分结晶水，而水的热容量很大，蒸发时会吸收大量的热，并在制品表面形成蒸汽幕，可有效地防止火势的蔓延。

2.1.3 水泥

水硬性胶凝材料的代表物质是水泥。水泥泛指加水拌和成塑性浆体，能胶结砂、石等适当材料并能在空气和水中硬化的粉状水硬性胶凝材料。

水泥是建筑工程中最基本的建筑材料，不仅大量应用于工业与民用建筑，还广泛应用于公路、铁路、水利、海港及国防等工程建设中。

水泥的品种很多，按其性能和用途可分为：通用水泥、专用水泥及特性水泥三大类。通用水泥指一般土木建筑工程通常采用的水泥，即目前常用的硅酸盐水泥、普通硅酸盐水泥、矿渣硅酸盐水泥、火山灰质硅酸盐水泥、粉煤灰硅酸盐水泥及复合硅酸盐水泥；专用水泥指专门用途的水泥，主要有油井水泥、道路水泥、砌筑水泥等；特性水泥指某种性能比较突出的水泥，主要有快硬硅酸盐水泥、膨胀水泥、抗硫酸盐硅酸盐水泥等。按其主要水硬性物质名称可分为硅酸盐水泥、铝酸盐水泥、硫铝酸盐水泥、铁铝酸盐水泥和氟铝酸盐水泥等。

1. 硅酸盐水泥

(1) 硅酸盐水泥的定义

现行国家标准《通用硅酸盐水泥》GB 175—2007规定：凡是由硅酸盐水泥熟料，0～5%的石灰石或粒化高炉矿渣、适量的石膏磨细制成的水硬性胶凝材料，称为硅酸盐水泥。

硅酸盐水泥可分为两种类型：

Ⅰ型硅酸盐水泥，是不掺混合材料的水泥，其代号为P·Ⅰ。

Ⅱ型硅酸盐水泥，是在硅酸盐水泥熟料粉磨时掺加不超过水泥质量5%的石灰石或粒化高炉矿渣混合材料的水泥，其代号为P·Ⅱ。

（2）硅酸盐水泥熟料的矿物组成

生料在煅烧过程中，首先是石灰石和黏土分别分解成CaO、SiO_2、Al_2O_3和Fe_2O_3，然后在一定的温度范围内相互反应，经过一系列的中间过程后，生成硅酸三钙（$3CaO \cdot SiO_2$）、硅酸二钙（$2CaO \cdot SiO_2$）、铝酸三钙（$3CaO \cdot Al_2O_3$）和铁铝酸四钙（$4CaO \cdot Al_2O_3 \cdot Fe_2O_3$），称为水泥的熟料矿物。

水泥具有许多优良的建筑技术性能，这些性能取决于水泥熟料的矿物成分及其含量，各种矿物单独与水作用时，表现出不同的性能。详见表2-1。

水泥熟料矿物的组成、含量及特性 **表2-1**

特　性	硅酸三钙（C_3S）	硅酸二钙（C_2S）	铝酸三钙（C_3A）	铁铝酸四钙（C_4AF）
含量（%）	37～60	15～37	7～15	10～18
水化速度	快	慢	最快	快
水化热	高	低	最高	中
强度	高	早期低，后期高	中	中（对抗折有利）
耐化学侵蚀	差	良	最差	中
干缩性	中	小	大	小

（3）硅酸盐水泥的凝结与硬化

水泥用适量的水调和后，最初形成具有可塑性的浆体，由于水泥的水化作用，随着时间的增长，水泥浆逐渐变稠失去流动性和可塑性（但尚无强度），这一过程称为凝结；随后产生强度逐渐发展成为坚硬的水泥石的过程称之为硬化。水泥的凝结和硬化是人为划分的两个阶段，实际上是一个连续而复杂的物理化学变化过程，这些变化决定了水泥石的某些性质，对水泥的应用有着重要意义。

水泥的凝结硬化是从水泥颗粒表面逐渐深入到内层的，在最初的几天（1～3d）水分渗入速度快，所以强度增加率快，大致28d可完成这个过程基本部分。随后，水分渗入越来越难，所以水化作用就越来越慢。另外强度的增长还与温度、湿度有关。温、湿度越高，水化速度越快，则凝结硬化快；反之则慢。若水泥石处于完全干燥的情况下，水化就无法进行，硬化停止，强度不再增长。所以，混凝土构件浇筑后应加强洒水养护；当温度低于0℃时，水化基本停止。因此冬期施工时，需要采取保温措施，保证水泥凝结硬化的正常进行。实践证明，若温度和湿度适宜，未水化的水泥颗粒仍将继续水化，水泥石的强度在几年甚至几十年后仍缓慢增长。

（4）硅酸盐水泥的技术标准

1）细度

细度是指水泥颗粒的粗细程度。细度对水泥性质影响很大。一般情况下，水泥颗粒越细，总表面积越大，与水接触的面积越大，则水化速度越快，凝结硬化越快，水化产物越多，早期强度也越高，在水泥生产过程中消耗的能量越多，机械损耗也越大，生产成本增加，且水泥在空气中硬化时收缩也增大，易产生裂缝，所以细度应适宜。国家标准规定：硅酸盐水泥的细度采用比表面积测定仪检验，其比表面积应大于 $300m^2/kg$。

2）凝结时间

水泥凝结时间分为初凝时间和终凝时间。从水泥加入拌和用水中至水泥浆开始失去塑性所需的时间，称为初凝时间。自水泥加入拌和用水中至水泥浆完全失去塑性所需的时间，称为终凝时间。

水泥的凝结时间，对施工有重大意义。如凝结过快，混凝土会很快失去流动性，以致无法浇筑，所以初凝不宜过快，以便有足够的时间完成混凝土的搅拌、运输、浇筑和振捣等工序的施工操作；但终凝亦不宜过迟，以便混凝土在浇捣完毕后，尽早完成凝结并开始硬化，具有一定强度，以利下一步施工的进行，并可尽快拆去模板，提高模板周转率。国家标准规定：初凝不早于 45min，终凝不迟于 390min。

水泥在使用中，有时会发生不正常的快凝现象，即假凝或瞬凝。

假凝：是指水泥与水调和几分钟后就发生凝固，并没有明显放热现象。出现假凝后无需加水，而将已凝固的水泥浆继续搅拌，便可恢复塑性，对强度无明显影响。

瞬凝：又称急凝，是水泥加水调和后立即出现的快凝现象。浆体很快凝结成为一种很粗糙且和易性差的拌合物，并在大量放热的情况下很快凝结，使施工不能进行。发生瞬凝的水泥用于混凝土和砂浆中会严重降低其强度。

3）体积安定性

水泥体积安定性是指水泥在凝结硬化过程中体积变化的均匀性。如果水泥硬化后产生不均匀的体积变化，即为体积安定性不良，安定性不良会使水泥制品或混凝土构件产生膨胀性裂缝，降低建筑物质量，甚至引起严重事故。体积安定性不良的水泥不能用于工程中。

引起水泥安定性不良的原因有很多，主要有熟料中所含的游离氧化钙、游离氧化镁过多或掺入的石膏过多。熟料中所含的游离氧化钙或氧化镁都是过烧的，熟化很慢，在水泥硬化后才进行熟化，这是一个体积膨胀的化学反应，会引起不均匀的体积变化，使水泥石开裂。当石膏掺量过多时，在水泥硬化后，它还会继续与固态的水化铝酸钙反应生成高硫型水化硫铝酸钙，体积增大，也会引起水泥石开裂。

国家标准规定：由于游离氧化钙引起的水泥体积安定性不良可采用沸煮法检验。所谓沸煮法，包括试饼法和雷氏法两种。试饼法是将标准稠度水泥净浆做成试饼，沸煮 3h 后，若用肉眼观察未发现裂纹，用直尺检查没有弯曲现象，则称为安定性合格。雷氏法是测定水泥浆在雷氏夹中沸煮硬化后的膨胀值，若膨胀量在规定值内为安定性合格。当试饼法和雷氏法两者结论有矛盾时，以雷氏法为准。

4）强度及强度等级

水泥的强度是评定水泥质量的重要指标，是划分强度等级的依据。

水泥强度检验标准《水泥胶砂强度检验方法（ISO 法）》GB/T 17671—1999 规定：水泥、标准砂及水按 1∶3∶0.5 的比例混合，按规定的方法制成 40mm×40mm×160mm 的试件，在标准条件下（温度 20±1℃，相对湿度在 90％以上）进行养护，分别测其 3 天、28 天的抗压强度和抗折强度，以确定水泥的强度等级。

根据 3d、28d 抗折强度和抗压强度划分硅酸盐水泥强度等级，并按照 3d 强度的大小分为普通型和早强型（用R表示）。

硅酸盐水泥分为42.5、42.5R、52.5、52.5R、62.5、62.5R六个强度等级。

5）水化热

水泥在水化过程中放出的热称为水化热。水化放热量和放热速度不仅取决于水泥的矿物组成，而且还与水泥细度、水泥中掺混合材料及外加剂的品种、数量等有关。

大型基础、水坝、桥墩等大体积混凝土构筑物，由于水化热聚集在内部不易散热，内部温度常上升到50～60℃以上，内外温度差引起的应力，可使混凝土产生裂缝，因此水化热对大体积混凝土是有害因素。在大体积混凝土工程中，不宜采用硅酸盐水泥这类水化热较高的水泥品种。

除上述技术要求外，国家标准还对硅酸盐水泥的不溶物、烧失量等化学指标做了明确规定。

2. 普通硅酸盐水泥

凡由硅酸盐水泥熟料、6％～20％混合材料、适量石膏磨细制成的水硬性胶凝材料，称为普通硅酸盐水泥（简称普通水泥），代号P·O。

掺活性混合材料时，最大掺量不得超过20％，其中允许用不超过水泥质量5％的窑灰或不超过水泥质量8％的非活性混合材料来代替。掺非活性混合材料，最大掺量不得超过水泥质量的8％。

由于普通水泥混合料掺量很小，因此其性能与同等级的硅酸盐水泥相近。但由于掺入了少量的混合材料，与硅酸盐水泥相比，普通水泥硬化速度稍慢，其3d、28d的抗压强度稍低，这种水泥被广泛应用于各种强度等级的混凝土或钢筋混凝土工程，是我国水泥的主要品种之一。

普通水泥按照国家标准《通用硅酸盐水泥》GB 175—2007规定，其强度等级分为42.5、42.5R、52.5、52.5R四个强度等级。

3. 矿渣硅酸盐水泥、火山灰质硅酸盐水泥和粉煤灰硅酸盐水泥

（1）定义

凡由硅酸盐水泥熟料和粒化高炉矿渣、适量石膏磨细制成的水硬性胶凝材料称为矿渣硅酸盐水泥（简称矿渣水泥），代号P·S（A或B）。水泥中粒化高炉矿渣掺量按质量百分比计为21％～50％者，代号为P·S·A；水泥中粒化高炉矿渣掺量按质量百分比计为51％～70％者，代号为P·S·B。允许用石灰石、窑灰、粉煤灰和火山灰质混合材料中的一种材料代替矿渣，代替数量不得超过水泥质量的8％。

凡由硅酸盐水泥熟料和火山灰质混合材料、适量石膏磨细制成的水硬性胶凝材料称为火山灰质硅酸盐水泥（简称火山灰水泥），代号P·P。水泥中火山灰质混合材料掺量按质量百分比计为21％～40％。

凡由硅酸盐水泥熟料和粉煤灰、适量石膏磨细制成的水硬性胶凝材料称为粉煤灰硅酸盐水泥（简称粉煤灰水泥），代号P·F。水泥中粉煤灰掺量按质量百分比计为21％～40％。

（2）强度等级与技术要求

矿渣硅酸盐水泥、火山灰质硅酸盐水泥、粉煤灰硅酸盐水泥按照我国现行标准《通用硅酸盐水泥》GB 175—2007规定，其强度等级分为：32.5、32.5R、42.5、42.5R、52.5、52.5R六个强度等级，各强度等级水泥的各龄期强度不得低于表2-2中的数值，其他技术性能的要求如表 2-3 所示。

矿渣水泥、火山灰水泥、粉煤灰水泥各龄期的强度要求（GB 175—2007）　　表 2-2

强度等级	抗压强度（MPa）		抗折强度（MPa）	
	3d	28d	3d	28d
32.5	≥10.0	≥32.5	≥2.5	≥5.5
32.5R	≥15.0	≥32.5	≥3.5	≥5.5
42.5	≥15.0	≥42.5	≥3.5	≥6.5
42.5R	≥19.0	≥42.5	≥4.0	≥6.5
52.5	≥21.0	≥52.5	≥4.0	≥7.0
52.5R	≥23.0	≥52.5	≥4.5	≥7.0

注：R—早强型。

矿渣水泥、火山灰水泥、粉煤灰水泥技术指标（GB 175—2007）　　表 2-3

项　目	细度（80μm 方孔筛）的筛余量（%）	凝结时间		安定性（沸煮法）	抗压强度（MPa）	水泥中 MgO（%）	水泥中 SO_3（%）		碱含量按 $Na_2O+0.658K_2O$ 计（%）
		初凝（min）	终凝（h）				矿渣水泥	火山灰、粉煤灰水泥	
指标	≤10%	≥45	≤10	必须合格	见表 2-2	≤6.0①	≤4.0	≤3.5	供需双方商定②
试验方法	GB/T 1345—2005	GB/T 1346—2011			GB/T 17671—1999	GB/T 176－2008			

注：①如果水泥中氧化镁的含量（质量分数）大于 6.0%时，需进行水泥压蒸安定性试验并合格。

②若使用活性骨料需要限制水泥中碱含量时，由供需双方商定。

（3）矿渣水泥、火山灰水泥、粉煤灰水泥特性与应用

1）三种水泥的共性

① 凝结硬化慢，早期强度低，后期强度增长较快

三种水泥的水化过程较硅酸盐水泥复杂。首先是水泥熟料矿物与水反应，所生成的氢氧化钙和掺入水泥中的石膏分别作为混合材料的碱性激发剂和硫酸盐激发剂；其次是与混合材料中的活性氧化硅、氧化铝进行二次化学反应。由于三种水泥中熟料矿物含量减少，而且水化分两步进行，所以凝结硬化速度减慢，不宜用于早期强度要求较高的工程。

② 水化热较低

由于水泥中熟料的减少，使水泥水化时发热量高的 C_3S 和 C_3A 含量相对减少，故水化热较低，可优先使用于大体积混凝土工程，不宜用于冬期施工。

③ 耐腐蚀能力好，抗碳化能力较差

这类水泥水化产物中 $Ca(OH)_2$ 含量少，碱度低，故抗碳化能力较差，对防止钢筋锈蚀不利，不宜用于重要的钢筋混凝土结构和预应力混凝土。但抗溶出性侵蚀、抗盐酸类侵蚀及抗硫酸盐侵蚀的能力较强，宜用于有耐腐蚀要求的混凝土工程。

④ 对温度敏感，蒸汽养护效果好

这三种水泥在低温条件下水化速度明显减慢，在蒸汽养护的高温高湿环境中，活性混合材料参与二次水化反应，强度增长比硅酸盐水泥快。

⑤ 抗冻性、耐磨性差

与硅酸盐水泥相比较，由于加入较多的混合材料，用水量增大，水泥石中孔隙较多，故抗冻性、耐磨性较差，不适用于受反复冻融作用的工程及有耐磨要求的工程。

2）三种水泥的特性

矿渣水泥硬化后氢氧化钙的含量低，矿渣又是水泥的耐火掺料，所以矿渣水泥具有较好的耐热性，可用于配制耐热混凝土。

火山灰水泥需水量大，在硬化过程中的干缩较矿渣水泥更为显著，在干热环境中易产生干缩裂缝。因此，火山灰水泥不适用于干燥环境中的混凝土工程，使用时必须加强养护，使其在较长时间内保持潮湿状态。火山灰水泥颗粒较细，泌水性小，故具有较高的抗渗性，适用于有一般抗渗要求的混凝土工程。

粉煤灰水泥的主要特点是干缩性比较小，甚至比硅酸盐水泥及普通水泥还小，因而抗裂性较好；由于粉煤灰的颗粒多呈球形微粒，吸水率小，所以粉煤灰水泥的需水量小，配制的混凝土和易性较好。

4. 水泥的应用、验收与保管

硅酸盐水泥、普通水泥、矿渣水泥、火山灰水泥、粉煤灰水泥及复合水泥等水泥是在工程中应用最广的品种，此六种水泥的特性见表 2-4；它们的应用见表 2-5。

常用水泥的特性 **表 2-4**

性　质	硅酸盐水泥	普通水泥	矿渣水泥	火山灰水泥	粉煤灰水泥	复合水泥
凝结硬化	快	较快	慢	慢	慢	与所掺两种或两种以上混合材料的种类、掺量有关，其特性基本与矿渣水泥、火山灰水泥、粉煤灰水泥的特性相似
早期强度	高	较高	低	低	低	
后期强度	高	高	增长较快	增长较快	增长较快	
水化热	大	较大	较低	较低	较低	
抗冻性	好	较好	差	差	差	
干缩性	小	较小	大	大	较小	
耐蚀性	差	较差	较好	较好	较好	
耐热性	差	较差	好	较好	较好	
泌水性			大	抗渗性较好		
抗碳化能力			差			

常用水泥的选用 **表 2-5**

混凝土工程特点及所处环境条件			优先选用	可以选用	不宜选用
普通混凝土	1	在一般气候环境中的混凝土	普通水泥	矿渣水泥、火山灰水泥、粉煤灰水泥和复合水泥	
	2	在干燥环境中的混凝土	普通水泥	矿渣水泥	火山灰水泥、粉煤灰水泥

续表

混凝土工程特点及所处环境条件			优先选用	可以选用	不宜选用
普通混凝土	3	在高温环境中或长期处于水中的混凝土	矿渣水泥、火山灰水泥、粉煤灰水泥、复合水泥	普通水泥	
	4	厚大体积的混凝土	矿渣水泥、火山灰水泥、粉煤灰水泥、复合水泥		硅酸盐水泥普通水泥
有特殊要求的混凝土	1	要求快硬、高强（＞C60）的混凝土	硅酸盐水泥	普通水泥	矿渣水泥、火山灰水泥、粉煤灰水泥、复合水泥
	2	严寒地区的露天混凝土、寒冷地区处于水位升降范围的混凝土	普通水泥	矿渣水泥（强度等级＞32.5）	火山灰水泥、粉煤灰水泥
	3	严寒地区处于水位升降范围的混凝土	普通水泥（强度等级＞42.5）		矿渣水泥、火山灰水泥、粉煤灰水泥、复合水泥
	4	有抗渗要求的混凝土	普通水泥、火山灰水泥		矿渣水泥
	5	有耐磨性要求的混凝土	硅酸盐水泥、普通水泥	矿渣水泥（强度等级＞32.5）	火山灰水泥、粉煤灰水泥
	6	受侵蚀性介质作用的混凝土	矿渣水泥、火山灰水泥、粉煤灰水泥、复合水泥		硅酸盐水泥

水泥可以采用袋装或者散装，袋装水泥每袋净含量 50kg，且不得少于标志质量的 99%，随机抽取 20 袋水泥，其总质量不得少于 1000kg。

水泥袋上应清楚标明下列内容：执行标准、水泥品种、代号、强度等级、生产者名称、生产许可证标志（QS）及编号、出厂编号、包装日期、净含量。包装袋两侧应根据水泥的品种采用不同的颜色印刷水泥名称和强度等级，硅酸盐水泥和普通硅酸盐水泥采用红色，矿渣硅酸盐水泥采用绿色；火山灰质硅酸盐水泥、粉煤灰硅酸盐水泥和复合硅酸盐水泥采用黑色或蓝色。

散装水泥发运时应提交与袋装水泥标志相同内容的卡片。

建设工程中使用水泥之前，要对同一生产厂家、同期出厂的同品种、同强度等级的水泥，以一次进场的、同一出厂编号的水泥为一批，按照规定的抽样方法抽取样品，对水泥性能进行检验。袋装水泥以每一编号内随机抽取不少于 20 袋水泥取样；散装水泥于每一编号内采用散装水泥取样器随机取样。重点检验水泥的凝结时间、安定性和强度等级，合格后方可投入使用。存放期超过 3 个月的水泥，使用前必须重新进行复验，并按复验结果使用。

5. 特性水泥

（1）快硬硅酸盐水泥

凡以硅酸盐水泥熟料和适量石膏磨细制成的，以 3d 抗压强度表示强度等级的水硬性胶凝材料，称为快硬硅酸盐水泥（简称快硬水泥）。

快硬硅酸盐水泥生产方法与硅酸盐水泥基本相同，只是要求 C_3S 和 C_3A 含量高些。通常快硬硅酸盐水泥熟料中 C_3S 含量为 50%～60%，C_3A 的含量为 8%～14%，二者总含量应不小于 60%～65%。为加快硬化速度，可适当增加石膏的掺量（可达 8%）和提高水泥的细度。

快硬水泥水化放热速度快，水化热较高，早期强度高，但干缩性较大。主要用于抢修工程、军事工程、冬期施工工程、预应力钢筋混凝土构件，适用于配制干硬混凝土等，可提高早期强度，缩短养护周期，但不宜用于大体积混凝土工程。

（2）膨胀水泥

由胶凝物质和膨胀剂混合而成的胶凝材料称为膨胀水泥，在水化过程中能产生体积膨胀，在硬化过程中不仅不收缩，而且有不同程度的膨胀。使用膨胀水泥能克服和改善普通水泥混凝土的一些缺点（常用水泥在硬化过程中常产生一定收缩，造成水泥混凝土构件裂纹、透水和不适宜某些工程的使用），能提高水泥混凝土构件的密实性，能提高混凝土的整体性。

膨胀水泥水化硬化过程中体积膨胀，可以达到补偿收缩、增加结构密实度以及获得预加应力的目的。由于这种预加应力来自于水泥本身的水化，所以称为自应力，并以“自应力值”（MPa）来表示其大小。按自应力的大小，膨胀水泥可分为两类：当自应力值≥2.0MPa 时，称为自应力水泥；当自应力值<2.0MPa 时，则称为膨胀水泥。

膨胀水泥按主要成分划分为硅酸盐型、铝酸盐型、硫铝酸盐型和铁铝酸钙型，其膨胀机理都是水泥石中所形成的钙矾石的膨胀。其中硅酸盐膨胀水泥凝结硬化较慢；铝酸盐膨胀水泥凝结硬化较快。

膨胀水泥适用于配制补偿收缩混凝土，用于构件的接缝及管道接头、混凝土结构的加固和修补、防渗堵漏工程、机器底座及地脚螺丝的固定等。自应力水泥适用于制造自应力钢筋混凝土压力管及配件。

2.2 混凝土

混凝土是由胶凝材料、粗细骨料及其他外掺料按适当比例配制，在一定条件下硬化而成的人工石材。一般所称的混凝土是由水泥、水和砂石材料按一定比例拌合后，经一定时间硬化而成，即普通混凝土，简称为“混凝土”。

混凝土是世界上用量最大的一种工程材料，应用范围遍及建筑、道路、桥梁、水利、国防工程等领域。

2.2.1 混凝土的分类

1. 按胶凝材料分

按混凝土中胶凝材料品种不同将混凝土分为水泥混凝土、水玻璃混凝土、硅酸盐混凝土、沥青混凝土、聚合物水泥混凝土、聚合物浸渍混凝土等品种。

2. 按体积密度分

（1）重混凝土　体积密度大于 2800kg/m³。一般采用密度很大的重质集料，如重晶石、铁矿石、钢屑等配制而成，具有防射线功能，又称为防辐射混凝土。

（2）普通混凝土　体积密度为 2000～2800kg/m³，一般在 2400kg/m³左右。采用水泥和天然砂石配制，是工程中应用最广的混凝土，主要用作建筑工程的承重结构材料。

（3）轻混凝土　体积密度小于 2000kg/m³。又分为轻集料混凝土和多孔混凝土两类。主要用作轻质结构材料和保温隔热材料。

3. 按用途分

可分为结构混凝土、防水混凝土、耐热混凝土、道路混凝土、耐酸混凝土、装饰混凝土、大体积混凝土、防辐射混凝土等。

4. 按施工方法分

可分为预拌混凝土（商品混凝土）、泵送混凝土、喷射混凝土、碾压混凝土等。

5. 按强度分

（1）普通混凝土，强度等级一般在 C60 级以下。

（2）高强混凝土，强度等级大于或等于 C60 级。

（3）超高强混凝土，抗压强度在 100MPa 以上。

混凝土具有抗压强度高、耐久、耐火、维修费用低等许多优点，混凝土硬化后的强度高，是一种较好的结构材料；普通混凝土使用的组成材料体积中，70%以上均为天然砂、石子，因此可就地取材，降低了成本；混凝土拌合物具有良好的可塑性，可以根据需要浇筑成任意形状的构件，即混凝土具有良好的可加工性；混凝土与钢筋粘结良好，一般不会锈蚀钢筋，质量符合标准要求的混凝土，对钢筋有较好的保护作用。基于以上优点，混凝土广泛应用于钢筋混凝土结构中。

2.2.2　普通混凝土的组成材料及其技术要求

在普通混凝土中，砂、石起骨架作用，称作骨料。水泥和水组成的水泥浆填充在砂、石的空隙中起填充作用，使混凝土获得必要的密实性；同时水泥浆又包裹在砂、石的表面，起润滑作用，使新拌混凝土具有成型时所必需的和易性；水泥浆还起胶粘剂的作用，硬化后将砂石牢固地胶结成为一个整体。

1. 水泥

水泥是混凝土中最主要的组成材料。合理选择水泥，对于保证混凝土的质量，降低成本是非常重要的。水泥品种的选择，应根据结构物所处的环境条件及水泥的特性等因素综合考虑。

水泥的强度应与要求配制的混凝土强度等级相适应。若用低强度等级的水泥配制高强度等级的混凝土，不仅会使水泥用量过多而不经济，还会增加混凝土的水化热和干缩、徐变，混凝土的强度得不到保证；反之，用高强度等级的水泥配制低强度等级的混凝土，若只考虑强度要求，会使水泥用量偏小，严重影响混凝土拌合物的和易性和耐久性。通常，配制一般混凝土时，水泥强度为混凝土设计强度等级的 1.5～2.0 倍；配制高强度混凝土时，为混凝土设计强度等级的 0.9～1.5 倍。

2. 细骨料（砂）

砂是混凝土中的细骨料，是指粒径在 4.75mm 以下的颗粒。

（1）砂的分类

砂按产源分为天然砂和机制砂两大类。

天然砂是自然生成的，经人工开采和筛分的粒径小于 4.75mm 的岩石颗粒，包括河砂、湖砂、山砂和淡化海砂，但不包括软质岩、风化岩石的颗粒。山砂和海砂含杂质较多，拌制的混凝土质量较差，河砂颗粒坚硬、含杂质较少，拌制的混凝土质量较好，工程中常用河砂拌制混凝土。

机制砂是经除土处理，由机械破碎、筛分制成的，粒径小于 4.75mm 的岩石、矿山尾矿或工业废渣颗粒，但不包括软质、风化的颗粒，俗称人工砂。

砂按技术要求分为Ⅰ类、Ⅱ类、Ⅲ类。Ⅰ类宜用于强度等级大于 C60 的混凝土；Ⅱ类用于强度等级为 C30～C60 及抗冻、抗渗或其他要求的混凝土；Ⅲ类宜用于强度等级小于 C30 的混凝土和建筑砂浆。

（2）普通混凝土用砂的技术要求

1）颗粒级配和粗细程度

砂的颗粒级配是指各级粒级的砂按比例搭配的情况；粗细程度是指各粒级的砂搭配在一起总的粗细情况。砂的公称粒径用砂筛分时筛余颗粒所在筛的筛孔尺寸表示，相邻两公称粒径的尺寸范围称为砂的公称粒级。

颗粒级配较好的砂，颗粒之间搭配适当，大颗粒之间的空隙由小一级颗粒填充，这样颗粒之间逐级填充，能使砂的空隙率达到最小，从而可减少水泥用量，达到节约水泥的目的，或者在水泥用量一定的情况下可提高混凝土拌合物的和易性。砂颗粒总的来说越粗，则其总表面积较小，包裹砂颗粒表面的水泥浆数量可减少，也可减少水泥用量，达到节约水泥的目的，或者在水泥用量一定的情况下可提高混凝土拌合物的和易性。因此，在选择和使用砂时，应尽量选择在空隙率小的条件下尽可能粗的砂，即选择级配适宜、颗粒尽可能粗的砂配制混凝土。

砂的颗粒级配和粗细程度采用筛分法测定。筛分试验采用的标准砂筛，由七个标准筛及底盘组成。筛孔尺寸为 9.50mm、4.75mm、2.36mm、1.18mm、600μm、300μm 和 150μm。

筛除大于 9.50mm 的颗粒，称取烘干至恒量的砂 500g，将砂倒入按筛孔尺寸从大到小排列的标准砂筛中，按规定方法进行筛分后，测定 4.75mm～150μm 各筛的筛余量 m_1、m_2、m_3、…、m_6。计算各号筛的分计筛余率和累计筛余率，具体计算方法见表 2-6。

分计筛余率和累计筛余率的计算 表 2-6

方筛孔	筛余量，g	分计筛余百分率	累计筛余百分率
4.75mm	m_1	$a_n=\frac{m_n}{500}\times100\%$ $n=1\sim6$	$A_1=a_1$
2.36mm	m_2		$A_2=a_1+a_2$
1.18mm	m_3		$A_3=a_1+a_2+a_3$
600μm	m_4		$A_4=a_1+a_2+a_3+a_4$
300μm	m_5		$A_5=a_1+a_2+a_3+a_4+a_5$
150μm	m_6		$A_6=a_1+a_2+a_3+a_4+a_5+a_6$

普通混凝土用砂，按 600μm 筛的累计筛余率（A_4）大小划分为 1 区、2 区和 3 区三个级配区，各号筛累计筛余百分率范围见表 2-7。砂的颗粒级配应符合表 2-7 的规定。

砂的颗粒级配区 **表 2-7**

方筛孔	累计筛余率（%）		
	1 区	2 区	3 区
9.50mm	0	0	0
4.75mm	10～0	10～0	10～0
2.36mm	35～5	25～0	15～0
1.18mm	65～35	50～10	25～0
600μm	85～71	70～41	40～16
300μm	95～80	92～70	85～55
150μm	100～90	100～90	100～90

（1）砂的实际颗粒级配与表中所列数字相比，除 4.75mm 和 600μm 筛档外，可以略有超出，但超出总量应小于 5%。

（2）1 区人工砂中 150μm 筛孔的累计筛余可以放宽到 100～85，2 区人工砂中 150μm 筛孔的累计筛余可以放宽到 100～80，3 区人工砂中 150μm 筛孔的累计筛余可以放宽到 100～75。

配制混凝土时，宜优先选择级配在 2 区的砂，使混凝土拌合物获得良好的和易性。当采用 1 区砂时，由于砂颗粒偏粗，配制的混凝土流动性大，但黏聚性和保水性较差，因此应适当提高砂率，以保证混凝土拌合物的和易性；当采用 3 区砂时，由于颗粒偏细，配制的混凝土黏聚性和保水性较好，但流动性较差，因此应适当减小砂率，以保证混凝土硬化后的强度。

砂的粗细程度，用细度模数表示。细度模数 M_x 的计算如下：

$$M_x = \frac{(A_2 + A_3 + A_4 + A_5 + A_6) - 5A_1}{100 - A_1} \tag{2-1}$$

式中 M_x——细度模数；

A_1、A_2、A_3、A_4、A_5、A_6——分别为 4.75mm、2.36mm、1.18mm、600μm、300μm、150μm 筛的累计筛余百分率，%。

混凝土用砂按细度模数的大小分为粗砂、中砂、细砂和特细砂四种：

粗砂：M_x=3.7～3.1；中砂：M_x=3.0～2.3；细砂：M_x=2.2～1.6、特细砂：M_x=1.5～0.7。配制泵送混凝土，宜选用中砂。

2）含泥量、泥块含量和石粉含量

含泥量是指天然砂中粒径小于 75μm 的颗粒含量；泥块含量是指砂中原粒径大于 1.18mm，经水浸洗、手捏后小于 600μm 的颗粒含量；石粉含量是指人工砂中粒径小于 75μm 的颗粒含量。

人工砂在生产时会产生一定的石粉，虽然石粉与天然砂中的含泥量均是指粒径小于 75μm 的颗粒含量，但石粉的成分、粒径分布和在砂中所起的作用不同。

天然砂的含泥量会影响砂与水泥石的粘结，使混凝土达到一定流动性的需水量增加，混凝土的强度降低，耐久性变差，同时硬化后的干缩性较大。人工砂中适量的石粉对混凝土是有一定益处的。人工砂颗粒坚硬、多棱角，拌制的混凝土在同样条件下比天然砂的和易性差，而人工砂中适量的石粉可弥补人工砂形状和表面特征引起的不足，起到完善砂级配的作用。

3）有害物质

混凝土用砂中不应有草根、树叶、树枝、塑料、煤块、炉渣等杂物。砂中如含有云母、轻物质、有机物、硫化物及硫酸盐、氯盐等，其含量应符合表 2-8 的规定。

砂中有害物质含量规定 **表 2-8**

项　　目	指　　标		
	Ⅰ类	Ⅱ类	Ⅲ类
云母，按质量计（%）	≤1.0	≤2.0	≤2.0
轻物质，按质量计（%）	≤1.0	≤1.0	≤1.0
有机物（比色法）	合格	合格	合格
硫化物及硫酸盐，按 SO_3 性能计（%）	≤0.5	≤0.5	≤0.5
氯化物，以氯离子质量计（%）	≤0.01	≤0.02	≤0.06

注：轻物质是指表观密度小于 2000kg/m^3 的物质。

3. 粗骨料（石子）

粗骨料是指公称粒径大于 4.75mm 的岩石颗粒。

（1）粗骨料分类

根据产源分为碎石和卵石。碎石表面粗糙，颗粒多棱角，与水泥浆粘结力强，配制的混凝土强度高，但其总表面积和空隙率较大，拌合物水泥用量较多，和易性较差；卵石表面光滑，少棱角，空隙率及表面积小，拌制混凝土需用水泥浆量少，拌合物和易性好，便于施工，但所含杂质常较碎石多，与水泥浆粘结力较差，故用其配制的混凝土强度较低。

卵石、碎石按技术要求分为Ⅰ类、Ⅱ类、Ⅲ类。Ⅰ类宜用于强度等级大于 C60 的混凝土；Ⅱ类用于强度等级为 C30～C60 及抗冻、抗渗或其他要求的混凝土；Ⅲ类宜用于强度等级小于 C30 的混凝土。

（2）普通混凝土用石子的技术要求

1）有害杂质含量

石子中含有黏土、淤泥、有机物、硫化物及硫酸盐和其他活性氧化硅等杂质。含泥量指卵石、碎石中粒径小于 75μm 的颗粒含量。泥块含量指卵石、碎石中原粒径大于 4.75mm，经水浸洗，手捏后小于 2.36mm 的颗粒含量。有的杂质影响粘结力，有的能和水泥产生化学作用而破坏混凝土结构。此外，针片状颗粒的含量也不宜过多。粗集料中针状颗粒，是指卵石和碎石颗粒的长度大于该颗粒所属相应粒级的平均粒径 2.4 倍者；片状颗粒是指厚度小于平均粒径 0.4 倍者。平均粒径是指该粒级上下限粒径的平均值。针、片状颗粒本身的强度不高，在承受外力时容易产生折断，因此不仅会影响混凝土的强度，而且会增大石子的空隙率，使混凝土的和易性变差。其控制含量见表 2-9 和表 2-10。

碎石或卵石中的含泥量和泥块含量及针片状颗粒含量表　　表 2-9

项目	指标		
	Ⅰ类	Ⅱ类	Ⅲ类
含泥量（按质量计）（%）	≤0.5	≤1.0	≤1.5
泥块含量（按质量计）（%）	0	≤0.2	≤0.5
针片状颗粒（按质量计）（%）	≤5	≤10	≤15

碎石或卵石中的有害杂质含量表　　表 2-10

项　　目	指　　标		
	Ⅰ类	Ⅱ类	Ⅲ类
有机物	合格	合格	合格
硫化物及硫酸盐（按 SO_3 质量计）（%）　≤	0.5	1.0	1.0

2）最大粒径与颗粒级配

石子中公称粒级的上限称为该粒级的最大粒径。在石子用量一定的情况下，随着粒径的增大，总表面积随之减小。按《混凝土质量控制标准》（GB 50164—2011）的规定，混凝土用粗集料的最大粒径不得超过构件截面最小尺寸的 1/4，不得超过钢筋最小净间距的 3/4；对于混凝土实心板，骨料最大粒径不宜超过板厚的 1/3，且不得超过 40mm。对于泵送混凝土，最大粒径与输送管内径之比，碎石宜小于或等于 1∶3；卵石宜小于或等于 1∶2.5。对于大体积混凝土，粗骨料最大公称粒径不宜小于 31.5mm。

石子应具有良好的颗粒级配，以达到空隙率与总表面积最小的目的。颗粒级配良好的石子，既能节约水泥用量，又能改善混凝土的技术性能。石子级配的原理与砂基本相同，不同之处，其级配分为连续级配与间断级配两种。

连续级配是指颗粒的尺寸由大到小连续分级，其中每一级骨料都占适当的比例。间断级配是指石子粒级不连续，间断级配是指为了减小空隙率，人为地筛除某些中间粒级的颗粒，大颗粒之间的空隙，直接由粒径小很多的颗粒填充的级配。

3）强度

粗骨料的强度，用岩石立方体抗压强度和压碎指标表示。在选择采石场或对粗骨料强度有严格要求或对质量有争议时，宜用岩石立方体检验；对于经常性的生产质量控制则用压碎指标值检验较为方便。

用压碎指标表示粗骨料强度是通过测定集料抵抗压碎的能力，间接地推测其相应的强度。将一定量 9.5～19.5mm 的颗粒，在气干状态下装入一定规格的圆筒内，在压力机上施加一定的荷载，卸荷后称得试样重（G_1），用孔径为 2.36mm 的筛筛分试样，称取试样的筛余量（G_2），则

$$Q_e = \frac{G_1 - G_2}{G_1} \times 100\% \tag{2-2}$$

式中　Q_e——压碎指标值，%；

G_1——试样的质量，g；

G_2——压碎试验后筛余的试样质量，g。

4. 拌合及养护用水

拌制和养护各种混凝土所用的水应采用符合国家标准的生活饮用水。地表水和地下水情况很复杂，若总含盐量及有害离子的含量超过规定值时，必须进行适用性检验，合格后方能使用。当水质不能确定时，也可将该水与洁净水同时分别制作混凝土试块，进行强度对比试验，如该水制成的试块强度不低于洁净水制成的试块强度时，方可使用。

允许用海水拌制素混凝土，但不得拌制钢筋混凝土和预应力混凝土；有饰面要求的混凝土不能用海水拌制，因海水有引起表面潮湿和盐霜的趋向；海水也不应用于高铝水泥拌制的混凝土中。

2.2.3 混凝土的主要技术性质

普通混凝土组成材料按一定比例混合，经拌合均匀后即形成混凝土拌合物，又称为新拌混凝土；水泥凝结硬化后，即形成硬化混凝土。

混凝土拌合物应具有良好的和易性，以便于施工操作，得到结构均匀、成型密实的混凝土，保证混凝土的强度和耐久性。硬化混凝土的性质主要包括强度、耐久性等。

1. 和易性

混凝土拌合物的和易性是指拌合物便于施工操作（主要包括搅拌、运输、浇筑、成型、养护等），能够获得结构均匀、成型密实的混凝土的性能。和易性是一项综合性能，主要包括流动性、黏聚性和保水性三个方面的性质。

流动性是指混凝土拌合物在本身自重或施工机械振捣作用下，能产生流动并且均匀密实地填满模板的性能。流动性好的混凝土拌合物，则施工操作方便，易于使混凝土成型密实。

黏聚性是指混凝土拌合物各组成材料之间具有一定的内聚力，在运输和浇筑过程中不致产生离析和分层现象的性质。

保水性是指混凝土拌合物具有一定的保水能力，在施工过程中不致产生较严重泌水现象的性质。保水性差的混凝土拌合物，其内部固体粒子下沉、水分上浮，在拌合物表面析出一部分水分，内部水分向表面移动过程中产生毛细管通道，使混凝土的密实度下降、强度降低、耐久性下降，且混凝土硬化后表面易起砂。

混凝土拌合物的流动性、黏聚性和保水性，三者之间是对立统一的关系。流动性好的拌合物，黏聚性和保水性往往较差；而黏聚性、保水性好的拌合物，一般流动性可能较差。在实际工程中，应尽可能达到三者统一，既满足混凝土施工时要求的流动性，同时也具有良好的粘聚性和保水性。

混凝土拌合物和易性的评定，通常采用测定混凝土拌合物的流动性、辅以直观经验评定黏聚性和保水性的方法。定量测定流动性的常用方法主要有坍落度法、扩展度法和维勃稠度法。

（1）坍落度法

测定混凝土拌合物在自重作用下产生的变形值——坍落度（mm）。将混凝土拌合物按规定的试验方法装入坍落度筒内，提起坍落度筒后，拌合物因自重而向下坍落，坍落的尺寸即为拌合物的坍落度值（mm），以 T 表示，见图 2-1。在测定坍落度时观察黏聚性和保水性。坍落度法适用于集料最大粒径不大于 40mm、坍落度值不小于 10mm 的低塑性混凝土、塑性混凝土的流动性测定。

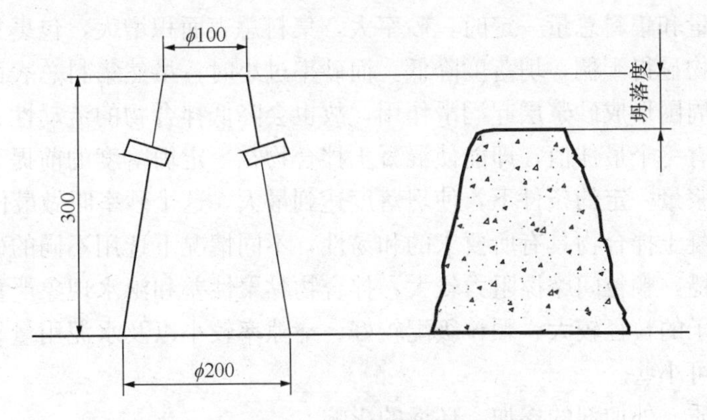

图 2-1　坍落度的测定

（2）扩展度法

扩展度是指混凝土拌合物坍落后扩展的直径。坍落度法主要用于骨料最大粒径不大于 40mm，坍落度不小于 160mm 混凝土扩展度的测定。以混凝土拌合物展开扩展面的最大直径以及与最大直径呈垂直方向的直径的算数平均值作为扩展度。

（3）维勃稠度法

维勃稠度法的原理是测定使混凝土拌合物密实所需要的时间（s）。适用于集料最大粒径不大于 40mm、维勃稠度在 5～30s 之间的干硬性混凝土拌合物的流动性测定。

影响混凝土拌合物和易性的因素很多，主要有材料的性质、水泥浆量与水灰比、砂率和外加剂等。

（1）水泥品种和细度

在混凝土配合比相同的情况下，如采用不同品种的水泥，则拌合物的和易性也不相同。普通水泥比矿渣水泥和火山灰水泥的和易性好。

水泥细度较细，可以提高拌合物的黏聚性和保水性，减少分层离析现象。

（2）水泥浆量与水灰比

水泥浆量是指单位体积混凝土内水泥浆的用量。在单位体积混凝土内，如保持水灰比不变，水泥浆越多，流动性就愈大。若水泥浆过多，骨料则相对减少，至一定限度时就会出现流浆泌水现象，以致影响混凝土强度及耐久性并浪费水泥。

水泥浆的稠度主要取决于水灰比的大小。水灰比小，水泥浆稠，拌合物流动性小，但黏聚性及保水性好。如水灰比大，水泥浆稀，流动性大，但黏聚性及保水性差。当水灰比超过某一极限值时，将产生严重的离析泌水现象。因此，为了保证在一定的施工条件下易于成型，水灰比不宜过小；为了保证拌合物有良好的黏聚性和保水性，水灰比也不宜过大。

（3）砂率

砂率是指混凝土拌合物中砂的质量占砂、石子总质量的百分数。用公式表示如下：

$$\beta_s = \frac{m_s}{m_s + m_g} \times 100\% \tag{2-3}$$

式中　β_s——混凝土砂率，%；

m_s——混凝土中砂用量，kg；

m_g——混凝土中石子用量，kg。

当水泥浆用量和集料总量一定时，砂率大，集料总表面积增大，包裹集料表面的水泥浆量不足，拌合物显得干稠，坍落度降低。而砂率过小时，虽然集料总表面积小，但砂浆量不足以在石子周围形成砂浆层起润滑作用，故也会降低拌合物的流动性、黏聚性和保水性。因此，砂率有一个最佳值，即能使混凝土拌合物在一定坍落度的前提下，水泥用量最小；或者在水泥浆量一定的条件下，使坍落度达到最大，这个砂率叫做最佳砂率。

为了保证混凝土拌合物具有所要求的和易性，不同情况下选用不同的砂率。如石子孔隙率大，表面粗糙，颗粒间摩擦阻力较大，拌合物黏聚性差和泌水现象严重时，砂率要适当增大些；若石子的粒径较大、颗粒级配较好、空隙率较小以及水泥用量较多，又采用机械振捣时，砂率可小些。

（4）骨料性质、外加剂的掺加、环境的影响

砂石级配好，空隙率小，在水泥浆数量一定时，填充用水泥浆量减少，且润滑层较厚，和易性好；砂石颗粒表面光滑，相互间摩擦阻力较小时能增加流动性。相反，砂、石多棱角，表面粗糙，则流动性小。所以卵石混凝土拌合物比碎石的流动性大；河砂混凝土拌合物比山砂的流动性大。

在混凝土中掺外加剂，可使混凝土拌合物在不增加水泥浆量的情况下，获得较好的流动性，改善黏聚性及保水性。

环境温度高，坍落度小。长距离运输会使坍落度减小。

2. 混凝土硬化后的性质

硬化后的混凝土应具有足够的强度和耐久性。

（1）混凝土强度

混凝土的强度有抗压、抗拉、抗弯及抗剪等强度，其中以抗压强度为最大，故混凝土主要用于承受压力。

1）混凝土的抗压强度及强度等级

我国采用立方体抗压强度作为混凝土的强度特征值。

根据我国现行国家标准《混凝土质量控制标准》GB 50164—2011 规定：普通混凝土按立方体抗压强度标准值划分为 C10、C15、C20、C25、C30、C35、C40、C45、C50、C55、C60、C65、C70、C75、C80、C85、C90、C95、C100 共 19 个等级。

混凝土的立方体抗压强度标准值系按标准方法制作。在湿度 20±2℃，相对湿度大于 95%条件下，养护的边长为 150mm 的立方体试件，在龄期为 28d 时，用标准试验方法测得的抗压强度总体分布中的一个值，强度低于该值的百分率不超过 5%。

测定混凝土立方体试块的抗压强度，可根据粗骨料最大粒径，按表 2-11 选取试块尺寸。其中：边长为 150mm 的立方体试块为标准试块，边长为 100mm、200mm 的立方体试块为非标准试块。当采用非标准尺寸试块确定强度时，应将其抗压强度乘以相应的系数，折算成标准试块强度值，以此确定其强度等级。折算系数见表 2-11。

试件尺寸换算系数 **表 2-11**

骨料最大粒径（mm）	试件尺寸（mm）	换算系数
≤31.5	100×100×100	0.95
≤40	150×150×150	1.00
≤63	200×200×200	1.05

2）棱柱体抗压强度

棱柱体抗压强度，又称为轴心抗压强度，是以尺寸为150mm×150mm×300mm的标准试件，在标准养护条件下养护28d，测得的抗压强度。以f_{cp}表示。

混凝土的棱柱体抗压强度是钢筋混凝土结构设计的依据。在钢筋混凝土结构计算中，计算轴心受压构件时以棱柱体抗压强度作为依据，因为其接近于混凝土构件的实际受力状态。由于棱柱体抗压强度受压时受到的摩擦力作用范围比立方体试件的小，因此棱柱体抗压强度值比立方体抗压强度值低，实际中$f_{cp}=(0.70\sim0.80)f_{cu}$，在结构设计计算时，一般取$f_{cp}=0.67f_{cu}$。

3）混凝土的抗拉强度

混凝土的抗拉强度很低，一般只有抗压强度的1/10～1/20，且随着混凝土强度等级的提高，比值有所降低，即当混凝土强度等级提高时，抗拉强度不及抗压强度提高得快。

混凝土在直接受拉时，变形很小就要开裂，它在断裂前没有明显变形。因此，混凝土在工作时一般不依靠其抗拉强度，但抗拉强度对于开裂现象有重要意义，在结构设计中，抗拉强度是确定混凝土抗裂度的重要指标。抗拉强度还可用来间接衡量混凝土与钢筋的粘结强度。

(2) 混凝土的耐久性

混凝土的耐久性是指混凝土在所处的自然环境及使用条件下，长期保持强度和外观完整性的性能。混凝土的抗冻性、抗渗性、抗蚀性、抗碳化性能、碱—骨料反应及抗风化性等，可统称为混凝土的耐久性。

1）抗冻性

混凝土在寒冷地区，特别是在接触水又受冻的环境下，由于内部的孔隙和毛细管充分结冰膨胀（水结冰体积可膨胀约9%）时产生相当大的压力，作用于孔隙、毛细管内壁，使混凝土发生破坏。当气温升高时，冰又开始融化。如此反复冻融，混凝土内部的微细裂隙逐渐增加，混凝土强度逐渐降低，甚至遭到破坏。因此要求混凝土具有一定的抗冻性，以提高其耐久性，延长建筑物的使用寿命。

混凝土的抗冻性是指其在水饱和状态下，能经受多次冻融循环作用保持强度和外观完整性的能力。一般以龄期28d的试块在吸水饱和后，经标准养护或同条件养护后，所能承受的反复冻融循环次数表示，这时混凝土试块抗压强度下降不得超过25%，质量损失不超过5%。混凝土的抗冻等级分为：F10、F15、F25、F50、F100、F150、F200、F250及F300共9个等级，分别表示混凝土所能承受冻融循环的最大次数不小于10、15、25、50、100、150、200、250、300次。《普通混凝土配合比设计规程》JGJ 55—2011中规定，抗冻等级等于或大于F50级的混凝土称为抗冻混凝土。

2）抗渗性

混凝土抵抗压力水渗透的性能称为抗渗性。它直接影响混凝土的抗冻性和抗侵蚀性。

混凝土渗水的主要原因是开口的孔隙与裂缝的存在，这些孔道除产生于施工振捣不密实及裂缝外，主要来源于水泥浆中多余水分蒸发而留下的气孔、水泥浆泌水所形成的毛细管孔道及集料下界面的水隙。这些渗水孔道的多少，主要与水灰比有关。因此，水灰比是影响抗渗性的一个主要因素，水灰比小时抗渗性高，反之则抗渗性低。

混凝土的抗渗性可用渗透系数或抗渗等级来表示。我国目前多采用抗渗等级来表示，即将 28d 龄期的标准试件，在标准试验方法下，以每组六个试件中四个未出现渗水时的最大水压表示。分为 P4、P6、P8、P10、P12 五个等级，分别表示最大渗水压力为 0.4、0.6、0.8、1.0、1.2MPa。《普通混凝土配合比设计规程》JGJ 55—2011 中规定，抗渗等级等于或大于 P6 级的混凝土称为抗渗混凝土。

3）抗侵蚀性

混凝土的抗侵蚀性是指混凝土抵抗外界侵蚀性介质侵入硬化水泥浆内部进行化学反应，引起混凝土腐蚀破坏的性能。混凝土的抗侵蚀性与水泥品种、混凝土的密实度和孔隙特征等有关。

4）混凝土的碳化

混凝土的碳化是 CO_2 与水泥石中的 $Ca(OH)_2$ 作用生成 $CaCO_3$ 和 H_2O，使混凝土碱度降低的过程。混凝土的碳化又称为中性化。

碳化对混凝土性能既有有利的影响，又有不利的影响。碳化放出的水分有助于水泥的水化作用，而且碳化后生成的 $CaCO_3$ 减少了水泥石内部的孔隙，可使混凝土的抗压强度增大；但是由于混凝土的碳化层产生碳化收缩，对其核心产生压力，而表面碳化层产生拉应力，可能产生微细裂缝，使混凝土抗拉、抗折强度降低。硬化后的混凝土由于水泥水化生成氢氧化钙而呈碱性。碱性物质使钢筋表面生成难溶的 Fe_2O_3 和 Fe_3O_4，称为钝化膜，对钢筋有良好的保护作用。碳化使混凝土碱度降低，减弱了对钢筋的保护作用，可能导致钢筋锈蚀。

5）碱-骨料反应

碱活性骨料是指能与水泥中的碱发生化学反应，引起混凝土膨胀、开裂、甚至破坏的骨料。这种化学反应称为碱—骨料反应。

碱—骨料反应首先决定于两种反应物的存在和含量：水泥中的碱含量高，骨料中含有一定的活性成分。当水泥中碱含量大于 0.6%时（折算成 Na_2O 含量），就会与活性骨料发生碱—骨科反应，这种反应很缓慢，由此引起的膨胀破坏往往几年后才会发现，所以应予以足够的重视。

2.2.4 普通混凝土的配合比

1. 配合比及其表示方法

混凝土的配合比是指混凝土各组成材料用量之比。混凝土的配合比主要有“质量比”和“体积比”两种表示方法。工程中常用“质量比”表示。

混凝土的质量配合比，在工程中也有两种表示方法：

（1）以 $1m^3$ 混凝土中各组成材料的实际用量表示。例如水泥 $m_c=295kg$，砂 $m_s=648kg$，石子 $m_g=1330kg$，水 $m_w=165kg$。

（2）以各组成材料用量之比表示。例如上例也可表示为 $m_c:m_s:m_g=1:2.20:4.51$，$m_w/m_c=0.56$。

2. 配合比设计的要求

混凝土配合比的设计任务就是在满足混凝土工作性、强度和耐久性等技术要求的前提下，比较经济合理地确定水泥、水、砂、石子四者之间的用量比例关系。混凝土配合比设计时，必须考虑以下要求：

（1）满足强度要求，即满足结构设计或施工进度所要求的强度。

(2) 满足施工和易性要求。应根据结构物截面尺寸、形状、配筋的疏密程度以及施工方法、设备等因素来确定和易性大小。

(3) 满足耐久性要求。查明构件使用环境，确定技术要求以选定水泥品种、最大水灰比和最小水泥用量。

(4) 满足经济要求。水泥强度等级与混凝土强度等级要相适应，在保证混凝土质量的前提下，尽量节约水泥，合理利用地方材料和工业废料。

3. 配合比设计的基本参数

普通混凝土配合比设计的主要参数包括：水灰比（m_w/m_c）、单位用水量（m_w）和砂率（β_s）。

混凝土配合比设计，实质上就是确定四项材料用量之间的三个对比关系，即：水与水泥之间的对比关系，用水灰比 m_w/m_c 表示；砂与石之间的对比关系，用砂率 β_s 表示；水泥浆与集料之间的对比关系，常用单位用水量 m_w 表示。通常把水灰比、砂率和单位用水量称为混凝土配合比的三个参数；这三个参数与混凝土的各项性能之间有着密切的关系，正确地确定这三个参数，就能使混凝土满足各项技术经济指标。

4. 施工配合比

设计配合比，是以干燥材料为基准的，而工地存放的砂、石材料都含有一定的水分。所以现场材料的实际称量应按工地砂、石的含水情况进行修正，修正后的配合比，叫做施工配合比。工地存放的砂、石的含水情况常有变化，应按变化情况，随时进行修正。

现假定工地测出的砂的含水率为 $a\%$、石子的含水率为 $b\%$，则将上述设计配合比换算为施工配合比，其材料的称量应为

$$m'_c = m_c;$$

$$m'_s = m_s(1+a\%);$$

$$m'_g = m_g(1+b\%);$$

$$m'_w = (m_w - m_s \cdot a\% - m_g \cdot b\%);$$

$$m'_c : m'_s : m'_g = 1 : \frac{m'_s}{m'_c} : \frac{m'_g}{m'_c} \text{及} \frac{m'_w}{m'_c}。$$

［例］已知某混凝土实验室配合比为 $C_{实} : S_{实} : G_{实} = 364 : 621 : 1267$；$W/C = 0.55$。根据工地实测，砂的含水率 5%，碎石的含水率 1%，换算施工配合比。

［解］各种材料的用量为：

水泥用量　$C_{施} = C_{实}$；

砂用量　$S_{施} = S_{实} \cdot (1+a\%) = 621(1+5\%) = 652\text{kg/m}^3$；

碎石用量　$G_{施} = G_{实} \cdot (1+b\%) = 1267(1+1\%) = 1280\text{kg/m}^3$；

水用量　$W_{施} = W_{实} - S_{实} \cdot a\% - G_{实} \cdot b\% = 198 - (621 \times 5\% + 1267 \times 1\%) = 154\text{kg/m}^3$；

施工配合比为　$C_{施} : S_{施} : G_{施} : W_{施} = 1 : 1.79 : 3.52 : 0.42$。

2.2.5 轻混凝土、高性能混凝土、预拌混凝土

1. 轻混凝土

轻混凝土是指干密度小于 1950kg/m³ 的混凝土。这是一种轻质、高强、多功能的新型

混凝土。它在减轻结构重量，增大构件尺寸，改善建筑物保温和防震性能，降低工程造价等方面显示出了较好的技术经济效果，获得了较快发展。

轻混凝土按其原料与制造方法不同可分为轻骨料混凝土、多孔混凝土和大孔混凝土。

（1）轻骨料混凝土

凡是由轻粗骨料、轻细骨料（或普通砂）、水泥和水配制而成的轻混凝土（粗、细骨料均为轻骨料）和砂轻混凝土（细骨料全部或部分为普通砂），称为轻骨料混凝土。

轻骨料混凝土所用轻骨料孔隙率高，表现密度小，吸水率大，强度低。轻骨料按其来源可分为三类：

1）工业废料轻骨料——以工业废料为原料，经加工而成的轻骨料，如粉煤灰，陶粒，膨胀矿渣珠，煤渣及其轻砂等。

2）天然轻骨料——天然形成的多孔岩石，经加工而成的轻骨料，如浮石，火山渣及轻砂等。

3）人造轻骨料——以地方材料为原料，经加工而成的轻骨料，如页岩陶粒，黏土陶粒，膨胀珍珠岩等。

轻骨料按粒径大小分为轻粗骨料和轻细骨料（或称砂轻）。轻粗骨料的粒径大于5mm，堆积密度小于1000kg/m^3；轻细骨料的粒径小于5mm，堆积密度小于1200kg/m^3。轻骨料混凝土与普通混凝土相比，有如下特点：表观密度低；强度等级为LC5.0、LC7.5、LC10、LC15、LC20、LC25、LC30、LC35、LC40、LC45、LC50、LC55和LC60，弹性模量低，所以抗震性能好；热膨胀系数较小；抗渗，抗冻和耐久性能良好；导热系数低，保温性能好。

轻骨料混凝土在工业与民用建筑中可用于保温、结构保温和结构承重三方面。由于其结构自重小，所以特别用于高层和大跨度结构。

（2）多孔混凝土

多孔混凝土是一种内部均匀分布细小气孔而无骨料的混凝土。多孔混凝土按形成气孔的方法不同，分为加气混凝土和泡沫混凝土两种。

加气混凝土是以含钙材料（石灰，水泥），含硅材料（石英砂，粉煤灰等）和发泡剂（铝粉）为原料，经磨细、配料、搅拌、浇筑、发泡、静停、切割和压蒸养护（在0.8～1.5MPa，175～203℃下养护6～28h）等工序生产而成。一般预制成条板或砌块。

加气混凝土的表观密度约为300～1200kg/m^3，抗压强度约为1.5～5.5MPa，导热系数约为0.081～0.29W/(m·K)。

加气混凝土孔隙率大，吸水率大，强度较低，保温性能好，抗冻性能差，常用作屋面板材料和墙体材料。

泡沫混凝土是将水泥浆和泡沫剂拌和后，经硬化而成的一种多孔混凝土。其表观密度为300～500kg/m^3，抗压强度为0.5～0.7MPa，可以现场直接浇筑，主要用于屋面保温层。

泡沫混凝土在生产时，常采用蒸汽养护或压蒸养护，当采用自然条件养护时，水泥强度等级不宜低于32.5MPa，否则强度低。

（3）大孔混凝土

大孔混凝土是以粒径相近的粗骨料、水泥、水，有时加入外加剂配制而成的混凝土。

由于没有细骨料，在混凝土中形成许多大孔。按所用骨料的种类不同，分为普通大孔混凝土和轻骨料大孔混凝土。

普通大孔混凝土的表观密度一般为1500～1950kg/m³，抗压强度为3.5～10MPa，多用于承重及保温的外墙体。轻骨料大孔混凝土的表观密度为500～1500kg/m³，抗压强度为1.5～7.5MPa，适用于非承重的墙体。大孔混凝土的导热系数小，保温性能好，吸湿性能小，收缩较普通混凝土小20%～50%，抗冻性可达15～20次，适用于墙体材料。

2. 高性能混凝土

高性能混凝土是一种新型高技术混凝土，是在大幅度提高普通混凝土性能的基础上采用现代混凝土技术制作的混凝土。

它以耐久性作为设计的主要指标，针对不同用途要求，对下列性能重点予以保证：耐久性、工作性、适用性、强度、体积稳定性和经济性。为此，高性能混凝土在配置上的特点是采用低水胶比，选用优质原材料，且必须掺加足够数量的掺合料（矿物细掺料）和高效外加剂。

高性能混凝土具有以下特性：

（1）自密实性

高性能混凝土的用水量较低，流动性好，抗离析性高，从而具有较优异的填充性。因此，配好恰当的大流动性高性能混凝土有较好的自密实性。

（2）体积稳定性

高性能混凝土的体积稳定性较高，表现为具有高弹性模量、低收缩与徐变、低温度变形。普通混凝土的弹性模量为20～25GPa，采用适宜的材料与配合比的高性能混凝土，其弹性模量可达40～50GPa。采用高弹性模量、高强度的粗集料并降低混凝土中水泥浆体的含量，选用合理的配合比配制的高性能混凝土，90天龄期的干缩值低于0.04%。

（3）强度

高性能混凝土的抗压强度已超过200MPa。28d平均强度介于100～120MPa的高性能混凝土，已在工程中应用。高性能混凝土抗拉强度与抗压强度值比较高强混凝土有明显增加，高性能混凝土的早期强度发展加快，而后期强度的增长率却低于普通强度混凝土。

（4）水化热

由于高性能混凝土的水灰比较低，会较早的终止水化反应，因此，水化热相应地降低。

（5）收缩和徐变

高性能混凝土的总收缩量与其强度成反比，强度越高总收缩量越小。但高性能混凝土的早期收缩率，随着早期强度的提高而增大。相对湿度和环境温度，仍然是影响高性能混凝土收缩性能的两个主要因素。

高性能混凝土的徐变变形显著低于普通混凝土，高性能混凝土与普通强度混凝土相比较，高性能混凝土的徐变总量（基本徐变与干燥徐变之和）有显著减少。在徐变总量中，干燥徐变值的减少更为显著，基本徐变仅略有一些降低。而干燥徐变与基本徐变的比值，则随着混凝土强度的增加而降低。

（6）耐久性

高性能混凝土除通常的抗冻性、抗渗性明显高于普通混凝土之外，高性能混凝土的

Cl^- 渗透率，明显低于普通混凝土。高性能混凝土由于具有较高的密实性和抗渗性，因此，其抗化学腐蚀性能显著优于普通强度混凝土。

(7) 耐火性

高性能混凝土在高温作用下，会产生爆裂、剥落。由于混凝土的高密实度使自由水不易很快地从毛细孔中排出，再受高温时其内部形成的蒸汽压力几乎可达到饱和蒸汽压力。在 300℃温度下，蒸汽压力可达 8MPa，而在 350℃温度下，蒸汽压力可达 17MPa，这样的内部压力可使混凝土中产生 5MPa 拉伸应力，使混凝土发生爆炸性剥蚀和脱落。因此高性能混凝土的耐高温性能是一个值得重视的问题。为克服这一性能缺陷，可在高性能和高强度混凝土中掺入有机纤维，在高温下混凝土中的纤维能熔解、挥发，形成许多连通的孔隙，使高温作用产生的蒸汽压力得以释放，从而改善高性能混凝土的耐高温性能。

概括起来说，高性能混凝土就是能更好地满足结构功能要求和施工工艺要求的混凝土，能最大限度地延长混凝土结构的使用年限，降低工程造价。

3. 预拌混凝土

商品混凝土是近十年来迅速发展起来的新事物。

商品混凝土是将生产合格的混凝土拌合物，以商品的形式出售给施工单位并运到灌注地点，注入模板内。从工艺、技术角度上又称预拌混凝土，即预先拌好送至工地浇筑的混凝土。一般分两种：

专业工厂集中配料、搅拌、运至工地使用；一些施工单位内部的混凝土集中搅拌站，也属这一性质，称为集中搅拌混凝土。

专业工厂集中配料，在装有搅拌机的汽车上，在途中一面搅拌一面输送至工地使用，称为车拌混凝土。

采用预拌混凝土，有利于实现建筑工业化，对提高混凝土质量、节约材料、实现现场文明施工和改善环境（因工地不需要混凝土原料堆放场地和搅拌设备）都具有突出的优点，并能取得明显的社会经济效益。

2.2.6 常用混凝土外加剂的品种及应用

在水泥混凝土拌和物中掺入的不超过水泥质量 5%（特殊情况除外）并能使水泥混凝土的使用性能得到一定程度改善的物质，称为水泥混凝土外加剂。

外加剂作为混凝土的第五组分，不包括生产水泥时加入的混合材料、石膏和助磨剂，也不同于在混凝土拌制时掺入的大量掺和料。外加剂的掺量虽小，但其技术经济效果却十分显著。

1. 外加剂的作用

(1) 改善混凝土拌和物的和易性，利于机械化施工，保证混凝土的浇筑质量。

(2) 减少养护时间，加快模板周转，提早对预应力混凝土放张，加快施工进度。

(3) 提高混凝土的强度，增加混凝土的密实度、耐久性、抗渗性等，提高混凝土的质量。

(4) 节约水泥，降低混凝土的成本。

2. 外加剂的分类

混凝土外加剂的种类繁多，功能多样，通常分为以下几种：

(1) 改变混凝土拌和物流动性的外加剂，包括各种减水剂、引气剂和泵送剂等；

(2) 调节混凝土凝结时间、硬化性能的外加剂，包括缓凝剂、早强剂和速凝剂等；

(3) 改善混凝土耐久性的外加剂，包括引气剂、防水剂和阻锈剂等；

(4) 改善混凝土其他性能的外加剂，包括加气剂、膨胀剂、防冻剂、防水剂和泵送剂等。

目前建筑工程中应用较多和较成熟的外加剂有减水剂、早强剂、引气剂和调凝剂等。

3. 常用的混凝土外加剂

(1) 减水剂

减水剂是在保持混凝土坍落度基本不变的条件下，能减少拌和用水量的外加剂；或在保持混凝土拌和物用水量不变的情况下，增大混凝土坍落度的外加剂。

1) 减水剂的减水机理

水泥加水拌和后，由于水泥颗粒间分子引力的作用，产生许多絮状物，形成絮凝结构(图 2-2)，其中包裹了许多拌和水，从而降低了混凝土拌和物的流动性。

若向水泥浆体中加入减水剂，则减水剂的憎水基团定向吸附于水泥颗粒表面，亲水基团指向水溶液。于是，一方面使水泥颗粒表面带上了相同的电荷，加大了水泥颗粒间的静电斥力，导致了水泥颗粒相互分散［图 2-3 (*a*)］，絮凝状结构中包裹的游离水被释放出来，从而有效地增加了混凝土拌和物的流动性；另一方面，由于亲水基对水的亲和力较大，因此在水泥颗粒表面形成一层稳定的溶剂化水膜，包裹在水泥颗粒周围，增加了水泥颗粒间的滑动能力，使拌和物流动性增大；同时，水膜又将水泥颗粒隔开，使水泥颗粒的分散程度增大［图 2-3 (*b*)］。综合以上两种作用，混凝土拌和物在不增加用水量的情况下，增大了流动性。

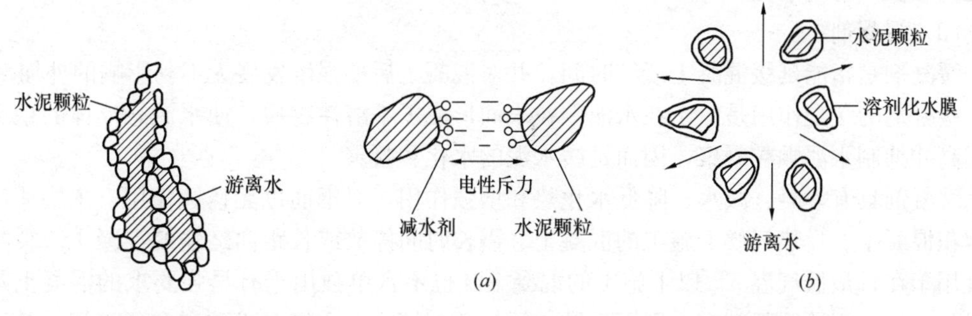

图 2-2　水泥浆的絮凝结构

图 2-3　减水剂作用示意图

2) 减水剂的技术经济效果

① 在原配合比不变的条件下，即用水量和水灰比不变时，可以增大混凝土拌和物的坍落度 (约 100～200mm)，且不影响混凝土的强度。

② 在保持流动性和水泥用量不变时，可显著减少拌和用水量 (约 10%～20%)，从而降低水灰比，使混凝土的强度得到提高 (约提高 15%～20%)，早期强度提高约 30%～50%。

③ 保持混凝土强度和流动性不变，可节约水泥用量 10%～15%。

④ 提高了混凝土的耐久性。

由于减水剂的掺入，显著地改善了混凝土的孔结构，使混凝土的密实度提高，透水性可降低40%～80%，从而提高了混凝土的抗渗、抗冻、抗化学腐蚀等能力。

⑤ 掺入减水剂后，还可以改善混凝土拌和物的泌水、离析现象，减慢水泥水化放热速度，延缓混凝土拌和物的凝结时间。

(2) 引气剂

引气剂是指在搅拌过程中能引入大量分布均匀的、稳定而封闭的微小气泡的外加剂。引气剂在每1m^3混凝土中可生成500～3000个直径为50～1250μm（大多在200μm以下）的独立气泡。

引气剂对混凝土的作用：

① 改善混凝土拌和物的和易性

大量微小封闭的球状气泡在混凝土拌和物内形成，如同滚珠一样，减少了颗粒间的摩擦阻力，减少泌水和离析，改善了混凝土拌和物的保水性、黏聚性。

② 显著提高混凝土的抗渗性、抗冻性

大量均匀分布的封闭气泡切断了混凝土中的毛细管渗水通道，改变了混凝土的孔结构，使混凝土抗渗性显著提高。

③ 降低混凝土强度

由于大量气泡的存在，减少了混凝土的有效受力面积，使混凝土强度有所降低。一般混凝土的含气量每增加1%，其抗压强度将降低4%～5%，抗折强度降低2%～3%。

引气剂可用于抗渗混凝土、抗冻混凝土、抗硫酸侵蚀混凝土和泌水严重的混凝土等，但引气剂不宜用于蒸养混凝土及预应力钢筋混凝土。

近年来，引气剂逐渐被引气型减水剂所代替，因为它不但能减水且有引气作用，提高混凝土强度，节约水泥。

(3) 缓凝剂

缓凝剂是指能延缓混凝土凝结时间，并对混凝土后期强度发展无不利影响的外加剂。

缓凝剂的缓凝作用是由于在水泥颗粒表面形成了不溶性物质，使水泥悬浮体的稳定程度提高并抑制水泥颗粒凝聚，因而延缓水泥的水化和凝聚。

缓凝剂具有缓凝、减水、降低水化热和增强作用，对钢筋也无锈蚀作用。主要适用于大体积混凝土、炎热气候下施工的混凝土、需长时间停放或长距离运输的混凝土。缓凝剂不宜用于在日最低气温5℃以下施工的混凝土，也不宜单独用于有早强要求的混凝土及蒸养混凝土。常用的缓凝剂有：酒石酸钠、柠檬酸、糖蜜、含氧有机酸和多元醇等，其掺量一般为水泥质量的0.01%～0.20%。掺量过大会使混凝土长期不硬，强度严重下降。

(4) 早强剂

能提高混凝土早期强度，并对后期强度无显著影响的外加剂，称为早强剂。

早强剂能加速水泥的水化和硬化，缩短养护周期，使混凝土在短期内即能达到拆模强度，从而提高模板和场地的周转率，加快施工进度，常用于混凝土的快速低温施工，特别适用于冬期施工或紧急抢修工程。

常用的早强剂有：氯化物系（如$CaCl_2$，NaCl）、硫酸盐系（如Na_2SO_4）等。但掺加了氯化钙早强剂，会加速钢筋的锈蚀，为此对氯化钙的掺加量应加以限制，通常对于配筋混凝土不得超过1%，无筋混凝土掺量亦不宜超过3%。为了防止氯化钙对钢筋的锈蚀，氯化钙早强剂一般与阻锈剂（$NaNO_2$）复合使用。

（5）防冻剂

防冻剂是指在规定温度下，能显著降低混凝土冰点，使混凝土液相不冻结或仅部分冻结，以保证水泥的水化作用，并在一定时间内获得预期强度的外加剂。

常用的防冻剂有氯盐类（氯化钙、氯化钠）；氯盐阻锈类（以氯盐与亚硝酸钠阻锈剂复合而成）；无氯盐类（以硝酸盐、亚硝酸盐、碳酸盐、乙酸钠或尿素复合而成）。

氯盐类防冻剂适用于无筋混凝土；氯盐阻锈类防冻剂适用于钢筋混凝土；无氯盐类防冻剂可用于钢筋混凝土工程和预应力钢筋混凝土工程。硝酸盐、亚硝酸盐、碳酸盐易引起钢筋的腐蚀，故不适用于预应力钢筋混凝土以及与镀锌钢材或与铝铁相接触部位的钢筋混凝土结构。

防冻剂用于负温条件下施工的混凝土。目前国产防冻剂适于在0～－15℃的气温下使用，当在更低气温下施工时，应增加相应的混凝土冬期施工措施，如暖棚法、原料（砂、石、水）预热法等。

（6）泵送剂

能改善混凝土泵送性能的外加剂称为泵送剂。

混凝土的可泵性主要体现在混凝土拌合物的流动性和稳定性，即有足够的黏聚性，不离析、不泌水，以及混凝土拌合物与管壁及自身的摩擦力三个方面。

普通混凝土最容易泵送，泵送剂主要是提高混凝土保水性及改善混凝土泵送性。

可作为泵送剂的材料有高效减水剂、普通减水剂、缓凝剂、引气剂、增稠剂等。主要适用于商品混凝土搅拌站拌制泵送混凝土。

高效减水剂有多环芳香族磺酸盐类、水溶性树脂磺酸盐类；普通减水剂有木质素磺酸盐类。有机缓凝剂有糖钙、蔗糖、葡萄糖酸钙、酒石酸、柠檬酸等；无机缓凝剂有氧化锌、硼砂等。引气剂有松香皂、烷基苯磺酸盐、脂肪醇磺酸盐等。增稠剂有聚乙烯氧化物、纤维素衍生物、海藻酸盐等。

2.3 砂　浆

2.3.1 砂浆的分类

建筑砂浆是由胶凝材料、细骨料、掺加料和水按适当比例配制而成的建筑工程材料。在砖石结构中，砂浆可以把单块的砖、石块以及砌块胶结起来，构成砌体。砖墙勾缝和大型墙板的接缝也要用砂浆来填充。墙面、地面及梁柱结构的表面都需要用砂浆抹面，起到保护结构和装饰的效果。镶贴大理石、贴面砖、瓷砖、马赛克以及制作水磨石等都要使用砂浆。此外，还有一些绝热、吸声、防水、防腐等特殊用途的砂浆以及专门用于装饰方面的装饰砂浆。

根据砂浆中胶凝材料的不同，可分为水泥砂浆、石灰砂浆、石膏砂浆和混合砂浆。混合砂浆有水泥石灰砂浆、水泥黏土砂浆和石灰黏土砂浆等。根据用途，建筑砂浆可分为砌筑砂浆、抹面砂浆、装饰砂浆及特种砂浆等。

2.3.2 砌筑砂浆

用于砌筑砖、石、砌块等砌体工程的砂浆称为砌筑砂浆。它起着粘结砌块、构筑砌体、传递荷载和提高墙体使用功能的作用，是砌体的重要组成部分。

1. 砌筑砂浆的组成材料

(1) 水泥

水泥是砌筑砂浆中的主要胶凝材料，选用水泥，应满足两点要求：

水泥品种选择。宜采用通用酸盐水泥或砌筑水泥。具体可根据设计要求、砌筑部位及所处环境条件选择适宜的水泥品种。

水泥强度等级选择。水泥强度等级应根据砂浆品种及强度等级的要求进行选择，M15及以下强度等级的砌筑砂浆宜选用32.5级的通用硅酸盐水泥或砌筑水泥；M15以上强度等级的砌筑砂浆宜选用42.5级通用硅酸盐水泥。

(2) 细骨料

细集料在砂浆中起骨架和填充作用，对砂浆的流动性、黏聚性和强度等技术性能影响较大。性能良好的细集料可以提高砂浆的工作性和强度，尤其对砂浆的收缩开裂，有较好的抑制作用。砂浆用细骨料主要为天然砂，它应符合混凝土用砂的技术要求。砌筑砂浆用砂宜选用过筛中砂。人工砂、山砂、特细砂应试配满足砌筑砂浆技术条件要求。

(3) 掺加料和外加剂

掺加料是指为了改善砂浆的和易性而加入的无机材料。常用的掺加料有石灰膏、黏土膏、粉煤灰、电石膏以及一些其他工业废料等。为了保证砂浆的质量，需将石灰预先充分"陈伏"熟化制成石灰膏，然后再掺入砂浆中搅拌均匀。生石灰熟化成石灰膏时，应用孔径不大于3mm×3mm的网过滤，熟化时间不得少于7d；磨细生石灰粉的熟化时间不得少于2d。沉淀池中储存的石灰膏，应采取防止干燥、冻结和污染的措施。严禁使用脱水硬化的石灰膏。消石灰粉不得直接用于砌筑砂浆中。

制作电石膏的电石渣应用应用孔径不大于3mm×3mm的网过滤，检验时应加热至70℃后至少保持20min，并应待乙炔挥发完后再使用。

所用的石灰膏、电石膏试配时的稠度，应为120mm±5mm。

粉煤灰、粒化高炉矿渣粉、硅灰、天然沸石粉应符合国家现行标准。当采用其他品种矿物掺合料时，应有可靠的技术依据，并应在使用前进行试验验证。

为改善砂浆的和易性及其他性能，还可以在砂浆中掺入外加剂，如增塑剂、早强剂、防水剂等。砂浆中掺用外加剂时，不但要考虑外加剂对砂浆本身性能的影响，还要根据砂浆的用途，考虑外加剂对砂浆的使用功能有哪些影响，并通过试验确定外加剂的品种和掺量。为了提高砂浆的和易性，改善硬化后砂浆的性质，节约水泥，可在水泥砂浆或混合砂浆中掺入外加剂，最常用的是微沫剂，它是一种松香热聚物。

(4) 拌合用水

拌制砂浆应采用不含有害物质的洁净水或饮用水。

2. 砌筑砂浆的技术性质

对新拌砂浆应具有以下性质：满足和易性的要求；满足设计种类和强度等级要求；具有足够的粘结力。

(1) 和易性

砂浆的和易性也指砂浆的工作度或工作性。它是指新拌砂浆易于施工操作（拌合、运输、浇筑、振捣）并能获致质量均匀，成型密实的性能。对新拌砂浆主要要求其具有良好的和易性。和易性良好的砂浆容易在粗糙的砖石底面上铺抹成均匀的薄层，而且能够和底面紧密粘结。使用和易性良好的砂浆，既便于施工操作，提高劳动生产率，又能保证工程质量。砂浆和易性包括流动性和保水性。

1) 流动性

砂浆的流动性也称稠度，是指在自重或外力作用下能产生流动的性能。流动性采用砂浆稠度测定仪测定，以沉入度（mm）表示，沉入度是指标准试锥在砂浆内自由沉入 10s 时沉入的深度，单位用 mm 表示。沉入度大的砂浆流动性较好，但流动性过大时，硬化后强度将会降低；流动性过小，则不便于施工操作。

砂浆的流动性和许多因素有关，胶凝材料的用量、用水量、砂粒粗细、形状、级配，以及砂浆搅拌时间都会影响砂浆的流动性。

砂浆流动性的选择与砌体材料及施工天气情况有关。一般可根据施工操作经验来掌握，但应符合《砌体结构工程施工质量验收规范》GB 50203—2011 规定。具体情况可参考表 2-12。

砌筑砂浆的稠度选择（沉入度）　　表 2-12

砌体种类	砂浆稠度（mm）
烧结普通砖砌体，蒸压粉煤灰砖砌体	70～90
烧结多孔砖，空心砖砌体，轻骨料混凝土小型空心砌块砌体，蒸压加气混凝土砌块砌体	60～80
普通混凝土小型空心砌块砌体，蒸压灰砂砖砌体，混凝土实心砖，混凝土多孔砖砌体	50～70
石砌体	30～50

2) 保水性

新拌砂浆能够保持水分的能力称为保水性。保水性也指砂浆中各项组成材料不易分离的性质。保水性差的砂浆，在施工过程中很容易泌水、分层、离析，由于水分流失而使流动性变差，不易铺成均匀的砂浆层。砂浆的保水性主要取决于胶凝材料的用量，当用高强度等级水泥配制低强度等级砂浆，因水泥用量少，保水性得不到保证时，可掺入适量掺加料予以改善。凡是砂浆内胶凝材料充足，尤其是掺入了掺加料的混合砂浆，其保水性好。砂浆中掺入适量加气剂或塑化剂也能改善砂浆的保水性和流动性。

砂浆的保水性用保水率表示，可用保水性试验测定。砌筑砂浆的保水率应符合表 2-13 的规定。

砌筑砂浆的保水率　　表 2-13

砂浆种类	保水率（%）	砂浆种类	保水率（%）
水泥砂浆	≥80	预拌砂浆	≥88
水泥混合砂浆	≥84		

(2) 砂浆的强度

砂浆在砌体中主要起传递荷载的作用，并经受周围环境介质作用，因此砂浆应具有一定的粘结强度、抗压强度和耐久性。工程上常以抗压强度作为砂浆的主要技术指标。砂浆强度等级是以边长为 70.7mm×70.7mm×70.7mm 的立方体试块，在温度为（20±2)℃，相对湿度为 90%以上条件下养护 28d，测得的抗压强度来确定的。

水泥砂浆及预拌砌筑砂浆的强度等级可分为 M5、M7.5、M10、M15、M20、M25、M30 七个强度等级；水泥混合砂浆的强度等级可分为 M5、M7.5、M10、M15 四个强度等级。在一般工程中，办公楼、教学楼以及多层建筑物宜选用 M5.0～M10 的砂浆。

砂浆的养护温度对其强度影响较大。温度越高，砂浆强度发展越快，早期强度越高。另外，底面材料的不同，影响砂浆强度的因素也不同：

1）用于砌筑不吸水底材（如密实的石材）的砂浆的强度，与混凝土相似，主要取决于水泥强度和水灰比。计算公式如下：

$$f_{m} = 0.29 f_{ce}\left(\frac{m_{c}}{m_{w}} - 0.4\right) \tag{2-4}$$

式中 f_{m}——砂浆 28d 抗压强度，MPa；

f_{ce}——水泥的实测强度，MPa；

$\frac{m_{c}}{m_{w}}$——灰水比。

2）用于砌筑吸水底材（如砖或其他多孔材料）时，即使砂浆用水量不同，但因砂浆具有保水性能，经过底材吸水后，保留在砂浆中的水分几乎是相同的。因此，砂浆强度主要取决于水泥强度及水泥用量，而与砌筑前砂浆中的水灰比没有关系。计算公式如下：

$$f_{m} = \frac{\alpha \cdot Q_{c} \cdot f_{ce}}{1000} + \beta \tag{2-5}$$

式中 f_{m}——砂浆 28d 抗压强度，MPa；

Q_{c}——每立方米砂浆的水泥用量，kg；

α、β——砂浆的特征系数，其中 $\alpha=3.03$，$\beta=-15.09$；

f_{ce}——水泥的实测强度，MPa。

由于砂浆组成材料较复杂，变化也较多，很难用简单的公式准确计算出其强度，因此上式计算的结果还必须通过具体试验来调整。

(3) 粘结力

砖石砌体是靠砂浆把块状的砖石材料粘结成为一个坚固整体的。因此要求砂浆对于砖石必须有一定的粘结力。一般情况下，砂浆的抗压强度越高其粘结力也越大。此外，砂浆粘结力的大小与砖石表面状态、清洁程度、湿润情况以及施工养护条件等因素有关。如砌筑烧结砖要事先浇水湿润，表面不沾泥土，就可以提高砂浆与砖之间的粘结力，保证墙体的质量。

(4) 抗冻性

有抗冻性要求的砌体工程，砌筑砂浆应进行冻融试验。砌筑砂浆的抗冻性应符合的规定，且当设计对抗冻性有明确要求时，尚应符合设计规定，见表 2-14。

砌筑砂浆的抗冻性 表 2-14

使用条件	抗冻指标	质量损失率（%）	强度损失率（%）
夏热冬暖地区	F15	≤5	≤25
夏热冬冷地区	F25		
寒冷地区	F35		
严寒地区	F50		

3. 砌筑砂浆的应用

砌筑砂浆应采用机械搅拌，搅拌时间自投料完起算应符合下列规定：

水泥砂浆和水泥混合砂浆不得少于 120s；水泥粉煤灰砂浆和掺用外加剂的砂浆不得少于 180s；干混砂浆及加气混凝土砌块专用砂浆宜按掺用外加剂的砂浆确定搅拌时间或按产品说明书采用。

现场拌制的砂浆应随拌随用，拌制的砂浆应在 3h 内使用完毕；当时期间最高气温超过 30℃时，应在 2h 内使用完毕。预拌砂浆及蒸压加气混凝土砌块专用砂浆的使用时间应按照厂房提供的说明书确定。

砌筑砂浆试块强度验收时其强度合格标准应符合下列规定：

同一验收批砂浆试块强度平均值应大于或等于设计强度等级的 1.10 倍；同一验收批砂浆试块抗压强度的最小一组平均值应大于或等于设计强度等级的 85%。砌筑砂浆的验收批，同一类型、强度等级的砂浆试块不应少于 3 组；同一验收批只有 1 组或 2 组试块时，每组试块抗压强度平均值应大于或等于设计强度等级值的 1.10 倍；对于建筑结构的安全等级为一级或设计使用年限为 50 年及以上的房屋，同一验收批砂浆试块的数量不得少于 3 组。

水泥砂浆宜用于砌筑潮湿环境以及强度要求较高的砌体；水泥石灰砂浆宜用于砌筑干燥环境中的砌体；多层房屋的墙一般采用强度等级为 M5 的水泥石灰砂浆；砖柱、砖拱、钢筋砖过梁等一般采用强度等级为 M5～M10 的水泥砂浆；砖基础一般采用不低于 M5 的水泥砂浆；低层房屋或平房可采用石灰砂浆，简易房屋可采用石灰黏土砂浆。

2.3.3 抹面砂浆

凡以薄层涂抹在建筑物或建筑构件表面的砂浆，可统称为抹面砂浆，也称为抹灰砂浆。

根据抹面砂浆功能的不同，一般可将抹面砂浆分为普通抹面砂浆、装饰砂浆、防水砂浆和具有某些特殊功能的抹面砂浆（如绝热、耐酸、防射线砂浆）等。

抹面砂浆的组成材料要求与砌筑砂浆基本相同。根据抹面砂浆的使用特点，其主要技术性质的要求是具有良好的和易性和较高的粘结力，使砂浆容易抹成均匀平整的薄层，以便于施工，而且砂浆层能与底面粘结牢固。为了防止砂浆层的开裂，有时需加入纤维增强材料，如麻刀、纸筋、稻草、玻璃纤维等；为了使其具有某些特殊功能也需要选用特殊集料或掺加料。

1. 普通抹面砂浆

普通抹面砂浆对建筑物和墙体起保护作用。它可以抵抗风、雨、雪等自然环境对建筑物的侵蚀，提高建筑物的耐久性。此外，经过砂浆抹面的墙面或其他构件的表面又可以达到平整、光洁和美观的效果。

普通抹面砂浆通常分为两层或三层进行施工。各层抹灰要求不同，所以每层所选用的砂浆也不一样。

底层抹灰的作用是使砂浆与底面能牢固地粘结，因此要求砂浆具有良好的和易性及较高的粘结力，其保水性要好，否则水分就容易被底面材料吸掉而影响砂浆的粘结力。底材表面粗糙有利于与砂浆的粘结。用于砖墙的底层抹灰，多用石灰砂浆或石灰炉灰砂浆；用于板条墙或板条顶棚的底层抹灰多用麻刀石灰灰浆；混凝土墙、梁、柱、顶板等底层抹灰多用混合砂浆。

中层抹灰主要是为了找平，多采用混合砂浆或石灰砂浆。

面层抹灰要求达到平整美观的表面效果。面层抹灰多用混合砂浆、麻刀石灰灰浆或纸筋石灰灰浆。在容易碰撞或潮湿的地方，如墙裙、踢脚板、地面、雨棚、窗台以及水池、水井等处一般多用 1∶2.5 水泥砂浆。在硅酸盐砌块墙面上做抹面砂浆或粘贴饰面材料时，最好在砂浆层内夹一层事先固定好的钢丝网，以免日后出现剥落现象。普通抹面砂浆的配合比，可参考表 2-15 所示。

常用抹面砂浆的配合比和应用范围 **表 2-15**

材　料	体积配合比	应用范围
石灰∶砂	1∶3	用于干燥环境中的砖石墙面打底或找平
石灰∶黏土∶砂	1∶1∶6	干燥环境墙面
石灰∶石膏∶砂	1∶0.6∶3	不潮湿的墙及天花板
石灰∶石膏∶砂	1∶2∶3	不潮湿的线脚及装饰
石灰∶水泥∶砂	1∶0.5∶4.5	勒角、女儿墙及较潮湿的部位
水泥∶砂	1∶2.5	用于潮湿的房间墙裙、地面基层
水泥∶砂	1∶1.5	地面、墙面、天棚
水泥∶砂	1∶1	混凝土地面压光
水泥∶石膏∶砂∶锯末	1∶1∶3.5	吸声粉刷
水泥∶白石子	1∶1.5	水磨石
石灰膏∶麻刀	1∶2.5	木板条顶棚底层
石灰膏∶纸筋	$1m^3$ 灰膏掺 3.6kg 纸筋	较高级的墙面及顶棚
石灰膏∶纸筋	100∶3.8（质量比）	木板条顶棚面层
石灰膏∶麻刀	1∶1.4（质量比）	木板条顶棚面层

2. 装饰砂浆

涂抹在建筑物内外墙表面，具有美观和装饰效果的抹面砂浆通称为装饰砂浆。装饰砂浆的底层和中层抹灰与普通抹面砂浆基本相同。面层要选用具有一定颜色的胶凝材料和骨料及采用某种特殊的施工工艺，使表面呈现出各种不同的色彩、线条与花纹等装饰效果。装饰砂浆所采用的胶凝材料有普通水泥、矿渣水泥、火山灰质水泥和白水泥、彩色水泥，或是在常用水泥中掺加些耐碱矿物颜料配成彩色水泥。骨料常采用大理石、花岗石等带颜色的细石碴或玻璃、陶瓷碎粒等。

装饰砂浆饰面方式可分为灰浆类饰面和石碴类饰面两大类。

灰浆类饰面主要通过水泥砂浆的着色或对水泥砂浆表面进行艺术加工，从而获得具有特殊色彩、线条、纹理等质感的饰面。其主要优点是材料来源广泛，施工操作简便，造价比较低廉，而且通过不同的工艺加工，可以创造不同的装饰效果。

常用的灰浆类饰面有以下几种：

(1) 拉毛灰

拉毛灰是用铁抹子，将罩面灰浆轻压后顺势拉起，形成一种凹凸质感很强的饰面层。拉细毛时用棕刷粘着灰浆拉成细的凹凸花纹。

(2) 甩毛灰

甩毛灰是用竹丝刷等工具将罩面灰浆甩涂在基面上，形成大小不一而又有规律的云朵状毛面饰面层。

(3) 仿面砖

仿面砖是在采用掺入氧化铁系颜料（红、黄）的水泥砂浆抹面上，用特制的铁钩和靠尺，按设计要求的尺寸进行分格划块，沟纹清晰，表面平整，酷似贴面砖饰面。

(4) 拉条

拉条是在面层砂浆抹好后，用一凹凸状轴辊作模具，在砂浆表面上滚压出立体感强、线条挺拔的条纹。条纹分半圆形、波纹形、梯形等多种，条纹可粗可细，间距可大可小。

(5) 喷涂

喷涂是用挤压式砂浆泵或喷斗，将掺入聚合物的水泥砂浆喷涂在基面上，形成波浪、颗粒或花点质感的饰面层。最后在表面再喷一层甲基硅醇钠或甲基硅树脂疏水剂，可提高饰面层的耐久性和耐污染性。

(6) 弹涂

弹涂是用电动弹力器，将掺入107胶的2～3种水泥色浆，分别弹涂到基面上，形成1～3mm圆状色点，获得不同色点相互交错、相互衬托、色彩协调的饰面层。最后刷一道树脂罩面层，起防护作用。

石碴是天然的大理石、花岗石以及其他天然石材经破碎而成，俗称米石。常用的规格有大八厘（粒径为8mm）、中八厘（粒径为6mm）、小八厘（粒径为4mm）。石碴类饰面是用水泥（普通水泥、白水泥或彩色水泥）、石碴、水拌成石碴浆，同时采用不同的加工手段除去表面水泥浆皮，使石碴呈现不同的外露形式以及水泥浆与石碴的色泽对比，构成不同的装饰效果。石碴类饰面比灰浆类饰面色泽较明亮，质感相对丰富，不易褪色，耐光性和耐污染性也较好。

常用的石碴类饰面有以下几种：

(1) 水刷石

将水泥石碴浆涂抹在基面上，待水泥浆初凝后，以毛刷蘸水刷洗或用喷枪以一定水压冲刷表层水泥浆皮，使石碴半露出来，达到装饰效果。

(2) 干粘石

干粘石又称甩石子，是在水泥浆或掺入107胶的水泥砂浆粘结层上，把石碴、彩色石子等粘在其上，再拍平压实而成的饰面。石粒的2/3应压入粘结层内，要求石子粘牢，不掉粒并且不露浆。干粘石多用于建筑物的外墙装饰，具有一定的质感，经久耐用。干粘石的装饰效果与水刷石相同，但其施工是采用干操作，避免了水刷石的湿操作，施工效率高，污染小，也节约材料。

(3) 斩假石

斩假石又称剁假石，是以水泥石碴（掺30%石屑）浆作成面层抹灰，待具有一定强度时，同钝斧或凿子等工具，在面层上剁斩出纹理，而获得类似天然石材经雕琢后的纹理质感。

(4) 水磨石

水磨石是由水泥、彩色石碴或白色大理石碎粒及水按一定比例配制，需要时掺入适量颜料，经搅拌均匀，浇筑捣实、养护，待硬化后将表面磨光而成的饰面。常常将磨光表面用草酸冲洗、干燥后上蜡。水磨石多用于地面装饰，可事先设计图案和色彩，抛光后更具有艺术效果。除可用做地面之外，还可预制作成楼梯踏步、窗台板、柱面、台面、踢脚板和地面板等多种建筑构件。

水刷石、干粘石、斩假石和水磨石等装饰效果各具特色。在质感方面：水刷石最为粗犷，干粘石粗中带细，斩假石典雅庄重，水磨石润滑细腻。在颜色花纹方面：水磨石色泽华丽、花纹美观；斩假石的颜色与斩凿的灰色花岗石相似；水刷石的颜色有青灰色、奶黄色等；干粘石的色彩取决于石碴的颜色。

3. 防水砂浆

用作防水层的砂浆叫作防水砂浆。砂浆防水层又叫做刚性防水层，仅适用于不受振动和具有一定刚度的混凝土或砖石砌体工程。对于变形较大或可能发生不均匀沉陷的建筑物，不宜采用刚性防水层。

防水砂浆可以使用普通水泥砂浆，按以下施工方法进行：

(1) 喷浆法

利用高压喷枪将砂浆以每秒约100m的速度喷至建筑物表面，砂浆被高压空气强烈压实，密实度大，抗渗性好。

(2) 人工多层抹压法

砂浆分4～5层抹压，抹压时，每层厚度约为5mm左右，在涂抹前先在润湿清洁的底面上抹纯水泥浆，然后抹一层5mm厚的防水砂浆，在初凝前用木抹子压实一遍，第二、三、四层都是同样的操作方法，最后一层要进行压光，抹完后要加强养护。

防水砂浆也可以在水泥砂浆中掺入防水剂来提高抗渗能力。常用防水剂有氯化物金属盐类防水剂和金属皂类防水剂等。氯化物金属盐类防水剂，主要有氯化钙、氯化铝，掺入水泥砂浆中，能在凝结硬化过程中生成不透水的复盐，起促进结构密实作用，从而提高砂浆的抗渗性能，一般用于水池和其他地下建筑物。由于氯化物金属盐会引起混凝土中钢筋锈蚀，故采用这类防水剂，应注意钢筋的锈蚀情况。金属皂类防水剂是由硬脂酸、氨水、氢氧化钾（或碳酸钠）和水按一定比例混合加热皂化而成，主要也是起填充微细孔隙和堵塞毛细管的作用。

4. 其他特种砂浆

(1) 绝热砂浆

采用水泥、石灰、石膏等胶凝材料与膨胀珍珠岩砂、膨胀蛭石或陶粒砂等轻质多孔集料，按一定比例配制的砂浆称为绝热砂浆。绝热砂浆具有体积密度小、轻质和绝热性能好等优点，其导热系数约为0.07～0.10W/(m·K)，可用于屋面绝热层、绝热墙壁以及供热管道绝热层等。

(2) 吸声砂浆

一般绝热砂浆是由轻质多孔骨料制成的，都具有良好吸声性能，故也可作吸声砂浆。另外，还可以用水泥、石膏、砂、锯末（其体积比约为1∶1∶3∶5）配制成吸声砂浆，或在石灰、石膏砂浆中掺入玻璃纤维、矿物棉等松软纤维材料也能获得一定的吸声效果。吸声砂浆用于室内墙壁和顶棚的吸声。

(3) 耐酸砂浆

用水玻璃和氟硅酸钠配制成耐酸涂料，掺入石英岩、花岗岩、铸石等粉状细骨料，可拌制成耐酸砂浆。水玻璃硬化后，具有很好的耐酸性能。耐酸砂浆多用作耐酸地面和耐酸容器的内壁防护层。

(4) 防射线砂浆

在水泥浆中掺入重晶石粉、砂可配制成有防X射线能力的砂浆。其配合比约为水泥∶重晶石粉∶重晶石砂＝1∶0.25∶4.5。如在水泥浆中掺加硼砂、硼酸等可配制有抗中子辐射能力的砂浆。此类防射线砂浆应用于射线防护工程。

(5) 膨胀砂浆

在水泥砂浆中掺入膨胀剂，或使用膨胀型水泥可配制膨胀砂浆。膨胀砂浆可在修补工程中及大板装配工程中填充缝隙，达到粘结密封的作用。

(6) 自流平砂浆

在现代施工技术条件下，地坪常采用自流平砂浆，从而使施工迅捷方便、质量优良。自流平砂浆中的关键性技术是掺用合适的化学外加剂；严格控制砂的级配、含泥量、颗粒形态；同时选择合适的水泥品种。良好的自流平砂浆可使地坪平整光洁，强度高，无开裂，技术经济效果良好。

2.4 石材、砖、砌块

2.4.1 石材

天然石材是采自地壳的天然岩石，经切割、破碎等物理加工得到的建筑材料。天然石材质地坚硬，抗压强度高，外观朴实，性能稳定，经久耐用，自古以来石材就被用作各种土木工程材料。如古埃及的金字塔，欧洲的许多教堂、皇家建筑，我国的赵州桥等，都是用天然石材建造的。但是天然石材自重大，性脆，加工和建造需要花费较大的力气和较长的时间，随着现代建筑向高层、大跨结构发展和建设速度加快，天然石材的使用量逐渐减少，代之以钢材和混凝土。

1. 岩石的分类

由一种矿物构成的岩石称为单成岩（如石灰岩），这种岩石的性质取决于其矿物组成及结构。由多种矿物集合组成的岩石称为复成岩（如花岗岩），这种岩石的性质由其组成矿物的相对含量及结构构造来决定。天然岩石根据其形成的地质条件分为岩浆岩（火成岩）、沉积岩（水成岩）和变质岩三大类。

(1) 岩浆岩（火成岩）

岩浆岩由地壳内部熔融岩浆上升冷却而成，又称火成岩，是地壳中主要的岩石，约占其总量的89%。根据成岩深度的不同，火成岩又分为深成岩、浅成岩、喷出岩和火山岩。

深成岩是岩浆在地表深处缓慢冷却结晶而成的岩石。其结构致密、晶粒粗大、密度大、抗压强度高、吸水性小、耐久性高，属于该类的岩石有花岗岩、辉长岩、闪长岩等。

浅成岩为岩浆在地表浅处冷却结晶而成的岩石，其性质与深成岩相似，但由于冷却较快，故晶粒较小，如辉绿岩。

喷出岩为岩浆流出地表急速冷却凝固而成的岩石。由于冷却迅速，大部分结晶不完全，形成隐晶质结构和玻璃质结构，如玄武岩、安山岩。该种岩石若形成较厚的岩层，则多为致密构造；当形成的岩层较薄时，常呈多孔构造。喷出岩硬度大，抗压强度高，但韧性较差，性脆。

火山岩是岩浆被喷到空中，急速冷却落下而形成的岩石。因喷到空气中急速冷却而成，故岩石内部含有较多的气孔，多数为玻璃质，化学活性较高。火山岩直接用于装饰工程的不多，主要用作轻骨料混凝土和砂浆的骨料，如浮石。

（2）沉积岩

沉积岩是露出地表的各种岩石（火成岩、变质岩或早期形成的沉积岩）在外力地质作用下经风化、搬运、沉积，在地表或距地表不太深处经压固、胶结、重结晶等成岩作用而形成的岩石。沉积岩虽在地壳中只占总重量的3%，但分布却占岩石分布总面积的75%，是地表分布最广的一种岩石。

在沉积岩的形成过程中，由于物质是一层一层沉积下来，所以其构造是层状的，这种层状构造称为沉积岩的层理，每一层都具有一个面，称为层面。层面与层面间距离称为层的厚度。有的沉积岩可以形成一系列斜交的层称为交错层。因此，沉积岩的表观密度较小、孔隙率较大、强度较低、耐久性也较差。沉积岩的主要造岩矿物有石英、白云石及方解石等。按沉积形成条件分为以下三类：机械沉积岩、化学沉积岩和有机沉积岩。

（3）变质岩

变质岩是地壳中的原有岩石（火成岩、沉积岩或早期生成的变质岩），由于岩浆的活动及地质构造运动的影响（高温、高压），在固体状态下发生再结晶作用而形成的岩石。在形成的过程中，岩石的矿物成分、结构、构造以至化学成分部分或全部发生了改变。

变质岩的结构和构造几乎和岩浆岩类似，一般均是晶体结构。变质岩的构造，主要是片状构造和块状构造。

一般由岩浆岩变质而成的称为正变质岩，而由沉积岩变质而成的则称为副变质岩。按变质程度的不同，又分为深变质岩和浅变质岩。一般浅变质岩，由于受到高压重结晶作用，形成的变质岩比原岩更密实，其物理力学性质有所提高；反之，原为深成岩的岩石，经过变质作用，产生了片状构造，其性能还不如原深成岩。

天然岩石按照强度分为硬质岩和软质岩两大类，每大类中再划分为极硬岩石、次硬岩石和次软岩石、极软岩石两个亚类。强度采用新鲜岩块的饱水单轴无侧抗压强度来测量。硬质岩石中强度大于100MPa的称为极硬岩石，30～60MPa之间的称为次硬岩石，代表性岩石有花岗岩、石灰岩、大理岩、石英岩、玄武岩等。软质岩石中强度在5～30MPa之间的称为次软岩石，强度小于5MPa的称为极软岩石，软质岩石的代表性岩石有黏土岩、页岩、云母片岩等。

2. 建筑上常用的天然石材及其特性

建筑上常有天然石材有花岗岩、石灰石和大理石。

花岗石属于岩浆岩，是由石英、长石和少量的云母等矿物构成的，结构致密，孔隙率小，吸水率低，材质坚硬，耐久性好。

石灰石属于沉积岩，其主要成分是碳酸钙。但因其形成的条件不同，密实程度有很大差别，因此孔隙率和孔隙特征的变化也很大。结构比较疏松的石灰石常用做生产石灰和水泥的原料，坚硬的石灰石在建筑上大量用作混凝土的骨料，还可加工成块体材料，用来砌筑基础、墙体、路面、挡土墙，非常致密的石灰石可经研磨抛光可做饰面材料。

常用做饰面材料的大理石属于变质岩，结构紧密，细腻，抗压强度高，但硬度不高，容易锯解，经雕琢和磨光等加工，可得到不同色彩、各色纹理的板材，具有极佳的装饰效果。大理石的主要成分是碳酸钙，能抵抗碱的作用，但不耐酸。在大气污染严重城市中，空气中含有较多SO_2，遇水后生成亚硫酸、硫酸，而与岩石中的碳酸盐作用，生成易溶于水的石膏，使表面失去光泽，变得粗糙、麻面，从而降低装饰效果，所以大理石材不适用于城市建筑的外装修材料。而花岗石板材结构非常致密，且耐酸性好，不易风化，适用于建筑物的饰面材料。

3. 常用石料制品

土木工程中常用的石料制品有毛石、片石、料石和石板等。

（1）毛石

岩石被爆破后直接得到的形状不规则的石块称为毛石。根据表面平整度，毛石有乱毛石和平毛石之分。乱毛石形状不规则；平毛石形状虽然不规则，但它有大致平行的两个面。土木工程使用的毛石，一般高度应不小于15cm，一个方向的尺寸可达30～40cm，毛石的抗压强度应不低于10MPa。毛石常用来砌筑基础、墙身、挡土墙等。

（2）片石

片石也是由爆破而得的，形状不受限制，但薄片者不得使用。一般片石的尺寸应不小于15cm，体积不小于0.01cm^3，每块质量一般在30kg之上。片石主要用于砌筑圬工工程、护坡、护岸等。

（3）料石

料石由人工或机械开采出较规则的六面体块石，再经人工略加凿琢而成。依其表面加工的平整程度而分为毛料石、粗料石、半细料石和细料石四种。制成长方体的称作条石；长、宽、高大致相等的称为方石；楔行的称为拱石。料石一般由致密的砂岩、石灰岩、花岗岩加工而成，用于土木工程结构物的基础、勒脚、墙体等部位。

（4）石板

石板是用致密岩石凿平或锯解而成的厚度不大的石材。对饰面用的石板或地面板、要求耐磨、耐久、无裂缝或水纹、色彩美观，一般采用花岗岩和大理岩制成。花岗岩板材主要用于土木工程的室外饰面；大理石板材可用于室内装饰。

2.4.2 砖

1. 烧结普通砖

根据国家标准《烧结普通砖》GB 5101—2003所指：以黏土、页岩、煤矸石、粉煤灰等为主要原料，经成型、焙烧而成的砖，称为烧结普通砖。

烧结普通砖的生产工艺为：原料→配料调制→制坯→干燥→焙烧→成品。

原料中主要成分是 Al_2O_3 和 SiO_2，还有少量的 Fe_2O_3、CaO 等。原料和成浆体后，具有良好的可塑性，可塑制成各种制品。焙烧时将发生一系列物理化学变化，可发生收缩、烧结与烧熔。焙烧初期，原料中水分蒸发，坯体变干；当温度达 450～850℃时，原料中有机杂质燃尽，结晶水脱出并逐渐分解，成为多孔性物质，但此时砖的强度较低；再继续升温至 950～1050℃时，原料中易熔成分开始熔化，出现玻璃液状物，流入不熔颗粒的缝隙中，并将其胶结，使坯体孔隙率降低，体积收缩，密实度提高，强度随之增大，这一过程称之为烧结；经烧制后的制品具有良好的强度和耐水性，故烧结砖控制在烧结状态即可。若继续加温，坯体将软化变形，甚至熔融。

焙烧是制砖的关键过程，焙烧时火候要适当、均匀，以免出现欠火砖或过火砖。欠火砖色浅、断面包心（黑心或白心）、敲击声哑、孔隙率大、强度低、耐久性差。过火砖色较深，敲击声脆、较密实、强度高、耐久性好，但容易出现变形砖（酥砖或螺纹砖）。因此国家标准规定不允许有欠火砖、酥砖和螺纹砖。

在焙烧时，若使窑内氧气充足，使之在氧化气氛中焙烧，黏土中的铁元素被氧化成高价的 Fe_2O_3，烧得红砖。若在焙烧的最后阶段使窑内缺氧，则窑内燃烧气氛呈还原气氛，砖中的高价氧化铁（Fe_2O_3）被还原成青灰色的低价氧化铁（FeO），即烧得青砖。青砖比红砖结实、耐久，但价格较红砖高。

当采用页岩、煤矸石、粉煤灰为原料烧砖时，因其含有可燃成分，焙烧时可在砖内燃烧，不但节省燃料，还使坯体烧结均匀，提高了砖的质量。常将用可燃性工业废料作为内燃烧制成的砖称为内燃砖。

(1) 烧结普通砖的品种与等级品种

按使用原料不同，烧结普通砖可分为：烧结普通黏土砖（N）、烧结页岩砖（Y）、烧结煤矸石砖（M）和烧结粉煤灰砖（F）。

按抗压强度分为 MU30、MU25、MU20、MU15 和 MU10 五个强度等级。强度、抗风化性能和放射性物质合格的砖，根据尺寸偏差、外观质量、泛霜和石灰爆裂等情况分为优等品（A）、一等品（B）和合格品（C）三个质量等级。优等品的砖适用于清水墙建筑和墙体装饰，一等品与合格品的砖可用于混水墙建筑，中等泛霜砖，不得用于潮湿部位。

(2) 烧结普通砖的技术要求

1) 外形尺寸

砖的外形为直角六面体（又称矩形体），长 240mm，宽 115mm，厚 53mm，其尺寸偏差不应超过标准规定。因此，在砌筑使用时，包括砂浆缝（10mm）在内，4 块砖长、8 块砖宽、16 块砖厚度都为 1m，512 块砖可砌 $1m^3$ 的砌体。烧结普通砖的尺寸允许偏差应符合表 2-16 的规定。

烧结普通砖尺寸允许偏差（单位：mm） **表 2-16**

公称尺寸	优等品		一等品		合格品	
	样本平均偏差	样本极差≤	样本平均偏差	样本极差≤	样本平均偏差	样本极差≤
240	±2.0	6	±2.5	7	±3.0	8
115	±1.5	5	±2.0	6	±2.5	7
53	±1.5	4	±1.6	5	±2.0	6

2）外观质量

包括条面高度差、裂纹长度、弯曲、缺棱掉角等各项内容。各项内容均应符合表2-17的规定。

烧结普通砖的外观质量（单位：mm）　　**表2-17**

项目		优等品	一等品	合格品
两条面高度差	≤	2	3	4
弯曲	≤	2	3	4
杂质凸出高度	≤	2	3	4
缺棱掉角的三个破坏尺寸不得同时大于		5	20	30
裂纹长度	≤			
a. 大面上宽度方向及其延伸至条面的长度		30	60	80
b. 大面上长度方向及其延伸至顶面的长度或条顶面上水平裂纹的长度		50	80	100
完整面不得少于		二条面和二顶面	一条面和一顶面	—
颜色		基本一致	—	—

3）强度

强度应符合表2-18规定。

烧结普通砖强度等级（单位：MPa）　　**表2-18**

强度等级	抗压强度平均值 $\bar{f}\geqslant$	变异系数 $\delta\leqslant0.21$	变异系数 $\delta>0.21$
		强度标准值 $f_k\geqslant$	单块最小抗压强度值 $f_{min}\geqslant$
MU30	30.0	22.0	25.0
MU25	25.0	18.0	22.0
MU20	20.0	14.0	16.0
MU15	15.0	10.0	12.0
MU10	10.0	6.5	7.5

4）抗风化性能

抗风化性能属于烧结砖的耐久性，是用来检验砖的一项主要综合性能，主要包括抗冻性、吸水率和饱和系数。用它们来评定砖的抗风化性能。

5）泛霜

泛霜也称起霜，是砖在使用过程中的盐析现象。砖内过量的可溶盐受潮吸水而溶解，随水分蒸发而沉积于砖的表面，形成白色粉状附着物，影响建筑美观。如果溶盐为硫酸盐，当水分蒸发并晶体析出时，产生膨胀，使砖面剥落。

要求烧结普通砖优等品无泛霜；一等品不允许出现中等泛霜；合格品不允许出现严重泛霜。

6）石灰爆裂

石灰爆裂是砖坯中夹杂有石灰石，在焙烧过程中转变成石灰，砖吸水后，由于石灰逐渐熟化而膨胀产生的爆裂现象。

(3) 烧结普通砖的性质与应用

烧结普通砖具有强度高、耐久性和隔热、保温性能好等特点，广泛用于砌筑建筑物的内外墙、柱、烟囱、沟道及其他建筑物。

烧结普通砖是传统的墙体材料，在我国一般建筑物墙体材料中一直占有很高的比重，其中主要是烧结黏土砖。由于烧结黏土砖多是毁田取土烧制，加上施工效率低，砌体自重大，抗震性能差等缺点，已远远不能适应现代建筑发展的需要。随着墙体材料的发展和推广，在所有建筑物中，烧结普通黏土砖必将被其他轻质墙体材料所取代。

2. 烧结多孔砖

在现代建筑中，由于高层建筑的发展，对烧结砖提出了减轻自重，改善绝热和吸声性能的要求，因此出现了烧结多孔砖、空心砖和空心砌块。烧结多孔砖和烧结空心砖的生产与烧制和普通砖基本相同，但与烧结普通砖相比，它们具有重量轻、保温性及节能好、施工效率高、节约土、可以减少砌筑砂浆用量等优点，是正在替代烧结普通砖的墙体材料之一。

烧结多孔砖是以黏土、页岩、煤矸石为主要原料，经过制坯成型、干燥、焙烧而成的主要用于承重部位的多孔砖。因而也称为承重空心砖。由于其强度高，保温性好，一般用于砌筑六层以下建筑物的承重墙。

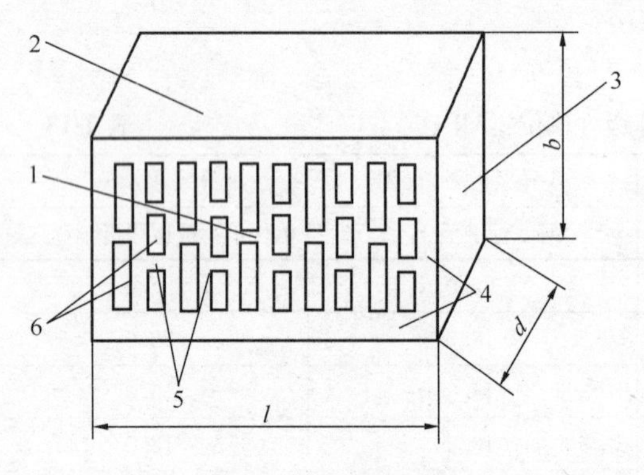

图 2-4　烧结多孔砖

1—大面（坐浆面）；2—条面；3—顶面；4—外壁；5—肋；6—孔洞；l—长度；b—宽度；d—高度

烧结多孔砖的主要技术要求如下：

(1) 规格及要求

砖的外形尺寸为直角六面体，如图 2-4 所示，其长度、宽度、高度尺寸应符合下列要求（mm）：

290，240，190，180，140，115，90。

(2) 密度等级

多孔砖的密度等级分为（kg/m^3）：1000、1100、1200、1300 四个等级。

(3) 强度等级

根据砖样的抗压强度分为 MU30、MU25、MU20、MU15、MU10 五个强度等级，其强度应符合表 2-19 的规定。

烧结多孔砖强度等级（GB 13544—2011）（单位：MPa）　　**表 2-19**

强度等级	抗压强度平均值 $\bar{f}\geqslant$	强度标准值 $f_K\geqslant$
MU30	30.0	22.0
MU25	25.0	18.0
MU20	20.0	14.0
MU15	15.0	10.0
MU10	10.0	6.5

(4) 孔型孔结构及孔洞率

孔型孔结构及孔洞率应符合表 2-20 的规定。

孔型孔结构及孔洞率 表 2-20

孔型	孔洞尺寸		最小外壁厚（mm）	最小肋厚（mm）	孔洞率（%）		孔洞排列
	孔宽度尺寸 b	孔长度尺寸 L			孔	砌块	
矩形条孔或矩形孔	≤13	≤40	≥12	≥5	≥28	≥33	1 所有孔宽应相等，孔采用单向或双向交错排列； 2 孔洞排列上下、左右堆成，分布均匀，手抓孔的长度方向尺寸必须平行于砖的条面

注：1. 矩形孔的孔长 L、孔宽 b 满足式 $L \geqslant 3b$ 时，为矩形条孔；
2. 孔四个角应做成过渡圆角，不得做成直尖角；
3. 如设有砌筑砂浆槽，则砌筑砂浆槽不计算在孔洞率内；
4. 规格大的砖和砌块应设置手抓孔，手抓孔尺寸为（30～40）mm×（75～85）mm。

（5）适用范围

烧结多孔砖适用于多层建筑的内外承重墙体及高层框架建筑的填充墙和隔墙。

3. 烧结空心砖

以黏土、页岩、煤矸石为主要原料，经制坯成型，干燥焙烧而成的主要用于非承重部位的空心砖，称为烧结空心砖。因其具有轻质、保温性好、强度低等特点，烧结空心砖主要用于非承重墙、外墙及框架结构的填充墙等。

烧结空心砖的主要技术要求如下：

（1）规格及要求

烧结空心砖的外形为直角六面体，如图 2-5 所示，其长度、宽度、高度尺寸应符合下列要求：

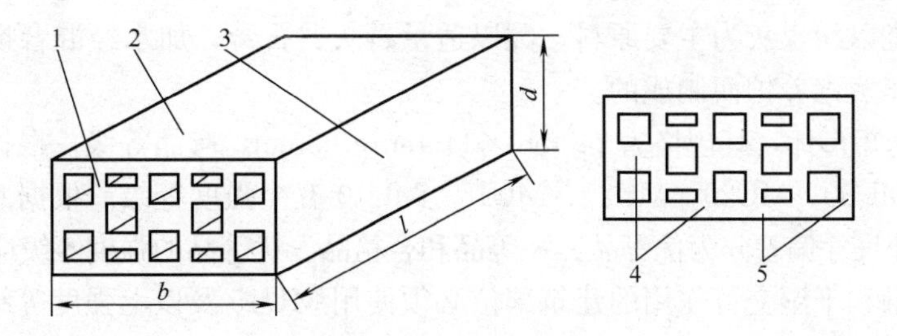

图 2-5 烧结空心砖

1—顶面；2—大面；3—条面；4—肋；5—壁；l—长度；b—宽度；d—高度

长度规格尺寸（mm）390，290，240，190，180（175），140；

宽度规格尺寸（mm）190，180（175），140，115；

宽度规格尺寸（mm）180（175），140，115，90。

（2）强度等级

根据砖样的抗压强度分为 MU10.0、MU7.5、MU5.0、MU3.5 四个强度等级。

（3）密度等级

按照密度，砖可分为 800、900、1000 和 1100 四个密度等级。

（4）孔洞率

烧结空心砖的孔洞率大于等于40%。

(5) 其他性能

包括泛霜、石灰爆裂、吸水率、冻融等内容。

4. 蒸压蒸养砖

以含二氧化硅为主要成分的天然材料或工业废料（粉煤灰、煤渣、矿渣等）配以少量石灰与石膏，经拌制、成型、蒸汽养护而成的砖称蒸压蒸养砖，又称硅酸盐砖。

按其工艺和原材料，硅酸盐砖分为：蒸压灰砂砖、蒸压粉煤灰砖、蒸养煤渣砖、免烧砖和碳化灰砂砖等。

(1) 蒸压灰砂砖

以石灰、砂子为主要原料，加入少量石膏或其他着色剂，经制坯设备压制成型、蒸压养护而成的砖，称为蒸压灰砂砖。

灰砂砖是在高压下成型，又经过蒸压养护，砖体组织致密，具有强度高、大气稳定性好，干缩率小、尺寸偏差小、外形光滑平整等特性。灰砂砖色泽淡灰，如配入矿物颜料，则可制得各种颜色的砖，有较好的装饰效果。主要用于工业与民用建筑的墙体和基础。

砖的外形为矩形体。规格尺寸为240mm×115mm×53mm。根据抗压强度和抗折强度，强度等级分为MU25、MU20、MU15和MU10四个等级。根据尺寸偏差和外观质量分为优等品（A）、一等品（B）与合格品（C）三个等级。

灰砂砖不得用于长期受热200℃以上、受急冷、急热和有酸性介质侵蚀的部位。MU15级以上的砖可用于基础及其他建筑部位，MU10级砖只可用于防潮层以上的建筑部位。灰砂砖的耐水性良好，但抗流水冲刷的能力较弱，可长期在潮湿、不受冲刷的环境中使用。灰砂砖表面光滑平整，使用时注意提高砖和砂浆间的粘结力。

(2) 蒸压粉煤灰砖

粉煤灰砖是以粉煤灰为主要原料，配以适量石灰、石膏，加水经混合搅拌、陈化、轮碾、成型、高压蒸汽养护而制成的。

粉煤灰砖为矩形体，其规格为240mm×115mm×53mm。产品等级，根据其抗压强度和抗折强度分为MU30、MU25、MU20、MU15、MU10五个强度等级。根据其外观质量、强度、干燥收缩和尺寸偏差分为优等品、一等品和合格品。优等品的强度等级应不低于MU15。

在易受冻融和干湿交替作用的建筑部位必须使用MU15及以上强度等级的砖。用于易受冻融作用的建筑部位时要进行抗冻性检验，并采取适当措施，以提高建筑耐久性。用粉煤灰砖砌筑的建筑物，应适当增设圈梁及伸缩缝或采取其他措施，以避免或减少收缩裂缝的产生。粉煤灰砖出釜后，应存放一段时间后再用，以减少相对伸缩量。长期受高于200℃温度作用，或受冷热交替作用，或有酸性侵蚀的建筑部位不得使用粉煤灰砖。

2.4.3 砌块

砌块是利用混凝土，工业废料（炉渣，粉煤灰等）或地方材料制成的人造块材，外形尺寸比砖大，具有适应性强、原料来源广、不毁耕地、制作及使用方便等特点，同时可提高施工效率及施工的机械化程度，减轻房屋自重，改善建筑物功能，降低工程造价，推广使用砌块是墙体材料改革的一条有效途径。

建筑砌块可分为实心和空心两种，按大小分为中型砌块（高度为400mm、800mm）

和小型砌块（高度为200mm），前者用小型起重机械施工，后者可用手工直接砌筑；按原材料不同分为硅酸盐砌块和混凝土砌块，前者用煤渣、粉煤灰、煤矸石等材料加石灰、石膏配合而成，后者用水泥混凝土制作。

1. 蒸压加气混凝土砌块

蒸压加气混凝土砌块，简称加气混凝土砌块，是以水泥、石英砂、粉煤灰、矿渣等为原料，经过磨细，并以铝粉为发气剂，按一定比例配合，经过料浆浇筑，再经过发气成型、坯体切割、蒸压养护等工艺制成的一种轻质、多孔建筑墙体材料。

（1）砌块的规格

砌块的规格尺寸见表2-21。

砌块的规格尺寸（单位：mm）　　**表2-21**

长度L	宽度B			高度H			
600	100 150 240	120 180 250	125 200 300	200	240	250	300

注：如果需要其他规格，可由供需双方协商解决。

（2）砌块等级

砌块按抗压强度来分的强度级别有A1.0、A2.0、A2.5、A3.5、A5.0、A7.5和A10.0七个强度等级。

砌块按干密度来分，有B03、B04、B05、B06、B07和B08六个级别。干密度指砌块试件在105℃温度下烘至恒质测得的单位体积的质量。

砌块按尺寸偏差与外观质量、干密度、抗压强度和抗冻性分为：优等品（A）、合格品（B）二个等级。

砌块标记顺序是名称（代号ACB）、强度级别、干密度、规格尺寸、产品等级和标准编号。例如：强度级别为A3.5、干密度级别为B05、规格尺寸为600mm×200mm×250mm优等品的蒸压加气混凝土砌块，其标记为：

ACB　A3.5　B05　600×200×250A（GB 11968—2006）

（3）砌块的主要技术性能要求

1）砌块尺寸偏差和外观应符合表2-22的规定。

2）砌块的主要性能应符合表2-23的规定。

3）砌块不同级别、等级的干体积质量应符合表2-24的规定。

砌块的尺寸偏差与外观要求　　**表2-22**

项目			优等品（A）	合格品（B）
尺寸允许偏差（mm）	长度	L	±3	±4
	宽度	B	±1	±2
	高度	H	±1	±2
缺楞掉角	最小尺寸不得大于（mm）		0	30
	最大尺寸不得大于（mm）		0	70
	大于以上尺寸的缺棱掉角个数，不多于（个）		0	2

续表

项目		优等品（A）	合格品（B）
裂纹长度	任一面上的裂纹长度不得大于裂纹方向尺寸的	0	1/2
	贯穿一棱二面的裂纹长度不得大于裂纹所在面的裂纹方向尺寸总和的	0	1/3
	大于以上尺寸的裂纹条数，不多于（条）	0	2
爆裂、粘模和损坏深度不得大于（mm）		10	30
平面弯曲		不允许	
表面疏松、层裂		不允许	
表面油污		不允许	

砌块的性能 **表 2-23**

性能			强度级别						
			A1.0	A2.0	A2.5	A3.5	A5.0	A7.5	A10.0
立方体抗压强度值（MPa）	平均值		≥1.0	≥2.0	≥2.5	≥3.5	≥5.0	≥7.5	≥10.0
	最小值		≥0.8	≥1.6	≥2.0	≥2.8	≥4.0	≥6.0	≥8.0
干燥收缩值	快速法（mm/m）		≤0.8						
	标准法（mm/m）		≤0.5						
抗冻性	质量损失/%		≤5.0						
	冻后强度（MPa）	优等品（A）	≥0.8	≥1.6	≥2.8	≥4.0	≥6.0	≥8.0	
		合格品（B）			≥2.0	≥2.8	≥4.0	≥6.0	

蒸压加气混凝土砌块的干体积密度 **表 2-24**

体积密度级别		B03	B04	B05	B06	B07	B08
干密度	优等品≤	300	400	500	600	700	800
	合格品≤	325	425	525	625	725	825

（4）用途

加气混凝土砌块可用于砌筑建筑的外墙、内墙、框架墙及加气混凝土刚性屋面等。

（5）使用注意事项

如果没有有效措施，加气混凝土砌块不得使用于以下部位：建筑物±0.000以下的室内；长期浸水或经常受干湿交替部位；经常受碱化学物质侵蚀的部位；表面温度高于80℃的部位。

加气混凝土外墙面水平方向的凹凸部位应做泛水和滴水，以防积水。墙面应做装饰保护层。墙角与接点处应咬砌，并在沿墙角 1m 左右灰缝内，配置钢筋或网件，外纵墙设置现浇钢筋混凝土板带。

2. 普通混凝土小型砌块

普通混凝土小型砌块是以水泥、矿物掺合料、砂、石、水等为原材料，经搅拌、振动成型、养护等工艺制成的小型砌块，包括空心砌块和实心砌块。

(1) 砌块的规格

混凝土小型砌块如图 2-6 所示。

砌块的外形宜为直角六面体，常用块型的规格尺寸见表 2-25。

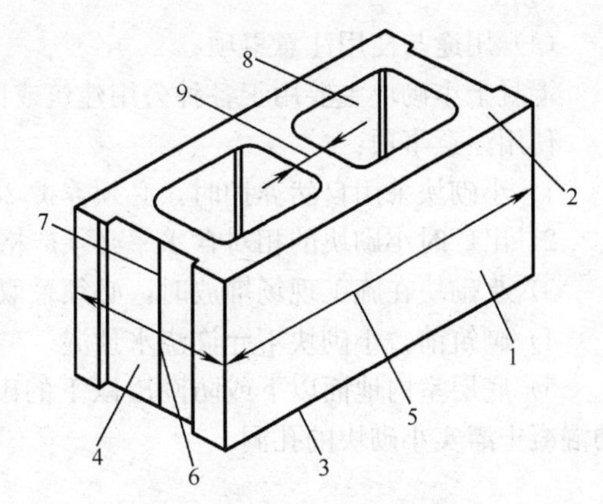

图 2-6　混凝土小砌块示意图

1—条面；2—坐浆面；3—铺浆面；4—顶面；5—长度；6—宽度；7—高度；8—壁；9—肋

砌块的规格尺寸　　**表 2-25**

长　度	宽　度	高　度
390	90、120、140、190、240、290	90、140、190

注：其他规格尺寸可由供需双方协商确定。采用薄灰缝砌筑的块型，相关尺寸可作调整。

(2) 砌块的种类

砌块按空心率分为空心砌块（空心率不小于 25%，代号：H）和实心砌块（空心率小于 25%，代号：S）。

砌块按使用时砌筑墙体的结构和受力情况，分为承重结构用砌块（代号：L，简称承重砌块）、非承重结构用砌块（代号：N，简称非承重砌块）。

(3) 强度等级

普通混凝土小砌块的抗压强度分级和抗压强度，见表 2-26、表 2-27。

砌块的强度等级　　**表 2-26**

砌块种类	承重砌块（L）	非承重砌块（N）
空心砌块	7.5、10.0、15.0、20.0、25.0	5.0、7.5、10.0
实心砌块	15.0、20.0、25.0、30.0、35.0、40.0	10.0、15.0、20.0

混凝土小砌块的抗压强度（单位：MPa）　　**表 2-27**

强度等级	砌块抗压强度	
	平均值≥	单块最小值≥
MU5.0	5.0	4.0
MU7.5	7.5	6.0
MU10.0	10.0	8.0
MU15.0	15.0	12.0
MU20.0	20.0	16.0
MU25.0	25.0	20.0
MU30.0	30.0	24.0
MU35.0	35.0	28.0
MU40.0	40.0	32.0

(4) 用途与使用注意事项

混凝土小砌块主要用于各种公用建筑或民用建筑以及工业厂房等建筑的内外体。

使用注意事项：

1) 小砌块采用自然养护时，必须养护28d后方可使用；

2) 出厂时小砌块的相对含水率必须严格控制在标准规定范围内；

3) 小砌块在施工现场堆放时，必须采取防雨措施；

4) 砌筑前，小砌块不允许浇水预湿。

5) 底层室内地面以下或防潮层以下的砌体，应采用强度等级不低于C20（或Cb20）的混凝土灌实小砌块的孔洞。

2.5 金 属 材 料

金属材料具有强度高、密度大、易于加工、导热和导电性良好等特点，可制成各种铸件和型材、能焊接或铆接、便于装配和机械化施工。因此，金属材料广泛应用于铁路、桥梁、房屋建筑等各种工程中，是主要的建筑材料之一。尤其是近年来，高层和大跨度结构迅速发展，金属材料在建筑工程中的应用越来越多。

2.5.1 钢材的分类

钢的品种繁多，为了便于掌握和选用，现将钢的一般分类归纳如下：

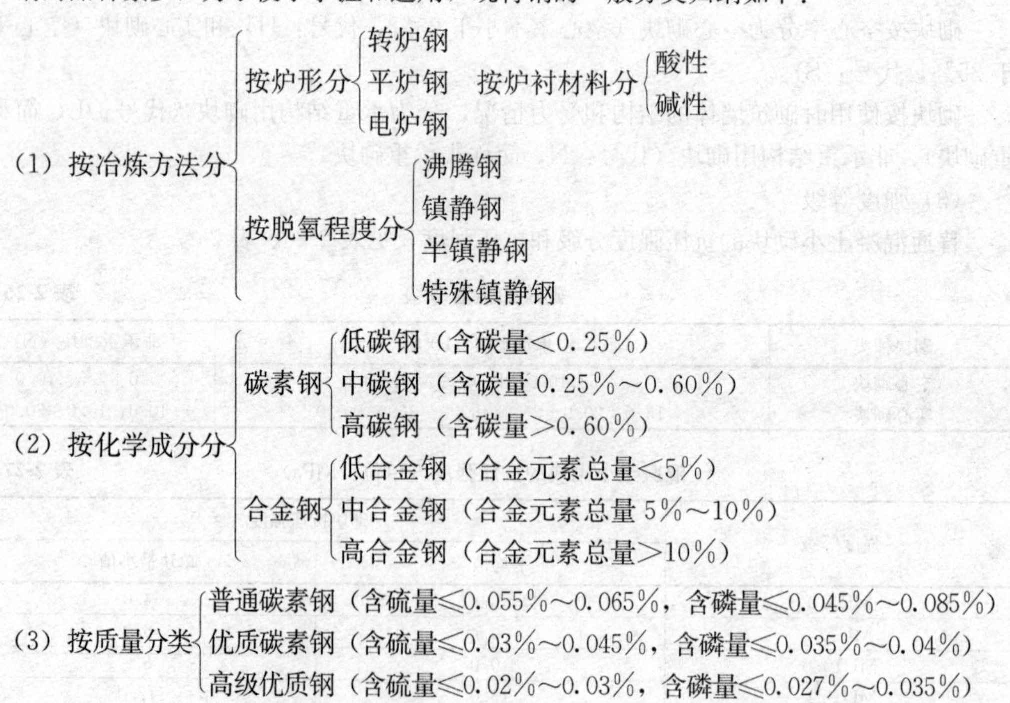

(4) 按用途分类
- 结构钢
  - 建筑工程用结构钢
  - 机械制造用结构钢
- 工具钢：用于制作刀具、量具、模具
- 特殊钢：不锈钢、耐酸钢、耐热钢、耐磨钢、磁钢等

2.5.2 钢材的主要技术性能

钢材的性能主要包括力学性能、工艺性能和化学性能等，其中力学性能是最主要的性能之一。

1. 钢材的力学性能

(1) 拉伸性能

钢材的强度可分为拉伸强度、压缩强度、弯曲强度和剪切强度等几种。通常以拉伸强度作为最基本的强度值。

将低碳钢（软钢）制成一定规格的试件，放在材料机上进行拉伸试验，可以绘出如图 2-7 所示的应力-应变关系曲线。钢材的拉伸性能就可以通过该图来表示。从图中可以看出，低碳钢受拉至拉断，全过程可划分为四个阶段：弹性阶段（OA）、屈服阶段（AB）、强化阶段（BC）和颈缩阶段（CD）。

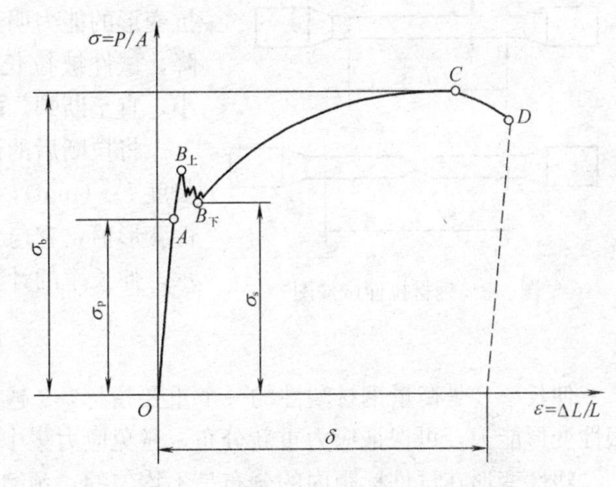

图 2-7 低碳钢受拉的应力-应变图

1）弹性阶段

曲线中 OA 段是一条直线，应力与应变成正比。如卸去外力，试件能恢复原来的形状，这种性质即为弹性，此阶段的变形为弹性变形。与 A 点对应的应力称为弹性极限，以 σ_p 表示。应力与应变的比值为常数，即弹性模量 E，$E=\sigma/\varepsilon$，单位 MPa。弹性模量反映钢材抵抗弹性变形的能力，是钢材在受力条件下计算结构变形的重要指标。

2）屈服阶段

应力超过 A 点后，应力、应变不再成正比关系，开始出现塑性变形。应力增长滞后于应变的增长，当应力达到 $B_{上}$ 点后（上屈服点），瞬时下降至 $B_{下}$ 点（下屈服点），变形迅速增加，而此时外力则大致在恒定的位置上波动，直到 B 点。这就是所谓的“屈服现象”，似乎钢材不能承受外力而屈服，所以 AB 段称为屈服阶段。与 $B_{下}$ 点（此点较稳定，易测定）对应的应力称为屈服点（屈服强度），用 σ_s 表示。

钢材受力大于屈服点后，会出现较大的塑性变形，已不能满足使用要求，因此屈服强度是设计中钢材强度取值的依据，是工程结构计算中非常重要的一个参数。

3）强化阶段

当应力超过屈服强度后，由于钢材内部组织中的晶格发生了畸变，阻止了晶格进一步滑移，钢材得到强化，所以钢材抵抗塑性变形的能力又重新提高，$B \rightarrow C$ 呈上升曲线，称为强化阶段。对应于最高点 C 的应力值(σ_b)称为极限抗拉强度，简称抗拉强度。

显然，σ_b 是钢材受拉时所能承受的最大应力值，屈服强度和抗拉强度之比(即屈强比 $=\sigma_s/\sigma_b$)能反映钢材的利用率和结构安全可靠程度。屈强比越小，其结构的安全可靠程度越高，但屈强比过小，又说明钢材强度的利用率偏低，造成钢材浪费。建筑结构合理的屈强比一般为 0.60～0.75。

《混凝土结构工程施工质量验收规范》GB 50204—2015 规定：钢筋的抗拉强度实测值与屈服强度实测值的比值不应小于1.25，钢筋的屈服强度实测值与强度标准值的比值不应大于1.3。

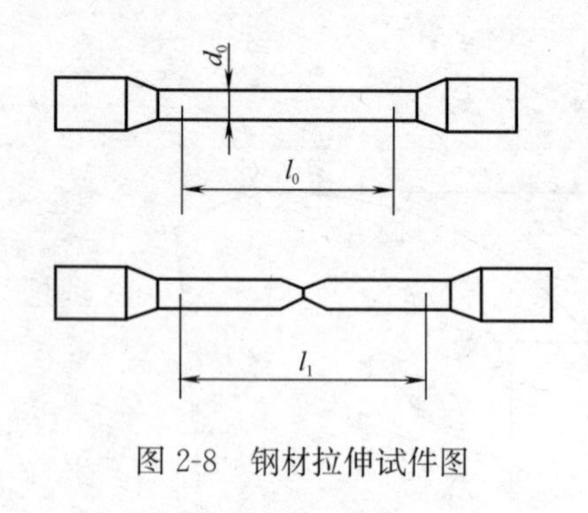

图 2-8　钢材拉伸试件图

4）颈缩阶段试件受力达到最高点 C 点后，其抵抗变形的能力明显降低，变形迅速发展，应力逐渐下降，试件被拉长，在有杂质或缺陷处，断面急剧缩小，直至断裂。故 CD 段称为颈缩阶段。

将拉断后的试件拼合起来，测定出标距范围内的长度 L_1（mm），L_1与试件原标距 L_0（mm）之差为塑性变形值，它与 L_0之比称为伸长率（δ），如图 2-8 所示。伸长率的计算式如下：

$$\delta=\frac{L_1-L_0}{L_0}\times 100\% \tag{2-6}$$

伸长率 δ 是衡量钢材塑性的一个重要指标，δ 越大，说明钢材的塑性越好。而一定的塑性变形能力，可保证应力重新分布，避免应力集中，从而钢材用于结构的安全性越大。

塑性变形在试件标距内的分布是不均匀的，颈缩处的变形最大，离颈缩部位越远其变形越小。所以原标距与直径之比越小，则颈缩处伸长值在整个伸长值中的比重越大，计算出来的 δ 值越大。通常以 δ_5 和 δ_{10}分别表示 $L_0=5d_0$ 和 $L_0=10d_0$ 时的伸长率（d_0 为钢材直径）。对于同一种钢材，其 δ_5 大于 δ_{10}。

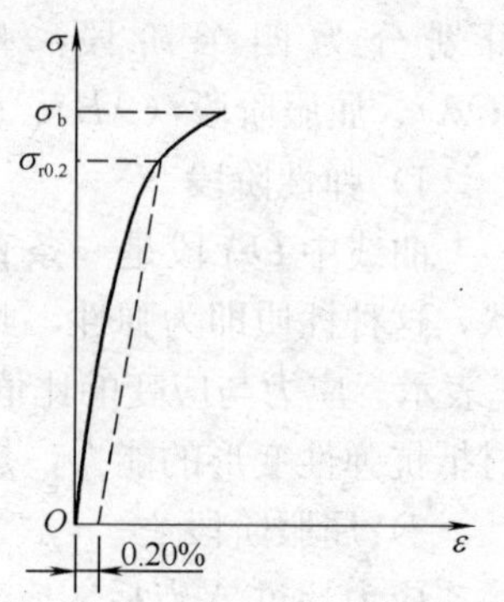

图 2-9　中碳钢、高碳钢的 σ-ε 图

中碳钢与高碳钢（硬钢）的拉伸曲线与低碳钢不同，屈服现象不明显，难以测定屈服点，则规定产生残余变形为原标距长度的 0.2%时所对应的应力值，作为硬钢的屈服强度，也称条件屈服点，用 $\sigma_{0.2}$ 表示，如图 2-9 所示。

（2）冲击性能

冲击韧度是指钢材抵抗冲击荷载而不被破坏的能力。规范规定是以刻槽的标准试件，在冲击试验的摆锤冲击下，以破坏后缺口处单位面积上所消耗的功（J/cm^2）来表示，符号 α_K。如图 2-10 所示。α_K越大，冲断试件消耗的能量越多，钢材的冲击韧度越好。

钢材的冲击韧度与钢的化学成分、冶炼与加工有关。一般来说，钢中的硫、磷含量较高，夹杂物以及焊接中形成的微裂纹等都会降低冲击韧度。此外，钢的冲击韧度还受温度和时间的影响。试验表明，开始时随温度的下降，冲击韧度降低很小，此时破坏的钢件断口呈韧性断裂状；当温度降至某一温度范围时，α_K 突然发生明显下降，如图 2-11 所示，钢材开始呈脆性断裂，这种性质称为冷脆性，发生冷脆性时的温度称为脆性临界温度。它的数值越低，钢材的低温冲击性能越好。所以在负温下使用的结构，应当选用脆性临界温度较低的钢材。由于脆性临界温度的测定较复杂，故规范中通常是根据气温条件规定−20℃或−40℃的负温冲击指标。

钢材随时间的延长表现出强度提高，塑性和冲击韧性下降的现象称为时效。因时效作用，冲击韧性还将随时间的延长而下降。一般完成时效的过程可达数十年，但钢材如经冷

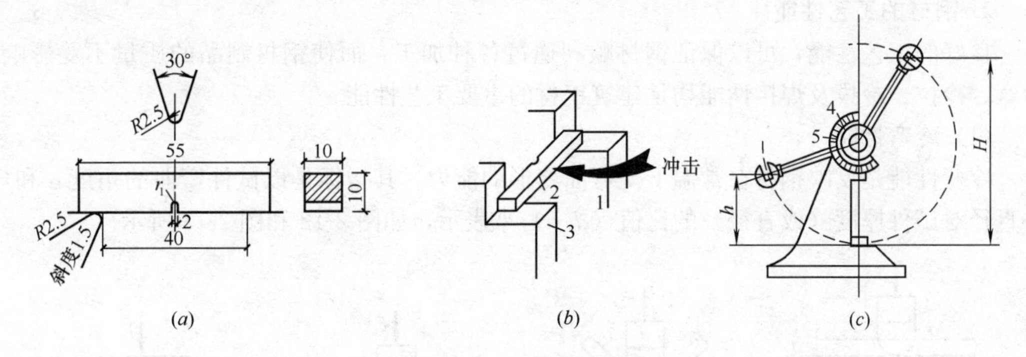

图 2-10　冲击韧性试验图

(a) 试件尺寸（mm）；(b) 试验装置；(c) 试验机

1—摆锤；2—试件；3—试验台；4—指针；5—刻度盘；

H—摆锤扬起高度；h—摆锤向后摆动高度

加工或使用中受振动和荷载的影响，时效可迅速发展。因时效导致钢材性能改变的程度称时效敏感性。时效敏感性越大的钢材，经过时效后冲击韧性的降低就越显著。为了保证安全，对于承受动荷载的重要结构，应当选用时效敏感性小的钢材。

因此，对于直接承受动荷载，而且可能在负温下工作的重要结构，必须按照有关规范要求进行钢材的冲击韧性检验。

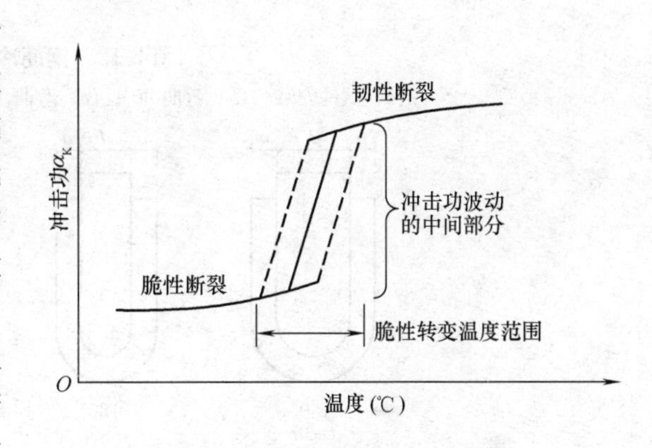

图 2-11　钢的脆性转变温度

(3) 疲劳强度

钢材承受交变荷载的反复作用时，可能在远低于抗拉强度时突然发生破坏，这种破坏称为疲劳破坏。钢材疲劳破坏的指标用疲劳强度，或称疲劳极限表示。疲劳强度是试件在交变应力作用下，不发生疲劳破坏的最大应力值，一般把钢材承受交变荷载 10^6～10^7 次时不发生破坏的最大应力作为疲劳强度。在设计承受反复荷载且须进行疲劳验算的结构时，应当了解所用钢材的疲劳强度。

研究表明，钢材的疲劳破坏是拉应力引起的，首先在局部开始形成微细裂纹，其后由于裂纹尖端处产生应力集中而使裂纹迅速扩展直至钢材断裂。因此，钢材的内部成分的偏析和夹杂物的多少以及最大应力处的表面光洁程度、加工损伤等，都是影响钢材疲劳强度的因素。疲劳破坏经常是突然发生的，因而具有很大的危险性，往往造成严重事故。

(4) 硬度

硬度是指金属材料抵抗硬物压入表面的能力。即材料表面抵抗塑性变形的能力。通常与抗拉强度有一定的关系。目前测定钢材硬度的方法很多，相应的有布氏硬度（HB）和洛氏硬度（HRC）。常用的方法是布氏法，其硬度指标是布氏硬度值。

建筑钢材常以屈服强度、抗拉强度、伸长率、冲击韧性等性质作为评定牌号的依据。

2. 钢材的工艺性能

良好的工艺性能，可以保证钢材顺利通过各种加工，而使钢材制品的质量不受影响。冷弯、冷拉、冷拔及焊接性能均是建筑钢材的重要工艺性能。

（1）冷弯性能

冷弯性能是反映钢材在常温下受弯曲变形的能力。其指标是以试件弯曲的角度 α 和弯心直径对试件厚度（或直径）的比值（d/a）来表示，如图 2-12 和图 2-13 所示。

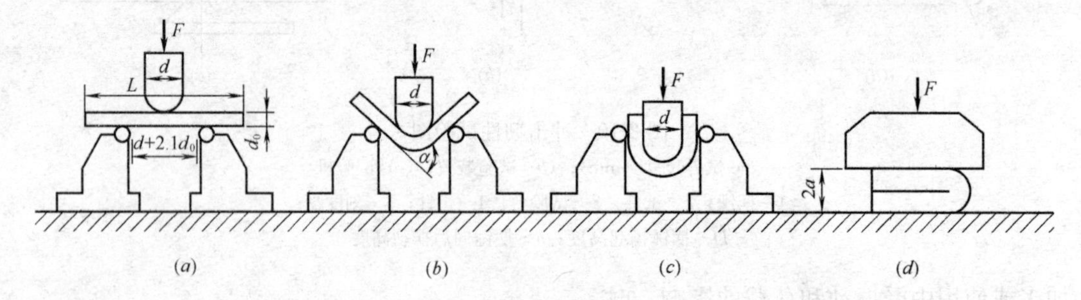

图 2-12 钢筋冷弯

（a）试件安装；（b）弯曲 90°；（c）弯曲 180°；（d）弯曲至两面重合

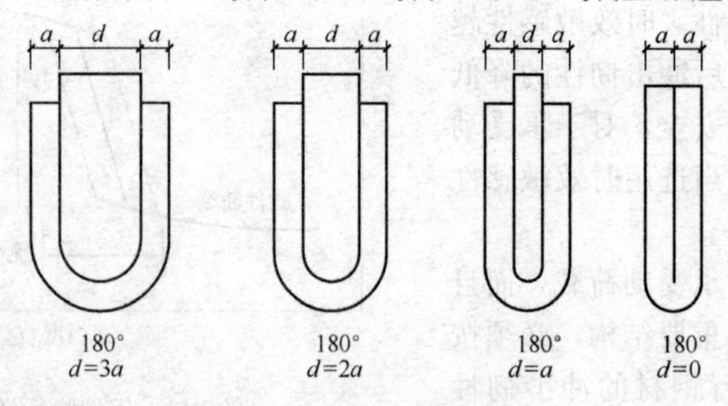

图 2-13 钢材冷弯规定弯心

试验时采用的弯曲角度越大，弯心直径对试件厚度（或直径）的比值越小，表示对冷弯性能的要求越高。冷弯检验是按规定的弯曲角度和弯心直径进行试验，试件的弯曲处不发生裂缝、裂断或起层，即认为冷弯性能合格。

相对于伸长率而言，冷弯是对钢材塑性更严格的检验，它能揭示钢材是否存在内部组织不均匀、内应力和夹杂物等缺陷。并且能揭示焊件在受弯表面存在未熔合、微裂纹及夹杂物等缺陷。

（2）焊接性能

焊接是各种型钢、钢板、钢筋的重要连接方式。建筑工程的钢结构有 90％以上是焊接结构。焊接结构质量取决于焊接工艺、焊接材料及钢材本身的焊接性能，焊接性能好的钢材，焊口处不易形成裂纹、气孔、夹渣等缺陷；焊接后的焊头牢固，硬脆倾向小，特别是强度不低于原有钢材。

钢材可焊性能的好坏，主要取决于钢的化学成分。碳含量高将增加焊接接头的硬脆性，碳含量小于 0.25％的碳素钢具有良好的可焊性。因此，碳含量较低的氧气转炉或平炉镇静钢应为首选。

钢筋焊接应注意的问题是：冷拉钢筋的焊接应在冷拉之前进行；焊接部位应清除铁锈、

熔渣、油污等；应尽量避免不同国家的进口钢筋之间或进口钢筋与国产钢筋之间的焊接。

3. 不同化学成分对钢材性能的影响

钢是铁碳合金，由于原料、燃料、冶炼过程等因素使钢材中存在大量的其他元素，如硅、硫、磷、氧等，合金钢是为了改性而有意加入一些元素，如锰、硅、矾、钛等。

(1) 碳

碳是决定钢材性质的主要元素。对钢材力学性质影响如图 2-14 所示。当含碳量低于 0.8%时，随着含碳量的增加，钢的抗拉强度和硬度提高，而塑性及韧性降低。同时，还将使钢的冷弯、焊接及抗腐蚀等性能降低，并增加钢的冷脆性和时效敏感性。

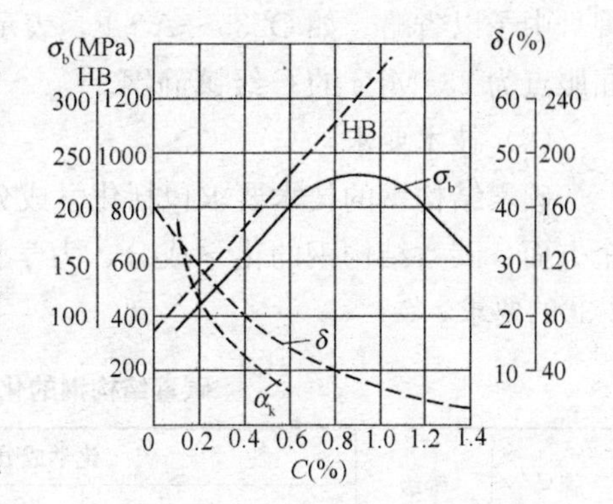

图 2-14 含碳量对热轧碳素钢的影响

(2) 磷、硫

磷与碳相似，能使钢的塑性和韧性下降，特别是低温下冲击韧性下降更为明显。常把这种现象称为冷脆性。磷的偏析较严重，磷还能使钢的冷弯性能降低，可焊性变差。但磷可使钢材的强度、耐蚀性提高。

硫在钢材中以 FeS 形式存在，在钢的热加工时易引起钢的脆裂，称为热脆性。硫的存在还使钢的冲击韧度、疲劳强度、可焊性及耐蚀性降低。因此，硫的含量要严格控制。

(3) 氧、氮

氧、氮也是钢中的有害元素，显著降低钢的塑性和韧性，以及冷弯性能和可焊性。

(4) 硅、锰

硅和锰是在炼钢时为了脱氧去硫而有意加入的元素。硅是钢的主要合金元素，含量在1%以内，可提高强度，对塑性和韧性没有明显影响。但含硅量超过 1%时，冷脆性增加，可焊性变差。锰能消除钢的热脆性，改善热加工性能，显著提高钢的强度，但其含量不得大于 1%，否则可降低塑性及韧性，可焊性变差。

(5) 铝、钛、钡、铌

以上元素均是炼钢时的强脱氧剂。适时加入钢内，可改善钢的组织，细化晶粒，显著提高强度和改善韧性。

2.5.3 常用建筑钢材

建筑钢材可分为钢结构用型钢和钢筋混凝土结构用钢筋。各种型钢和钢筋的性能主要取决于所用钢种及其加工方式。在建筑工程中，钢结构所用各种型钢、钢筋混凝土结构所用的各种钢筋、钢丝、锚具等钢材，基本上都是碳素结构钢和低合金结构钢等钢种，经热轧或冷轧、冷拔、热处理等工艺加工而成。

1. 碳素结构钢

普通碳素结构钢简称碳素结构钢。它包括一般结构钢和工程用热轧钢板、钢带、型钢等。现行国家标准《碳素结构钢》GB/T 700—2006 具体规定了它的牌号表示方法、代号和符号、技术要求、试验方法和检验规则等。

(1) 牌号表示方法

标准中规定：碳素结构钢按屈服点的数值（MPa）分为195、215、235和275共4种；按硫磷杂质的含量由多到少分为A、B、C和D四个质量等级；按照脱氧程度不同分为特殊镇静钢（TZ）、镇静钢（Z）和沸腾钢（F）。钢的牌号由代表屈服点的字母Q、屈服点数值、质量等级和脱氧程度四个部分按顺序组成。对于镇静钢和特殊镇静钢，在钢的牌号中予以省略。如Q235—A·F，表示屈服点为235MPa的A级沸腾钢；Q235—C表示屈服点为235MPa的C级镇静钢。

（2）技术要求

碳素结构钢的技术要求包括化学成分、力学性能、冶炼方法、交货状态及表面质量五个方面，碳素结构钢的化学成分、力学性能和冷弯性能试验指标应分别符合表2-28～表2-30的要求。

碳素结构钢的化学成分（GB/T 700—2006） **表2-28**

牌号	等级	化学成分（质量分数）（%）不大于					脱氧方法
		C	Mn	Si	S	P	
Q195	—	0.12	0.50	0.30	0.040	0.035	F、Z
Q215	A	0.15	1.20	0.35	0.050	0.045	F、Z
	B				0.045		
Q235	A	0.22	1.40	0.30	0.050	0.045	F、Z
	B	0.20*			0.045		
	C	0.17			0.040	0.040	Z
	D				0.035	0.035	TZ
Q275	A	0.24	1.50	0.35	0.050	0.045	F、Z
	B	0.21或0.22			0.045		Z
	C	0.20			0.040	0.040	Z
	D				0.035	0.035	TZ

* 经需方同意，Q235B的碳含量可不大于0.22%。

碳素结构钢的冶炼方法采用氧气转炉、平炉或电炉。一般为热轧状态交货，表面质量也应符合有关规定。

（3）钢材的性能

从表2-28、表2-29中可知，钢材随钢号的增大，碳含量增加，强度和硬度相应提高，而塑性和韧性则降低。

建筑工程中应用广泛的是Q235号钢。其含碳量为0.14%～0.22%，属低碳钢，具有较高的强度，良好的塑性、韧性及可焊性，综合性良好，能满足一般钢结构和钢筋混凝土用钢要求，且成本较低。在钢结构中主要使用Q235钢轧制成的各种型钢、钢板。

Q195、Q215号钢，强度低，塑性和韧性较好，易于冷加工，常用作钢钉、铆钉、螺栓及铁丝等。Q215号钢经冷加工后可代替Q235号钢使用。

Q275号钢，强度较高，但塑性、韧性较差，可焊性也差，不易焊接和冷弯加工，可用于轧制钢筋、作螺栓配件等，但更多用于机械零件和工具等。

碳素结构钢的力学性能（GB/T 700—2006） **表 2-29**

牌号	等级	拉伸试验													温度（℃）	V形冲击功（纵向）/J
		屈服点 σ_s（MPa）						抗拉强度 σ_b（MPa）	伸长率 δ_5（%）							
		钢材厚度（或直径）/mm							钢材厚度（直径）/mm							
		≤16	＞16～40	＞40～60	＞60～100	＞100～150	＞150～200		≤40	＞40～60	＞60～100	＞100～150	＞150			
		≥							≥							≥
Q195	—	195	185	—	—	—	—	315～450	33	—	—	—	—		—	—
Q215	A	215	205	195	185	175	165	335～410	31	30	29	27	26		—	—
	B														＋20	27
Q235	A	235	225	215	215	195	185	375～500	26	25	24	22	21		—	—
	B														＋20	27
	C														0	
	D														－20	
Q275	A	275	265	255	245	225	215	410～540	22	21	20	18	17		—	—
	B														＋20	27
	C														0	
	D														－20	

碳素结构钢的冷弯试验指标（GB/T 700—2006） **表 2-30**

牌 号	试样方向	冷弯试验 $B=2a$ 180°	
		钢材厚度（或直径）(mm)	
		≤60	＞60～100
		弯心直径 d	
Q195	纵	0	—
	横	$0.5a$	—
Q215	纵	$0.5a$	$1.5a$
	横	a	$2a$
Q235	纵	a	$2a$
	横	$1.5a$	$2.5a$
Q275	纵	$1.5a$	$2.5a$
	横	$2a$	$3a$

注：B 为式样宽度，a 为钢材厚度（或直径）。

2. 低合金高强度结构钢

低合金高强度结构钢是在碳素结构钢的基础上，添加少量的一种或几种合金元素（总含量小于5%）的一种结构钢。尤其近年来研究采用铌、钒、钛及稀土金属微合金化技术，不但大大提高了强度，改善了各项物理性能，而且降低了成本。

(1) 牌号的表示方法

根据国家标准《低合金高强度结构钢》GB/T 1591—2008 规定，共有八个牌号。所加元素主要有锰、硅、钒、钛、铌、铬、镍及稀土元素。其牌号的表示方法由屈服点字母Q、屈服点数值、质量等级（A、B、C、D和E五个等级）三个部分组成。

（2）标准与选用

低合金高强度结构钢的化学成分见表 2-31、力学性能见表 2-32～表 2-34。

低合金高强度结构钢的化学成分（GB/T 1591—2008） **表 2-31**

牌号	质量等级	化学成分[a,b]（质量分类）（%）														
		C	Si	Mn	P	S	Nb	V	Ti	Cr	Ni	Cu	N	Mo	B	Als
					不大于											不小于
Q345	A				0.035	0.035										—
	B	≤0.20			0.035	0.035										
	C		≤0.50	≤1.70	0.030	0.030	0.07	0.15	0.20	0.30	0.50	0.30	0.012	0.10	—	
	D	0.18			0.030	0.025										0.015
	E				0.025	0.020										
Q390	A				0.035	0.035										—
	B				0.035	0.035										
	C	≤0.20	≤0.50	≤1.70	0.030	0.030	0.07	0.20	0.20	0.30	0.50	0.30	0.015	0.10	—	
	D				0.030	0.025										0.015
	E				0.025	0.020										
Q420	A				0.035	0.035										—
	B				0.035	0.035										
	C	≤0.20	≤0.50	≤1.70	0.030	0.030	0.07	0.20	0.20	0.30	0.80	0.30	0.015	0.20	—	
	D				0.030	0.025										0.015
	E				0.025	0.020										
Q460	C				0.030	0.030										
	D	≤0.20	≤0.60	≤1.80	0.030	0.025	0.11	0.20	0.20	0.30	0.80	0.55	0.015	0.20	0.004	0.015
	E				0.025	0.020										
Q500	C				0.030	0.030										
	D	≤0.18	≤0.60	≤1.80	0.030	0.025	0.11	0.12	0.20	0.60	0.80	0.55	0.015	0.20	0.004	0.015
	E				0.025	0.020										
Q550	C				0.030	0.030										
	D	≤0.18	≤0.60	≤2.00	0.030	0.025	0.11	0.12	0.20	0.80	0.80	0.80	0.015	0.30	0.004	0.015
	E				0.025	0.020										
Q620	C				0.030	0.030										
	D	≤0.18	≤0.60	≤2.00	0.030	0.025	0.11	0.12	0.20	1.00	0.80	0.80	0.015	0.30	0.004	0.015
	E				0.025	0.020										
Q690	C				0.030	0.030										
	D	≤0.18	≤0.60	≤2.00	0.030	0.025	0.11	0.12	0.20	1.00	0.80	0.80	0.015	0.30	0.004	0.015
	E				0.025	0.020										

注：[a] 型材及棒材 P、S 含量可提高 0.005%，其中 A 级钢上限可为 0.045%。

[b] 当细化晶粒元素组合加入时，20（Nb+V+Ti）≤0.22%，20（Mo+Cr）≤0.30%。

低合金高强度结构钢的拉伸性能

表 2-32

<table>
<tr><th rowspan="4">牌号</th><th rowspan="4">质量等级</th><th colspan="22">拉伸试验[a,b,c]</th></tr>
<tr><th colspan="9" rowspan="2">以下公称厚度(直径,边长)下屈服强度(R_{eL})
(MPa)</th><th colspan="7" rowspan="2">以下公称厚度(直径,边长)抗拉强度(R_m)
(MPa)</th><th colspan="6">断后伸长率(A)(%)</th></tr>
<tr><th colspan="6">公称厚度(直径,边长)</th></tr>
<tr><th>≤16mm</th><th>>16mm～40mm</th><th>>40mm～63mm</th><th>>63mm～80mm</th><th>>80mm～100mm</th><th>>100mm～150mm</th><th>>150mm～200mm</th><th>>200mm～250mm</th><th>>250mm～400mm</th><th>≤40mm</th><th>>40mm～63mm</th><th>>63mm～80mm</th><th>>80mm～100mm</th><th>>100mm～150mm</th><th>>150mm～250mm</th><th>>250mm～400mm</th><th>≤40mm</th><th>>40mm～63mm</th><th>>63mm～100mm</th><th>>100mm～150mm</th><th>>150mm～250mm</th><th>>250mm～400mm</th></tr>
<tr><td rowspan="5">Q345</td><td>A</td><td rowspan="5">≥345</td><td rowspan="5">≥335</td><td rowspan="5">≥325</td><td rowspan="5">≥315</td><td rowspan="5">≥305</td><td rowspan="5">≥285</td><td rowspan="5">≥275</td><td rowspan="5">≥265</td><td rowspan="3">—</td><td rowspan="5">470～630</td><td rowspan="5">470～630</td><td rowspan="5">470～630</td><td rowspan="5">470～630</td><td rowspan="5">450～600</td><td rowspan="5">450～600</td><td rowspan="3">—</td><td rowspan="3">≥20</td><td rowspan="3">≥19</td><td rowspan="3">≥19</td><td rowspan="3">≥18</td><td rowspan="3">≥17</td><td rowspan="3">—</td></tr>
<tr><td>B</td></tr>
<tr><td>C</td></tr>
<tr><td>D</td><td rowspan="2">≥265</td><td rowspan="2">450～600</td><td rowspan="2">≥21</td><td rowspan="2">≥20</td><td rowspan="2">≥20</td><td rowspan="2">≥19</td><td rowspan="2">≥18</td><td rowspan="2">≥17</td></tr>
<tr><td>E</td></tr>
<tr><td rowspan="5">Q390</td><td>A</td><td rowspan="5">≥390</td><td rowspan="5">≥370</td><td rowspan="5">≥350</td><td rowspan="5">≥330</td><td rowspan="5">≥330</td><td rowspan="5">≥310</td><td rowspan="5">—</td><td rowspan="5">—</td><td rowspan="5">—</td><td rowspan="5">490～650</td><td rowspan="5">490～650</td><td rowspan="5">490～650</td><td rowspan="5">490～650</td><td rowspan="5">470～620</td><td rowspan="5">—</td><td rowspan="5">—</td><td rowspan="5">≥20</td><td rowspan="5">≥19</td><td rowspan="5">≥19</td><td rowspan="5">≥18</td><td rowspan="5">—</td><td rowspan="5">—</td></tr>
<tr><td>B</td></tr>
<tr><td>C</td></tr>
<tr><td>D</td></tr>
<tr><td>E</td></tr>
<tr><td rowspan="5">Q420</td><td>A</td><td rowspan="5">≥420</td><td rowspan="5">≥400</td><td rowspan="5">≥380</td><td rowspan="5">≥360</td><td rowspan="5">≥360</td><td rowspan="5">≥340</td><td rowspan="5">—</td><td rowspan="5">—</td><td rowspan="5">—</td><td rowspan="5">520～680</td><td rowspan="5">520～680</td><td rowspan="5">520～680</td><td rowspan="5">520～680</td><td rowspan="5">500～650</td><td rowspan="5">—</td><td rowspan="5">—</td><td rowspan="5">≥19</td><td rowspan="5">≥18</td><td rowspan="5">≥18</td><td rowspan="5">≥18</td><td rowspan="5">—</td><td rowspan="5">—</td></tr>
<tr><td>B</td></tr>
<tr><td>C</td></tr>
<tr><td>D</td></tr>
<tr><td>E</td></tr>
</table>

续表

牌号	质量等级	拉伸试验[a,b,c]																					
		以下公称厚度(直径,边长)下屈服强度(R_{eL})(MPa)									以下公称厚度(直径,边长)抗拉强度(R_m)(MPa)							断后伸长率(A)(%) 公称厚度(直径,边长)					
		≤16mm	>16mm~40mm	>40mm~63mm	>63mm~80mm	>80mm~100mm	>100mm~150mm	>150mm~200mm	>200mm~250mm	>250mm~400mm	≤40mm	>40mm~63mm	>63mm~80mm	>80mm~100mm	>100mm~150mm	>150mm~250mm	>250mm~400mm	≤40mm	>40mm~63mm	>63mm~100mm	>100mm~150mm	>150mm~250mm	>250mm~400mm
Q460	C																						
	D	≥460	≥440	≥420	≥400	≥400	≥380	—	—	—	550~720	550~720	550~720	550~720	530~700	—	—	≥17	≥16	≥16	≥16	—	—
	E																						
Q500	C																						
	D	≥500	≥480	≥470	≥450	≥440	—	—	—	—	610~770	600~760	590~750	540~730	—	—	—	≥17	≥17	≥17	—	—	—
	E																						
Q550	C																						
	D	≥550	≥530	≥520	≥500	≥490	—	—	—	—	670~830	620~810	600~790	590~780	—	—	—	≥16	≥16	≥16	—	—	—
	E																						
Q620	C																						
	D	≥620	≥600	≥590	≥570	—	—	—	—	—	710~880	690~880	670~860	—	—	—	—	≥15	≥15	≥15	—	—	—
	E																						
Q690	C																						
	D	≥690	≥670	≥660	≥640	—	—	—	—	—	770~940	750~920	730~900	—	—	—	—	≥14	≥14	≥14	—	—	—
	E																						

注:[a] 当屈服不明显时,可测量 $R_{p0.2}$ 代替下屈服强度。

[b] 宽度不小于 600mm 扁平材,拉伸试验取横向试样;宽度小于 600mm 的扁平材、型材及棒材取纵向试样,断后伸长率最小值相应提高 1%(绝对值)。

[c] 厚度>250mm~400mm 的数值适用于扁平材。

夏比（V型）冲击试验的试验温度和冲击吸收能量（GB/T 1591—2008）　　**表 2-33**

<table>
<tr><th rowspan="3">牌　号</th><th rowspan="3">质量等级</th><th rowspan="3">试验温度（℃）</th><th colspan="3">冲击吸收能量（KV_2）[a]（J）</th></tr>
<tr><th colspan="3">公称厚度（直径、边长）</th></tr>
<tr><th>12mm～150mm</th><th>>150mm～250mm</th><th>>250mm～400mm</th></tr>
<tr><td rowspan="4">Q345</td><td>B</td><td>20</td><td rowspan="4">≥34</td><td rowspan="4">≥27</td><td rowspan="2">—</td></tr>
<tr><td>C</td><td>0</td></tr>
<tr><td>D</td><td>−20</td><td rowspan="2">27</td></tr>
<tr><td>E</td><td>−40</td></tr>
<tr><td rowspan="4">Q390</td><td>B</td><td>20</td><td rowspan="4">≥34</td><td rowspan="4">—</td><td rowspan="4">—</td></tr>
<tr><td>C</td><td>0</td></tr>
<tr><td>D</td><td>−20</td></tr>
<tr><td>E</td><td>−40</td></tr>
<tr><td rowspan="4">Q420</td><td>B</td><td>20</td><td rowspan="4">≥34</td><td rowspan="4">—</td><td rowspan="4">—</td></tr>
<tr><td>C</td><td>0</td></tr>
<tr><td>D</td><td>−20</td></tr>
<tr><td>E</td><td>−40</td></tr>
<tr><td rowspan="3">Q460</td><td>C</td><td>0</td><td rowspan="3">≥34</td><td>—</td><td>—</td></tr>
<tr><td>D</td><td>−20</td><td>—</td><td>—</td></tr>
<tr><td>E</td><td>−40</td><td>—</td><td>—</td></tr>
<tr><td rowspan="3">Q500、Q550、
Q620、Q690</td><td>C</td><td>0</td><td>≥55</td><td>—</td><td>—</td></tr>
<tr><td>D</td><td>−20</td><td>≥47</td><td>—</td><td>—</td></tr>
<tr><td>E</td><td>−40</td><td>≥31</td><td>—</td><td>—</td></tr>
</table>

注：[a] 冲击试验取纵向试样。

弯曲试验（GB/T 1591—2008）　　**表 2-34**

<table>
<tr><th rowspan="3">牌　号</th><th rowspan="3">试样方向</th><th colspan="2">180°弯曲试验
［d=弯心直径，a=试样厚度（直径）］</th></tr>
<tr><th colspan="2">钢材厚度（直径，边长）</th></tr>
<tr><th>≤16mm</th><th>>16mm～100mm</th></tr>
<tr><td>Q345
Q390
Q420
Q460</td><td>宽度不小于 600mm 扁平材，拉伸试验取横向试样。宽度小于 600mm 的扁平材、型材及棒材取纵向试样</td><td>$2a$</td><td>$3a$</td></tr>
</table>

在钢结构中常采用低合金高强度结构钢轧制型钢、钢板，建造桥梁、高层及大跨度建筑。

2.5.4　钢结构用钢材

钢结构构件一般应直接先用各种型钢。构件之间可直接或附连接钢板进行连接。连接方式有铆接、螺栓连接或焊接。

型钢有热轧和冷轧成形两种。钢板也有热轧（厚度为 0.35～200mm）和冷轧（厚度为 0.2～5mm）两种。

1. 热轧型钢

热轧型钢有 H 形钢、部分 T 形钢、工字钢、槽钢、Z 形钢和 U 形钢等。

我国建筑用热轧型钢主要采用碳素结构钢 Q235-A（碳量约为 0.14%～0.22%）。在钢结构的设计规范中，推荐使用低合金钢，主要有两种：Q345（16Mn）及 Q390（15MnV）。用于大跨度、承受动荷载的钢结构中。

热轧型钢的标记方式为一组符号，包括型钢名称、横断面主要尺寸、型钢标准号及钢号与钢种标准等。例如，用碳素结构钢 Q235－A 轧制的，尺寸为 160mm×16mm 的等边角钢，其标识为：

$$\text{热轧等边角钢}\ \frac{160 \times 160 \times 16 - \text{GB 9787} - 1988}{Q235 - \text{A} - \text{GB/T 700} - 2006}$$

2. 冷弯薄壁型钢

通常是用 2～6mm 薄钢板冷弯或模压而成，有角钢、槽钢等开口薄壁型钢及方形、矩形等空心薄壁型钢。主要用于轻型钢结构。其标识方法与热轧型钢相同。

3. 钢板、压形钢板

用光面轧辊机轧制成的扁平钢材，以平板状态供货的称钢板；以卷状供货的称钢带。按轧制温度不同，分为热轧和冷轧两种；按厚度热轧钢板分为厚板（厚度大于 4mm）和薄板（厚度为 0.35～4mm），冷轧钢板只有薄板（厚度为 0.2～4mm）一种。

建筑用钢板及钢带主要是碳素结构钢。一些重型结构、大跨度桥梁、高压容器等也采用低合金钢板。

薄钢板经冷压或冷轧成波形、双曲形、V 形等形状，称为压形钢板。彩色钢板、镀锌薄钢板、防腐薄钢板等都可采用制作压形钢板。其特点是：质量轻、强度高、抗震性能好、施工快、外形美观等。主要用于围护结构、楼板、屋面等。

2.5.5 钢筋混凝土结构用钢材

钢筋混凝土结构用的钢筋和钢丝，主要由碳素结构钢或低合金结构钢轧制而成。主要品种有热轧钢筋、冷加工钢筋、热处理钢筋、预应力混凝土钢丝和钢绞线。按直条或盘条供货。

1. 热轧钢筋

混凝土结构用热轧钢筋有较高的强度，具有一定的塑性、韧性、可焊性。钢筋混凝土用热轧钢筋分为热轧光圆钢筋（HPB）和带肋钢筋热轧（HRB）两种。热轧光圆钢筋是横截面通常为圆形且表面为光滑的配筋用钢材，采用钢锭经热轧成型并自然冷却而成。热扎带肋钢筋是横截面为圆形，且表面通常有两条纵肋和沿长度方向均匀分布的横肋的钢筋。按钢筋金相组织中晶粒度的粗细程度分为普通热轧带肋钢筋（HRB）和细晶粒热轧带肋钢筋（HRBF）两种。热轧带肋钢筋的外形如图 2-15 所示。

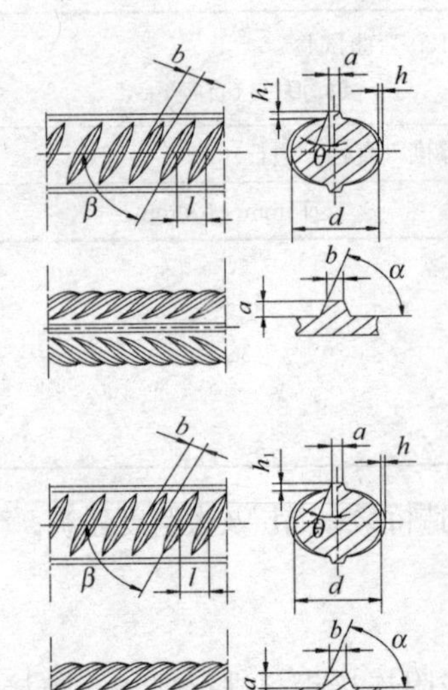

图 2-15 热轧带肋钢筋的外形

热轧带肋钢筋的牌号由 HRB 和牌号的屈服点最小值构成。H、R、B 分别为热轧（Hotrolled）、带肋（Ribbed）、钢筋（Bars）三个词的英文首位字母。热轧钢筋的性能见表 2-35。

热轧钢筋的性能 **表 2-35**

强度等级代号	外形	钢种	屈服强度（N/mm^2）	抗拉强度（N/mm^2）	伸长率（%）	冷弯试验（180°）
HPB300	光圆	低碳钢	300	420	25	$d=a$
HRB335	月牙肋	低碳钢 合金钢	335	455	17	$d=3a$
HRBF335						$d=4a$
						$d=5a$
HRB400			400	540	16	$d=4a$
HRBF400						$d=5a$
						$d=6a$
HRB500	等高肋	中碳钢 合金钢	500	630	15	$d=5a$
HRBF500						$d=6a$
						$d=7a$

2. 冷轧带肋钢筋

热轧圆盘条经冷轧后，在其表面带有沿长度方向均匀分布的三面或两面横肋，即成为冷轧带肋钢筋。钢筋冷轧后允许进行低温回火处理。根据《冷轧带肋钢筋》（GB 13788—2008）规定，冷轧带肋钢筋按抗拉强度分为四个牌号，分别为 CRB550、CRB650、CRB800 和 CRB970。C、R、B 分别为冷轧、带肋、钢筋三个词的英文首位字母，数值为抗拉强度的最小值。冷轧带肋钢筋的力学性能及工艺性能见表 2-36。与冷拔碳钢丝相比较，冷轧带肋钢筋具有强度高、塑性好，与混凝土粘结牢固，节约钢材，质量稳定等优点。CRB550 宜用作普通钢筋混凝土结构；其他牌号宜用在预应力混凝土中。

冷轧带肋钢筋克服了冷拉、冷拔钢筋握裹力低的缺点，同时具有与冷拉、冷拔相近的强度，因此在中、小型预应力混凝土结构构件和普通混凝土结构构件中得到了越来越广泛的应用。

冷轧带肋钢筋的力学性能表 **表 2-36**

牌 号	屈服点≥ $\sigma_{s0.2}$（MPa）	抗拉强度 ≥σ_b（MPa）	伸长率（%）≥		弯曲试验（180°）	反复弯曲次数	应力松弛 $\sigma=0.7\sigma_b$
			δ_{10}	δ_{100}			$1000h\leqslant\%$
CRB550	500	550	8.0	—	$D=3d$	—	—
CRB650	585	650	—	4.0	—	3	8
CRB800	720	800	—	4.0	—	3	8
CRB970	875	970	—	4.0	—	3	8

3. 冷拔低碳钢丝

冷拔低碳钢丝是用6.5～8mm的碳素结构钢Q235或Q215盘条，通过多次强力拔制而成的直径为3mm、4mm、5mm的钢丝。其屈服强度可提高40%～60%。但失去了低碳钢的性能，变得硬脆，属硬钢类钢丝。冷拔低碳钢丝按力学强度分为两级：甲级为预应力钢丝；乙级为非预应力钢丝，适用于作焊接网、焊接骨架、箍筋和构造钢筋。混凝土工厂自行冷拔时，应对钢丝的质量严格控制，对其外观要求分批抽样，表面不准有锈蚀、油污、伤痕、皂渍、裂纹等，逐盘检查其力学、工艺性质并要符合规定，凡伸长率不合格者，不准用于预应力混凝土构件中。

2.5.6 铝合金

1. 铝合金的分类

根据铝合金的成分及生产工艺特点，通常将其分为变形铝合金和铸造铝合金两类。

变形铝合金是指这类铝合金可以进行热态或冷态的压力加工，即经过轧制、挤压等工序，可制成板材、管材、棒材及各种异型材使用。这类铝合金要求其具有相当高的塑性。铸造铝合金则是将液态铝合金直接浇筑在砂型或金属模型内，铸成各种形状复杂的制件。对这类铝合金则要求其具有良好的铸造性，即具有良好流动性、小的收缩性及高的抗热裂性等。

变形铝合金又可分为不能热处理强化和可以热处理强化两种。前者不能用淬火的方法提高强度，如Al—Mn、Al—Mg合金，后者可以通过热处理的方法来提高其强度，如Al—Cu—Mg（硬铝）、Al—Zn—Mg（超硬铝）、Al—Si—Mg（锻铝）合金等。不能热处理强化的铝合金一般是通过冷加工（碾压、拉拔等）过程而达到强化的，它们具有适中的强度和优良的塑性，易于焊接，并有很好的抗蚀性，我国统称之为防锈铝合金。可热处理强化的铝合金其机械性能主要靠热处理来提高，而不是靠冷加工强化来提高。热处理能大幅度提高强度而不降低塑性。用冷加工强化虽然能提高强度，但使塑性迅速降低。

2. 铝合金的特性

（1）耐腐蚀性强，不需要特殊维护

铝合金的化学特性决定其在空气常态下会出现一层氧化膜，氧化膜的存在能极大程度地防止铝合金被腐蚀，特别适合应用于施工环境腐蚀性很强的建筑工程中。

（2）重量相对较轻

工程中应用铝合金加工制作、建筑结构安装会相对简单、负荷低，较大节约建筑成本。

（3）比强度高

铝合金与建筑钢材比较，铝合金的密度要大得多，尤其建筑常用的6000系列铝合金强度甚至超过了碳素钢。房屋上部结构材料用铝合金不仅可以减轻建筑结构自身负重，而且还可以降低工人劳动强度，缩减施工时间，提高工效，还能减轻地震对建筑结构造成的不利影响。

（4）铝合金清洁环保、回收再利用成本低，性价比高。

（5）铝合金外表美观、装饰效果好

铝合金抛光表面能极强地反射白光、红外线、紫外线，其细腻光泽和质感更大程度提高了建筑装饰性。

另外，铝合金较之钢材易挤压成型，从而能够良好的优化构件截面的形式；铝合金没有磁性，对特殊要求的建筑场合，如雷达站、零磁试验室等非常实用。

3. 铝合金的应用

按应用范围，将铝合金分为三类：

一类结构：以强度为主要因素的受力构件，如屋架等；

二类结构：指不承受力构架或承力不大的构件，如建筑工程的门、床、卫生设备、通风管、挡风板、支架、扶手等；

三类结构：主要是各种装饰品和绝热材料，如铝合金压型板、铝合金花纹板。

2.5.7 不锈钢

1. 不锈钢的分类

不锈钢是指在空气、水、盐水、酸、碱等腐蚀介质中具有高的化学稳定性的钢。“不锈钢”一词不仅仅是单纯指一种不锈钢，而是表示一百多种工业不锈钢，所开发的每种不锈钢都在其特定的应用领域具有良好的性能。和建筑构造应用领域有关的钢种通常只有六种。它们都含有17%～22%的铬，较好的钢种还含有镍。

不锈钢常按组织状态分为：马氏体钢、铁素体钢、奥氏体钢、奥氏体－铁素体（双相）不锈钢及沉淀硬化不锈钢等。另外，可按成分分为：铬不锈钢、铬镍不锈钢和铬锰氮不锈钢等。

按成分分为铬不锈钢、铬镍不锈钢和铬锰氮不锈钢等；不锈钢按照其组织结构分为奥氏体型不锈钢、铁素体型不锈钢、双相不锈钢、马氏体型不锈钢和沉淀硬化型不锈钢。

2. 不锈钢的特性

不锈钢耐空气、蒸汽、水等弱腐蚀介质和酸、碱。实际应用中，基本合金元素还有镍、钼、钛、铌、铜、氮等，以满足各种用途对不锈钢组织和性能的要求。不锈钢容易被氯离子腐蚀，因为铬、镍、氯是同位元素，同位元素会进行互换同化从而形成不锈钢的腐蚀。因此不锈钢虽然具有较高的耐蚀性，但遇到特殊环境，也会出现某些局部腐蚀，如孔蚀、晶间腐蚀、应力腐蚀、电偶腐蚀等。

为了克服以上各种腐蚀，在钢中分别加入了钼、氮、钛或铌等元素，并研制出了低碳、超低碳、双相不锈钢等新品种，提高不锈钢的耐腐性。对于不锈钢的性能方面，不锈钢还应具有一定的力学性能，很多构件是在腐蚀介质下承受一定的载荷的；另外不锈钢应有良好的工艺性能，管材、板材、型材等要经过加工变形制成构件，如容器、管道、锅炉等，因此不锈钢的工艺性也很重要，主要有焊接性、冷变形性等。

3. 不锈钢的用途

不锈钢是以全标准的金属形状和尺寸生产制造的，还有许多特殊形状。最常用的产品是用薄板和带钢制成的，也用中厚板生产特殊产品，譬如生产热轧结构型钢和挤压结构型钢。还包括圆型、椭圆型、方型、矩型和六角型焊管或无缝钢管等产品，更包括型材、棒材、线材和铸件。目前不锈钢被广泛用于幕墙、侧墙、屋顶及其他建筑用途，包括工业建筑的屋顶和侧墙。但不适用于污染严重的工业区和沿海地区，主要是这些环境使不锈钢表面会非常脏，甚至产生锈蚀，添加钼可进一步改善大气腐蚀性，特别是耐含氯化物大气的腐蚀。建筑物使用时若要获得户外环境中的审美效果，就需采用含镍不锈钢。

2.6 沥青材料及沥青混合料

2.6.1 沥青

沥青是一种有机胶凝材料，它是复杂的大分子碳氢化合物及非金属（氧、硫、氮等）衍生物的混合物。在常温下为黑色或黑褐色液体、固体或半固体，具有明显的树脂特性，能溶于二硫化碳、四氯化碳、苯及其他有机溶剂。沥青与许多材料表面有良好的粘结力，它不仅能粘附于矿物材料表面上，而且能粘附在木材、钢铁等材料表面；沥青是一种憎水性材料，几乎不溶于水，而且构造密实，是建筑工程中应用最广泛的一种防水材料；沥青能抵抗一般酸、碱、盐等侵蚀性液体和气体的侵蚀，故广泛应用于防水、防潮、防腐材料。

1. 沥青的分类

沥青按产源不同分为地沥青与焦油沥青两大类。地沥青中有石油沥青与天然沥青；焦油沥青则有煤沥青、木沥青、页岩沥青及泥炭沥青等几种。土木工程中主要使用石油沥青和煤沥青，以及以沥青为原料通过加入表面活性物质而得到的乳化沥青。

2. 石油沥青的组分

石油沥青是高分子碳氢化合物及其非金属衍生物的混合物。其主要化学成分是碳（80%～87%）和氢（10%～15%），少量的氧、硫、氮（约为5%）及微量的铁、钙、铅、镍等金属元素。

石油沥青主要组分如下：

（1）油质。它是沥青中最轻的组分。油质含量越多，沥青的稠度、黏度、软化点越低，但它可使沥青的流动性增大，便于施工，且有较好的柔韧性和抗裂性。油质在氧、高温和紫外线等的作用下，将逐渐挥发和转化。

（2）树脂。其相对分子质量比油质的大。树脂有酸性和中性之分。酸性树脂的含量较少，为表面活性物质，对沥青与矿质材料的结合起表面亲和作用，可提高胶结力；中性树脂可使沥青具有一定的可塑性和粘结力，其含量越高，沥青的品质越好。

（3）地沥青质。它是石油沥青中相对分子质量较大的固态组分，为高分子化合物。沥青质对沥青中的油质显憎液性，在油质中不溶解，面对树脂则显亲液性，在树脂中形成高分散溶液。沥青质决定着沥青的塑性状态界限和由固体变为液体的速度，还决定着沥青的黏滞度、温度稳定性以及硬度等。其含量越高，沥青的黏度、硬度和温度稳定性越高，但其塑性则越低。

此外，石油沥青中还含有沥青碳和似碳物。它们是由于沥青受高温的影响脱氢而生成的，一般只在高温裂化或加热及深度氧化过程中产生。它们多为深黑色固态粉末状微粒，是石油沥青中相对分子质量最高的组分。沥青碳和似碳物在沥青中的含量不多，一般在2%～3%以下，它们能降低沥青的粘结力。

石油沥青中还含有一定量的固体石蜡。石蜡在常温下呈白色结晶状态存在于沥青中。当温度达45℃左右时，它就会由固态转变为液态，石蜡含量增加时，将使沥青的胶体结构遭到破坏，从而降低沥青的延度和粘结力，所以蜡是石油沥青的有害成分。

3. 石油沥青的技术性质

（1）黏性（黏滞性）

黏性是指沥青在外力或自重的作用下，抵抗变形的能力。黏性的大小，反映了胶团之间吸引力的大小，即反映了胶体结构的致密程度。

石油沥青黏度大小，取决于组分的相对含量。如地沥青质含量较高，则黏性大；同时，也与温度有关，随温度升高，黏性下降。

沥青的黏性是通过试验，用测出的相对黏性值来表示。对在常温下呈固体或半固体状态的石油沥青用针入度表示黏性大小。针入度是在规定的温度下（25℃）以规定质量（100g）的标准针，经规定的时间（5s）贯入沥青的深度（以1/10mm为单位）。通常采用的温度为25℃，针的质量为100g，时间为5s。

针入度小的沥青较硬，黏性大，针入度大的沥青较软，黏性小。

液体石油沥青，用标准黏度计测定标准黏度。即在标准温度下，50ml液体沥青通过规定直径的小孔所用的时间（以s为单位）。

流出时间愈长，液体石油沥青的黏度愈大。

（2）塑性

沥青的塑性是指沥青受到外力作用时，产生变形而不破坏能保持变形后形状的性质，也是沥青适应变形的能力。

沥青中树脂含量高，沥青的塑性较好。温度升高时，沥青的塑性提高。塑性差的沥青在低温或负温下易产生开裂。塑性好的沥青能随建筑物的变形而变形，不致产生开裂。即使开裂，也可能会自行愈合。

沥青的塑性用延度（延伸度）表示。将沥青制成8字形试件，放在25℃的水中，以5cm/min的速度拉伸至断裂时的伸长值（以cm计），即沥青的延度。延度越大，沥青的塑性越好，防水性也越好。

（3）温度敏感性（温度稳定性）

温度敏感性是指石油沥青的黏滞性和塑性随温度升降而变化的性质。温度敏感性越大，则沥青的温度稳定性越低。温度敏感性大的沥青，在温度降低时，很快变成脆硬的物体，受外力作用极易产生裂缝以致破坏；而当温度升高时即成为液体流淌，而失去防水能力。因此，温度敏感性是评价沥青质量的重要性质。

沥青的温度敏感性通常用“软化点”表示。软化点是指沥青材料由固体状态转变为具有一定流动性膏体的温度。软化点可通过“环球法”试验测定。

不同的沥青软化点不同，大致在25～100℃之间。软化点高，说明沥青的耐热性好，但软化点过高，又不易加工；软化点低的沥青，夏季易产生变形，甚至流淌。所以，在实际应用中，总希望沥青具有高软化点和低脆化点（当温度在非常低的范围时，整个沥青就好像玻璃一样的脆硬，一般称作“玻璃态”，沥青由玻璃态向高弹态转变的温度即为沥青的脆化点）。为了提高沥青的耐寒性和耐热性，常常对沥青进行改性，如在沥青中掺入增塑剂、橡胶、树脂和填料等。

（4）大气稳定性

石油沥青的大气稳定性（耐久性）是指石油沥青在诸多因素（如阳光、热、空气等）

的综合作用下，性能稳定的程度。石油沥青在储运、加热、使用过程中，易发生一系列的物理化学变化，如脱氢、缩合、氧化等，使沥青变硬变脆。在各种因素的作用下，沥青中低分子组分逐渐向高分子组分转变，油分和树脂含量减少，地沥青质含量增加，使沥青的塑性降低，黏性增大，逐步变得硬脆、开裂。这个过程称为沥青的"老化"。

石油沥青的大气稳定性（抗老化性），用"蒸发损失率"和"针入度比"表示。

蒸发损失率是沥青试样在160℃温度下，经5h蒸发后的质量损失率。针入度比为在上述条件下蒸发后与蒸发前针入度的比值。蒸发损失率越小，针入度比越大，沥青的大气稳定性越好。

（5）其他性质

1）闪点：指沥青加热至挥发的可燃气体遇火时会闪火的最低温度。熬制沥青时加热的温度不应超过闪点。

2）燃点：沥青加热后，一经引火，燃烧就能继续下去的最低温度。

3）耐蚀性：石油沥青具有良好的耐蚀性，对多数酸碱盐都具有耐蚀能力，溶解于多数有机溶剂中，如汽油、苯、丙酮等，使用时应予以注意。

4. 石油沥青的应用

根据中国现行标准，石油沥青按用途和性质分为道路石油沥青、建筑石油沥青、防水防潮石油沥青和普通石油沥青四类。其牌号基本都是按针入度指标来划分的，每个牌号还要有延度、软化点、溶解度、蒸发损失、蒸发后针入度比、闪点等要求。

沥青在使用时，应根据当地气候条件、工程性质（房屋、道路、防腐）、使用部位（屋面、下）及施工方法具体选择沥青的品种和牌号。对一般温暖地区、受日晒或经常受热部位，为防止受热软化，应选择牌号较小的沥青；在寒冷地区，夏季暴晒、冬季受冻的部位，不仅要考虑受热软化，还要考虑低温脆裂，应选用中等牌号沥青；对一些不易受温度影响的部位，可选用牌号较大的沥青。当缺乏所需牌号的沥青时，可用不同牌号的沥青进行掺配。

道路石油沥青黏度低，塑性好，主要用于配制沥青混凝土和沥青砂浆，用于道路路面和工业厂房地面等工程。

建筑石油沥青黏性较大，耐热性较好，塑性较差，主要用于生产防水卷材、防水涂料、防水密封材料等，广泛应用于建筑防水工程及管道防腐工程。一般屋面用的沥青，软化点应比本地区屋面可能达到的最高温度高20～25℃，以避免夏季流淌。

防水防潮石油沥青质地较软，温度敏感性较小，适于做卷材涂复层。

普通石油沥青因含蜡量较高，性能较差，建筑工程中应用很少。

2.6.2 沥青混合料

沥青混合料是矿料与沥青拌和而成的混合料的总称，包括沥青混凝土混合料和沥青碎石混合料。

沥青混凝土混合料（以AC表示，采用圆孔筛时用LH表示）。由适当比例的粗骨料、细骨料及填料与沥青在严格控制条件下拌和的沥青混合料。其压实后的剩余空隙率小于10%。

沥青碎石混合料（以AM表示，采用圆孔筛时用LS表示）。由适当比例的粗骨料、细骨料及少量填料（或不加填料）与沥青拌和而成的半开式沥青混合料。其压实后的剩余空隙率大于10%。

1. 沥青混合料的分类

（1）按结合料分类

1）石油沥青混合料。以石油沥青为结合料的沥青混合料（包括黏稠石油沥青、乳化石油沥青及液体石油沥青）。

2）煤沥青混合料。以煤沥青为结合料的沥青混合料。

（2）按施工温度分类

按沥青混合料拌制和摊铺温度分为：热拌热铺沥青混合料和常温沥青混合料。

1）热拌热铺沥青混合料，简称热拌沥青混合料。沥青与矿料在热态拌和、热态铺筑的混合料。

2）常温沥青混合料。以乳化沥青或稀释沥青与矿料在常温状态下拌制、铺筑的混合料。

（3）按矿质骨料级配类型分类

1）连续级配沥青混合料。沥青混合料中的矿料是按级配原则，从大到小各级粒径都有，按比例相互搭配组成的混合料，称为连续级配沥青混合料。

2）间断级配沥青混合料。连续级配沥青混合料矿料中缺少一个或两个档次粒径的沥青混合料称为间断级配沥青混合料。

（4）按混合料密实度分类

1）密级配沥青混凝土混合料。按密实级配原则设计的连续型密级配沥青混合料，但其粒径递减系数较小，剩余空隙率小于10%。密级配沥青混凝土混合料按其剩余空隙率又可分为：Ⅰ型沥青混凝土混合料（剩余空隙率3%～6%）和Ⅱ型沥青混凝土混合料（剩余空隙率4%～10%）。

2）开级配沥青混凝土混合料。按级配原则设计的连续型级配混合料，其粒径递减系数较大，剩余空隙率大于15%。

3）将剩余空隙率介于密级配和开级配之间的（即剩余空隙率10%～15%）混合料称为半开级配沥青混合料。

（5）按最大粒径分类

按沥青混凝土混合料的骨料最大粒径可分为下列四类：

1）粗粒式沥青混合料。骨料最大粒径等于或大于26.5mm（圆孔筛30mm）的沥青混合料。

2）中粒式沥青混合料。骨料最大粒径为16mm或19mm（圆孔筛20mm或25mm）的沥青混合料。

3）细粒式沥青混合料。骨料最大粒径为9.5mm或13.2mm（圆孔筛10mm或15mm）的沥青混合料。

4）砂粒式沥青混合料。骨料最大粒径等于或小于4.75mm（圆孔筛5mm）的沥青混合料，也称为沥青石屑或沥青砂。

沥青碎石混合料除上述四类外尚有特粗式沥青碎石混合料，其集料最大粒径37.5mm（圆孔筛40mm）以上。

2. 沥青混合料的特点

用沥青混合料修筑的沥青类路面与其他类型的路面相比，具有以下优点：

(1) 优良的力学性能。用沥青混合料修筑的沥青类路面，因矿料间有较强的粘结力，属于黏弹性材料，所以夏季高温时有一定的稳定性，冬季低温时有一定的柔韧性。用它修筑的路面平整无接缝，可以提高行车速度。做到客运快捷、舒适，货运损坏率低。

(2) 良好的抗滑性。各类沥青路面平整而粗糙，具有一定的纹理，即使在潮湿状态下仍保持有较高的抗滑性，能保证高速行车的安全。

(3) 噪声小。噪声对人体健康有一定的影响，是重要公害之一。沥青混合料路面具有柔韧性，能吸收部分车辆行驶时产生的噪声。

(4) 施工方便，断交时间短。采用沥青混合料修筑路面时，操作方便，进度快，施工完成后数小时即可开放交通，断交时间短。若采用工厂集中拌和，机械化施工，则质量更好。

(5) 提供良好的行车条件。沥青路面晴天无尘，雨天不泞；在夏季烈日照射下不反光耀眼，便于司机瞭望，为行车提供了良好条件。

(6) 经济耐久。采用现代工艺配制的沥青混合料修筑的路面，可以保证 15～20 年无大修，使用期可达 20 余年，而且比水泥混凝土路面的造价低。

(7) 便于分期建设。沥青混合料路面可随着交通密度的增加分期改建，可在旧路面上加厚，以充分发挥原有路面的作用。

当然，沥青混合料也有缺点或不足，主要表现在以下方面：

(1) 老化现象。沥青混合料中的结合料——沥青是一种有机物，它在大气因素的影响下，其组分和结构会发生一系列变化，导致沥青的老化。沥青的老化使沥青混合料在低温时发脆，引起路面松散剥落，甚至破坏。

(2) 感温性大。夏季高温时易软化，使路面产生车辙、纵向波浪、横向推移等现象。冬季低温时又易于变硬发脆，在车辆冲击和重复荷载作用下，易于发生裂缝而破坏。

3. 沥青混合料组成材料

沥青混合料的性质与质量，与其组成材料的性质和质量有密切关系。为保证沥青混合料具有良好的性质和质量，必须正确选择符合质量要求的组成材料。

(1) 沥青

沥青材料是沥青混合料中的结合料，其品种和标号的选择随交通性质、沥青混合料的类型、施工条件以及当地气候条件而不同。通常气温较高、交通量大时，采用细粒式或微粒式混合料；当矿粉较粗时，宜选用稠度较高的沥青。寒冷地区应选用稠度较小、延度大的沥青。在其他条件相同时，稠度较高的沥青配制的沥青混合料具有较高的力学强度和稳定性。但稠度过高，混合料的低温变形能力较差，沥青路面容易产生裂缝。使用稠度较低的沥青配制的沥青混合料，虽然有较好的低温变形能力，但在夏季高温时往往因稳定性不足而导致路面产生推挤现象。

(2) 粗骨料

沥青混合料用粗骨料，可以采用碎石、破碎砾石和矿渣等。

沥青混合料用粗骨料应该洁净、干燥、无风化、不含杂质。在力学性质方面，压碎值和洛杉矶磨耗率应符合相应道路等级的要求。

（3）细骨料

沥青混合料所需的细骨料，可选用天然砂和轧制碎石时的石屑。砂质应坚硬、洁净、干燥，不含或少含杂质，无风化现象，并有适当级配。当使用一种细骨料不能满足级配要求时，可用两种或两种以上的细骨料掺配使用。

（4）填料

沥青混合料的填料宜采用石灰岩或岩浆岩中的强基性岩石（憎水性石料），经磨细得到的矿粉。原石料中泥土含量应小于3%，并不得含有其他杂质。矿粉要求干燥、洁净，其质量应符合技术要求，当采用水泥、石灰、粉煤灰作填料时，其用量不宜超过矿料总量的2%。

粉煤灰作为填料使用时，烧失量应小于12%，塑性指数应小于4%，其余质量要求与矿粉相同。粉煤灰的用量不宜超过填料总量的50%，并应经试验确认与沥青有良好的粘附性。

4. 沥青混合料的技术性质

（1）高温稳定性

沥青混合料的高温稳定性是指混合料在高温情况下，承受外力不断作用，抵抗永久变形的能力。沥青混合料路面在长期的行车荷载作用下，会出现车辙现象。在经常加速或减速的路段还会出现推移变形。

影响沥青混合料高温稳定性的主要因素有沥青的用量，沥青的黏度，矿料的级配，矿料的尺寸、形状等。过量沥青，不仅降低了沥青混合料的内摩阻力，而且在夏季容易产生泛油现象。因此，适当减少沥青的用量，可以使矿料颗粒更多地以结构沥青的形式相联结，增加混合料黏聚力和内摩阻力，提高沥青的黏度，增加沥青混合料抗剪变形的能力。由合理矿料级配组成的沥青混合料可以形成骨架－密实结构，这种混合料的黏聚力和内摩阻力都比较大。在矿料的选择上，应挑选粒径大的、有棱角的矿料颗粒，以提高混合料的内摩阻角。另外，还可以加入一些外加剂，来改善沥青混合料的性能。所有这些措施，都是为了提高沥青混合料的抗剪强度，减少塑性变形，从而增强沥青混合料的高温稳定性。

（2）低温抗裂性

沥青混合料不仅应具备高温的稳定性，同时还要具有低温的抗裂性，以保证路面在冬季低温时不产生裂缝。

（3）耐久性

沥青混合料在路面中长期受自然因素的作用，为保证路面具有较长的使用年限必须具备有较好的耐久性。

影响沥青混合料耐久性的因素很多，诸如沥青的化学性质、矿料的矿物成分、混合料的组成结构（残留空隙、沥青填隙率）等。

就沥青混合料的组成结构而言，首先是沥青混合料的空隙率。空隙率的大小与矿质骨料的级配、沥青材料的用量以及压实程度等有关。从耐久性角度出发，希望沥青混合料空隙率尽量减少，以防止水的渗入和日光紫外线对沥青的老化作用等，但是一般沥青混合料中均应残留3%～6%空隙，以备夏季沥青材料膨胀之用。

沥青混合料空隙率与水稳定性有关。空隙率大，且沥青与矿料粘附性差的混合料，在饱水后石料与沥青粘附力降低，易发生剥落，同时颗粒相互推移产生体积膨胀以及出现力学强度显著降低等现象，引起路面早期破坏。

此外，沥青路面的使用寿命还与混合料中的沥青含量有很大的关系。当沥青用量比正常使用的用量减少时，则沥青膜变薄，混合料的延伸能力降低，脆性增加；同时沥青用量偏少，将使混合料的空隙率增大，沥青膜暴露较多，加速了老化作用。同时增加了渗水率，加强了水对沥青的剥落作用。有研究认为，沥青用量比最佳沥青用量少0.5%的混合料能使路面使用寿命减少一半以上。

常采用空隙率、饱和度（即沥青填隙率）和残留稳定度等指标来评价沥青混合料的耐久性。

（4）抗滑性

随着现代高速公路的发展，对沥青混合料路面的抗滑性提出了更高的要求。沥青混合料路面的抗滑性与矿质集料的微表面性质、混合料的级配组成以及沥青用量等因素有关。

（5）施工和易性

要保证室内配料在现场施工条件下顺利实现，沥青混合料除了应具备前述的技术要求外，还应具备适宜的施工和易性。影响沥青混合料施工和易性的因素很多，诸如当地气温、施工条件及混合料性质等。

单纯从混合料材料性质而言，影响沥青混合料施工和易性的首先是混合料的级配情况，如粗细骨料的颗粒大小相距过大，缺乏中间尺寸，混合料容易分层层积（粗粒集中表面，细粒骨中底部）；如细骨料太少，沥青层就不容易均匀地分布在粗颗粒表面；细集料过多，则使拌和困难。此外，当沥青用量过少或矿粉用量过多时，混合料容易产生疏松而不易压实；反之，如沥青用量过多或矿粉质量不好，则容易使混合料粘结成团块，不易摊铺。

2.7 防水材料及保温材料

2.7.1 防水材料

建筑防水，一般是用防水材料在屋面等部位做成均匀性被膜，利用防水材料的水密性有效地隔绝水的渗透通道。所以建筑防水材料是用于防止建筑物渗漏的一大类材料，被广泛应用于建筑物的屋面、地下室以及水利、地铁、隧道、道路和桥梁等其他有防水要求的工程部位。防水是一个涉及设计、材料、施工和维护管理的复杂系统工程，但材料是防水工程的基础，防水材料质量的优劣直接影响建筑物的使用性和耐久性。随工程性质和结构部位的不同，对防水材料的品种、形态和性能的要求也不同。按防水材料的力学性能，可分为刚性防水材料和柔性防水材料两类。

刚性材料防水是采用涂抹防水砂浆、浇筑掺入防水剂的混凝土或预应力混凝土等做法；柔性材料防水是采用铺设防水卷材，涂抹防水涂料的做法。

1. 防水卷材

防水卷材是一种具有宽度和厚度并可卷曲的片状防水材料，是建筑防水材料的重要品种之一，它占整个建筑防水材料的80%左右。目前主要包括：传统的沥青防水卷材、高聚物改性沥青防水卷材和合成高分子材料三大类，后两类卷材的综合性能优越，是目前国内大力推广使用的新型防水卷材。

（1）沥青防水卷材

以原纸、纤维织物及纤维毡等胎体材料浸涂沥青，表面撒布粉状、粒状或片状材料制成可卷曲的片状防水材料统称为沥青防水卷材。沥青防水材料最具有代表性的是石油沥青纸胎油毡及油纸。油毡按物理力学性质可分为合格、一等品和优等品 3 个等级。石油沥青油纸（简称油纸）是用低软化点石油沥青浸渍原纸（生产油毡的专用纸，主要成分为棉纤维，外加 20%～30%的废纸）而成的一种无涂盖层的防水卷材。主要用于多层（粘贴式）防水层下层、隔蒸汽层、防潮层等。

（2）高聚物改性沥青防水卷材是以合成高分子聚合物改性沥青为涂盖层，纤维织物或纤维毡为胎体，粉状、粒状、片状或薄膜材料为覆盖材料制成的可卷曲片状防水材料。它克服了传统沥青卷材温度稳定性差、延伸率低的不足，具有高温不流淌、低温不脆裂、拉伸强度较高、延伸率较大等优异性能。高聚物改性沥青防水卷材可分橡胶型、塑料型和橡塑混合型 3 类。

1）SBS 橡胶改性沥青防水卷材

SBS 橡胶改性沥青防水卷材是采用玻纤毡、聚酯毡为胎体，苯乙烯—丁二烯—苯乙烯（SBS）热塑性弹性体作改性剂，涂盖在经沥青浸渍后的胎体两面，上表面撒布矿物质粒、片料或覆盖聚乙烯膜，下表面撒布细砂或覆盖聚乙烯膜所制成的新型中、高档防水卷材，是弹性体橡胶改性沥青防水卷材中的代表性品种。SBS 改性沥青防水卷材最大的特点是低温柔韧性能好，同时也具有较好的耐高温性、较高的弹性及延伸率（延伸率可达 150%），较理想的耐疲劳性。广泛用于各类建筑防水、防潮工程，尤其适用于寒冷地区和结构变形频繁的建筑物防水。

2）APP 改性沥青防水卷材

APP 改性沥青防水卷材是用无规聚丙烯（APP）改性沥青浸渍胎基（玻纤或聚酯胎），以砂粒或聚乙烯薄膜为防粘隔离层的防水卷材，属塑性体沥青防水卷材中的一种。APP 改性沥青卷材的性能与 SBS 改性沥青性接近，具有优良的综合性质，尤其是耐热性能好，130℃的高温下不流淌、耐紫外线能力比其他改性沥青卷材均强，所以非常适宜用于高温地区或阳光辐射强烈地区，广泛用于各式屋面、地下室、游泳池、水桥梁、隧道等建筑工程的防水防潮。

3）再生橡胶改性沥青防水卷材

用废旧橡胶粉作改性剂，掺入石油沥青中，再加入适量的助剂，经辊炼、压延、硫化而成的无胎体防水卷材。其特点是自重轻，延伸性、耐腐蚀性均较普通油毡好，且价格低廉。适用于屋面或地下接缝等防水工程，尤其适于基层沉降较大或沉降不均匀的建筑物变形缝处的防水。

4）焦油沥青耐低温防水卷材

用焦油沥青为基料，聚氯乙烯或旧聚氯乙烯或其他树脂，加上适量的助剂，经共熔、辊炼及压延而成的无胎体防水卷材。由于改性剂的加入，卷材的耐老化及防水性能都得到提高。焦油沥青耐低温防水卷材采用冷施工，其施工性能良好，不仅能在高温下施工，－10℃的条件下也能施工，特别适用于多雨地区施工。

5）铝箔橡胶改性沥青防水卷材

铝箔橡胶改性沥青防水卷材是以橡胶和聚氯乙烯复合改性石油沥青作为浸渍涂盖材料，聚酯毡、麻布或玻纤维毡为胎体，聚乙烯膜为底面隔离材料，软质银白色铝箔为表面保护层的防水材料。特点是具有弹塑混合型改性沥青防水卷材的一切优点。具有很好的水密性、气密性、耐候性和阳光反射性，能降低室内温度，增强耐老化能力，耐高低温性能好，且强度、延伸率及弹塑性较好。铝箔橡胶改性沥青防水卷材适用于工业与民用建筑层面的单层外露防水层，也可用于管道及桥梁防水等。

(3) 合成高分子防水卷材

合成高分子防水卷材是指以合成橡胶、合成树脂或两者共混体为基料，加入适量的化学助剂和填充料等，经不同工序加工而成的可卷曲的片状防水材料。合成高分子防水卷材的材性指标较高，如优异的弹性和抗拉强度，使卷材对基层变形的适应性增强；优异的耐候性能，使卷材在正常的维护条件下，使用年限更长，可减少维修、翻新的费用。

1) 三元乙丙（EPDM）橡胶防水卷材

三元乙丙橡胶防水卷材是以三元乙丙橡胶为主体原料，掺入适量的丁基橡胶、硫化剂、软化剂、补强剂等，经密炼、拉片、过滤、压延或挤出成型、硫化等工序加工而成。其耐老化性能优异，使用寿命一般长达 40 余年，弹性和拉伸性能极佳，拉伸强度可达 7MPa 以上，断裂伸长率可大于 450%，因此，对基层伸缩变形或开裂的适应性强，耐高低温性能优良，−45℃左右不脆裂，耐热温度达 160℃，既能在低温条件下进行施工作业，又能在严寒或酷热的条件长期使用。

2) 聚氯乙烯（PVC）防水卷材

PVC 是以聚氯乙烯树脂为主要原料，并加入一定量的改性剂、增塑性等助剂和填充剂，经混炼、造粒、挤出压延、冷却及分卷包装等工序制成的柔性防水卷材。具有抗渗性能好、抗撕裂强度高、低温柔性较好的特点。PVC 卷材的综合防水性能略差，但其原料丰富，价格较为便宜。适用于新建或修缮工程的屋面防水，也可用于水池、地下室、堤坝、水渠等防水抗渗工程。

3) 氯化聚乙烯—橡胶共混防水卷材

氯化聚乙烯—橡胶共混防水卷材是以氯化聚乙烯树脂和合成橡胶共混物为主体，加入适量的硫化剂、促进剂、稳定剂、软化剂和填充料等，经过素炼、混炼、过滤、压延或挤出成型、硫化、分卷包装等工序制成的防水卷材。具有优异的耐老化性、高弹性、高延伸性及优异的耐低温性，对地基沉降，混凝土收缩的适应强。氯化聚乙烯—橡胶共混防水卷材可用于各种建材的屋面、地下及地下水池及冰库等工程，尤其宜用于很冷地区和变形较大的防水工程以及单层外露防水工程。

2. 刚性防水材料

(1) 防水混凝土

防水混凝土包括普通防水混凝土、掺外加剂防水混凝土、膨胀水泥防水混凝土。普通防水混凝土是以调整配合比的方法来提高自身密实性和抗渗性要求的混凝土。施工简便、造价低廉、质量可靠，适用于地上和地下防水工程。掺外加剂防水混凝土是在混凝土拌合物中加入微量有机物（减水剂、三乙醇胺）或无机盐（如氯化铁），提高混凝土的密实性和抗渗性的混凝土，减水剂防水混凝土具有良好的和易性，可调节凝结时间，适用于泵送混凝土及薄壁防水结构。三乙醇胺防水混凝土早期强度高，抗渗性能好，适用于工期紧迫、要求早强及抗渗压力大于2.5MPa的防水工程。氯化铁防水混凝土具有较高的密实性和抗渗性，抗渗压力可达2.5～4.0MPa，适用于水下、深层防水工程或修补堵漏工程。膨胀水泥防水混凝土是利用膨胀水泥水化时产生的体积膨胀，使混凝土在约束条件下的抗裂性和抗渗性获得提高，主要用于地下防水工程和后灌缝。

（2）沥青油毡瓦

沥青油毡瓦是以无纺玻璃纤维毡为胎基，经浸涂石油沥青后，一面覆盖彩色矿物粒料，另一面撒以隔离材料所制成的优质高效的瓦状改性沥青防水材料。沥青油毡瓦具有轻质、美观的特点，适用于各种形式的屋面。

（3）金属屋面

金属屋面是指采用金属板材作为屋盖材料，将结构层和防水层合二为一的屋盖形式。金属板材有锌板、镀铝锌板、铝合金板、铝镁合金板、钛合金板、铜板、不锈钢板等，金属屋面具有质量轻、构造简单、强度高、抗腐蚀、防水性能好，属于环保型和节能型材料。广泛用于民用公共建筑及工业建筑的屋顶，如体育场、遮阳棚、展览馆、体育馆、礼堂、工业厂房等建筑。

（4）其他新型材料防水屋面

其他新型材料防水屋面包括聚氯乙烯瓦（UPVC轻质屋面瓦）、阳光板、“膜结构”防水屋面等。聚氯乙烯瓦（UPVC轻质屋面瓦）是以硬质聚氯乙烯（UPVC）为主要材料分别加以稳定剂、润滑剂、填料以及光屏蔽剂、紫外线吸收剂、发泡剂等，经混合塑化三层共挤出成型而得的三层共挤芯层发泡板。阳光板学名聚碳酸酯板，是一种新型的高强、防水、透光、节能的屋面材料，以聚碳酸塑料（PC）为原料经热挤出工艺加工成型的透明加筋中空板或实心板，综合性能好，既防水又有装饰效果，应用广泛。膜材是一种新型膜结构屋面的主要材料，膜结构建筑的特点是不需要梁（屋架）和刚性屋面板，只以膜材以钢支架、钢索支撑和固定，具有造型美观、独特，结构形式简单，表现效果好，广泛用于体育馆、展厅等。

3. 防水涂料

防水涂料是将在高温下呈黏稠液状态的物质，涂布在基体表面，经溶剂或水分挥发或各组分间的化学变化，形成具有一定弹性的连续薄膜，使基层表面与水隔绝，并能抵抗一定的水压力，从而起到防水和防潮作用。防水涂料广泛应用于工业与民用建筑的屋面防水工程、地下室防水工程和地面防潮、防渗等，尤其是不规则部位的防水。防水涂料质量检验项目主要有延伸或断裂延伸率、固体含量、柔性、不透水性和耐水热度，按照成膜物质的主要成分可分为高聚物改性沥青防水涂料和合成高分子防水涂料。

（1）高聚物改性沥青防水涂料

高聚物改性沥青防水涂料是指以沥青为基料，用合成高分子聚合物进行改性，制成的水乳型或溶剂型防水涂料。在柔韧性、抗裂性、拉伸强度、耐高低温性能、使用寿命等比沥青基涂料有很大改善，有聚氯乙烯改性沥青防水涂料，SBS橡胶改性沥青防水涂料、再生橡胶改性防水涂料、氯丁橡胶改性沥青防水涂料等，适用于Ⅱ、Ⅲ、Ⅳ级防水等级的屋面、地面、混凝土地下室和卫生间等的防水工程。

（2）合成高分子防水涂料

合成高分子防水涂料是指以合成橡胶或合成树脂为主要成膜物质制成的单组分或多组

分的防水涂料。这类涂料具有高弹性、高耐久性及优良的耐高低温性能。有聚氨酯防水涂料、丙烯酸酯防水涂料、环氧树脂防水涂料和有机硅防水涂料等，适用于Ⅰ、Ⅱ、Ⅲ级防水等级的屋面、地下室等防水工程。

4. 建筑密封材料

建筑密封材料是能承受接缝位移达到气密、水密目的而嵌入建筑接缝的材料。建筑密封材料分为具有一定形状和尺寸的定形密封材料（如止水条、止水带等），以及各种膏糊状的不定形密封材料（如腻子、胶泥、各类密封膏等）。

（1）不定形密封材料

1）沥青嵌缝油膏

沥青嵌缝油膏以石油沥青为基料，加入改性材料、稀释剂及填充料混合制成的冷用膏状密封材料。主要用于各种混凝土屋面板、墙板、沟槽等建筑构件节点的防水密封。

2）聚氨酯密封膏

聚氨酯密封膏是以异氰酸基（—NCO）为基料，与含有活性氢化物的固化剂组成的一种常温固化弹性密封材料。聚氨酯密封膏在常温下固化，有着优异的弹性、耐热耐寒性能，耐久性良好，可以作为屋面、墙面的水平或垂直接缝，尤其是游泳池工程，还是公路及机场跑道的接缝、补缝的好材料，也可用于玻璃、金属材料的嵌缝。

3）丙烯酸类密封膏

丙烯酸类密封膏是在丙烯酸酯乳液中掺入表面活性剂、增塑剂、分散剂、碳酸钙、增量剂等配置而成的水乳型材料。具有良好的粘结性能、弹性和低温柔性、无毒、无溶剂污染，并具有优异的耐候性和抗紫外线性能。主要用于屋面、墙板、门、窗嵌缝，但耐水性差，因此不宜用于广场、公路、桥面等有交通来往的接缝中，也不用于水池、污水厂、灌溉系统、堤坝等水下接缝中。

4）硅酮密封胶

硅酮密封胶是以有机硅氧烷为主剂，加入适量硫化剂、硫化促进剂、增强填充料和颜料等组成的。硅酮建筑密封膏属高档密封膏，它具有优异的耐热、耐寒性和耐候性能，与各种材料有着较好的粘结性，耐伸缩疲劳性强，耐水性好。根据《硅酮建筑密封膏》的规定，按用途分 F 类和 G 类，其中 F 类为建筑接缝用密封膏，适用于预制混凝土墙板、水泥板、大理石板的外墙接缝，混凝土和金属框架的粘结，卫生间和公路缝的防水密封等；G 类为镶贴玻璃用密封膏，主要用于镶嵌玻璃和建筑门、窗的密封。

（2）定形密封材料

定形密封材料包括密封条带和止水带，如铝合金门窗橡胶密封条、自粘性橡胶、橡胶止水带、塑料止水带等。

5. 建筑堵水材料

堵水材料主要用于房屋建筑、构筑物、水工建筑等在有水或潮湿环境下的防水堵漏。故需满足带水操作的施工要求，按施工方式建筑堵漏止水材料分为灌浆材料、柔性嵌缝材料、刚性止水材料、刚性抹面材料四类。

2.7.2 保温材料

在建筑中，习惯上把用于控制室内热量外流的材料叫作保温材料；把防止室外热量进入室内的材料叫作隔热材料。保温材料和隔热材料统称为绝热材料。材料的导热能力用导热系数表示，它是评定材料导热性能的重要物理指标，工程上将导热系数 $\lambda<0.23W/(m \cdot K)$ 的材料称为绝热材料。绝热材料主要用于墙体及屋顶、热工设备及管道、冷藏库等工程或冬期施工的工程。合理使用绝热材料可以减少热损失、节约能源、降低能耗。

1. 岩棉及矿渣棉

岩棉及矿渣棉统称为矿物棉。岩棉是经高温熔融的玄武岩、白云石等由高速离心设备制成的人造无机纤维，具有极强的保温防火性能。矿渣棉是利用经熔化的工业废料矿渣（高炉矿渣或铜矿渣、铝矿渣等）采用高速离心法或喷吹法等工艺制成的棉丝状无机纤维，具有质轻价廉、导热系数小、阻燃防蛀、耐腐蚀、吸声效果好等特点。

以岩棉和矿渣棉为原料还可以进一步加工成为各种形状的异形保温、保冷、隔热、吸声制品，矿物棉可用作建筑物的墙体、屋顶、天花板处的保温隔热和吸声材料，以及管道的保温、隔热工程。

2. 石棉

石棉是一种天然矿物纤维，具有高度耐火、耐热、耐酸碱、绝热、电绝缘等特性，是重要的防火、绝缘和保温材料。常制成石棉粉、石棉纸板、石棉毡等石棉制品，其中粉尘对人体有害，民用建筑少用，主要用于机械传动、制动以及工业建筑保温、防火、隔热、防腐、隔声、绝缘等。

3. 玻璃棉

玻璃棉是将熔融玻璃纤维化，用压缩空气喷吹形成棉状的材料，化学成分属玻璃类，是一种无机质纤维。具有成型好、体积密度小、热导率低、保温绝热、吸声性能好、耐腐蚀、化学性能稳定。玻璃棉是良好的吸声材料，可以制成沥青玻璃棉毡、板及酚醛玻璃棉毡、板，玻璃棉板经过处理后可以制成吸声吊顶板或吸声墙板，也可应用于屋面或冷藏库等。

4. 膨胀蛭石

蛭石是一种含镁的水铝硅酸盐次生变质矿物，由黑（金）云母经热液蚀变作用或风化而成，具有层状结构。煅烧后的膨胀蛭石可以呈松散状铺设在墙壁、楼板、屋面的夹层中，作为绝热、隔声材料，但应注意防潮，以免吸湿后影响绝热效果。膨胀蛭石还可以与水泥、水玻璃等胶凝材料配合浇筑成板，用于墙、柱和屋面板等的绝热。

5. 聚苯乙烯板

聚苯乙烯板是以聚丙乙烯树脂为原料，经由特殊工艺连续挤出发泡成型的硬质泡沫板。具有微细闭孔的结构特点，聚苯乙烯板分为模塑聚苯板（EPS）和挤塑聚苯板（XPS）两种，XPS 在建筑业界应用广泛，已被用于建筑墙体、屋面保温，冷库、空调、车辆、船舶的保温隔热，地板采暖，地面、机场跑道、高速公路防潮保温及控制地面膨胀等方面。

6. 玻化微珠

玻化微珠是一种酸性玻璃质熔岩矿物质（松脂岩矿砂），经过特种技术处理和生产工艺加工形成内部多孔、表面玻化封闭，呈球状体细径颗粒，是一种具有高性能的新型无机轻质绝热材料，耐老化耐候性强，绝热、防火、吸声性能优良，广泛用于外墙内外保温砂浆、装饰板、保温板的轻质骨料。

玻化微珠保温砂浆是以玻化微珠为轻质绝热骨料的单组分保温型干混砂浆，用于外墙内外保温，符合国家墙体保温要求的建筑节能标准，玻化微珠保温砂浆质量稳定、粘结强度高、保水性好，不空鼓开裂，具有优异的保温隔热性能和防火耐老化性能，因此玻化微珠保温砂浆在中国建筑节能领域中有着极大的市场区域和发展前景。

第3章 施工图识读、绘制基本知识

3.1 房屋建筑施工图的基本知识

房屋建筑施工图是指利用正投影的方法把所设计房屋的大小、外部形状、内部布置和室内装修，以及各部分结构、构造、设备等的做法，按照建筑制图国家标准规定绘制的工程图样。它是工程设计阶段的最终成果，同时又是工程施工、监理和计算工程造价的重要依据。

3.1.1 房屋建筑施工图的作用及组成

按照内容和作用不同，房屋建筑施工图分为建筑施工图（简称“建施”）、结构施工图（简称“结施”）和设备施工图（简称“设施”）。

1. 建筑施工图的组成及作用

建筑施工图一般包括建筑设计说明、建筑总平面图、平面图、立面图、剖面图及建筑详图等。其中，平面图、立面图、剖面图是建筑施工图中最重要、最基本的图样，称为基本建筑图。

建筑施工图表达的内容主要包括房屋的造型、层数、平面形状与尺寸以及房间的布局、形状、尺寸、装修做法，墙体与门窗等构配件的位置、类型、尺寸、做法以及室内外装修做法等。建造房屋时，建筑施工图主要作为定位放线、砌筑墙体、安装门窗、进行装修的依据。

2. 结构施工图的组成及作用

结构施工图一般包括结构设计说明、结构平面布置图和结构详图三部分，主要用以表示房屋骨架系统的结构类型、构件布置、构件种类、数量、构件的内部构造和外部形状、大小，以及构件间的连接构造。施工放线、开挖基坑（槽），施工承重构件（如梁、板、柱、墙、基础、楼梯等）主要依据结构施工图。

3. 设备施工图的组成及作用

设备施工图可按工种不同再分成给水排水施工图（简称水施图）、采暖通风与空调施工图（简称暖施图）、电气设备施工图（简称电施图）等。水施图、暖施图、电施图一般都包括设计说明、设备的布置平面图、剖面图、系统图、详图等内容。设备施工图主要表达房屋给水排水、供电照明、采暖通风、空调、燃气等设备的布置和施工要求等。

3.1.2 房屋建筑施工图的图示特点

房屋建筑施工图的图示特点主要体现在以下几方面：

(1) 施工图中的各图样用正投影法绘制。一般在 H 面上作平面图，在 V 面上作正、背立面图，在 W 面上作剖面图或侧立面图。

（2）由于房屋形体较大，施工图一般都用较小比例绘制，但对于其中需要表达清楚的节点、剖面等部位，则用较大比例的详图来表现。

（3）房屋建筑的构、配件和材料种类繁多，为作图方便，国家标准采用一系列图例来代表建筑构配件、卫生设备、建筑材料等。为方便读图，国家标准还规定了许多标注符号，构件的名称应用代号表示。

3.1.3 制图标准相关规定

1. 常用建筑材料图例和常用构件代号

常用建筑材料图例见表 3-1。

常用建筑材料图例 表 3-1

序号	名称	图例	备注
1	自然土壤		包括各种自然土
2	夯实土壤		
3	石材		
4	毛石		
5	普通砖		包括实心砖、多孔砖、砌块等砌体。断面较窄不易绘出图例线时，可涂红，并在图纸备注中加注说明，画出该材料图例
6	饰面砖		包括铺地砖、陶瓷锦砖、人造大理石等
7	焦渣、矿渣		包括与水泥、石灰等混合而成的材料
8	混凝土		1. 本图例指能承重的混凝土及钢筋混凝土 2. 包括各种强度等级、骨料、添加剂的混凝土 3. 在剖面图上画出钢筋时，不画图例线 4. 断面图形小时，不易画出图例线时，可涂黑
9	钢筋混凝土		
10	粉刷材料		

构件代号以构件名称的汉语拼音的第一个字母表示，如B表示板，WB表示屋面板。对预应力混凝土构件，则在构件代号前加注“Y”，如YKB表示预应力混凝土空心板。

2. 尺寸标注

图样上的尺寸，应包括尺寸界线、尺寸线、尺寸起止符号和尺寸数字四个要素，如图3-1所示。

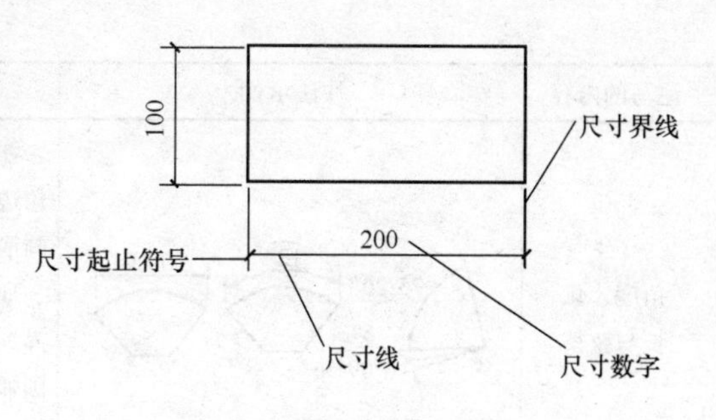

图3-1　尺寸组成四要素

几种尺寸的标注形式见表3-2。

尺寸的标注形式　　**表3-2**

注写的内容	注法示例	说　明
半径	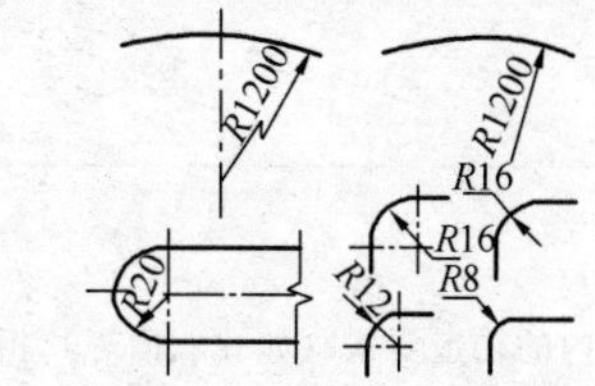	半圆或小于半圆的圆弧应标注半径，如左下方的例图所示。标注半径的尺寸线应一端从圆心开始，另一端画箭头指向圆弧，半径数字前应加注符号“R”。 较大圆弧的半径，可按上方两个例图的形式标注；较小圆弧的半径，可按右下方四个例图的形式标注
直径	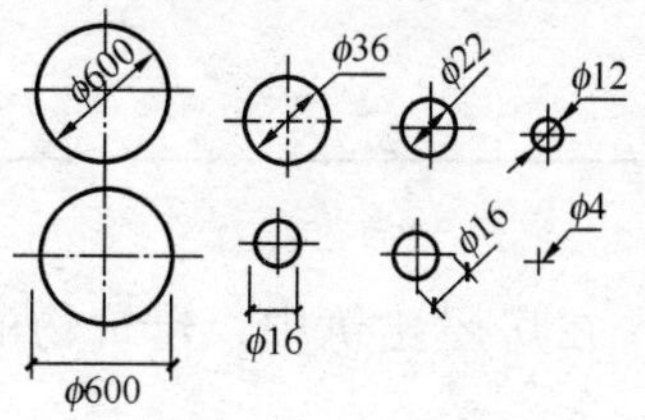	圆及大于半圆的圆弧应标注直径，如左侧两个例图所示，并在直径数字前加注符号“ϕ”。在圆内标注的直径尺寸线应通过圆心，两端画箭头指至圆弧。 较小圆的直径尺寸，可标注在圆外，如左侧六个例图所示
薄板厚度	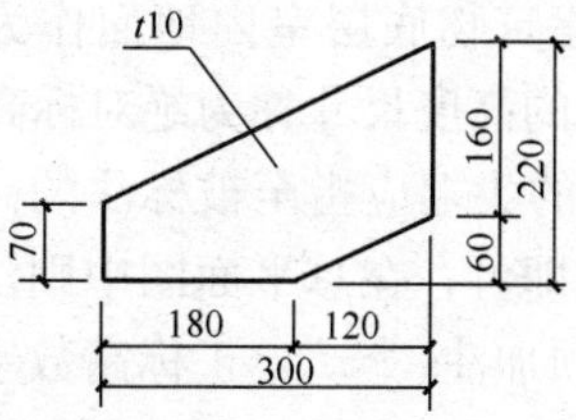	应在厚度数字前加注符号“t”
正方形	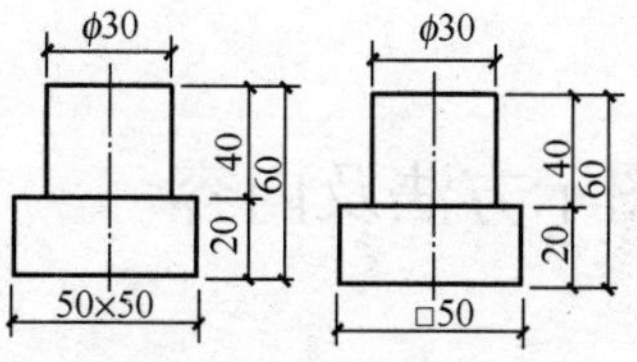	在正方形的侧面标注该正方形的尺寸，可用“边长×边长”标注，也可在边长数字前加正方形符号“□”
坡度	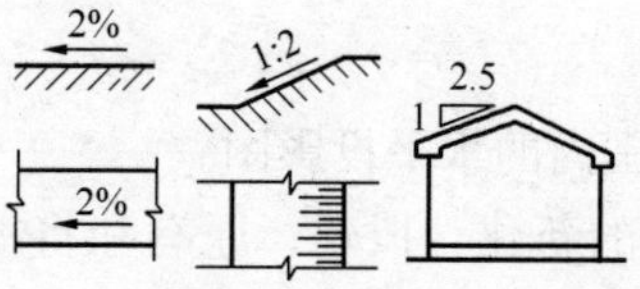	标注坡度时，在坡度数字下应加注坡度符号，坡度符号为单面箭头，一般指向下坡方向。 坡度也可用直角三角形形式标注，如右侧的例图所示。 图中在坡面高的一侧水平边上所画的垂直于水平边的长短相间的等距细实线，称为示坡线，也可用它来表示坡面

续表

注写的内容	注法示例	说明
角度、弧长与弦长	75°20′ 5° 6°09′56″ ⌒120 113	如左方的例图所示，角度的尺寸线是圆弧，圆心是角顶，角边是尺寸界限。尺寸起止符号用箭头；如没有足够的位置画箭头，可用圆点代替。角度的数字应水平方向注写。 如中间例图所示，标注弧长时，尺寸线为同心圆弧，尺寸界线垂直于该圆弧的弦，起止符号用箭头，弧长数字上方加圆弧符号。 如右方的例图所示，圆弧的弦长的尺寸线应平行于弦，尺寸界线垂直于弦
连续排列的等长尺寸	180 5×100=500 60	可用“个数×等长尺寸=总长”的形式标注
相同要素	6×ϕ30 ϕ120 ϕ200	当构配件内的构造要素（如孔、槽等）相同时，可仅标注其中一个要素的尺寸及个数

3. 标高

标高是表示建筑的地面或某一部位的高度。在房屋建筑中，建筑物的高度用标高表示。

标高分为相对标高和绝对标高两种。一般以建筑物底层室内地面作为相对标高的零点；我国把青岛市外的黄海海平面作为零点所测定的高度尺寸称为绝对标高。

各类图上的标高符号如图 3-2 所示。标高符号的尖端应指至被标注的高度，尖端可向下也可向上。在施工图中一般注写到小数点后三位即可；在总平面图中则注写到小数点后二位。零点标高注写成±0.000，负标高数字前必须加注“－”，正标高数字前不写“＋”。标高单位除建筑总平面图以米为单位外，其余一律以毫米为单位。在建筑施工图中的标高数字表示其完成面的数值。

3.2 建筑施工图的图示方法及内容

3.2.1 建筑总平面图

1. 建筑总平面图的图示方法

建筑总平面图是新建房屋所在地域的一定范围内的水平投影图。

建筑总平面图是将拟建工程四周一定范围内的新建、拟建、原有和将拆除的建筑物、构筑物连同其周围的地形地物状况，用水平投影方法画出的图样。由于总平面图绘图比例较小，图中的原有房屋、道路、绿化、桥梁边坡、围墙及新建房屋等均用图例表示，几种常用图例见表 3-3。

总平面图的常用图例 **表 3-3**

名　称	图　例	说　明
新建的建筑物	6	1. 需要时，可在图形内右上角以点数或数字（高层宜用数字）表示层数； 2. 用粗实线表示
围墙及大门		1. 上图为砖石、混凝土或金属材料的围墙，下图为镀锌铁丝网、篱笆等围墙； 2. 如仅表示围墙时不画大门
新建的道路	6 101.00 R9 150.00	1. $R9$ 表示道路转弯半径为 9m，150 为路面中心标高，6 表示 6%纵向坡度，101.00 表示变坡点间距离； 2. 图中斜线为道路断面示意，根据实际需要绘制

2. 总平面图的图示内容

（1）新建建筑物的定位

新建建筑物的定位一般采用两种方法，一是按原有建筑物或原有道路定位；二是按坐标定位，采用坐标定位又分为采用测量坐标定位和建筑坐标定位两种（图 3-2）。

1）测量坐标定位在地形图上用细实线画成交叉十字线的坐标网，X 为南北方向的轴线，Y 为东西方向的轴线，这样的坐标网称为测量坐标网。

2）建筑坐标定位建筑坐标一般在新开发区，房屋朝向与测量坐标方向不一致时采用。

（2）标高

在总平面图中，标高以米为单位，并保留至小数点后两位。

（3）指北针或风玫瑰图

指北针用来确定新建房屋的朝向，其符号如图 3-3 所示。

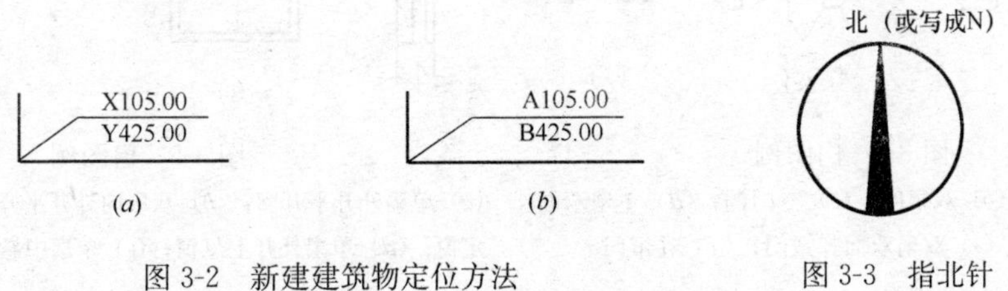

图 3-2　新建建筑物定位方法

（a）测量坐标定位；（b）建筑坐标定位

图 3-3　指北针

总平面图上有时绘制风向频率玫瑰图，简称风玫瑰图，是新建房屋所在地区风向的示意图，同时也表明房屋和地物的朝向。

（4）建筑红线

各地方国土管理部门提供给建设单位的地形图为蓝图，在蓝图上用红色笔画定的土地使用范围的线称为建筑红线，任何建筑物在设计和施工中均不能超过此线。

（5）管道布置与绿化规划

（6）附近的地形地物

如等高线、道路、围墙、河流、水沟和池塘等与工程有关的内容。

3.2.2 建筑平面图

1. 建筑平面图的图示方法

假想用一个水平剖切平面沿房屋的门窗洞口切开，移去上部之后，画出的水平剖面图称为建筑平面图，简称平面图。沿底层门窗洞口切开后得到的平面图，称为底层平面图，沿二层门窗洞口切开后得到的平面图，称为二层平面图，依次可以得到三层、四层的平面图。当某些楼层平面相同时，可以只画出其中一个平面图，称其为标准层平面图。房屋屋顶的水平投影图称为屋顶平面图。

凡是被剖切到的墙、柱断面轮廓线用粗实线画出，其余可见的轮廓线用中实线或细实线，尺寸标注和标高符号均用细实线，定位轴线用细单点长画线绘制。砖墙一般不画图例，钢筋混凝土的柱和墙的断面通常涂黑表示。

常用门、窗图例如图 3-4、图 3-5 所示。

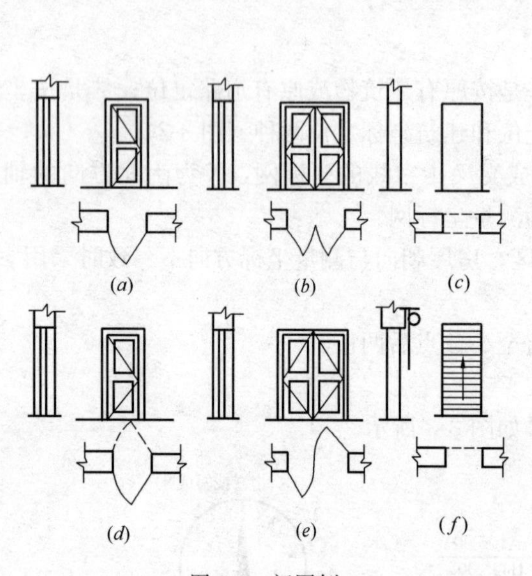

图 3-4　门图例

（a）单扇门；（b）双扇门；（c）空门洞；（d）单扇双面弹簧门；（e）双扇双面弹簧门；（f）卷帘门

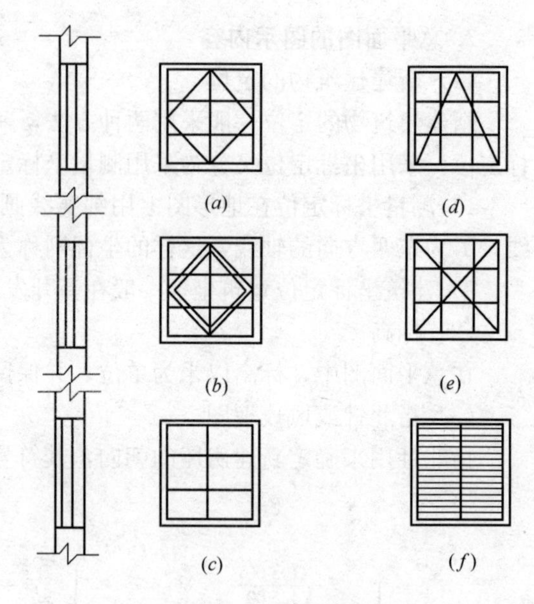

图 3-5　窗图例

（a）单扇外开平开窗；（b）双扇内外开平开窗；（c）单扇固定窗；（d）单扇外开上悬窗；（e）单扇中悬窗；（f）百叶窗

2. 建筑平面图的图示内容

（1）表示墙、柱，内外门窗位置及编号，轴线编号。

平面图上所用的门窗都应进行编号。门常用“M1”、“M2”或“M－1”、“M－2”等表示，窗常用“C1”、“C2”或“C－1”、“C－2”等表示。在建筑平面图中，定位轴线用来确定房屋的墙、柱、梁等的位置和作为标注定位尺寸的基线。定位轴线的编号宜标注在图样的下方与左侧，横向编号应用阿拉伯数字，从左至右顺序编写，竖向编号应用大写拉丁字母，从下至上顺序编写，拉丁字母中的 I、O 及 Z 三个字母不得作轴线编号，以免与数字 1、0 及 2 混淆（图 3-6）。

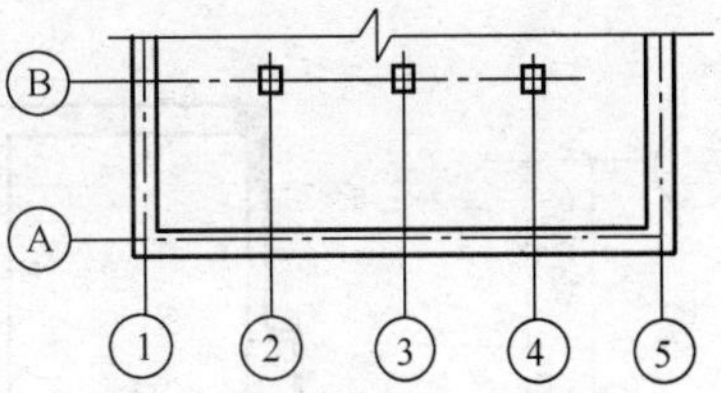

（2）注出室内外的有关尺寸及室内楼、地面的标高。建筑平面图中的尺寸有外部尺寸和内部尺寸两种。

图 3-6　定位轴线的编号

1）外部尺寸。在水平方向和竖直方向各标注三道，最外一道尺寸标注房屋水平方向的总长、总宽，称为总尺寸；中间一道尺寸标注房屋的开间、进深，称为轴线尺寸（一般情况下两横墙之间的距离称为“开间”；两纵墙之间的距离称为“进深”）。最里边一道尺寸以轴线定位的标注房屋外墙的墙段及门窗洞口尺寸，称为细部尺寸。

2）内部尺寸。应标注各房间长、宽方向的净空尺寸，墙厚及轴线的关系、柱子截面、房屋内部门窗洞口、门垛等细部尺寸。

在平面图中所标注的标高均为相对标高。底层室内地面的标高一般用±0.000 表示。

（3）表示电梯、楼梯的位置及楼梯的上下行方向。

（4）表示阳台、雨篷、踏步、斜坡、通气竖道、管线竖井、烟囱、消防梯、雨水管、散水、排水沟、花池等位置及尺寸。

（5）画出卫生器具、水池、工作台、橱、柜、隔断及重要设备位置。

（6）表示地下室、地坑、地沟、各种平台、检查孔、墙上留洞、高窗等位置尺寸与标高。对于隐蔽的或者在剖切面以上部位的内容，应以虚线表示。

（7）画出剖面图的剖切符号及编号（一般只标注在底层平面图上）。

（8）标注有关部位上节点详图的索引符号。

（9）在底层平面图附近绘制出指北针。

（10）屋面平面图一般内容有：女儿墙、檐沟、屋面坡度、分水线与落水口、变形缝、楼梯间、水箱间、天窗、上人孔、消防梯以及其他构筑物、索引符号等。图 3-7 为某住宅楼平面图。

3.2.3　建筑立面图

1. 建筑立面图的图示方法

在与房屋的四个主要外墙面平行的投影面上所绘制的正投影图称为建筑立面图，简称立面图。反映建筑物正立面、背立面、侧立面特征的正投影图，分别称为正立面图、背立面图和侧立面图，侧立面图又分左侧立面图和右侧立面图。立面图也可以按房屋的朝向命名，如东立面图、西立面图、南立面图、北立面图。此外，立面图还可以用各立面图的两端轴线编号命名，如①－⑦立面图、B－Q 立面图等。

为使建筑立面图轮廓清晰、层次分明，通常用粗实线表示立面图的最外轮廓线。外形轮廓线以内的细部轮廓，如凸出墙面的雨篷、阳台、柱、窗台、台阶、屋檐的下檐线以及窗洞、门洞等用中粗线画出。其余轮廓如腰线、粉刷线、分格线、落水管以及引出线等均采用细实线画出。地平线用标准粗度的 1.2～1.4 倍的加粗线画出。

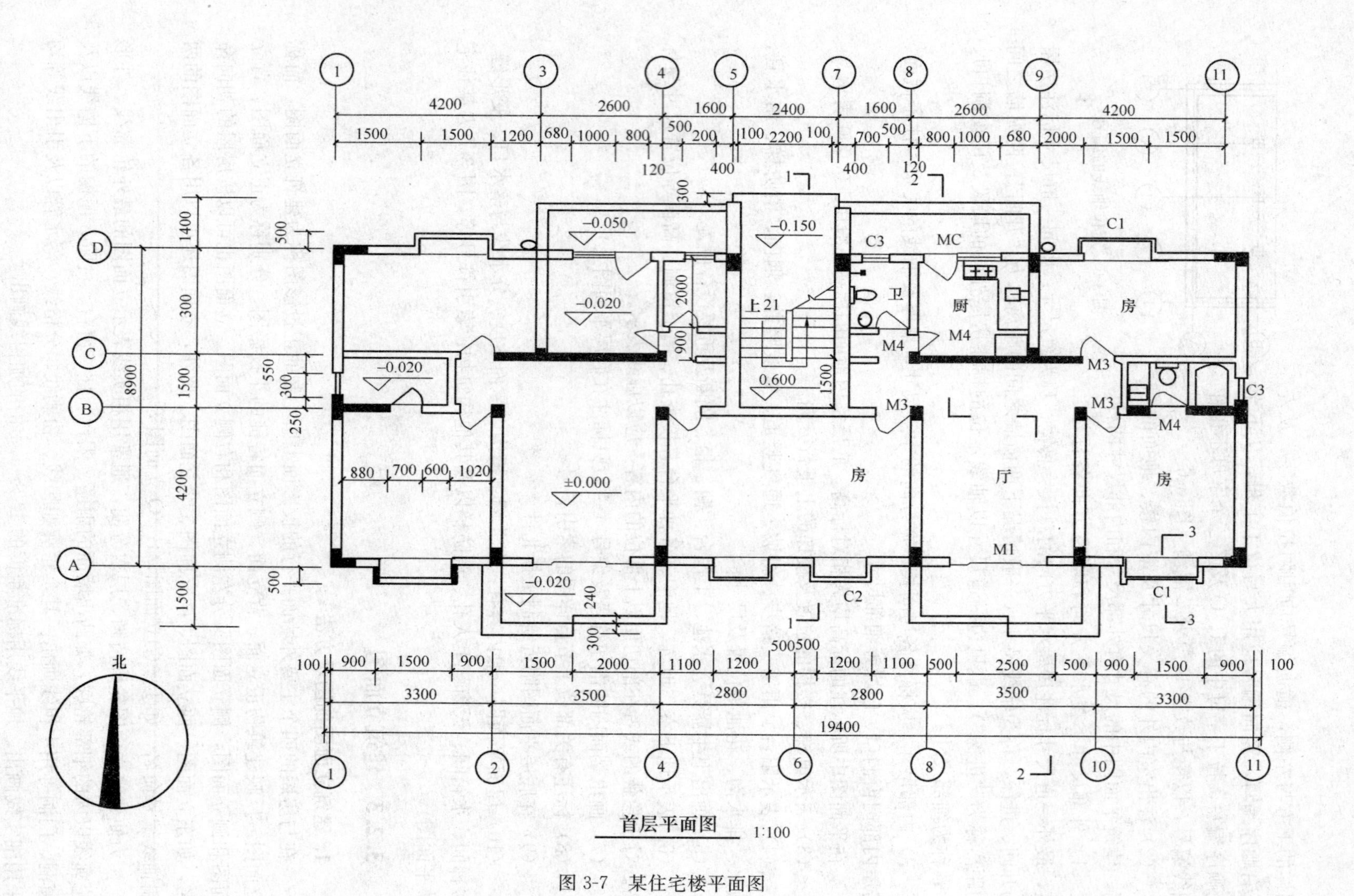
北
房
厅
房
房
卫
厨
上21
MC
C1
C2
C3
M1
M3
M4
±0.000
-0.020
-0.050
-0.150
0.600
19400
8900
首层平面图
1:100

图 3-7　某住宅楼平面图

2. 建筑立面图的图示内容

(1) 表明建筑物外貌形状、门窗和其他构配件的形状和位置，主要包括室外的地面线、房屋的勒脚、台阶、门窗、阳台、雨篷；室外的楼梯、墙和柱；外墙的预留孔洞、檐口、屋顶、雨水管、墙面修饰构件等。

(2) 外墙各个主要部位的标高和尺寸。

立面图中用标高表示出各主要部位的相对高度，如室内外地面标高、各层楼面标高及檐口标高。相邻两楼面的标高之差即为层高。

立面图中的尺寸是表示建筑物高度方向的尺寸，一般用三道尺寸线表示。最外面一道为建筑物的总高。建筑物的总高是从室外地面到檐口女儿墙的高度。中间一道尺寸线为层高，即下一层楼地面到上一层楼地面的高度。最里面一道为门窗洞口的高度及与楼地面的相对位置。

(3) 建筑物两端或分段的轴线和编号。

在立面图中，一般只绘制两端的轴线及编号，以便和平面图对照确定立面图的观看方向。

(4) 标出各个部分的构造、装饰节点详图的索引符号，外墙面的装饰材料和做法。外墙面装修材料及颜色一般用索引符号表示具体做法。图 3-8 为某住宅楼立面图。

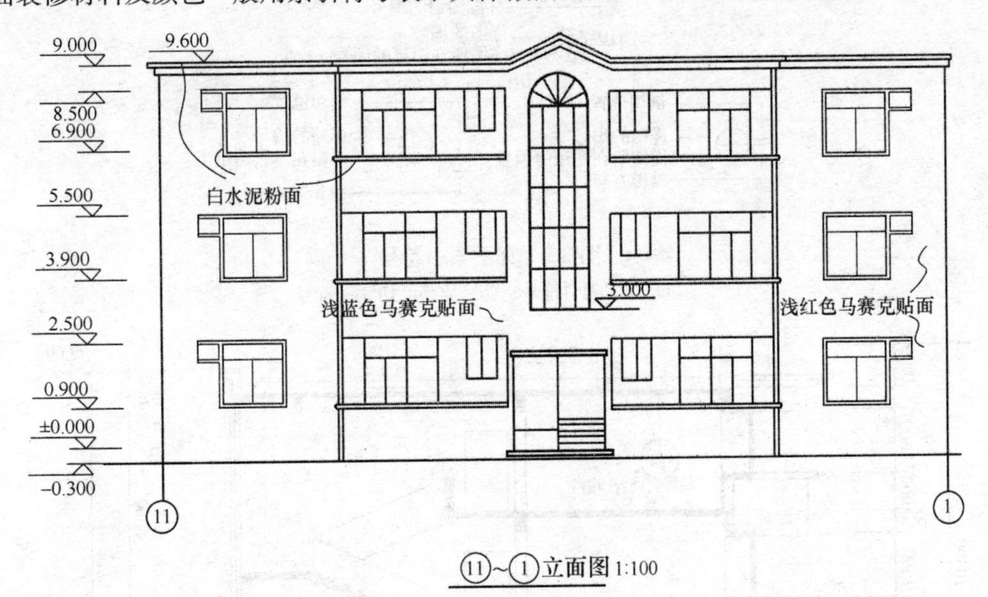

图 3-8 某住宅楼立面图

3.2.4 建筑剖面图

1. 建筑剖面图的图示方法

假想用一个或多个垂直于外墙轴线的铅锤剖切平面将房屋剖开，移去靠近观察者的部分，对留下部分所作的正投影图称为建筑剖面图，简称剖面图。

剖面图一般表示房屋在高度方向的结构形式。凡是被剖切到的墙、板、梁等构件的断面轮廓线用粗实线表示，而没有被剖切到的其他构件的轮廓线，则常用中实线或细实线表示。

2. 建筑剖面图的图示内容

（1）墙、柱及其定位轴线。与建筑立面图一样，剖面图中一般只需画出两端的定位轴线及编号，以便与平面图对照。需要时也可以注出中间轴线。

（2）室内底层地面、地沟、各层的楼面、顶棚、屋顶、门窗、楼梯、阳台、雨篷、墙洞、防潮层、室外地面、散水、脚踢板等能看到的内容。

（3）各个部位完成面的标高，包括室内外地面、各层楼面、各层楼梯平台、檐口或女儿墙顶面、楼梯间顶面、电梯间顶面等部位。

（4）各部位的高度尺寸。建筑剖面图中高度方向的尺寸包括外部尺寸和内部尺寸。外部尺寸的标注方法与立面图相同，包括三道尺寸：门、窗洞口的高度，层间高度，总高度。内部尺寸包括地坑深度、隔断、搁板、平台、室内门窗等的高度。

（5）楼面和地面的构造。一般采用引出线指向所说明的部位，按照构造的层次顺序，逐层加以文字说明。

（6）详图的索引符号。建筑剖面图中不能详细表示清楚的部位应引出索引符号，另用详图表示。详图索引符号如图 3-9 所示。图 3-10 为某住宅楼剖面图。

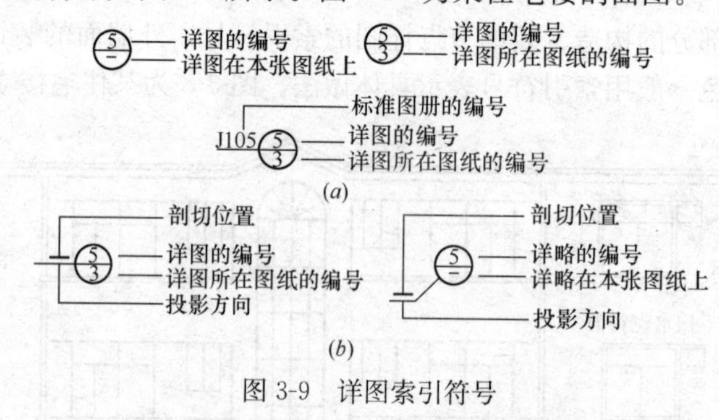

图 3-9 详图索引符号

（a）详图索引符号；（b）局部剖切索引符号

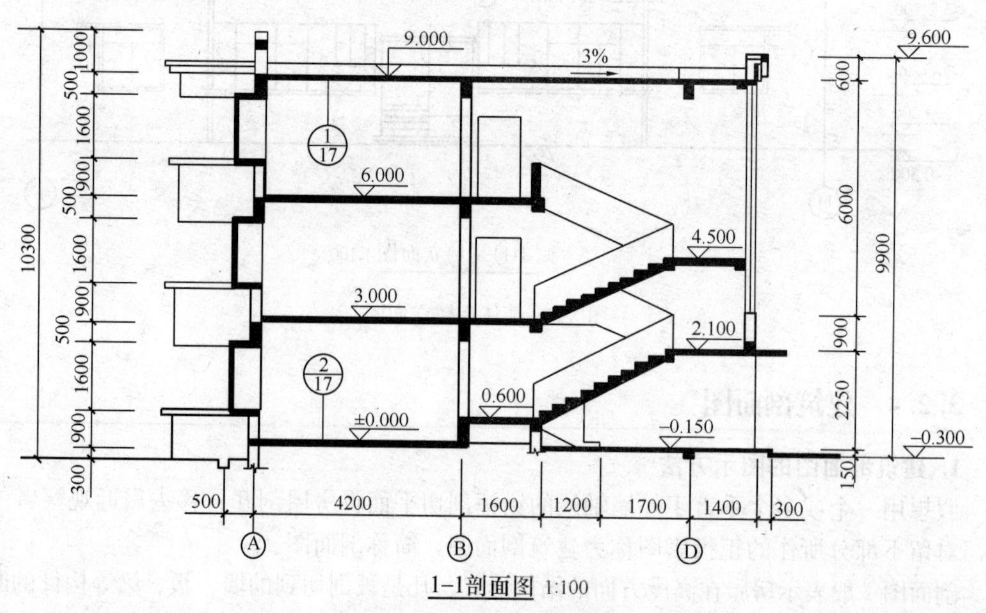

图 3-10 某住宅楼剖面图

3.2.5 建筑详图

需要绘制详图或局部平面放大图的位置一般包括内外墙节点、楼梯、电梯、厨房、卫生间、门窗、室内外装饰等。详图符号如图 3-11 所示。

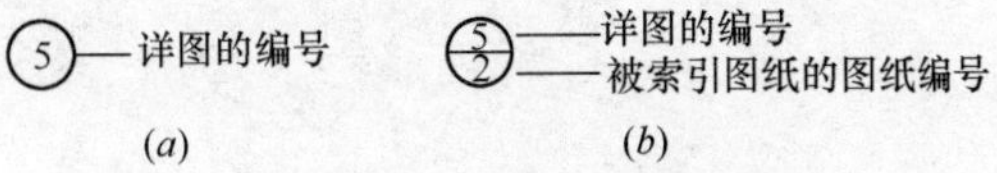

图 3-11 详图符号

(a) 详图与被索引图在同一张图纸上；
(b) 详图与被索引图不在同一张图纸上

3.3 房屋建筑施工图的识读

3.3.1 施工图识读方法

1. 总揽全局

识读施工图前，先阅读建筑施工图，建立起建筑物的轮廓概念，了解和明确建筑施工图平面、立面、剖面的情况。在此基础上，阅读结构施工图目录，对图样数量和类型做到心中有数。阅读结构设计说明，了解工程概况及所采用的标准图等。粗读结构平面图，了解构件类型、数量和位置。

2. 循序渐进

根据投影关系、构造特点和图纸顺序，从前往后、从上往下、从左往右、由外向内、由大到小、由粗到细反复阅读。

3. 相互对照

识读施工图时，应当图样与说明对照看，建施图、结施图、设施图对照看，基本图与详图对照看。

4. 重点细读

以不同工种身份，有重点地细读施工图，掌握施工必需的重要信息。

3.3.2 施工图识读步骤

识读施工图的一般顺序如下：

1. 阅读图纸目录

根据目录对照检查全套图纸是否齐全，标准图和重复利用的旧图是否配齐，图纸有无缺锁。

2. 阅读设计总说明

了解本工程的名称、建筑规模、建筑面积、工程性质以及采用的材料和特殊要求等。对本工程有一个完整的概念。

3. 通读图纸

按建施图、结施图、设施图的顺序对图纸进行初步阅读，也可根据技术分工的不同进行分读。读图时，按照先整体后局部，先文字说明后图样，先图形后尺寸的顺序进行。

4. 精读图纸

在对图纸分类的基础上，对图纸及该图的剖面图、详图进行对照、精细阅读，对图样上的每个线面、每个尺寸都务必认清看懂，并掌握它与其他图的关系。

第4章 工程施工工艺和方法

4.1 地基与基础工程

基础指建筑底部与地基接触的承重构件，它的作用是将建筑上部的荷载传给地基。因此地基必须坚固、稳定而可靠。按照埋深基础可以分为浅基础和深基础，浅基础是指基础深度小于5m的基础。

4.1.1 土的工程分类

1. 土的基本组成

土一般由土颗粒（固相）、水（液相）、和空气（气相）三部分组成（图4-1）。土中颗粒的大小、成分及三相之间的比例关系反映出土的干湿、松密、软硬等不同的物理、力学性质，对评价土的工程性质，进行土的工程分类具有重要意义。

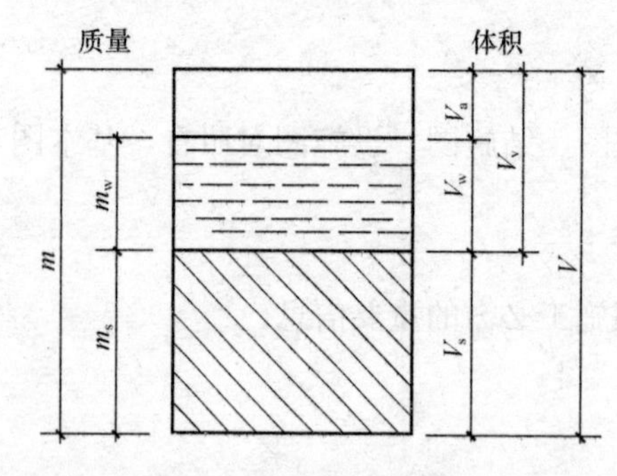

图4-1 土的三相示意图

图中符号：m——土的总质量（$m=m_s+m_w$），kg；

m_s——土中固体颗粒的质量，kg；

m_w——土中水的质量，kg；

V——土的总体积（$V=V_a+V_w+V_s$），m^3；

V_a——土中空气的体积，m^3；

V_w——土中水所占的体积，m^3；

V_s——土中固体颗粒的体积，m^3；

V_v——土中孔隙体积（$V_v=V_a+V_w$），m^3。

2. 土的工程性质

对土方工程施工有直接影响的土的工程性质主要有以下几项：

（1）土的密度

土的密度中与土方工程施工有关的是土的天然密度和土的干密度。

土的天然密度是指土在天然状态下单位体积的质量，又称湿密度。它影响土的承载力、土压力及边坡稳定性。

土的干密度是指单位体积土中固体颗粒的质量，在一定程度上反映了土颗粒排列的紧密程度，因而通常将干密度作为填土压实质量的控制指标。

（2）土的含水量

土的含水量是指土中所含水的质量与土的固体颗粒的质量之比，通常用百分率来表示。土的含水量反映土的干湿程度，它对挖土的难易、土方边坡的稳定性及填土压实等均有直接影响。因此，在土方开挖时应采取排水措施，在回填土时应使土的含水量处于最佳含水量的变化范围之内。

（3）土的渗透性

土的渗透性是指土透水的能力，它主要取决于土体的孔隙特征，如孔隙的大小、形状、数量和贯通情况，同时与地下水渗流路程长短有关。土的渗透性直接影响降水方案的选择和涌水量的计算。

（4）土的可松性

天然土经开挖后，其体积因松散而增加，虽经振动夯实，仍然不能完全复原，这种现象称为土的可松性。土的可松性通常用可松性系数来表示，包括最初可松性系数和最终可松性系数。最初可松性系数指土经开挖后松散状态下的体积与土在自然状态下的体积比值，最终可松性系数是土经回填压实后压实状态下的体积与土在自然状态下的体积之比。土的可松性对土方的平衡调配、基坑开挖时的预留土量及运输工具数量的计算均有直接影响。

3. 土的工程分类

在土方工程施工中，根据土的坚硬程度和开挖特征将土分为松软土、普通土、坚土、砂砾坚土、软石、次坚石、坚石、特坚石等8类（表4-1），其中一至四类为土，五至八类为岩石。土的工程性质直接影响土方工程施工方法的选择、劳动量的消耗和工程费用。

土的工程分类与现场鉴别方法 **表4-1**

土的分类	土的名称	开挖方法及工具	可松性系数	
			K_s	K'_s
一类土（松软土）	砂；粉土；冲积砂土层；种植土；泥炭（淤泥）	用锹、锄头挖掘	1.08～1.17	1.01～1.03
二类土（普通土）	粉质黏土；潮湿的黄土；夹有碎石、卵石的砂，种植土；填筑土及粉土混卵（碎）石	用锹、锄头挖掘，少许用镐翻松	1.14～1.28	1.02～1.05
三类土（坚土）	软及中等密实黏土；重粉质黏土；粗砾石；干黄土及含碎石、卵石的黄土、粉质黏土；压实的填筑土	主要用镐，少许用锹、锄头挖掘，部分用撬棍	1.24～1.30	1.04～1.07
四类土（砂砾坚石）	坚硬密实的黏土及碎石、卵石的黏土；粗卵石；密实的黄土；天然级配砂石；软泥灰岩及蛋白石	整个用镐、撬棍，然后用锹挖掘，部分用楔子及大锤	1.26～1.32	1.06～1.09
五类土（软石）	硬质黏土；中等密实的页岩、泥灰岩、白垩土；胶结不紧的砾岩；软的石灰岩	用镐或撬棍、大锤挖掘，部分使用爆破方法	1.30～1.45	1.10～1.20
六类土（次坚石）	泥岩；砂岩；砾岩；坚实的页岩；泥灰岩；密实的石灰岩；风化花岗岩；片麻岩	用爆破方法开挖，部分用风镐开挖	1.30～1.45	1.10～1.20
七类土（坚石）	大理岩；辉绿岩；玢岩；粗、中粒花岗岩；坚实的白云岩、砂岩、砾岩、片麻岩、石灰岩、微风化的安山岩、玄武岩	用爆破方法开挖	1.30～1.45	1.10～1.20
八类土（特坚石）	安山岩；玄武岩；花岗片麻岩；坚实的细粒花岗岩；闪长岩；石英岩；辉长岩；辉绿岩；玢岩	用爆破方法开挖	1.45～1.50	1.20～1.30

4.1.2 基坑（槽）开挖的主要方法

建设项目建设前需进行场地平整等准备工作。在场地平整工作完成后，就可进行基坑（槽）的开挖。

1. 施工准备

基坑（槽）土方开挖前，应充分做好以下施工准备工作：熟悉与审查图纸；编制基坑（槽）施工方案；清除和处理施工区域内的地下、地上障碍物；采取基坑降排水措施；建筑物定位放线；修筑临时设施和道路；排除地面水等。

2. 基坑降排水

在土方开挖过程中，当基坑（槽）或管沟开挖的深度低于地下水位标高时，地下水会不断涌入基坑（槽）内，如果不采取适当的措施，不仅会使施工条件恶化，还有可能发生流砂或边坡坍塌等现象，造成无法施工。所以当设计基础底面低于地下水位，无论有无支护结构，均需要提前采取降水、截水、甚至回灌等地下水控制措施。降水的作用是防止基坑坡面和基底的渗水，减少土体含水量，提高土体强度，增加边坡的稳定性，保持坑底干燥，以确保工程质量和施工安全。降低地下水位的常用方法有集水井降水法和井点降水法。

（1）集水井降水法

1）适用范围

集水井降水法也称为集水明排法，一般适用于降水深度较小，土层为粗粒土或黏性土，能逐层开挖，能逐层实施明排水的情况。不适用于软土、淤泥和粉细砂土中。

2）排水沟与集水井的设置

排水沟与集水井应设置在基础范围以外，距边线距离不小于0.4m，地下水流的上流。根据地下水量的大小、基坑平面形状及水泵能力，集水井宜每30～40m设置一个，其直径或宽度一般为0.6～0.8m。

3）排水沟与集水井的施工

先沿坑底周围或中央开挖排水沟，再在沟底设置集水井，使基坑内的水经排水沟流入集水井内，然后用水泵抽走，如图4-2（*b*）所示。施工时，排水沟底应始终保持比挖土面低0.3～0.4m，且应逐层开挖形成集水井和排水沟，即每挖一层土就应加深一次排水沟和集水井。集水井底面应比沟底面低0.5m以上，集水井底一般需铺设0.3m厚的碎石滤水

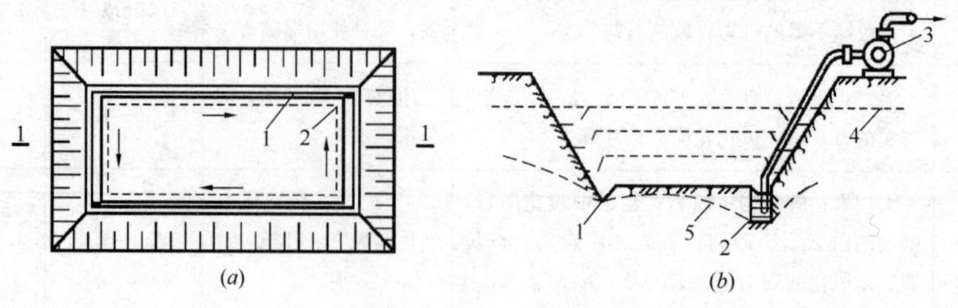

图4-2　集水井降水

（*a*）平面图；（*b*）剖面图

1—排水明沟；2—集水井；3—水泵；4—原地下水位；5—降低后水位

层，水泵抽水龙头应包以滤网，以免长时间抽水将泥沙抽出堵塞水泵，并能有效防止井底土被扰动。抽水应连续进行，直至基础施工完毕。

(2) 井点降水法

1) 适用范围

井点降水法适用于降水深度较大，或土层为细砂或粉砂，或是在软土地区。

2) 井点降水法的种类

井点降水法的种类有：轻型井点（可分为单层轻型井点和多层轻型井点）、喷射井点、电渗井点、管井井点、深井井点等。可根据土的种类、土层的渗透系数、地下水位降低的深度、邻近建筑和管线情况、工程特点、场地及设备条件、施工技术水平等情况进行选择。

3) 施工方法

井点降水法就是在基坑开挖前，预先在基坑四周埋设一定数量的井点管，井点管的上端通过弯联管与集水总管连接，集水总管再与水泵相连。在基坑开挖前和开挖过程中，得用抽水设备将地下水从井点管内不断抽出，使地下水位降低到基坑底以下，如图 4-3 所示，直至基础工程施工结束为止的方法。

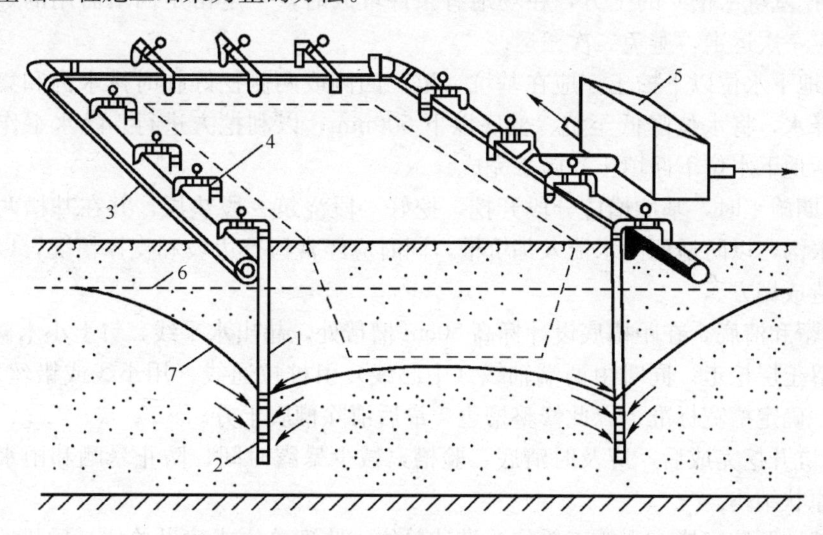

图 4-3 轻型井点降低地下水位示意图

1—井点管；2—滤管；3—总管；4—弯联管；5—水泵房；6—原有地下水位线；7—降低后地下水位线

常用井点降水有轻型井点和管井井点两类，其中又以轻型井点的应用最广泛。以轻型井点为例，井点施工工艺程序为：

放线定位 → 铺设总管 → 冲孔 → 安装井点管、填砂砾滤料、上部填土密封 → 用弯联管将井点管与总管接通 → 安装抽水设备与总管连通 → 安装集水箱和排水管 → 开动真空泵排气，再开动离心水泵抽水 → 测量观测井中地下水位变化。

3. 基坑（槽）开挖工艺流程及施工要点

(1) 工艺流程

基坑（槽）开挖主要工程流程：测量放线 → 切线分层开挖 → 降排水 → 修边、清底

→验槽。

（2）施工要点

1）开挖前，应根据工程结构形式、基坑深度、地质条件、周围环境、施工方法、施工工期和地面荷载等资料，确定基坑开挖方案和地下水控制施工方案。

2）挖土应遵循“开槽支撑，先撑后挖，分层开挖，严禁超挖”和“分层、分段、对称、限时”的原则，自上而下水平分段分层进行，每层 0.3m 左右，边挖边检查坑底宽度及坡度，不够时及时修整，每 3m 左右修一次坡，至设计标高，再统一进行一次修坡清底，检查坑底宽和标高，要求坑底凹凸不超过 2.0cm。

3）基坑开挖应尽量防止对地基土的扰动。当用人工挖土，基坑挖好后不能立即进行下道工序时，应预留 15～30cm 一层土不挖，待下道工序开始再挖至设计标高。采用机械开挖基坑时，为避免破坏基底土，应在基底标高以上预留一层由人工挖掘修整。使用铲运机、推土机时，保留土层厚度为 15～20cm，使用正铲、反铲或拉铲挖土时为 20～30cm。

4）基坑开挖过程中，应对平面控制桩、水准点、基坑平面位置、水平标高、边坡坡度等随时复测检查。

5）开挖基坑（槽）的土方，在场地有条件堆放时，一定留足回填需用的好土；多余的土方，应一次运走，避免二次搬运。

6）在地下水位以下挖土，应在基坑（棺）四侧或两侧挖好临时排水沟和集水井，或采用井点降水，将水位降低至坑、槽底以下 500mm，以利挖方进行。降水工作应持续到基础（包括地下水位下回填土）施工完成。

7）雨期施工时，基坑槽应分段开挖，挖好一段浇筑一段垫层，并在基槽两侧围以土堤或挖排水沟，以防地面雨水流入基坑槽，同时应经常检查边坡和支撑情况，以防止坑壁受水浸泡造成塌方。

8）修帮和清底。在距槽底设计标高 50cm 槽帮处，超出水平线，钉上小木橛，然后用人工将保留土层挖走。同时由两端轴线（中心线）引桩拉通线（用小线或铅丝），检查距槽边尺寸，确定槽宽标准，以此修整槽边。最后清除槽底土方。

9）基坑开挖完成后，应及时清底、验槽，减少暴露时间，防止暴晒和雨水浸刷破坏地基土的原状结构。

10）基坑开挖完毕应由施工单位、设计单位、监理单位或建设单位、质量监督部门等有关人员共同到现场进行检查、鉴定验槽。

4.1.3 基坑（槽）支护的主要方法

在开挖基坑（槽）时，为了防止塌方事故，确保施工安全和边坡稳定，当挖方或填方超过一定高度时，土壁就应做成具有一定坡度的边坡或者加临时支撑来保持坑壁稳定。

1. 土方边坡

土方边坡的坡度用其高度与宽度的比值表示。即：

$$土方边坡坡度=\frac{H}{B}=1:\frac{B}{H}=1:m \tag{4-1}$$

边坡坡度应根据土质、开挖深度、开挖方法、施工工期、地下水水位、坡顶荷载及气候条件等因素确定。一般情况下，黏性土的边坡可陡些，砂性土则应平缓些；当基坑附近有主要建筑物时，边坡坡度应取1：1.0～1：1.5。

临时性挖方边坡值 **表4-2**

土的类别		边坡值（高：宽）
砂土（不包含细砂、粉砂）		1：1.25～1：1.5
一般性黏土	硬	1：0.75～1：1
	硬、塑	1：1.00～1：1.25
	软	1：1.50或更缓
碎石类土	充填坚硬、硬塑性土	1：0.50～1：100
	充填砂土	1：1.00～1：1.50

注：1. 设计有要求时，应符合设计要求；

2. 如采用降水或其他加固措施，可不受本表限制，但应计算复核；

3. 开挖深度，对软土不应超过4m，对硬土不应超过8m。

2. 基坑支护

在基坑或基槽开挖时，如地质条件和周围环境允许，可以按规定进行放坡开挖，但当周围建筑物密集或周围条件不允许放坡开挖，或深基坑挖规定坡度要求进行放坡土方量太大时，可采用基坑支护的方法进行施工。

（1）基坑支护的方法

基坑支护的方法很多，如排桩墙支护、水泥土桩墙支护、锚杆及土钉墙支护、钢或混凝土支撑等。

排桩墙支护结构包括灌注桩、预制桩、板桩等类型桩构成的支护结构。排桩墙支护的基坑，开挖后应及时支护，每一道支撑施工应确保基坑变形在设计要求的控制范围内。

水泥土桩墙支护结构是指水泥土搅拌桩（包括加筋水泥土搅拌桩）、高压喷射注浆桩所构成的围护结构。

锚杆及土钉墙支护工程施工时应对锚杆或土钉位置，钻孔直径、深度及角度，锚钉或土钉墙插入长度，注浆配比、压力及注浆量，喷锚墙面厚度及强度、锚杆或土钉应力等进行检查。每段支护体施工完后，应检查坡顶或坡面位移，坡顶沉降及周围环境变化。

钢或混凝土支撑系统包括围囹及支撑，当支撑较长时（一般超过15m），还包括支撑下的立柱及相应的立柱桩。施工过程中应严格控制开挖和支撑的程序及时间，对支撑的位置（包括立柱及立柱桩的位置）、每层开挖深度、预加应力（如需要时）、钢围囹与围护体或支撑与围囹的密贴度应做周密检查。全部支撑安装结束后，仍应维持整个系统的正常运转直至支撑全部拆除。

（2）基坑支护方法的选用

开挖较窄的基槽时，常采用横撑式钢或混凝土支撑。贴附于土壁上的挡土板，可水平铺设或垂直铺设，可断续铺设或连续铺设。

开挖浅基坑时，采用的支撑方法有斜撑支撑和锚拉支撑。

深基坑开挖时，采用的支护方法有型钢桩加挡板支护、钢板桩支护、灌注桩排桩支护、挡土灌注桩与土层锚杆结合支护、双层挡土灌注桩支护、地下连续墙支护和护坡桩加锚杆支护等。

4.1.4 基坑（槽）回填的主要方法

建筑工程的土方回填，主要有地基的填土，基坑（槽）、管沟和室内地坪的回填土，室外场地的回填压实等。为了保证填土工程的质量，必须正确选择填土压实方法。填土的压实方法一般有：碾压、夯实、振动压实以及利用运土工具压实。

1. 施工工艺

土方回填的施工工艺流程为：[基坑（槽）底地坪清理]→[检验土质]→[分层铺土、耙平]→[压实]→[检验密实度]→[修整找平验收]。

2. 施工要点

（1）分层填土时，应尽量采用同类土填筑。如采用不同土填筑时，应将透水性较大的土层置于透水性较小的土层之下，不能将各种土混杂在一起使用，以免填方内形成水囊。

（2）碎石类土或爆破石碴作填料时，其最大粒径不得超过每层铺土厚度的2/3，使用振动碾时，不得超过每层铺土厚度的3/4，铺填时，大块料不应集中，且不得填在分段接头或填方与山坡连接处。

（3）当填方位于倾斜的山坡上时，应将斜坡挖成阶梯状，以防填土横向移动。

（4）回填基坑和管沟时，应从四周或两侧均匀地分层进行，以防基础和管道在土压力作用下产生偏移或变形。

（5）回填以前，应清除填方区的积水和杂物，如遇软土、淤泥，必须进行换土回填。在回填时，应防止地面水流入，并预留一定的下沉高度（一般不得超过填方高度的3%）。

（6）基础（槽）回填时，严禁用水浇使土下沉的“水夯法”。

（7）基坑（槽）回填应在相对两侧或四周同时进行。基础墙两侧标高不可相差太多，以免把墙挤歪；较长的管沟墙，应采用内部加支撑的措施，然后再在外侧回填土方。

（8）深浅两基坑（槽）相连时，应先填夯深基础；填至浅基坑相同的标高时，再与浅基础一起填夯。如必须分段填夯时，交接处应填成阶梯形，梯形的高宽比一般为1∶2。上下层错缝距离不小于1.0m。

（9）回填房心及管沟时，为防止管道中心线位移或损坏管道，应用人工先在管子两侧填土夯实；并应由管道两侧同时进行，直至管顶0.5m以上时，在不损坏管道的情况下，方可采用蛙式打夯机夯实。在抹带接口处，防腐绝缘层或电缆周围，应回填细粒料。

（10）施工时，基础墙体达到一定强度后，才能进行回填土的施工，以免对结构基础造成损坏。

4.1.5 浅基础施工工艺

浅基础施工总体的施工顺序一般有两种：

（1）[挖土]→[铺垫层]→[基础施工]→[墙基砌筑]→[回填土]；

（2）[挖土]→[铺垫层]→[基础施工]→[墙基砌筑]→[铺防潮层]→[做地圈梁]→[回填土]。

1. 浅基础的类型

（1）接受力特点分：刚性基础和柔性基础；

（2）按构造型形式分：独立基础、条形基础、交梁基础和筏板基础等；

（3）按材料不同可分：砖基础、毛石基础、灰土基础、混凝土、毛石混凝土基础、碎砖三合土基础和钢筋混凝土基础。

2. 砖基础施工

砖基础有条形基础和独立基础，基础下部扩大称为大放脚。大放脚有等高式和不等高式两种，如图 4-4 所示。当地基承载力大于等于 150kPa 时，采用等高式大放脚，即两皮一收，两边各收进 1/4 砖长；当地基承载力小于 150kPa 时，采用不等高式大放脚，即两皮一收与一皮一收相间隔，两边各收进 1/4 砖长。大放脚的底宽应根据计算而定。各层大放脚的宽度应为半砖长的整数倍。

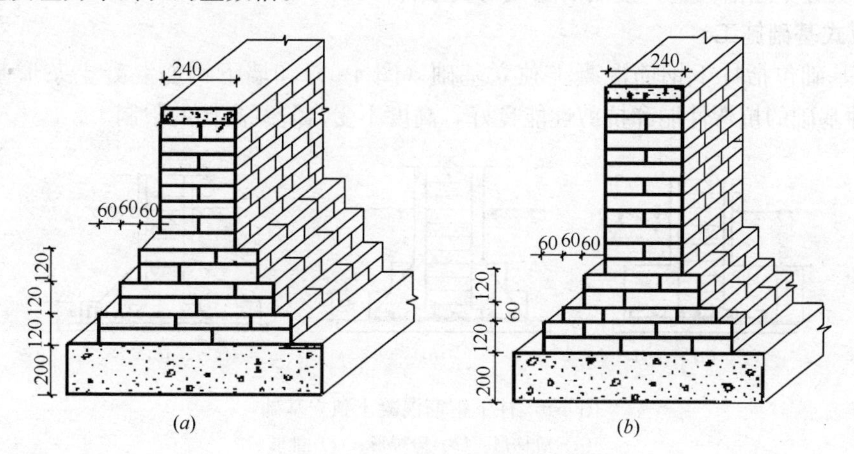

图 4-4　基础大放脚形式

(a) 等高式大放脚；(b) 不等高式大放脚

（1）应用范围

适用于一般工业与民用建筑砖混结构的基础砌筑工程。

（2）施工准备

材料准备有砖、石材：品种、强度等级必须符合设计要求，并应规格一致，有出厂合格证明；水泥：一般宜采用 32.5 级普通硅酸盐水泥或矿渣硅酸盐水泥，不同品种的水泥不得混合使用；砂：宜采用中砂，配制强度等级等于或大于 M5 的水泥砂浆或水泥混合砂浆时，砂的含混量不应超过 5%；拉结钢筋、预埋件、木砖、防水粉剂等均应符合设计要求；砂浆：现场拌制的砌筑砂浆应采用机械搅拌，材料应采用重量计量。

（3）施工工艺

施工工艺为：拌制砂浆→确定组砌方法→排砖撂底→砌筑→抹防潮层→验收→基础回填。

拌制砂浆：砂浆配合比应采用重量比，并由试验室确定，水泥计量精度为±2%，砂、掺合料为±5%。宜用机械搅拌，投料顺序为砂→水泥→掺合料→水，搅拌时间不少于 1.5min。

确定组砌方法：组砌方法应正确，一般采用满丁满条。里外咬槎，上下层错缝，采用“三一”砌砖法，严禁用水冲砂浆灌缝的方法。

排砖撂底：基础大放脚的撂底尺寸及收退方法必须符合设计图纸规定，如一层一退，里外均应砌丁砖；如二层一退，第一层为条砖，第二层砌丁砖。大放脚的转角处，应按规定放七分头，其数量为一砖半厚墙放三块，二砖墙放四块，以此类推。

砌筑：砖基础砌筑前，基础垫层表面应清扫干净，洒水湿润。先盘墙角，每次盘角高度不应超过五层砖，随盘随靠平、吊直。砌基础墙应挂线，24 墙反手挂线，37 墙以上应双面挂线。基础标高不一致或有局部加深部位，应从最低处往上砌筑，应经常拉线检查，以保持砌体通顺、平直，防止砌成“螺钉”墙。基础大放脚砌至基础上部时，要拉线检查轴线及边线，保证基础墙身位置正确。同时还要对照皮数杆的砖层及标高，如有偏差时，应在水平灰缝中逐渐调整，使墙的层数与皮数杆一致。

3. 板式基础施工

板式基础包括柱下钢筋混凝土独立基础（图 4-5）和墙下钢筋混凝土条形基础（图 4-6）。这种基础的抗弯性能和抗剪性能良好，高度不受台阶宽高比的限制。

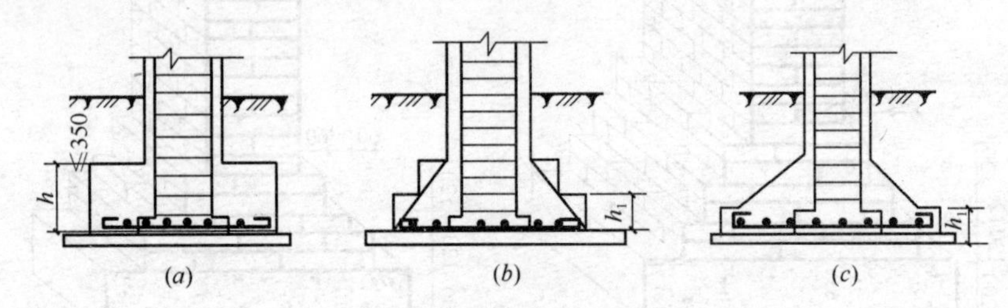

图 4-5　柱下钢筋混凝土独立基础

(*a*) 阶梯形；(*b*) 阶梯形；(*c*) 锥形

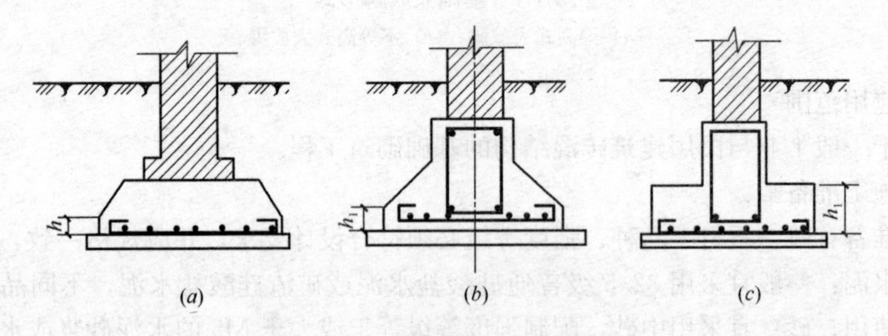

图 4-6　墙下钢筋混凝土条形基础

(*a*) 板式；(*b*) 梁板结合式；(*c*) 梁板结合式

(1) 应用范围

可在竖向荷载较大、地基承载力不高以及承受水平力和力矩荷载等情况下使用，适宜于需要“宽基浅埋”的场合。

(2) 施工准备

1) 材料的准备。根据设计要求选水泥品种、强度等级；砂、石子：有进场复验报告，质量符合现行标准要求；外加剂、掺合料：根据设计要求通过试验确定；钢筋要有产品合格证、出厂检验报告和进场复验报告。

2) 施工机具准备。搅拌机、磅秤、手推车或翻斗车、铁锹、振捣棒、刮杆、木抹子、胶皮手套、串桶或溜槽等。

(3) 施工工艺

施工工艺为：抄平 → 垫层施工 → 钢筋工程 → 支模 → 混凝土工程 → 养护 → 模板拆除。

1）抄平。为了使基础底面标高符合设计要求，施工基础前应在基面上定出基础底面标高。

2）垫层施工。为了保护基础的钢筋，施工基础前应在基面上浇筑 C10 的细石混凝土垫层。

3）钢筋工程。按钢筋位置线布放基础钢筋。

①放线。根据施工图纸要求，在垫层表面上弹出钢筋位置线。

②施工工艺。在基础垫层上弹出底板钢筋位置线→钢筋半成品运输到位→布放钢筋→钢筋绑扎、验收。

4）支模。根据基础施工图样的尺寸制作模板，支模顺序由下至上逐层向上安装。

5）混凝土工程。

①浇筑与振捣。不应发生初凝和离析现象，在浇筑应经常观察模板、钢筋、预留孔洞、预埋件和插筋等有无移动、变形或堵塞情况，发现问题应立即处理，并应在已浇筑的混凝土初凝前修正完好。

②养护。混凝土浇筑完毕后，根据《混凝土结构工程施工质量验收规范》GB 50204—2015 的有关规定，应按施工技术方案及时采取有效的养护措施。

6）拆模。

①拆模顺序。一般是先支后拆，后支先拆，先拆除侧模板，后拆除底模板。重大复杂模的拆除，事前应制定拆模方案。

②拆模日期。模板的拆除日期取决于混凝土的强度、模板的用途、结构的性质、混凝土硬化时的气温等因素。侧模板应在混凝土强度能保证其表面及棱角不因拆除而受损坏时拆除。

4. 筏板基础施工

筏板基础由钢筋混凝土底板、梁等组成，其外形和构造上像倒置的钢筋混凝土楼盖，整体刚度较大，能有效将各柱子的沉降调整得较为均匀。筏板基础一般可分为梁板式和平板式两类，如图 4-7 所示。

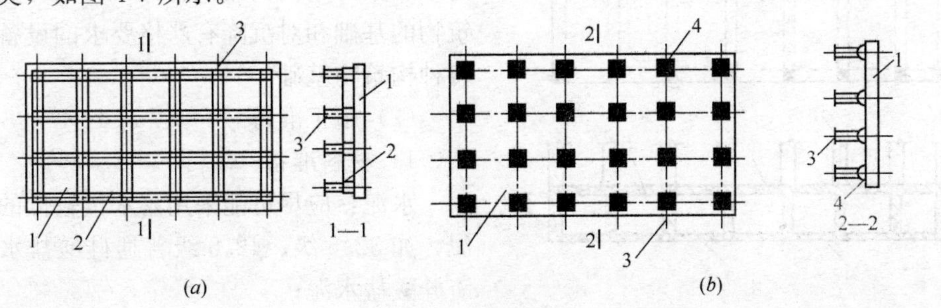

图 4-7 筏板基础

(*a*) 梁板式；(*b*) 平板式

1—底板；2—梁；3—柱；4—支墩

（1）应用范围

地基承载力较低而上部结构荷载很大的场合。

（2）施工准备

材料要求：水泥用强度等级为 32.5 或 42.5 硅酸盐水泥、普通硅酸盐水泥或矿渣硅酸盐水泥，要求新鲜无结块；沙子用中沙或粗沙，混凝土低于 C30 时，含泥量不大于 5%；石子卵石或碎石，粒径 5～40mm；掺和料采用Ⅱ级粉煤灰，其掺量应通过试验确定；钢筋品种和规格应符合设计要求，有出厂质量证书及试验报告，并应取样作机械性能试验，合格后方可使用。

（3）施工工艺

定位放线→土方开挖→地基验槽→垫层施工→抄平放线→模板工程施工→钢筋工程施工→混凝土工程施工。

（4）施工要点

1）施工前，如地下水位较高，可采用人工降低地下水位至基坑底不少于 500mm，以保证在无水情况下进行基坑开挖和基础施工。

2）施工时，可采用先在垫层上绑扎底板、梁的钢筋和柱子锚固插筋，浇筑底板混凝土，待达到 25%设计强度后，再在底板上支梁模板，继续浇筑完梁部分混凝土；也可采用底板和梁模板一次同时支好，混凝土一次连续浇筑完成，梁侧模板来用支架支撑并固定牢固。

3）混凝土浇筑时一般不宜留施工缝，必须留设时，应按施工缝要求处理，并应设置止水带。

4）基础浇筑完毕，表面应覆盖和洒水养护，并防止地基被水浸泡。

5. 箱形基础施工

箱形基础是由钢筋混凝土底板、顶板、外墙以及一定数量的内隔墙构成封闭的箱体，如图 4-8 所示，基础中部可在内隔墙开门洞做地下室。该基础具有整体性好，刚度大，调整不均匀沉降能力及抗震能力强，可消除因地基变形使建筑物开裂的可能性，减少基底处原有地基自重应力，降低总沉降量等特点。

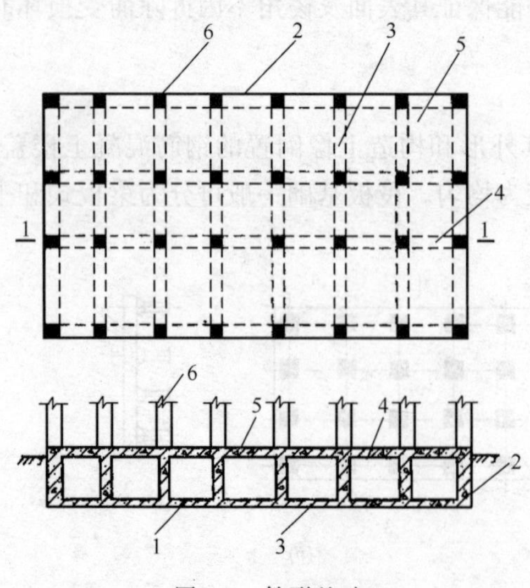

图 4-8　箱形基础

1—底板；2—外墙；3—内墙隔墙；4—内纵隔墙；5—顶板；6—柱

（1）应用范围

适用于软弱地基上的面积较小、平面形状简单、上部结构荷载大且分布不均匀的高层建筑物的基础和对沉降有严格要求的设备基础或特种构筑物基础。

（2）施工准备

1）材料准备

水泥：应尽可能采用泌水量较低的低热水泥，如 32.5 级、42.5 级普通硅酸盐水泥或矿渣硅酸盐水泥；

黄砂：尽量选择细度模数在 2.4～2.8 的中粗砂，砂含泥量小于等于 20%，泥块含量小于等于 0.5%。

碎石：选用5～25mm或5～31.5mm的石子。在施工条件允许的情况下，尽量选用粒径较大的石子，减少粗骨料的比表面积，降低包裹粗骨料水泥浆体的用量，减少混凝土的体积收缩。要求石子的含泥量小于等于1.0%；针片状含量小于等于15%、泥块含量小于等于0.5%（按重量计），级配符合要求。

掺和料：采用符合混凝土用的粉煤灰或磨细矿粉，以减少混凝土单位水泥用量，降低水泥的水化热量。

外加剂：冬期选用有缓凝早强作用的泵送剂、夏季选用有缓凝作用的减水剂，以减少用水量和水泥用量，改善混凝土的和易性和可泵性，延长水泥的凝结时间。

2）机具设备准备

满足施工用的钢筋制作设备，钢筋垂直运输、焊接、绑扎所需的机具设备和支模板所需要的机具；配备足够的混凝土浇灌设备（混凝土输送泵，必要时要留有1～2台备用）和混凝土运输车辆，同时满足混凝土浇灌时的振动器具。

（3）箱形基础施工要点

1）基坑开挖，如地下水位较高，应采取措施降低地下水位至基坑底以下500mm处，并尽量减少对基坑底土的扰动。当采用机械开挖基坑时，在基坑底面以上200～400mm厚的土层，应用人工挖除并清理，基坑验槽后，应立即进行基础施工。

2）施工时，基础底板、内外墙和顶板的支模、钢筋绑扎和混凝土浇筑，可采取分块进行，其施工缝的留设位置和处理应符合《混凝土结构工程施工质量验收规范》GB 50204—2015有关要求，外墙接缝应设止水带。

3）基础的底板、内外墙和顶板宜连续浇筑完毕。为防止出现温度收缩裂缝，一般应设置贯通后浇带，带宽不宜小于800mm，在后浇带处钢筋应贯通，顶板浇筑后，相隔2～4周，用比设计强度提高一级的细石混凝土将后浇带填灌密实，并加强养护。

4）基础施工完毕，应立即进行回填土。停止降水时，应验算基础的抗浮稳定性，抗浮稳定系数不宜小于1.2，如不能满足时，应采取有效措施，例如继续抽水直至上部结构荷载加上后能满足抗浮稳定系数要求为止，或在基础内灌水或加重物等，以防止基础上浮或倾斜。

4.2 砌体工程

砌筑工程就是利用砂浆对砖、石、砌块这样的砌体材料进行砌筑的工程。施工过程包括：砂浆制备，材料运输，搭设脚手架及砌体砌筑。一般的混合结构中，墙体的工程量在整个建筑中占有相当大的比重，墙体的造价约占总造价的30%～40%。砌体材料优点：具有就地取材方便、保温、隔热、隔声、耐久性好、施工简单、不需大型机械等；砌体材料的作用：在房屋结构中起围护、隔热、保温、承重等作用。

4.2.1 脚手架工程

脚手架是砌筑过程中堆放材料及工人进行操作的临时设施，其作用是供工人在上面进行施工操作，堆放建筑材料，以及进行材料的短距离水平运送。考虑到砌筑工作效率及施工组织等因素，每次搭设脚手架的高度定为1.2m左右，称为“一步架高度”，也叫墙体的“可砌高度”。

1. 脚手架的种类

(1) 按搭设位置不同分：外脚手、里脚手。凡搭设在建筑物外围的统称为外脚手架，凡搭设在建筑物内部的统称为里脚手架。

(2) 按所用材料不同分：木脚手、竹脚手、钢管脚手。目前广泛采用的是各种类型的钢脚手架。

(3) 按构造形式不同分：多立柱式脚手、门式脚手、桥式脚手；悬吊式脚手、挂式脚手、挑式脚手、爬升式脚手。

2. 对脚手架的基本要求

(1) 要有足够的强度、刚度、稳定性，施工期间在允许荷载和气候条件下，不产生变形、倾斜或摇晃现象，确保施工人员人身安全。

(2) 要有足够的工作面，能满足工人操作、材料堆放以及运输的需要。脚手架的宽度一般为 1.5～2m，步架高度一般为 1.2～1.4m。

(3) 因地制宜，就地取材，尽量节约用料。

(4) 构造简单，装拆方便，并能多次周转使用。

3. 脚手架的搭设

(1) 外脚手架

1) 钢管扣件式脚手架

钢管扣件式脚手架搭设灵活，拆装方便，能适应建筑物平面及高度的变化，而且它的强度较高，搭设高度也大，坚固耐用，周转次数多。钢管扣件式脚手是由钢管、扣件、脚手板底座、防护栏杆等组成。钢管一般采用外径 48mm，壁厚 3.5mm 的焊接钢管，当缺乏这种钢管时，也可以用同规格的无缝钢管或外径 50～51mm，壁厚 3～4mm 的焊接钢管。根据钢管在脚手架中的位置和作用不同，又可分为：立杆、大横杆、小横杆、连墙杆、剪刀撑、抛撑等，如图 4-9 所示。

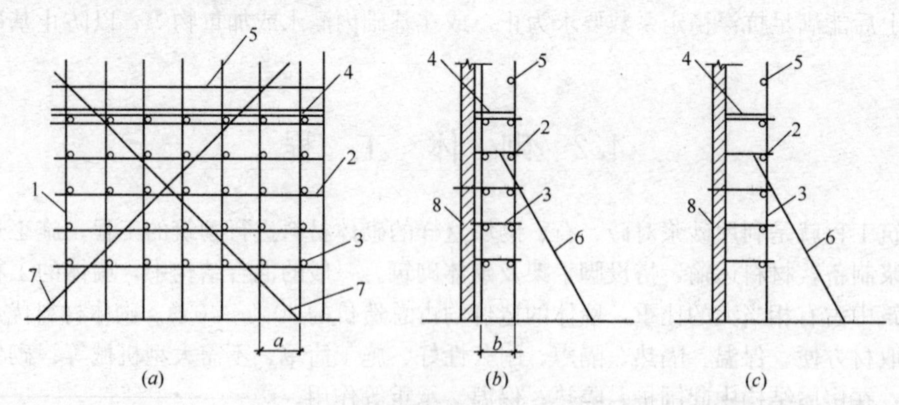

图 4-9 钢管扣件式脚手架

(a) 立面；(b) 侧面（双排）；(c) 侧面（单排）

1—立杆；2—大横杆；3—小横杆；4—脚手板；5—栏杆；6—抛撑；7—斜撑（剪刀撑）；8—墙体

2) 钢管碗扣式脚手架

钢管碗扣式脚手架的核心部件是碗扣接头，它由上、下碗扣，横杆接头和上碗扣限位销组成。这种脚手具有结构简单，杆件全部轴向连接，力学性能好，接头构造合理，工作安全可靠，拆装方便，操作容易，零部件损耗率低等特点。特别适合于搭设扇形及高层建筑施工，装修两用外脚手架。

3）木脚手架

木脚手架常用剥皮的杉木杆，用于立杆和支撑的杆件小头直径不小于 70mm；用于大横杆、小横杆的杆件小头直径不小于 80mm，用 8 号铅丝绑扎，立杆或大横杆搭接长度不小于 1.5m，绑扎不少于三道。小横杆接头处，小头应压在大头上。如遇三根杆件相交时，应先绑扎其中两根，再与第三根绑在一起，切勿一扣绑三杆。

4）竹脚手架

竹脚手架应用生长三年以上的毛竹，用于立杆，支撑，顶柱，大横杆的竹小头直径不小于 75mm；用于小横杆的小头直径不小于 90mm，用竹篾绑扎，在立杆旁边加设顶柱顶住小横杆，以分担一部分荷载，以防止大横杆因受荷过大而下滑，上、下顶柱应保持在同一垂直线上。

5）门型脚手架

门型脚手架又称多功能门型脚手架，是由基本单元连接起来，再加上梯子、栏杆等构成整片脚手架，如图 4-10 所示。基本单元包括门式框架、剪刀撑、水平梁架或脚手板。搭设高度应≤45m。施工荷载限定为均布荷载 1816N/m，集中荷载 1916N。

图 4-10　门型脚手架

6）吊脚手架。吊脚手架是通过特设的支承点，利用吊索悬吊吊架或吊篮的一种形式。主要组成部分：吊架、支承设施、吊索、升降装置等，适用于高层建筑。

7）悬挑脚手架。悬挑脚手架是每隔一定高度，在建筑物四周水平布置支承架（三角架），在支承梁上支钢管扣件式脚手架或门型脚手架。

8）爬升脚手架。爬升脚手架简称爬架，由承力系统、脚手架系统和提升系统组成。可以附墙升降，节约大量脚手架材料和人工。

（2）里脚手架

里脚手架搭设比较简单，施工中常用现场的一些材料经过简单的加工搭设而成。定型的里脚手架有折叠式、支柱式和门架式等结构形式。里脚手架一般用于墙体高度≤4m 的房屋，每层可搭设 2～3 步架。

1）折叠式里脚手架（图 4-11)。砌墙时每 1～2m 设一个，粉刷时可 2.2～2.5m 设一个。一般可以搭设两步架：第一步为 1m，第二步为 1.65m，重量较大。

2）支柱式里脚手架（图 4-12)。支柱式里脚手架由若干支柱和横杆组成，上铺脚手板。搭设间距：砌墙时≤2m，粉刷时不超过 2.5m。支柱式里脚手架的支柱有套管式及承插式两种。

3）门架式里脚手架（图 4-13)。门架式里脚手架上两片 A 形支架与门架组成。支架间距，砌墙时不超过 2.2m，粉刷时不超过 2.5m，其架设高度为 1.5～2.4 m。

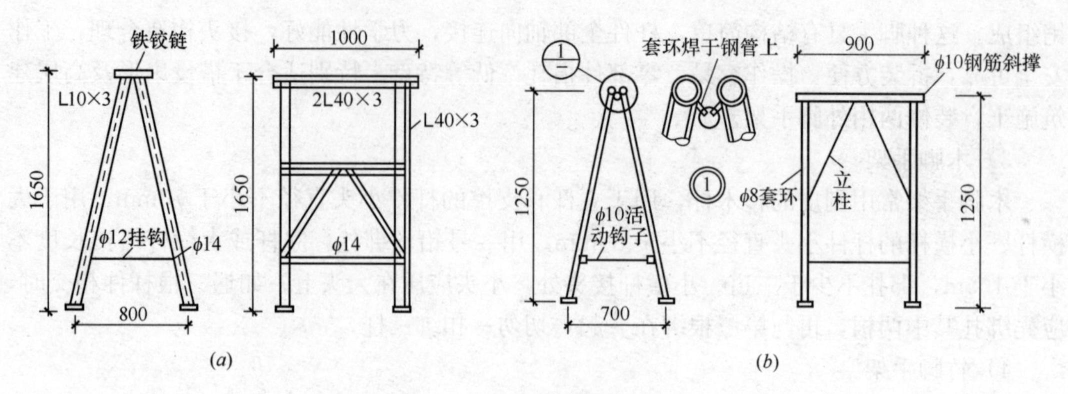

图 4-11 折叠式里脚手架

(*a*) 角钢折叠式里脚手架；(*b*) 钢筋折叠式里脚手架

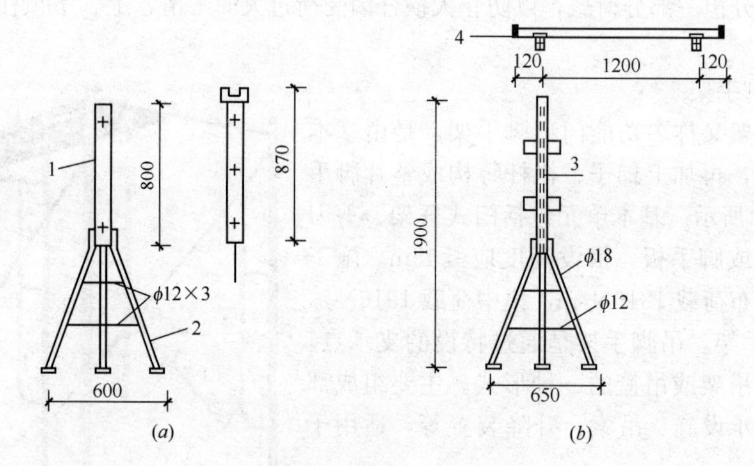

图 4-12 支柱式里脚手架

(*a*) 套管式支柱；(*b*) 承插式支柱

1—立管；2—支脚；3—支柱；4—横杆

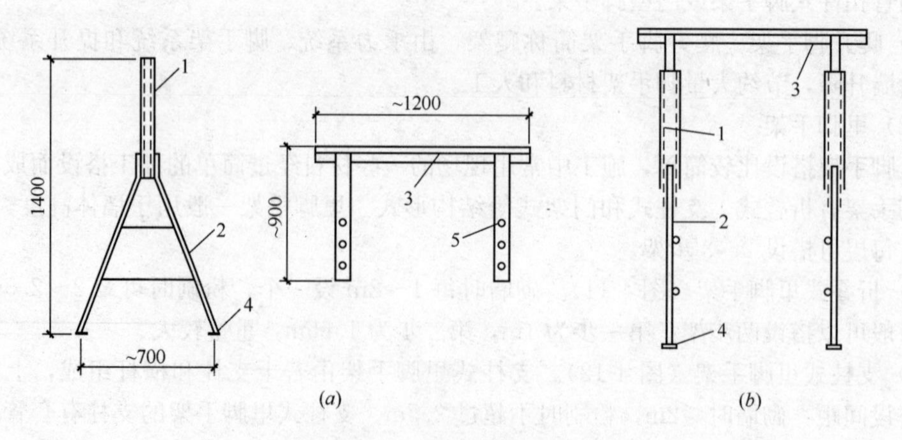

图 4-13 门架式里脚手架

(*a*) A形支架与门架；(*b*) 安装示意图

1—立管；2—支脚；3—门架；4—垫板；5—销孔

4.2.2 垂直运输设施

垂直运输设施是指垂直方向运输材料和施工人员的机械设备和设施。砌筑工程中，常用的垂直运输设施有塔式起重机、井字架、龙门架和施工电梯等。

1. 塔式起重机

塔式起重机是一种塔身直立、起重臂回转的起重机械，能同时用作砌筑工程的垂直及水平运输，也可作结构吊装机械。一般塔式起重机的台班产量为80～120个吊次。施工中，尽可能使每一吊次都满载以增加吊运量，消灭二次吊运。合理布置施工平面，减少运转时间，合理安排施工顺序，保证塔吊连续均衡工作。

2. 井字架

井字架是以地面卷扬机为动力，由型钢组成井字架体、吊盘（吊篮）在井孔内或架体外侧沿轨道作垂直运动的提升机。井字架稳定性好，运输量大，而且可搭设较大的高度。一般井架为单孔，也可以构成双孔或三孔井架。井架起重能力一般为1～3t，提升高度在60m以内。

3. 龙门架

龙门架是以地面卷扬机为动力，由两根立柱与天梁和地梁构成门式架体的提升机。龙门架构造简单，制作容易，装拆方便。龙门架的起重能力一般在2t以内，提升高度一般为40m以内，适合于中小型工程。

4. 施工电梯

建筑施工电梯是附着在外墙或建筑物其他结构上，可载重货物1～1.2t，也可乘12～15人。一般可达100m以上。特别适用于高层建筑，也可用于高大建筑物、多层厂房和一般楼房施工中的垂直运输。

4.2.3 砌筑砂浆

1. 砂浆的分类及作用

砂浆是指由水泥、砂、水按一定比例配合而成的。有时根据需要，加入一些掺合料及外加剂，改善砂浆的某些性质。

（1）砂浆的分类

1）水泥砂浆。搅拌水泥砂浆时，应先将砂及水泥投入，干拌均匀后，再加入水搅拌均匀。

2）石灰砂浆（黏土砂浆）。搅拌水泥混合砂浆时，应先将砂及水泥投入，干拌均匀后，再投入石灰膏（或黏土膏等）加水搅拌均匀。

3）水泥石灰砂浆（水泥黏土砂浆、混合砂浆）。搅拌水泥石灰砂浆时，宜先将掺合料、砂与水泥及部分水投入，待基本拌匀后，再投入石灰膏加水搅拌均匀。

（2）砂浆的作用

1）抹平块材表面，使荷载均匀分布、传递。

2）将各个块材粘结成一个整体。

3）填满块材间的缝隙，减少透气性。

2. 砂浆的配置与使用

(1) 配制

砌筑砂浆的配合比应在施工前由试验试配确定，配料时采用各种材料的重量比。

(2) 使用

应随拌随用，水泥砂浆应在拌成后 3h 内用完（最高气温＞30℃时为 2h）水泥石灰砂浆在拌成后 4h 内用完（最高气温＞30℃时，为 3h）；对每层楼或每 250m 砌体中的各个强度等级砂浆，都应由每台搅拌机至少检查一次配合比，每检查一次都应分别制作至少一组（6 块）的试块；当砂浆强度等级或配合比有变化时，也应制作试块。

4.2.4 砖砌体施工

1. 砖砌体的组砌形式

砖砌体的组砌要求是：上下错缝、内外搭接，以保证砌体的整体性。同时，组砌要有规律，少砍砖，以提高砌筑效率，节约材料。

常用的组砌形式有三种：一顺一丁，三顺三丁，梅花丁，如图 4-14 所示。也有采用“全顺”或“全丁”的组砌方法的。

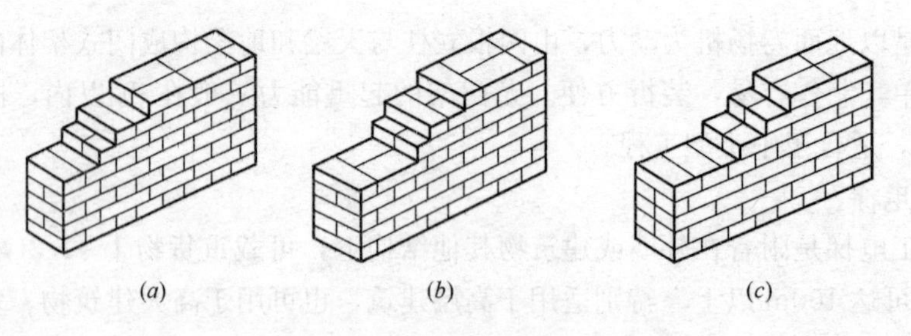

图 4-14 砖墙组砌形式

(a) 一顺一丁式；(b) 梅花丁式；(c) 三顺一丁式

(1) 砖基础的组砌

基础下部放大一般称为大放脚。大放脚有两种形式：等高式和不等高式。一般都采用一顺一丁组砌。等高式是指大放脚自下而上每两皮砖收一次，每次两边各收 1/4，砖长，不等高式是大放脚自下而上两皮砖收一次与一皮砖收一次间隔，每次两边也是各收 1/4 砖长。

(2) 砖柱的组砌

普通砖柱断面形式有方形、矩形、多角形、圆形等。砖柱组砌时竖缝也一定要相互错开 1/2 砖长或 1/4 砖长，要避免柱心通天缝，尽量利用二分头砖（1/4 砖），严禁采用先砌四周后填心的包心组砌法。

(3) 空心砖及多孔砖的组砌

对于多孔砖，孔数量多，孔小，砌筑时孔是竖直的。多孔砖的组砌方法也是一顺一丁，梅花丁或全顺或全丁砌筑。对于空心砖，孔大但数量少，砌筑时孔呈水平状态，一般可采用侧砌，上下皮竖缝相互错开 1/2 砖长。

(4) 空斗墙的组砌

具有节约材料，自重轻，保暖及隔声性能好的优点，也存在着整体性差，抗剪能力差，砌筑工效低等缺点。空斗墙的组砌形式有：一眠一斗，一眠两斗，一眠三斗，无眠斗墙等。

2. 砖砌体的砌筑方法

砖砌体的砌筑方法通常有四种："三一"砌筑法，挤浆法，刮浆法，满口灰法。其中，"三一"砌筑法和挤浆法最常用。

(1)"三一"砌筑法

一块砖，一铲灰，一揉压。"三一"砌砖法的优点是：随砌随铺，随即挤揉，灰缝容易饱满，粘结力好，同时在挤砌时随手刮去挤出墙面的砂浆，使墙面保持整洁。所以，砌筑实心砖砌体宜采用"三一"砌筑法。

(2) 挤浆法

挤浆法是用灰勺、大铲或者铺灰器在砖墙上铺一段砂浆，然后用砖在砂浆层上水平地推、挤而使砖粘结成整体，并形成灰缝。挤浆法的优点是：一次可以连续完成几块砖的砌筑，减少繁琐的动作，效率较高，而且通过平推平挤可使灰缝饱满，保证了砌筑质量。

(3) 刮浆法

刮浆法主要用于多孔砖和空心砖。对于多孔砖和空心砖来说，由于砖的规格或厚度较大，竖缝较高，用"三一"法或挤浆法砌筑时，竖缝砂浆很难挤满，因此先在竖缝的墙面上刮一层砂浆后再砌筑，这种方法就称作刮浆法。

(4) 满口灰法

满口灰砌筑法是建筑砌筑施工作业中常使用的一种砌筑方法。是指将砂浆刮满在砖面和砖棱上，随即砌筑的方法。其特点是：砌筑质量好，但效率低，仅适用于砌筑砖墙的特殊部位，如保暖墙、烟囱等。

3. 砖基础施工

砖基础砌筑前必须用皮数杆检查垫层面标高是否合适，如果第一层砖下水平缝超过20mm时，应先用细石混凝土找平。当基础垫层标高不等时，应从最低处开始砌筑。砌筑时经常拉通线检查，防止位移或者同皮砖标高不等。采用一顺一丁组砌，竖缝要错开1/4砖长，大放脚最下一皮及每层台阶的上面一皮应砌丁砖，灰缝砂浆要饱满。

当砌到防潮层标高时，应扫清砌体表面，浇水湿润后，按图纸设计要求进行防潮层施工。如果没有具体要求，可采用一毡二油，也可用1∶25水泥砂浆掺水泥重5%的防水粉制成防水砂浆，但有抗震设防要求时，不能用油毡。

4. 砖墙施工

砖墙施工工序为：抄平→放线→摆样砖→立皮数杆→砌砖→清理。

基础砌筑完毕或每层墙体砌筑完毕均需抄平。抄平后应在基础顶面弹线，主要是弹出底层墙身边线及洞口位置。按所选定的组砌方式，在已经放线的墙基础顶面用干砖试摆，目的是要看一下这样砌筑在门窗洞口以及附墙垛等处能不能符合砖的模数，以尽可能减少砍砖，并使灰缝均匀；皮数杆一般应立在墙体的转角处以及纵横墙交接处，或楼梯间、洞口多的地方。每隔10～15m立一根。每次开始砌砖前都应检查一遍皮数杆的垂直度和牢固程度。对于一砖墙可以单面挂线，一砖半及以上的墙应该里外两面挂准线。按选定的组砌形式砌砖。砌筑过程中应"三皮一吊，五皮一靠"，尽量消除误差。砖墙每天的可砌筑高度不应超过1.8m，以免影响灰缝质量。当分段施工时，两个相邻工作段或临时间断处的墙体高度差，不能超过一个楼层的高度。当一个楼层的墙体施工完后，应进行墙面、柱面以及落地灰的清理工作。

5. 空心砖及多孔砖墙施工

多孔砖是以黏土、页岩、煤矸石、粉煤灰为主要原料，经焙烧而成具有竖向孔洞的砖，其孔洞率大于或等于25%，孔的尺寸小而数量多的砖，常用于承重部位，强度等级较高。多孔砖砌筑时孔洞应垂直于受压面砌筑，即使孔洞竖直。有冻胀环境条件的地区，地面以下或防潮层以下的砌体，不宜采用多孔砖。

空心砖是以黏土、页岩等为主要原料，经过原料处理、成型、烧结制成，其孔洞率较大，孔的尺寸大而数量少的砖，常用于非承重部位，强度等级偏低。空心砖砌筑时孔洞呈水平方向，且砖墙底部至少砌三皮实心砖，门洞两侧各一砖长范围内也应用普通实心黏土砖砌筑。半砖厚的空心砖隔墙. 当墙高度较大时，应该在墙的水平灰缝中加设2ϕ6钢筋或者隔一定高度砌几皮实心砖带。

空心砖和实心砖相比，可节省大量的土地用土和烧砖燃料，减轻运输重量；减轻制砖和砌筑时的劳动强度，加快施工进度；减轻建筑物自重，加高建筑层数，降低造价。

6. 砖砌体的质量要求

砖砌体的质量要求为：横平竖直，砂浆饱满，厚薄均匀，上下错缝（组砌得当），接槎可靠（内外搭接）。

（1）材料强度，砖和砂浆的强度等级必须符合设计要求。

（2）灰缝横平竖直，灰浆饱满。砖砌体的水平灰缝厚度宜为10mm，但不小于8mm，也不应大于12mm。竖向灰缝必须垂直对齐，对不齐而错位（称为游丁走缝）将影响墙体外观质量。

（3）墙体垂直，墙面平整。墙体垂直与否，直接影响墙体的稳定性；墙面平整与否，影响墙体的外观质量。

（4）错缝搭接。砌体应按规定的组砌方式错缝搭接砌筑，以保证砌体的整体性及稳定性，不准出现通缝。

（5）接槎可靠。砖墙的接槎与房屋的整体性有关，应尽量减少或避免。砖墙的转角处和纵横墙交接处应同时砌筑，不能同时砌筑时，应砌成斜槎（踏步槎），斜槎长度不应小于墙高的2/3。

4.2.5 砌块砌体施工

砌块是以天然材料或工业废料为原料制作的，按材料分有混凝土砌块、加气混凝土砌块、粉煤灰砌块、轻骨料混凝土砌块等。目前工程中多采用中小型砌块。一般把高度为380～940mm的砌块称为中型砌块，高度小于380mm的砌块称为小型砌块。

1. 砌块的施工工艺流程

（1）中型砌块

中型砌块施工，是采用各种吊装机械及夹具及预先设计的砌块排列图逐块按次序吊装、就位、固定。砌块的施工工艺流程为：砌块装车，砂浆制备→地面水平运输→垂直运输→楼层水平运输→铺灰→安装砌块→就位→校正→填砖灌缝→清理。

（2）小型砌块

小型砌块施工，与传统的砖砌体砌筑工艺相似，也是手工砌筑，但在形状、构造上有一定的差异。小型砌块的施工工艺流程为：抄平→弹线→摆砖→立皮数杆→挂线→铺灰砌筑→勾缝或划缝→清扫墙面。

2. 砌块砌体施工要点

（1）对室内地面以下的砌体，应采用不低于 MU7.5 的普通混凝土小型砌块和不低于 M5 的水泥砂浆。

（2）五层及五层以上民用建筑的底层墙体，应采用不低于 MU7.5 的混凝土小型砌块和 M5 的砌筑砂浆。

（3）在墙体的规定部位，应用 C20 混凝土灌实砌块的孔洞。

（4）砌块墙与后砌隔墙交接处，应沿墙高每隔 400mm 在水平灰缝内设置不少于 2ϕ4，横筋间距不大于 200mm 的焊接钢筋网片，钢筋网片伸入后砌隔墙内不应小于 600mm，如图 4-15 所示。

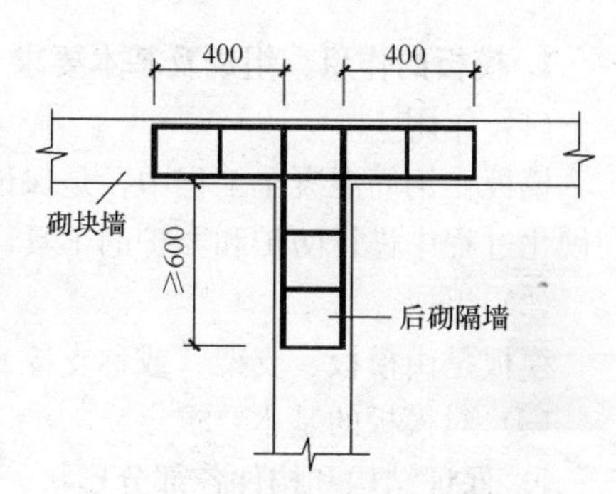

图 4-15　砌块墙与后砌隔墙交接处钢筋网片

（5）普通混凝土小型砌块不宜浇水，当天气干燥炎热时，可在砌块上稍加喷水润湿。轻集料混凝土小砌块施工前可洒水，但不宜过多。

（6）龄期不足 28d 及潮湿的小砌块不得进行砌筑。

（7）在房屋四角或楼梯间转角处设立皮数杆，皮数杆的间距不得超过 15m。在皮数杆上相对小砌块上边线之间拉准线，小砌块依准线砌筑。

（8）小砌块砌筑应从转角或定位处开始，内外墙同时砌筑，纵横墙交错搭接。

（9）小砌块应对孔错缝搭砌，上下皮小砌块竖向灰缝相互错开 190mm。当无法对孔砌筑时，错缝长度不应小于 90mm，轻骨料混凝土不应小于 120mm。

（10）小型砌块的灰缝厚度应控制在 8～12mm，水平灰缝的饱满度不得低于 90%，竖向灰缝的饱满度不得低于 80%。当缺少辅助规格小砌块时，砌体通缝不应超过两皮砌块。

3. 其他须注意的问题

（1）砌筑砂浆宜采用水泥石灰砂浆或水泥黏土砂浆；

（2）尽量采用主规格砌块，采用全顺的组砌形式；

（3）外墙转角处，纵横墙交接处砌块应分皮咬槎，交错搭接；

（4）承重墙体不得采用砌块与黏土砖混合砌筑；

（5）从外墙转角处或定位砌块处开始砌筑，且孔洞上小下大；

（6）水平灰缝宜用坐浆法铺浆，全部灰缝均应填铺砂浆；

（7）临时间断处应设置在门窗洞口处，且砌成斜槎，否则设直槎时必须采用拉结网片等构造措施；

（8）圈梁底部或梁端支承处，一般可先用 C15 混凝土填实砌块孔洞后砌筑；

（9）内墙转角、外墙转角处应按构造要求设构造芯柱；

（10）管道、沟槽、预埋件等孔洞应在砌筑时预留或预埋，不得在砌好墙后再打洞。

4.3 钢筋混凝土工程

钢筋混凝土工程是建筑工程施工的主要工种之一。由于钢筋混凝土结构是我国应用最广的一种结构形式，所以在建筑施工领域里钢筋混凝土工程无论在人力、物资消耗和对工期的影响方面都占有极其重要的地位。钢筋混凝土结构工程可划分为模板工程、钢筋工程和混凝土工程3个分项工程。

4.3.1 模板工程

1. 模板的作用、组成及基本要求

（1）作用

模板在钢筋混凝土工程中，是保证混凝土在浇筑过程中保持正确的形状和尺寸，以及在硬化过程中进行防护和养护的工具。

（2）组成

模板是由模板、支架（或称支撑）及紧固件三个部分组成的。

（3）对模板的基本要求

1）保证结构和构件各部分形状、尺寸和相互位置的正确；

2）具有足够的强度、刚度、稳定性；

3）构造简单、装拆方便；

4）接缝严密，不应漏浆；

5）所用材料受潮后不易变形；

6）就地取材、用料经济、降低成本。

2. 模板的种类

（1）按所用材料分：木模板、钢模板、钢木模板、胶合板模板、塑料模板、玻璃钢模板、铝合金模板。

（2）按结构类型分：基础模板、柱模板、梁模板、楼板模板、墙模板、壳模板、烟囱模板。

（3）按型式不同分：整体式模板、定型模板、工具式模板、滑升模板、胎模。

3. 木模板

木模板的基本元件之一——拼板，是由板条和拼条组成，板条厚度一般为25～50mm，宽度宜≤200mm；拼条间距应根据施工荷载大小以及板条厚度而定，一般取400～500mm，如图4-16所示。

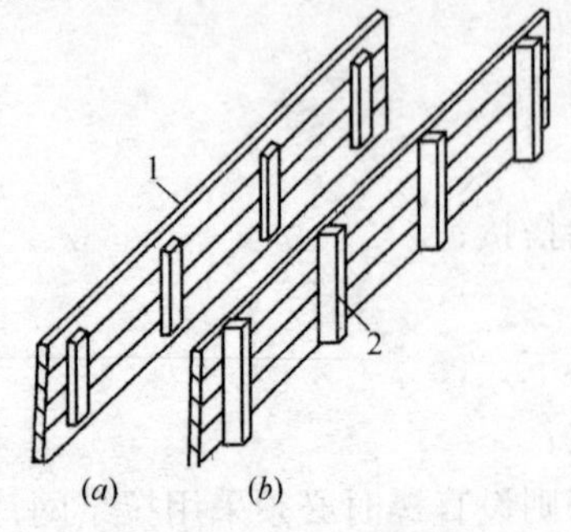

图4-16　拼板的示意图

（a）拼条平放；（b）拼条立放

1—板条；2—拼条

（1）基础模板

当土质较好时用土模。基础支模前必须复查垫层标高及中心线位置，弹出基础边线，以保证模板的位置和标高符合图纸要求。浇筑混凝土时要注意模板受荷后的情况，如有模板位移、支撑松动、地基下沉等现象，应及时采取措施，如图 4-17 所示。

(2) 柱模板

1) 构造：内、外拼板，柱箍，木框，清理孔，混凝土浇筑孔，如图 4-18 所示。

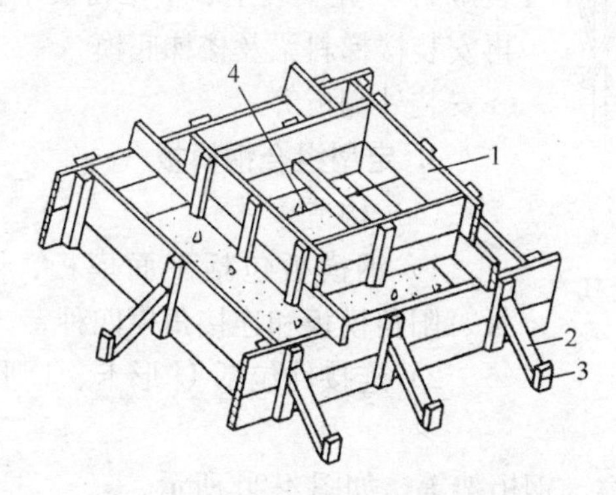

图 4-17　阶梯形基础模板

1—拼板；2—斜撑；3—木桩；4—钢丝

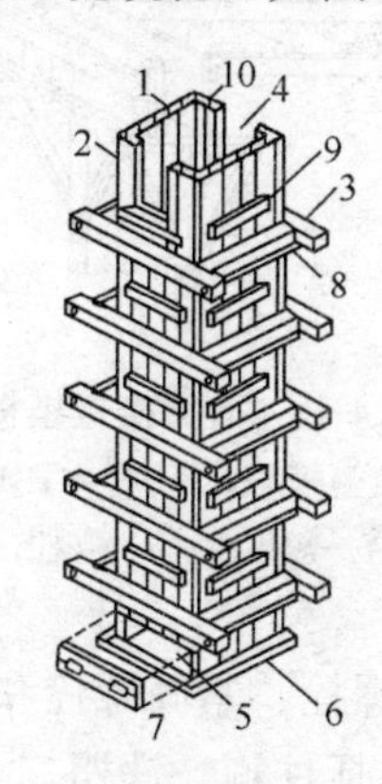

图 4-18　方形柱子的模板

1—内拼板；2—外拼板；3—柱箍；4—梁缺口；5—清理口；6—木框；7—盖板；8—拉紧螺栓；9—拼条；10—三角板

2) 安装：

①应先绑扎好钢筋，测出标高标在钢筋上；

②再在已浇筑好的地面（基础）或楼面上固定好柱模板底部的木框；

③竖立柱侧模（内、外拼板），用斜撑临时撑住，用锤球校正垂直度；

④符合要求（当层高≤5m 时，垂直度允许偏差 6mm；层高>5m 时，为 8mm）后将斜撑钉牢固定。

⑤柱模之间，用水平支撑及剪刀撑相互拉结牢固。

注意：校正垂直度时，对于同一轴线上的各柱，应先校正两端的柱模板，无误后在由两端上口中心线拉一钢丝来校正中间的柱模。

(3) 梁模板

1) 构造：

梁模板由底模、侧模、夹木及支架系统组成。底模约 40～50mm，侧模为 25mm，顶撑（琵琶撑）间距为 800～1200mm。

2) 安装：

①在楼地面上铺垫板；

②在柱模缺口处钉衬口挡，将底模搁置在衬口挡上；

③立顶撑，顶撑底打入木楔，调整标高；

④放置侧模，在侧模底外侧钉夹木；

⑤钉斜撑及水平拉条。

(4) 楼板模板

楼板的特点是面积大而厚度小。楼板模板分为有梁楼板和无梁楼板模板等，如图 4-19 所示。

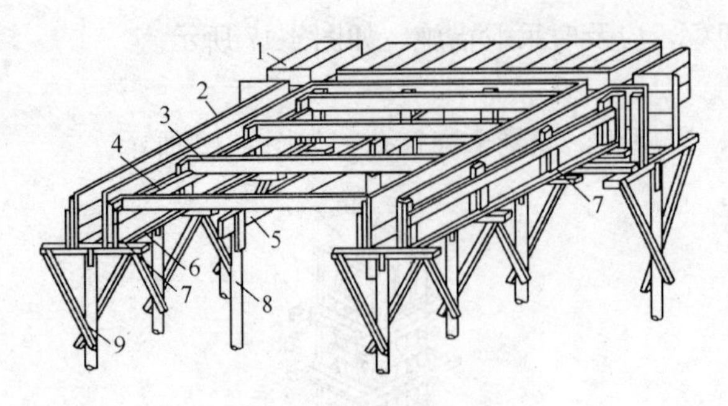

图 4-19 有梁楼板模板

1—楼板模板；2—梁侧模板；3—楞木；4—托木；5—杠木；6—夹木；7—短撑木；8—立柱；9—顶撑

(5) 楼梯模板

楼梯为倾斜放置的带有踏步构件的结构，注意踏步高度均匀一致。模板安装顺序：先安装上、下平台及平台梁→再安装楼梯斜梁及楼梯底模→安装外侧板等。

4. 定型组合钢模板

(1) 构造

1) 钢模板包括平面模板、阴角模板、阳角模板和连接角模四种。

2) 连接件包括U形卡、L形插销、钩头螺栓、对位螺栓、紧固螺栓和扣件等。

3) 支撑件包括柱箍、铁楞、支架、斜撑、钢桁架等，如图4-20所示。

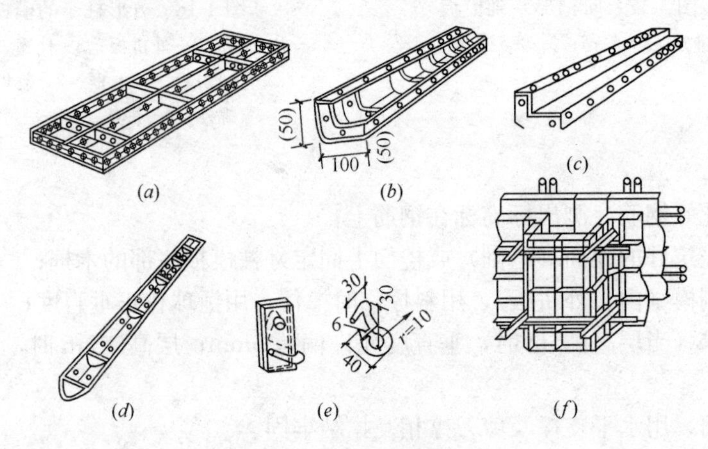

图 4-20 组合钢模板

(a) 平模板；(b) 阴角模板；(c) 阳角模板；(d) 连接角模板；(e) U形卡；(f) 附墙柱模

(2) 安装要点

1) 安装前要做好技术交底，熟悉施工图纸和要求，并做好钢模板质量检验工作，钢模表面涂刷隔离剂。

2) 基础模板一般在现场拼装。

3) 柱模安装前应沿着边线先用水泥砂浆找平，调整好底面标高，再安装模板。

4) 梁模板安装前应先立好支架，支架应支设在垫板上（厚5mm），垫板下的地基必须坚实。然后调整好支架顶的标高（当梁、板的跨度 $L\geqslant 4m$ 时，应使梁底模中部略微起拱，起拱高度为全跨长度的1/1000～3/1000，钢模板和其支架系统选较大值），用水平拉杆和斜向拉杆加固支架，再将梁底模安装在支架顶上，最后安装梁侧模板。

5) 楼板模板由平面钢模板拼装而成。

6) 墙模板由两片模板组成，每片各由若干块平面模板拼成。

5. 现浇结构模板的拆除

(1) 拆模时间

1）非承重模板：应在混凝土强度能保证其表面及棱角不因拆除模板而受损坏时，方可拆除。

2）承重模板：现浇混凝土结构模板及其支撑拆除时的混凝土强度，应符合设计要求，当设计无要求时，应符合表4-3所示要求：

现浇结构拆模时间所需混凝土强度 **表4-3**

项次	结构类型	结构跨度（m）	按达到设计混凝土强度标准值的百分率（%）
1	简支构件（如板）	$L \leqslant 2m$	混凝土强度达设计强度的50%以上方可拆
		$L=2 \sim 8m$	混凝土强度达设计强度的75%以上方可拆
		$L>8m$	混凝土强度达设计强度的100%方可拆
2	简支构件（如梁、拱、壳）	$L \leqslant 8m$	混凝土强度达设计强度的75%以上方可拆
		$L>8m$	混凝土强度达设计强度的100%方可拆
3	悬臂梁构件	—	混凝土强度达设计强度的100%方可拆

（2）拆模顺序

拆模一般遵循“先支后拆，后支先拆”的原则，先拆非承重部分（如侧模），后拆承重部分（如底模）。拆除跨度较大的梁下模板时，应先从跨中开始，分别向两端；重大复杂的模板的拆除，事前应制定拆模方案。对于梁板柱结构的模板拆除，一般是：拆柱模→楼板底模→梁侧模→梁底模。多高层建筑施工时梁板的模板应与施工层隔2～3层拆除。

拆模时，应尽量避免混凝土表面或模板受到损坏。拆完后，应及时清理、修理，按种类及规格尺寸分类堆放。对定型组合钢模板，如背面油漆脱落，应补刷防锈漆。

4.3.2 钢筋工程

钢筋工程是普通钢筋进场检验、钢筋加工、钢筋连接、钢筋安装等一系列技术工作和完成实体的总称。钢筋分项工程所含的检验批可根据施工工序和验收的需要确定。

1. 钢筋的分类

（1）按化学成分分：碳素钢钢筋和普通低合金钢钢筋。

（2）按生产加工工艺分：热轧钢筋、冷拉钢筋、热处理钢筋、冷拔低碳钢丝、碳素钢丝、刻痕钢丝、钢绞线。

（3）按外形分：光面钢筋和变形钢筋。

（4）按直径大小分：细钢筋、中粗钢筋、粗钢筋和钢丝。

2. 钢筋的施工工艺流程

钢筋工程的施工工艺流程为：审查图纸→绘钢筋翻样图和填写配料单→钢筋购入、检验→钢筋加工→钢筋连接与安装→隐蔽工程检查与验收。

3. 钢筋的检验与存放

（1）钢筋的检验

钢筋的检验主要包括查对标牌、外观检查、力学性能试验。

1）查对标牌。钢筋出厂应有出厂质量证明书或试验报告单，每捆（盘）钢筋均应有标牌。

2）钢筋外观检验。应逐捆（盘）进行。钢筋表面不得有裂缝、疤痕、折叠、严重锈蚀，外形整齐规则、尺寸符合规定。

3）钢筋机械性能试验。

按规定抽取试样对钢筋进行力学性能检验，一般包括拉伸试验和弯曲试验两类，冷轧带肋钢筋还要增加反复弯曲检验。拉伸试验检验屈服强度、抗拉强度和伸长率三个指标。各类钢筋进场检测项目见表4-4。

各类钢筋进场检测项目 **表4-4**

序号	钢筋品种	检测项目
1	热轧带肋钢筋	拉伸、弯曲
2	钢筋混凝土用热轧光圆钢筋	
3	钢筋混凝土用余热处理钢筋	
4	碳素结构钢筋	
5	冷轧带肋钢筋	拉伸、弯曲（CRB550）、反复弯曲（CRB550）

热轧钢筋抽样方法：同一牌号、同一规格、同一炉罐（批）量每60t为一批，每批抽取两根钢筋，每根钢筋上取两个试样分别进行拉伸试验和弯曲试验。超过60t的部分，每增加40t（或不足40t的余数），增加1个拉伸试样和1个弯曲试样。

成型钢筋抽样复验：成型钢筋进场时，应抽取试件作屈服强度、抗拉强度、伸长度和重量偏差检验，检验结果必须符合相关标准的规定。同一工程、同一类型、同一原材料来源、同一组生产设备生产的成型钢筋，检验批量不应大于30t。

（2）存放

1）运进现场的钢筋经检验合格后必须严格按批分等级、牌号、直径、长度挂牌存放，并注明数量，不得混淆；

2）进场钢筋尽量堆入仓库或料棚内；

3）四周挖排水沟以利泄水；

4）堆放钢筋时下面须加垫木；

5）加工后的钢筋成品要按不同的工程、不同的构件挂牌并分别堆放；

6）远离有害气体生产车间。

4. 钢筋的加工

钢筋加工主要包括调直、切断、弯折、冷拉、冷拔。

（1）钢筋调直

钢筋调直宜采用机械方法（钢筋调直切断机具有自动调直、定位切断、除锈、清垢等多种功能），也可采用冷拉方法。

（2）钢筋切断

钢筋下料时须按计算的下料长度切断。钢筋切断可采用钢筋切断机或手动切断器。手动切断器只用于切断直径小于16mm的钢筋；钢筋切断机可切断直径40mm以内的钢筋。

（3）钢筋弯折

1）受力钢筋。HRB335级、HRB400级钢筋弯折处的弯弧内直径不应小于钢筋直径的 4 倍，弯钩的弯后平直部分长度应符合设计要求。500MPa 级带肋钢筋变折处的弯弧内直径，当直径＜28mm 时不应小于钢筋直径的 6 倍，当直径≥28mm 时不应小于钢筋直径的 7 倍。

2）箍筋。除焊接封闭环式箍筋外，箍筋的末端应作弯钩。对一般结构构件，箍筋弯钩的弯折角度不应小于 90°；对有抗震设防要求或设计有专门要求的结构构件，不应小于 135°；弯折后平直段长度不应小于箍筋直径的 10 倍和 75mm 两者之中的较大值。可采用人工弯折，也可在弯曲机上成型，箍筋变折处的弯弧内直径不应小于纵向受力钢筋直径。

3）光圆钢筋。光圆钢筋弯折的弯弧内直径不应小于钢筋直径的 2.5 倍。

(4) 钢筋冷拉

冷拉钢筋是指在常温条件钢筋屈服点强度和节约钢材为目的一种制作工艺。

冷拉方法包括控制应力法和控制冷拉率法两种。用做预应力混凝土结构的预应力筋，宜采用冷拉应力来控制。对不能分清炉批号或不同炉批号的热轧钢筋，不应采用冷拉率控制。

(5) 钢筋冷拔

钢筋冷拔是钢筋冷加工方法之一。它是利用钢筋冷拔机将直径为 6～10mm 的光圆钢筋，以强力拉拔的方式，通过用钨合金制成的拔丝模（模孔比钢筋直径小 0.5～1mm），而把钢筋拔成比原钢筋直径小的冷拔钢丝。如果将钢筋进行多次冷拔，则可加工成直径更小的冷拔钢丝。一般冷拔钢丝分为甲级和乙级两个等级。钢筋经冷拔后，强度可大幅度提高，但塑性降低，延伸率变小。

5. 钢筋的连接

工程中钢筋往往因长度不足或因施工工艺要求等必须进行连接。通常有焊接连接、机械连接、绑扎连接三种。

(1) 焊接连接

钢筋常用的焊接方法有：闪光对焊、电弧焊、电渣压力焊、电阻点焊、埋弧压力焊等。

闪光对焊是通过利用电阻热将两工件沿整个端面同时焊接起来的一类电阻焊方法，广泛用于钢筋纵向连接及预应力钢筋与螺纹端杆的焊接。接通电源后，使两工件端面轻微接触，形成许多接触点。电流通过时，接触点熔化，成为连接两端面的液体金属过梁。随着动夹钳的缓慢推进，过梁不断产生与爆破。在蒸气压力和电磁力的作用下，液态金属微粒不断从接口间喷射出来，形成火花急流——闪光。

电弧焊是利用弧焊机使焊条与焊件之间产生高温电弧，使焊条和电弧燃烧范围内的焊件熔化，待其凝固便形成焊缝或接头。电弧焊可分为手工电弧焊、半自动（电弧）焊、自动（电弧）焊。最普遍使用的是手工电弧焊。

电渣压力焊是将两钢筋安放成竖向或斜向（倾斜度在 4∶1 的范围内）对接形式，利用焊接电流通过两钢筋间隙，在焊剂层下形成电弧过程和电渣过程，产生电弧热和电阻热，熔化钢筋，加压完成的一种压焊方法。简单地说，就是利用电流通过液体熔渣所产生的电阻热进行焊接的一种熔焊方法。与电弧焊相比，电渣压力焊工效高、成本低，我国在高层建筑柱、墙施工中应用较为广泛。

电阻点焊利用点焊机进行交叉钢筋的焊接，可成型为钢筋网片或骨架，以代替人工绑扎。同人工绑扎相比较，电焊具有功效高、节约劳动力、成品整体性好、节约材料、降低成本等特点。点焊采用的点焊机有单点点焊机（主要用于焊接较粗钢筋），多点点焊机

（主要用于焊接钢筋网片）和悬挂式点焊机（能任意移动、可焊接各种几何形状的大型钢筋网片和钢筋骨架）。

埋弧压力焊是将下部钢筋与钢板安放成T形连接形式，利用焊接电流通过，在焊剂层下产生电弧，形成溶池，加压完成的一种压焊方法。

（2）机械连接

主要有钢筋套筒挤压连接、锥螺纹套筒连接、直螺纹连接等。机械连接多数是利用钢筋表面轧制的或特制的螺纹、横肋和螺纹套筒间的机械咬合作用来传递钢筋中拉力或压力的。

套筒挤压连接通过挤压力使连接件钢套筒塑性变形与带肋钢筋紧密咬合形成的接头。有两种形式，径向挤压连接和轴向挤压连接。由于轴向挤压连接现场施工不方便及接头质量不够稳定，没有得到推广；而径向挤压连接技术，连接接头得到了大面积推广使用。工程中使用的套筒挤压连接接头，都是径向挤压连接。由于其优良的质量，套筒挤压连接接头在被广泛应用于建筑工程中。

锥螺纹套筒连接通过钢筋端头特制的锥形螺纹和连接件锥形螺纹咬合形成的接头。锥螺纹连接技术的诞生克服了套筒挤压连接技术存在的不足。锥螺纹丝头完全是提前预制，现场连接占用工期短，现场只需用力矩扳手操作，不需搬动设备和拉扯电线，深受各施工单位的好评。但是锥螺纹连接接头质量不够稳定。由于加工螺纹的小径削弱了母材的横截面积，从而降低了接头强度，一般只能达到母材实际抗拉强度的85%～95%，存在的缺陷较大，逐渐被直螺纹连接接头所代替。

等强度直螺纹连接接头质量稳定可靠，连接强度高，可与套筒挤压连接接头相媲美，而且又具有锥螺纹接头施工方便、速度快的特点，因此直螺纹连接技术的出现给钢筋连接技术带来了质的飞跃。直螺纹连接接头主要有镦粗直螺纹连接接头和滚压直螺纹连接接头。这两种工艺采用不同的加工方式，增强钢筋端头螺纹的承载能力，达到接头与钢筋母材等强的目的。

（3）绑扎连接

钢筋绑扎时，应采用钢丝扎牢；板和墙的钢筋网，除外围两行钢筋的相交点全部扎牢外，中间部分交叉点可相隔交错扎牢，保证受力钢筋位置不产生偏移；梁和柱的钢筋应与受力钢筋垂直设置。弯钩叠合处应沿受力钢筋方向错开设置。钢筋绑扎搭接接头的末端与钢筋弯起点的距离，不得小于钢筋直径的10倍，接头宜设在构件受力较小处。钢筋搭接处应在中部和两端用钢丝扎牢。受拉钢筋和受压钢筋的搭接长度及接头位置要符合《混凝土结构工程施工质量验收规范》GB 50204—2015的规定。

（4）钢筋连接接头原则

接头应尽量设置在受力较小处，应避开结构受力较大的关键部位。抗震设计时避开梁端、柱端箍筋加密范围，如必须在该区域连接，则应采用机械连接或焊接。

在同一跨度或同一层高内的同一受力钢筋上宜少设连接接头，不宜设置2个或2个以上接头。

接头位置宜互相错开，在连接范围内，接头钢筋面积百分率应限制在一定范围内。

在钢筋连接区域应采取必要的构造措施，在纵向受力钢筋搭接长度范围内应配置横向构造钢筋或箍筋。

轴心受拉及小偏心受拉杆件（如桁架和拱的拉杆）的纵向受力钢筋不得采用绑扎搭接

接头。

当受拉钢筋的直径 $d>25$mm 及受压钢筋的直径 $d>28$mm 时，不宜采用绑扎搭接接头。

(5) 钢筋连接技术要求

钢筋连接的接头宜设置在受力较小处。接头末端至钢筋弯起点的距离不应小于钢筋直径的 10 倍。

若采用绑扎搭接接头，则接头相纵向受力钢筋的绑扎接头宜相互错开；钢筋绑扎接头连接区段的长度为 1.3 倍搭接长度（l_l）；凡搭接接头中点位于该区段的搭接接头均属于同一连接区段；位于同一区段内的受拉钢筋搭接接头面积百分率为 25%。

纵向受力的钢筋采用机械连接接头或焊接接头时，连接区段的长度为 $35d$（d 为纵向受力钢筋的较大直径）且不小于 500mm。凡接头中点位于该连接区段长度内的接头均属于同一连接区段。同一连接区段内，纵向受力钢筋的接头面积百分率应符合设计规定，当设计无规定时，应符合下列规定：

1）在受拉区不宜大于 50%（预应力筋受拉区不宜超过 25%，当有可靠的保证措施时，可放宽到 50%）；

2）接头不宜设置在有抗震要求的框架梁端，柱端的箍筋加密区，当无法避开时，对等强度高质量机械连接接头不应大于 50%；

3）直接承受动力荷载的结构构件中，不宜采用焊接接头；

4）当采用机械连接接头时，不应大于 50%。

6. 钢筋配料

钢筋配料是根据构件的配筋图计算构件各钢筋的直线下料长度、根数及重量，然后编制钢筋配料单，作为钢筋备料加工的依据。

(1) 外包尺寸和内包尺寸

外包尺寸：钢筋外皮到外皮量得的尺寸。构件中注明的尺寸一般是指钢筋外包尺寸。

内包尺寸：钢筋内皮到内皮量得的尺寸。

钢筋在弯曲后，外皮尺寸长，内皮尺寸短，中轴线长度保持不变。按钢筋外包尺寸总和下料是不准确的，只有按钢筋轴线长度尺寸下料加工，才能按加工后的钢筋形状、尺寸符合设计要求。

(2) 量度差值

钢筋的外包尺寸和轴线长度之间存在一个差值，称为“量度差值”。常见钢筋弯曲角度的量度差值如下：

当弯 30°时，量度差值为 $0.35d$；

当弯 45°时，量度差值为 $0.5d$；

当弯 60°时，量度差值为 $0.85d$；

当弯 90°时，量度差值为 $2d$；

当弯 135°时，量度差值为 $2.5d$。

(3) 钢筋末端弯钩或弯折时下斜长度的增长值

1）Ⅰ级钢筋两端必须设 180°弯钩，弯钩增长值为 $6.25d$；

2）Ⅱ级钢筋有时设弯钩或弯折；

3）当 90°弯折时，增长值为 $1d$；

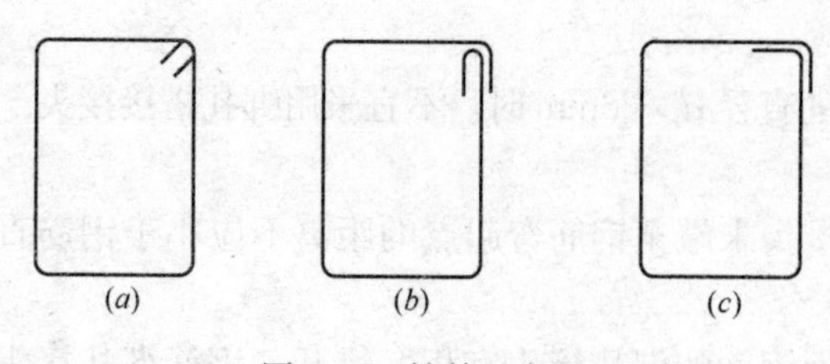

图 4-21　箍筋示意图

(a) 135°/135°；(b) 90°/180°；(c) 90°/90°

4）当 135°弯折时，增长值为 $3d$。

（4）箍筋弯钩调整值

末端弯钩形式有 135°/135°、90°/180°和 90°/90°三种。如图 4-21 所示，将箍筋弯钩增加长度和弯折量度差值两项合并成一项称为箍筋弯钩调整值。调整值长度见表 4-5。

箍筋弯钩调整值　　**表 4-5**

	4～5mm	6mm	8mm	10～12mm
外包尺寸	40	50	60	70
内包尺寸	80	100	120	150～170

（5）钢筋保护层厚度

受力筋外边缘到混凝土构件表面的距离，作用是保护钢筋防止锈蚀，增加钢筋与混凝土间的粘结。

（6）钢筋下料长度计算公式

1）直钢筋下料长度＝构件长度－保护层厚度＋弯钩增加长度；

2）弯起钢筋下料长度＝直段长度＋斜段长度－弯折量度差值＋弯钩增加长度；

3）箍筋下料长度＝直段长度和＋箍筋调整值；

当钢筋采用绑扎接头搭接时，还应加上钢筋的搭接长度。

7. 钢筋代换

在施工中钢筋的级别、钢号和直径应按设计要求采用。如遇有钢筋级别、钢号和直径与设计要求不符合而需要代换时，应征得设计单位的同意并按设计变更文件施工，不得随意更换设计要求的钢筋品种、级别和规格。

钢筋代换包括等强度代换和等面积代换两种：

（1）等强度代换：按抗拉强度值相等的原则进行代换，适用于不同种类、级别的钢筋的代换。

例：若设计中采用的钢筋强度为 f_{y1}，总面积为 A_{s1}，代换后的钢筋强度为 f_{y2}，总面积为 A_{s2}，即 $A_{s2}f_{y2} \geqslant A_{s1}f_{y1}$或根数 $n_2 \geqslant (m_1 d_1 f_{y1}) / (d_2 f_{y2})$。

（2）等面积代换：按面积相等的原则进行代换，适用于相同种类和级别的钢筋的代换。

例：代换前钢筋面积为 A_{s1}，代换后钢筋面积为 A_{s2}，代换前后钢筋强度相同 f_y，即 $A_{s2}f_y \geqslant A_{s1}f_y$ 或 $A_{s2} \geqslant A_{s1}$ 或 $n_2 \geqslant n_1 d_1 / d_2$。

4.3.3　混凝土工程

混凝土工程包括混凝土制备、运输、浇筑捣实和养护等施工过程，各个施工过程相互联系和影响，任一施工过程处理不当都会影响混凝土工程的最终质量。

1. 混凝土的制备

在实验室根据初步计算的配合比经过试配和调整而确定的混凝土的配合比，称为实验室配合比。确定实验室配合比所用的材料——砂石都是干燥的，而施工现场的材料一般都含有一定的水分，水灰比变化对混凝土强度的影响比较敏感。为了保证混凝土水灰比的准确，配料时应按现场材料的实际含水量进行调整，确保混凝土强度。根据施工现场砂、石实际含水率调整后的配合比称为施工配合比。

（1）施工配合比换算

假设实验室配合比为：水泥∶砂∶石子=1∶X∶Y，

测得现场砂、石含水率分别为W_x、W_y，

则换算后的施工配合比为：1∶（1+W_x）X∶（1+W_y）Y，

水灰比W/C=水的质量/水泥质量，换算前后保持不变，则必须扣除砂石中的含水量作为实际用水量：实际用水量=原用水量$-W_xX-W_yY$。

（2）施工配料

水泥：C；砂子：$(1+W_x)(1+W_x)\cdot X\cdot C$；石子：$(1+W_y)(1+W_y)\cdot y\cdot C$；水：$W—CW_xX—CW_yY$。

2. 混凝土的搅拌

（1）混凝土的搅拌方法

混凝土的搅拌就是将水、水泥和粗细骨料（砂、石）进行均匀拌合及混合的过程。同时，通过搅拌，还要使材料达到强化、塑化的目的。混凝土的搅拌方法有人工搅拌和机械搅拌两种。

（2）搅拌机的规格

搅拌机的规格是以其出料容量（m^3）×1000标定规格的，常用的有：50、150、250、350、500、750、1000、1500、3000L等。

（3）混凝土的搅拌时间

混凝土搅拌时间从全部材料都投入搅拌筒起，到开始卸料为止所经历的时间。在一定范围内，随着搅拌时间的延长，混凝土强度有所提高；但过长时间的搅拌既不经济也不合理。

（4）混凝土投料顺序

混凝土投料顺序有一次投料法、二次投料法和水泥裹砂法等。二次投料法能改善混凝土性能，提高了混凝土的强度，在保证规定的混凝土强度的前提下节约了水泥。与一次投料法相比，在水泥用量不变时，二次投料法的混凝土强度提高约15%；在混凝土强度一定时，二次投料法可节约水泥约15%～20%。水泥裹砂法能改善混凝土性能，提高其强度，减少泌水，制作出的混凝土和易性好，与一次投料法相比，可节省水泥9%左右。

一次投料法的投料顺序为石子→水泥→砂，即在上料斗中先装石子、再加水泥和砂，然后一次投入搅拌机，加水搅拌。

二次投料法又分为预拌水泥砂浆法和预拌水泥净浆法两种。预拌水泥砂浆法是先将砂、水泥和水加入搅拌机内充分搅拌，成均匀水泥砂浆后，再加入石子搅拌成混凝土。预拌水泥净浆法是先将水泥和水加入搅拌机内充分搅拌，成均匀水泥净浆后，再加入砂和石子搅拌成混凝土。

水泥裹砂法又称为“SEC”法，其搅拌工艺可简述为：湿润搅拌→造壳搅拌→糊化搅拌。该方法采用了两项工艺措施：一是对砂子的表面温度进行处理，控制在一定的范围

内；二是进行两次加水搅拌。先放25%～30%水泥重的水和全部砂子（需要先测砂子的含水量），搅拌10～20s（秒），使砂子完全湿润；然后，投入全部水泥，搅拌25～35s，使水泥包裹砂子，即造壳；再后，投入全部碎石、外加剂和剩余的水，糊化搅拌35～45s即可。

（5）混凝土搅拌时的注意事项

1）混凝土在搅拌时应严格控制施工配合比；

2）搅拌机应在搅拌前加适量水运转；

3）搅拌第一盘混凝土时，考虑到筒壁上黏附砂浆的损失，石子用量应按配合比规定减半；

4）装料必须在转筒正常运转之后进行；

5）因故（如停电）停机时，应立即设法将筒内的混凝土取出，以免凝结；

6）搅拌好的混凝土要卸净，不能采取边出料边进料的方法；

7）搅拌工作全部结束后应立即清洗料筒内外。

3. 混凝土的运输

（1）对混凝土拌合物运输的基本要求

1）混凝土运输过程中不产生分层、离析现象，保持混凝土的均匀性；

2）保证设计所规定的流动性；

3）应使混凝土在初凝前浇筑并振捣完毕，具体规见表4-6；

4）运输工作应保证混凝土浇筑工作连续进行；

5）应以最少的转运次数，最短的时间运至浇筑地点；

6）运输工具应严密，不吸水，不漏浆。

普通混凝土从搅拌机卸出后到浇筑完毕的延续时间（min） **表4-6**

混凝土强度等级	气温（℃）	
	≤25℃	＞25℃
≤C30	120	90
＞C30	90	60

（2）混凝土的运输工具

混凝土的运输分为水平运输和垂直运输。水平运输又分为地面水平运输和楼面水平运输。混凝土在运输过程中要求道路平坦，运输线路尽量短而直。

混凝土地面水平运输。如采用预拌（商品）混凝土且运输距离较远时，多用混凝土搅拌运输车。混凝土如来自工地搅拌站，则多用小型翻斗车，有时还用皮带运输机和窄轨翻斗车，近距离亦可用双轮手推车。

混凝土垂直运输多采用塔式起重机、混凝土泵、快速提升斗和井架。用塔式起重机时，混凝土多放在吊斗中，这样可直接进行浇筑。混凝土高空水平运输 如垂直运输采用塔式起重机，一般可将料斗中混凝土直接卸在浇筑点；如用混凝土泵则用布料机布料；如用井架等，则以双轮手推车为主。

混凝土搅拌运输车为长距离运输混凝土的有效工具，它有一搅拌筒斜放在汽车底盘上，如图4-22所示。在混凝土搅拌站装入混凝土后，由于搅拌筒内有两条螺旋状叶片，

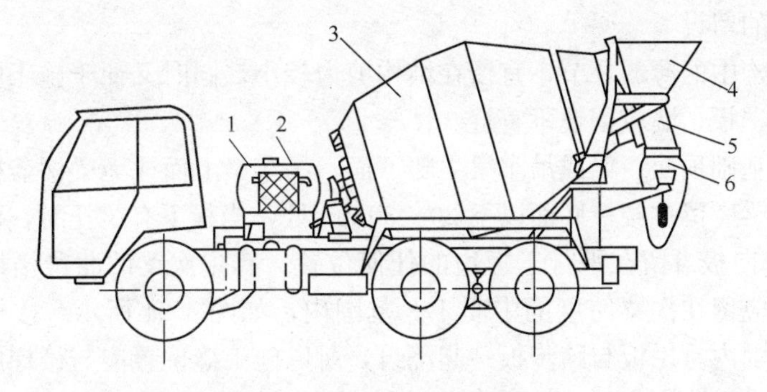

图 4-22　混凝土搅拌运输车

1—水箱；2—外加剂箱；3—搅拌筒；4—进料斗；5—固定卸料溜槽；6—活动卸料溜槽

在运输过程中搅拌筒可进行慢速转动进行拌合，以防止混凝土离析，运至浇筑地点，搅拌筒反转即可迅速卸出混凝土。搅拌筒的容量一般为 2～10m^3。

混凝土泵是一种有效的混凝土运输和浇筑工具，它以泵为动力，沿管道输送混凝土，可以一次完成水平及垂直运输，将混凝土直接输送到浇筑地点，是一种高效的混凝土运输方法。

4. 混凝土的浇筑与振捣

（1）混凝土浇筑一般规定

混凝土应在初凝前浇筑，已发生初凝的混凝土不能用在结构构件中间。

浇筑前不应有离析现象，否则需重新搅拌。为了混凝土浇筑不出现离析现象，混凝土自高处倾落的自由下落高度不宜超过 2m，否则应沿溜槽或串筒下落；必须分层浇筑与捣实，保证混凝土振捣的密实性。分层厚度符合表 4-7 规定。

混凝土浇筑层厚度　　**表 4-7**

项次	振捣方法		浇筑层的厚度
1	插入式振捣		振捣器作用部分长度的 1.25 倍
2	表面振动		200mm
3	人工振捣	基础、无筋、配筋稀疏结构	250mm
		梁、板、柱结构	200mm
		在配筋密集的结构	150mm
4	轻骨料混凝土	插入式振捣器	300mm
		表面振动（振动时需加荷）	200mm

浇筑深而窄的结构时，应先在底部浇筑一层厚 50～100mm 与混凝土内砂浆成分相同的水泥砂浆或先在底部浇筑一部分“减半石混凝土”。这样可避免产生蜂窝麻面现象；尽可能连续浇筑，如必须间歇，最大间歇时间应符合表 4-8 规定。

混凝土浇筑中的最大间歇时间　　**表 4-8**

混凝土强度等级	气　温	
	≤25℃	＞25℃
≤C30	210	180
＞C30	180	150

（2）施工缝的留设

施工缝是结构中的薄弱环节，宜留在结构剪力较小，同时又便于施工的部位。柱子应留设水平缝；梁、板、墙应留设垂直缝。

柱宜留置在基础顶面、梁或吊车梁牛腿下面、吊车梁上面或无梁楼盖柱帽下面和板连成整体的大截面梁应留在楼板底面以下 20～30mm 处，当板下有梁托时，留在梁托下，如图 4-23 所示。单向板可留在平行于短边的任何位置。有主次梁的肋梁楼板宜顺着次梁方向浇筑，施工缝应留在次梁跨度的中间 1/3 范围内，如图 4-24 所示。楼梯应留在梯段长度的中间 1/3 范围内。栏板与踏步板一起浇筑，所以施工缝位置应与楼梯施工缝对应。墙应留在门窗洞口过梁跨度中间 1/3 范围内，也可留在纵横墙交接处。双向受力楼板、大体积混凝土结构、拱、穹拱、薄壳、蓄水池、斗仓、多层刚架及其他结构复杂的工程，施工缝的位置应按设计要求预留。

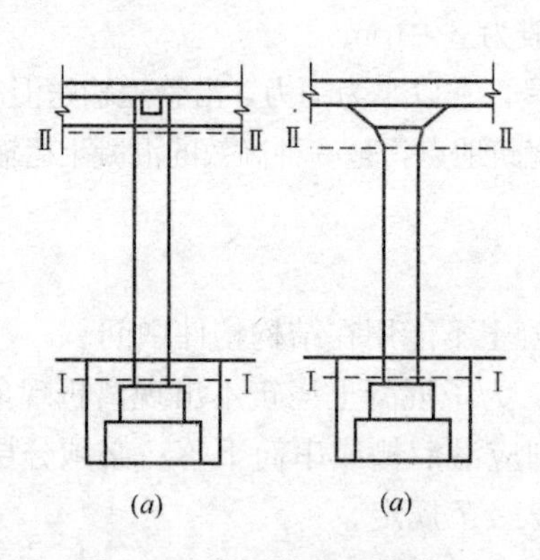

图 4-23　柱子的施工缝位置

（a）梁板式结构；（b）无梁楼盖结构

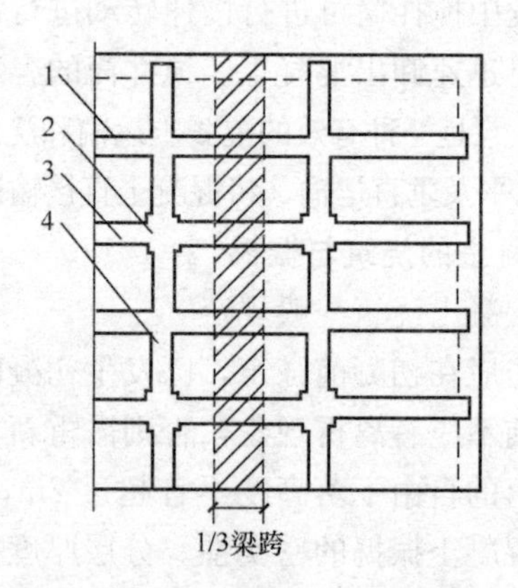

图 4-24　有主次梁楼盖施工缝位置

1—楼板；2—柱；3—次梁；4—主梁

（3）施工缝的处理

1）施工缝处须待已浇筑混凝土的抗压强度≥1.2MPa 时，才允许继续浇筑；

2）浇筑后续混凝土前，已硬化的施工缝混凝土表面应凿毛，清除水泥薄膜和松动的石子或软弱混凝土层，并充分湿润冲洗干净，但不得有积水；

3）浇筑前，施工缝处宜先铺一层水泥浆（水泥：水＝1：0.4）或与混凝土成分相同的水泥砂浆，厚 10～15mm，以保证接缝的质量，然后继续浇筑混凝土；

4）施工缝处混凝土应细致振捣密实，使新旧混凝土紧密结合。

（4）框架结构混凝土浇筑

浇筑前应将模板内的垃圾、泥土等杂物及钢筋上的油污清除干净，并检查钢筋的保护层垫块是否垫好。

一般先按结构层划分施工层，并在各层划分施工段分别浇筑。同一施工段内每排柱子应从两端同时浇筑并向中间推进，以防柱模板由一侧向另一侧倾斜。每一施工层应先浇筑柱和墙，并连续浇筑到顶。停 1～1.5h 后等柱和墙有一定强度后再浇筑梁和板混凝土，梁和板的混凝土应同时浇筑。

1）柱的浇筑

柱浇筑前底部应先填以 5～10cm 厚与混凝土配合比相同的减半石子混凝土，柱混凝土应分层振捣，使用插入式振捣器时每层厚度不大于 50cm，振捣棒不得触动钢筋和预埋件。除上面振捣外，下面要有人随时敲打模板。

柱高在 3m 之内，可在柱顶直接下灰浇筑，柱高超过 3m 时应采取措施用串筒分段浇筑。每段的高度不得超过 2m。

柱子混凝土应一次浇筑完毕，如需留施工缝时应留在主梁下面。

2）梁板浇筑

肋形楼板的梁板应同时浇筑，浇筑方法应由一端开始用"赶浆法"，即先将梁根据梁高分层浇筑成阶梯形，当达到板底位置时再与板的混凝土一起浇筑，随着阶梯形不断延长，梁板混凝土浇筑连续向前推进。

和板连成整体的大断面允许将梁单独浇筑，其施工缝应留在板底以下 2～3cm 处。浇捣时，浇筑与振捣必须紧密配合，第一层下料慢些，梁底充分振实后再下二层料。用"赶浆法"保持水泥浆沿梁底包裹石子向前推进，每层均应振实后再下料，梁底及梁膀部位要注意振实，振捣时不得触动钢筋及预埋件。

梁柱节点钢筋较密时，浇筑此处混凝土时宜用细石子同强度等级混凝土浇筑，并用小直径振捣棒振捣。

浇筑板的虚铺厚度应大于板厚，用插入式振捣器顺浇筑方向拖拉振捣，并用铁插尺检查混凝土厚度，振捣完毕后用长木抹子抹平。施工缝处或有预埋件及插筋处用木抹子找平。浇筑板混凝土时不允许用振捣棒铺摊混凝土。

施工缝位置：沿着次梁方向浇筑楼板，施工缝应留置在次梁跨度的中间三分之一范围内。施工缝的表面应与梁轴线或板面垂直，不得留斜槎。施工缝宜用木板或钢丝网挡牢。

3）楼梯浇筑

楼梯段混凝土自下而上浇筑，先振实底板混凝土，达到踏步混凝土一起浇捣，不断连续向上推进，并随时用木抹子将踏步上表面抹平。

施工缝：楼梯混凝土宜连续浇筑完，多层楼梯的施工缝应留置在楼梯段三分之一部位。

4）剪力墙混凝土浇筑

如柱、墙的混凝土强度等级相同时，可以同时浇筑，反之宜先浇筑柱混凝土，预埋剪力墙锚固筋，待拆柱模后，再绑剪力墙钢筋、支模、浇筑混凝土。

剪力墙浇筑混凝土前，先在底部均匀浇筑 5～10cm 厚与墙体混凝土同配比减石子砂浆，并用铁锹入模，不应用料斗直接灌入模内。（该部分砂浆的用量也应当经过计算，使用容器计量）。

浇筑墙体混凝土应连续进行，间隔时间不应超过 2h，每层浇筑厚度按照规范的规定实施，因此必须预先安排好混凝土下料点位置和振捣器操作人员数量。

振捣棒移动间距应小于 40cm，每一振点的延续时间以表面泛浆为度，为使上下层混凝土结合成整体，振捣器应插入下层混凝土 5～10cm。振捣时注意钢筋密集及洞口部位，为防止出现漏振，须在洞口两侧同时振捣，下灰高度也要大体一致。大洞口的洞底模板应开口，并在此处浇筑振捣。

墙体混凝土浇筑高度应高出板底 20～30mm。混凝土墙体浇筑完毕之后，将上口甩出的钢筋加以整理，用木抹子按标高线将墙上表面混凝土找平。

（5）混凝土的振捣

混凝土的捣实方法有人工捣实和机械振捣两种。只有在采用塑性混凝土，而且缺少机械或工程量不大时才采用人工捣实。采用机械捣实，早期强度高，可以加快模板的周转，并能获得高质量的混凝土，应尽可能采用。

混凝土振动机械按其工作方式分为内部振动器（插入式振动器）、表面振动器（平板振动器）、外部振动器（附着式振动器）和振动台。混凝土板厚度＜200mm 时，混凝土的振捣采用平板振动器，其余采用插入式振捣器振捣。

1）插入式振动器作业时，要使振动棒自然沉入混凝土，不可用猛力往下推。一般应垂直插入，并插到尚未初凝层中 50～100mm，以促使上下层相互结合。振捣时，要做到“快插慢拔”。快插是为了防止将表面混凝土先振实，与下层混凝土发生分层、离析现象。慢拔是为了使混凝土能来得及填满振动棒抽出时所形成的空间。振动棒各插点间距均匀，一般间距不应超过振动棒有效作用半径的 1.5 倍。振动棒在混凝土内振密实的时间，一般每插点振密 20～30s，直到混凝土不再显著下沉，不再出现气泡，表面泛出水泥浆和外观均匀为止。

2）平板振动器大部分是在露天潮湿的场合下工作的。因此，电气部分容易发生故障，如有漏电现象，容易造身伤亡事故，故必须严格遵守用电安全操作守则。在操作移动时，须使电动机的导线保持足够的长度和强度，勿使其张拉过紧以免线头拉断。平板振动器振动时，应分层分段进行大面积的振动，移动时应排列有序保证振捣器的平板能覆盖已震实部分的边缘，前排振捣一段落以后可原排返回进行第二次振动，或振动第二排，两排搭接 5cm 为宜。振捣控制在混凝土表面出现浮浆和不冒气泡为止，做到均匀振实。混凝土振捣时间严格控制，不得超过规定时间以免离析。混凝土振捣密实以后，表面用木抹子搓平。

3）附着式振动器作业时，一般安装在混凝土模板上，每次振动时间不超过 1min。当混凝土在模内泛浆流动成水平状时，即可停振。不得在混凝土初凝状态再振，也不得使周围的振动影响到已初凝的混凝土，以免影响混凝土质量。

4）混凝土振动台适用于试验室，现场工地作试件成型和预制构件震实各种板柱、梁等混凝土构件振实成型。振动台使用前需试车，先开车空载 3～5min，停车拧紧全部紧固零件，反复 2～3 次，才能正式投入运转使用。振动台在生产使用中，混凝土试件的试模必须牢固地紧固在工作台上，试模的放置必须与台面的中心线相对称，使负载平衡。

5. 混凝土的养护

混凝土养护的目的是为混凝土硬化创造必需的温度、湿度条件，防止水分过早蒸发或冻结，防止混凝土强度降低并出现收缩裂缝，剥皮起砂现象。

混凝土浇筑完毕后，应在 12h 以内加以覆盖和浇水，浇水次数应保持混凝土有足够的湿润状态，并持续一段时间。一般用硅酸盐水泥、普通硅酸盐水泥和矿渣硅酸盐水泥拌制的混凝土，养护时间不少于 7d；掺有缓凝剂或有抗渗要求的混凝土，养护时间不少于 14d。洒水次数以能保证湿润状态为宜。

混凝土的养护方法有标准养护、自然养护和加热养护三种。

（1）标准养护。混凝土在温度为20±3℃，相对湿度为90%以上的潮湿环境或水中条件下养护，称为标准养护。该方法用于对混凝土立方体试件的养护。

（2）混凝土的自然养护是指平均气温高于零上5℃的条件下在一定时间内使混凝土保持湿润状态。混凝土的自然养护又分为洒水养护和喷洒塑料薄膜养生液养护等。

洒水养护可以用麻袋、苇席、草帘、锯末或砂等覆盖混凝土并及时浇水保持湿润。养护日期以达到标准养护条件下28d强度的60%为止。

喷涂薄膜养护适用于不易洒水养护的高耸建筑物等结构。它是在混凝土浇筑后2～4h用喷枪把塑料溶液、醇酸树脂或沥青乳胶喷涂在混凝土表面，溶液挥发后，会在混凝土表面上结成一层薄膜，以阻止内部水分蒸发而起到养护作用。

（3）加热养护主要是蒸汽养护，一般用于预制构件。在混凝土构件预制厂内，将蒸汽通入封闭窑内，使混凝土构件在较高的温度和湿度环境下迅速凝结、硬化，一般12h左右即可养护完毕。在施工现场，可将蒸汽通入墙模内，进行热模养护，以缩短养护时间。

4.4 钢结构工程

4.4.1 钢结构的特点

钢结构是用钢板、热扎型钢或冷加工成型得薄壁型钢制造而成的，和其他材料的结构相比，钢结构有如下一些特点：

（1）材料的强度高，塑性和韧性好；

（2）构件截面小、自重轻；

（3）材质均匀，和力学计算的假定比较符合；

（4）制造简便，施工周期短；

（5）钢材耐腐蚀性差；

（6）钢结构耐热不耐火；

（7）工厂工业化制造和现场机械化程度高、现场安装作业量少。

4.4.2 钢结构的应用范围

钢结构主要用于以下结构：

（1）大跨度结构，如大型仓库、车库等；

（2）重型厂房结构，如大型冶金厂房、大型电机装配车间等；

（3）受动力荷载影响的结构，如设有较大锻锤或产生动力作用的其他设备的厂房等；

（4）可拆卸的结构，如建筑工地生活用房，临时性展览馆等；

（5）高耸结构和高层建筑，如高压输电线路的塔架，广播和电视发射用的塔架和桅杆等；

（6）容器和其他构筑物、大型油罐、储罐、海上采油平台等；

（7）轻型钢结构，如压型钢板屋面等。

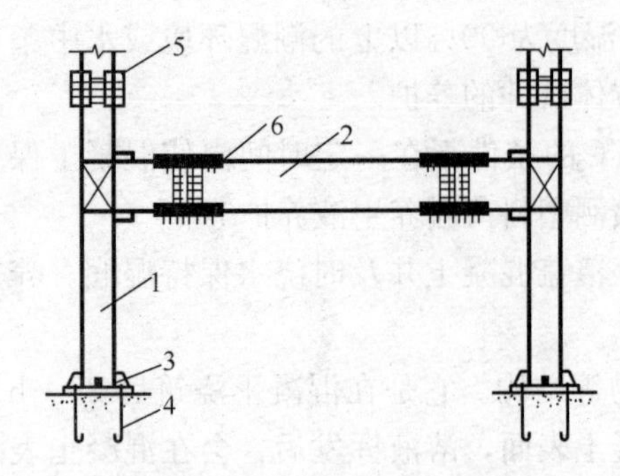

图 4-25　钢框架的构件组成
1—柱段；2—梁段；3—钢柱脚；4—地脚螺栓；
5—柱与柱拼接连接；6—梁与梁拼接连接

4.4.3　钢框架的构件组成

典型的房屋钢框架结构施工是先将框架分解成柱段、梁段基本构件（图 4-25）在工厂制作，钢构件运到现场后吊至安装位置，用高强螺栓、焊接或两者结合将梁柱段组拼成钢框架。

4.4.4　钢构件的工厂制作

与混凝土结构工程不同，钢结构工程大部分工作在构件加工厂完成。钢构件制作质量特别是尺寸精度直接影响钢结构现场安装。

建筑钢构件在加工厂加工制作的基本流程如图 4-26 所示。

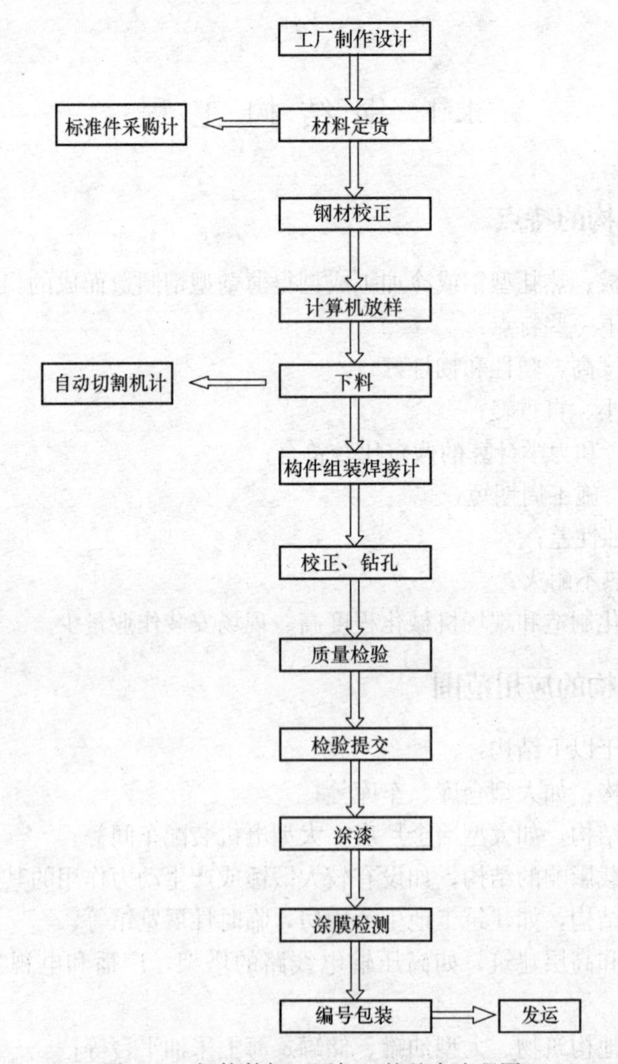

图 4-26　钢构件加工厂加工的基本流程图

4.4.5 钢结构的现场安装

钢结构的现场安装应按施工组织设计进行。安装程序的原则是保证结构的稳定性，不导致永久变形。为了保证钢结构的安装质量，在运输及吊机吊装能力的范围内，尽量扩大分段拼装的段长，减少现场拼缝焊接量和散件拼装量。

建筑钢结构在施工现场安装的基本流程如图 4-27 所示。

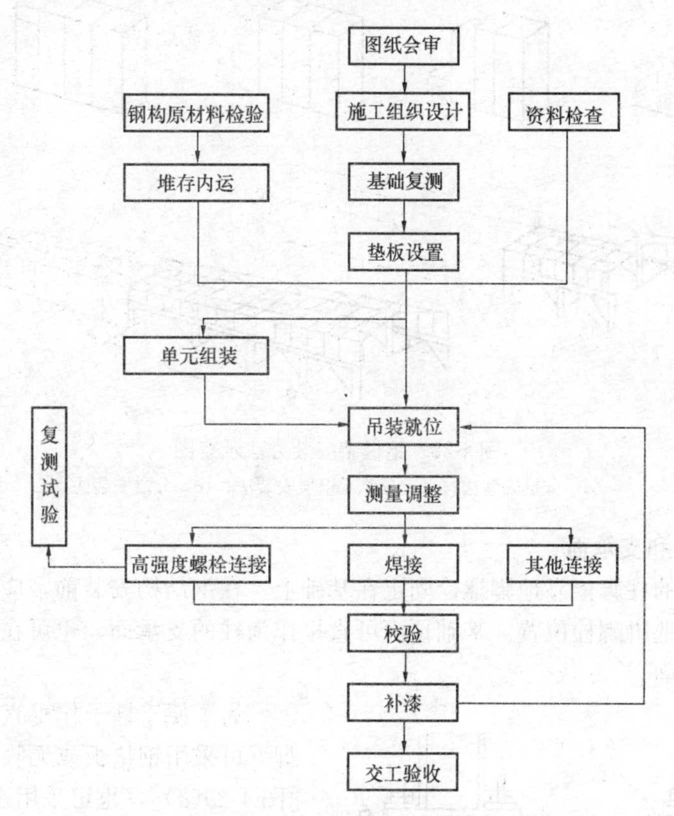

图 4-27 钢结构现场安装的基本流程图

1. 制定钢结构安装方案

在制定钢结构安装方案时，应根据建筑物的平面形状、高度、单个构件的重量、施工现场条件选用起重机械。起重机布置在建筑物的侧面或内部，并满足在工作幅度范围内钢构件、抗震墙体、外墙板等安装要求。

对于多高层的钢框架结构其安装方法有分层安装法和分单元退层安装法两种［图 4-28(*a*)、(*b*)］。单层工业厂房还可采用移动式吊车进行分段安装［图 4-28(*c*)］。分层安装法主要用于固定式起重机械，逐层向上安装，能减少高空作业量。分单元退层安装法主要适于移动起重机械，将若干跨划分成一个单元，一直安装到顶层，后逐渐退层进行安装。

除以上一般安装方法外，还可根据建筑物的形状、场地等条件采用其他的特殊安装方法进行安装，如提升、滑移等。钢结构在安装过程中往往要利用安装胎架对钢结构进行拼装，拼装完成后则要拆除胎架，实现由胎架临时承力向结构承力的受力体系转换。胎架卸载通常利用胎架顶部的千斤顶分级进行，以保证结构安全，这种方法称为千斤顶卸载法。

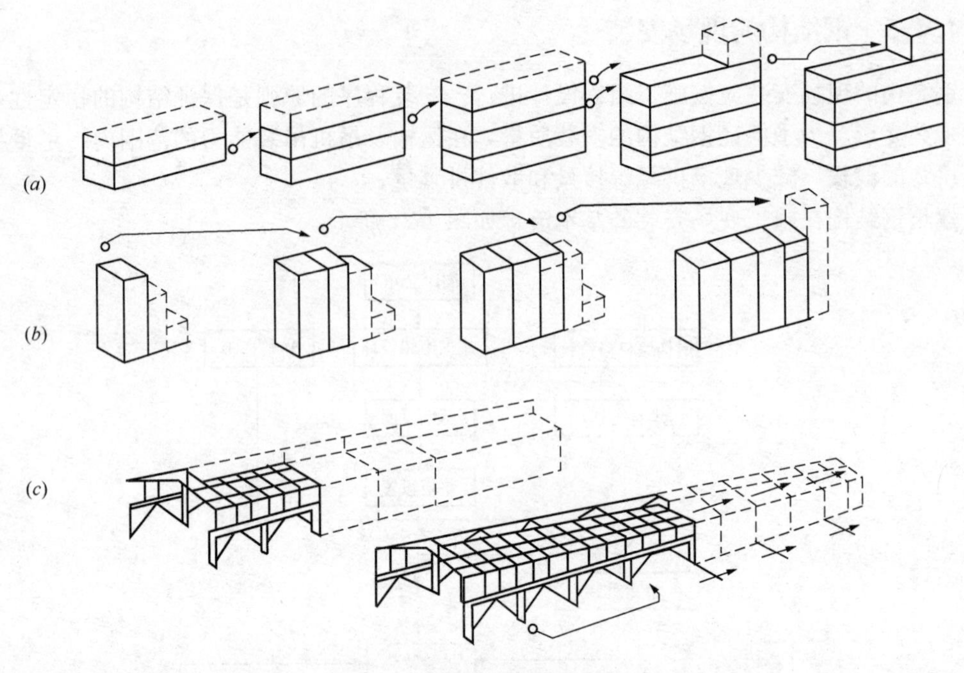

图 4-28 钢框架安装方法示意图

(a) 分层安装法；(b) 分单元退层安装法；(c) 分段安装法

2. 施工基础和支承面

钢框架底层的柱脚依靠地脚螺栓固定在基础上。在钢结构安装前，应准确地定出基础线和标高，确保地脚螺栓位置。基础顶面可直接作为柱的支承面，也可在基础顶面预埋钢板作为柱的支承面。

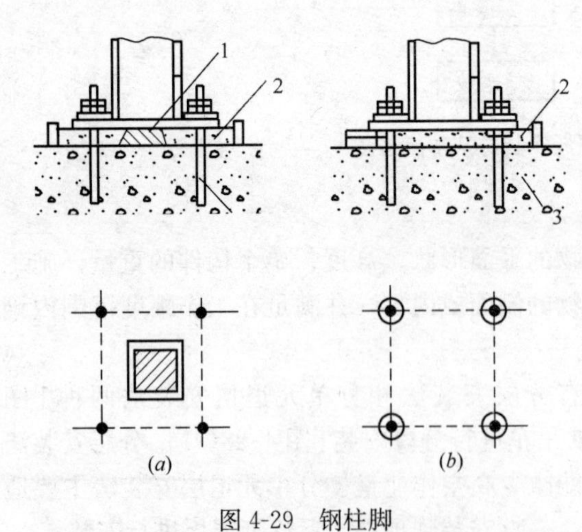

图 4-29 钢柱脚

(a) 设钢垫板；(b) 螺栓调节

1—钢垫板；2—细石混凝土（无收缩灌浆料）；3—调节螺母

为了便于柱子作垂直度校正，在钢柱脚下可采用钢垫板或无收缩砂浆坐浆垫板[图 4-29(a)]，也可采用螺栓调节[图 4-29(b)]。钢结构安装在形成空间刚度单元后，应及时对柱脚底板和基础顶面的空隙采用细石混凝土或无收缩灌浆料二次浇灌。

3. 安装和校正

钢结构安装时，先安装楼层的一节柱，随即安装主梁，迅速形成空间结构单元，并逐步流水扩大拼装单元。柱与柱、主梁与柱的接头处用临时螺栓连接，安装使用的临时螺栓数量应根据安装过程所承担的荷载计算确定，并要求每个节点上临时螺栓不应少于安装孔总数的 1/3 且不得少于 2 个。

钢结构的柱、梁、支撑等主要构件安装就位后，立即进行校正。校正时，应考虑风力、温差、日照等外界环境和焊接变形等因素的影响。一般柱子的垂直偏差要校正到±0，安装柱与柱之间的主梁时，要根据焊缝收缩量预留焊缝变形量。

4. 连接和固定

在施工现场，钢结构的柱与柱、柱与梁、梁与梁的连接按设计要求，可采用高强螺栓连接、焊接连接以及焊接和高强螺栓并用的连接方式。为避免焊接变形造成错孔导致高强螺栓无法安装，对焊接和高强螺栓并用的连接，应先栓后焊。

为使接头处被连接板搭叠密贴，高强螺栓的拧紧应从螺栓群中央顺序向外，逐个拧紧。为了减小先拧与后拧的预拉力的差别，高强螺栓的拧紧必须分初拧和终拧两步进行。初拧的目的是使被连接板达到密贴，对常用的M20、M22、M24螺栓，初拧扭矩定在200～300N·m比较合适。对于钢板较厚的大型节点，螺栓数量较多，在初拧后还需增加一道复拧工序，复拧的扭矩仍等于初拧扭矩，以保证螺栓均达到初拧值。扭剪型高强度螺栓是采用扳手拧掉螺栓尾部梅花头；大六角头高强度螺栓的终拧采用电动扭矩扳手。

对于框架构件间接头的焊接，要充分考虑焊缝收缩变形的影响。从建筑平面上看，各接头的焊接可以从柱网中央向四周扩散进行[图4-30(*a*)]，也可由四个角区向柱网中央集中进行[图4-30(*b*)]；若建筑平面呈长条形，可分成若干单元分头进行，留下适量的调节跨[图4-30(*c*)]。

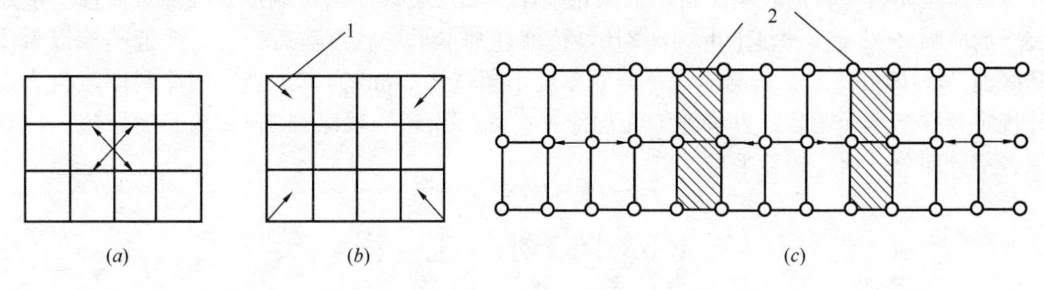

图4-30 柱网中焊接顺序与方向安排

1—焊接方向；2—调节焊接收缩量跨

柱与柱的接头焊接也遵循对称原则，由两个焊工在对面以相等速度对称进行焊接（图4-31）。H型钢的梁与柱、梁与梁的接头，先焊下部翼缘板，后焊上部翼缘板。一根梁的两个端头先焊一个端头，等一端焊缝冷却达到常温后，再焊另一个端头。

施工现场接头的焊接方法主要有手工电弧焊，有条件的可采用气体保护焊。使用手工电弧焊当风力大于5m/s及使用气体保护焊当风力大于3m/s时，要采用防风措施才能进行焊接。

接头焊接完成后，焊工必须在焊缝附近打上自己的代号钢印。检查人员对焊缝作外观检测和超声波检查。凡不合格的焊缝在清除后，以同样的焊接工艺进行补焊，一条焊缝修理不得超过2次。

5. 防火涂料施工

钢结构的防火涂料施工应在钢结构安装就位，与其相连的其他杆件安装完毕并验收合格后，才能进行喷涂施工。喷涂前应清除钢结构表面的尘土、油污及杂物。

钢结构防火涂料分为厚涂型和薄涂型。厚涂型的涂层厚度一般为8～50mm，耐火极

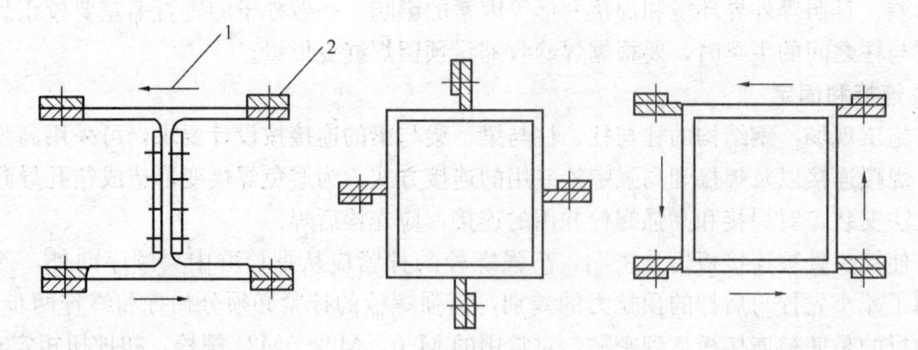

图 4-31　柱与柱接头的焊接方向

1—焊接方向；2—安装螺栓

限可达 0.5～3h，又称防火隔热涂料；薄涂型的涂层厚度一般为 2～7mm，耐火极限为 0.5～2h，又称膨胀防火涂料。

厚涂型防火涂料一般采用喷涂施工，分若干次完成。第一次以基本覆盖钢基材面即可，后续每次喷涂的厚度为 5～10mm，一般为 7mm。必须在前一次喷层基本干燥或固化后再接着喷涂。对耐火极限为 1～3h、涂层厚度为 10～40mm 的涂料，一般喷涂 2～5 次。

薄涂型防火涂料的底层涂料一般采用喷涂，面层装饰涂料可刷涂、喷涂或滚涂。底涂层一般应喷 2～3 遍，每遍间隔 4～24h，待前遍基本干燥后再喷后一遍。头遍喷涂以盖住基底面 70％即可，二、三遍喷涂每遍的厚度不超过 2.5mm 为宜。当底层涂料厚度符合设计规定，并基本干燥后，方可施工面层涂料。面层涂料一般涂饰 1～2 遍。面层施工应确保各部分颜色一致，接茬平整。

4.5　防　水　工　程

建筑防水工程按构造做法分为结构构件的刚性自防水和用各种防水卷材、防水涂料作为防水层的柔性防水。按其工程部位又分为屋面防水、卫生间防水、外墙板防水、地下防水等。

4.5.1　屋面防水工程

屋面防水工程主要是防止雨雪对屋面的间歇性的浸渗。根据建筑物的性质、重要程度、使用功能要求及防水层耐用年限等，将屋面防水分为四个等级。Ⅰ级是指特别重要的民用建筑和对防水有特殊要求的工业建筑的屋面防水，其耐用年限应在 25 年以上；Ⅱ级是指一般重要的工业与民用建筑、高层建筑的屋面防水，其耐用年限应在 15 年以上；Ⅲ级是指一般工业与民用建筑的屋面防水，其耐用年限应在 10 年以上；Ⅳ级是指非永久性的建筑，如临时建筑的屋面防水，其耐用年限应在 5 年以上。防水工程应遵循“防排结合、刚柔并用、多道设防、综合治理”的原则。

1. 卷材防水屋面

屋面按排水坡度的大小分为平屋面和坡屋面两大类。根据屋面防水层所用材料又可分为卷材屋面、油膏嵌缝涂料屋面、细石混凝土屋面、瓦屋面、石棉水泥瓦屋面以及薄钢板屋面等多种。

(1) 概念及应用范围

卷材防水屋面是指用胶粘剂粘贴卷材进行防水的屋面（图 4-32）。卷材防水屋面属于柔性防水。卷材防水屋面包括沥青卷材防水、高聚物改性沥青卷材防水、合成高分子卷材防水三大系列。适用于防水等级为Ⅰ～Ⅳ级的工业与民用建筑。

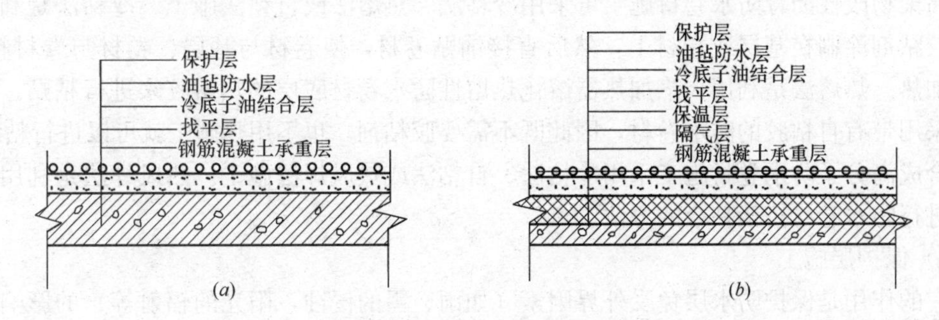

图 4-32 卷材防水屋面构造层次

(a) 不保温的卷材屋面；(b) 保温的卷材屋面

(2) 卷材防水屋面施工

施工过程为：结构层施工→隔汽层施工→保温层施工→找平层施工→防水层施工→保护层施工。

1) 隔汽层施工

在纬度为 40°以北的地区，若室内空气湿度大于 75%，或其他地区室内空气湿度常年大于 80%时的保温层屋面均应设置隔汽层。它的作用是防止室内水汽渗入到上面的保温层，使保温材料受潮而降低保温性能。

2) 保温层施工

保温层的作用是隔热保温，以阻止寒冷时（特别是冬期）室内温度下降过快。它包括：松散材料保温层、板状材料保温层、整体材料保温层。

3) 找平层施工

找平层常采用 1∶3 水泥砂浆或 1∶8 沥青砂浆施工。也可采用细石混凝土。它使卷材铺贴平整、粘贴牢固、并具有一定强度以承受上部荷载。

施工要求：表面平整，并按设计要求留设坡度；宜留设分格缝，缝宽宜为 20mm；并嵌填密封材料；屋面转角及与突出屋面结构的连接处应做成圆弧，并应具有一定的强度和刚度；内部排水时水落口周围应略低，形成凹坑；细石混凝土和水泥砂浆找平层应由远而近，由高到低铺设；每分格内宜一次连续铺成；12 小时后需洒水养护，不得有酥松、起砂、起皮现象；沥青砂浆找平层施工时，基层必须干燥，满涂 1～2 道冷底子油，干燥后再铺设沥青砂浆，刮平后再用火滚滚压到平整、密实、表面不出现蜂窝和压痕为止。在铺设沥青砂浆的当天铺第一层卷材，否则要用卷材盖好，防止雨水、露气进入。

4) 防水层施工

防水层的作用主要是防止雨雪水向屋面渗透。基层必须干净、干燥；卷材铺设方向：当屋面坡度<3%时，宜平行于屋脊方向铺贴；当屋面坡度为 3%～15%时，可平行或垂直

屋脊铺贴；当屋面坡度>15%或屋面受振时，应垂直屋脊铺贴。卷材屋面的坡度不宜超过25%，否则应采取措施防止卷材下滑；上下层卷材不得相互垂直铺贴；施工时应先做好节点、附加层及屋面排水较集中部位的处理，然后由屋面最低处向上施工。而且宜顺着天沟、檐沟方向铺贴这两个部位的卷材；卷材搭接方法、宽度和要求应根据屋面坡度、主导风向、卷材性质而定；铺贴卷材时，不得污染檐口的外侧面和墙面。

高聚物改性沥青防水卷材施工可采用冷粘法、热熔法或自粘法施工。冷粘法是利用毛刷把胶粘剂涂刷在基层或卷材上，然后直接铺贴卷材，使卷材与基层、卷材与卷材粘结，不需加热。热熔法是利用火焰加热器熔化热熔性防水卷材底层的热熔胶来进行粘贴。自粘法是采用带有自粘胶的防水卷材，因此既不需要胶粘剂，也不用热施工就可以进行粘结。

合成高分子防水卷材施工采用冷粘法、自粘法或热风焊法施工。热风焊法是利用热空气枪进行防水卷材搭接粘合的方法。

5）保护层施工

它的作用是保护防水层免受外界因素（如雨、雪的侵蚀，阳光的辐射等）的影响而遭破坏。保护层可用与卷材特性相容、粘结力强、耐风化的浅色涂料或粘贴铝箔，也可以采用20mm厚水泥砂浆、30mm厚细石混凝土或块材。

施工前将防水层表面清扫干净；绿豆砂应清洁并预热至100℃左右，粒径3～5mm。要求铺撒均匀、平整、嵌固在沥青胶内；云母或蛭石应筛去粉料；水泥砂浆应抹平压光，每$1m^2$设表面分格缝；细石混凝土振捣密实表面抹平压光，设分格缝，分格面积不宜大于$36m^2$；块体材料作保护层时分格面积不宜大于$100m^2$，分格缝宽不小于20mm；用浅色涂料作保护层时应将卷材清扫干净后涂刷，涂层厚薄均匀并不应漏涂；刚性保护层与女儿墙间应预留30mm宽的空隙并嵌填密封材料。水泥砂浆、块材、细石混凝土保护层与防水层之间应设隔离层。

2. 涂膜防水屋面

（1）概念及特点

涂膜防水屋面（图4-33）是通过涂刷一定厚度的无定形液态改性沥青或高分子合成材料（防水涂料），经过常温固化形成一种具有胶状弹性涂膜层而达到防水目的的屋面。适用于屋面防水等级为Ⅲ级、Ⅳ级的工业与民用建筑，也可作Ⅰ、Ⅱ级屋面的多道防水设防中的一道防水层。

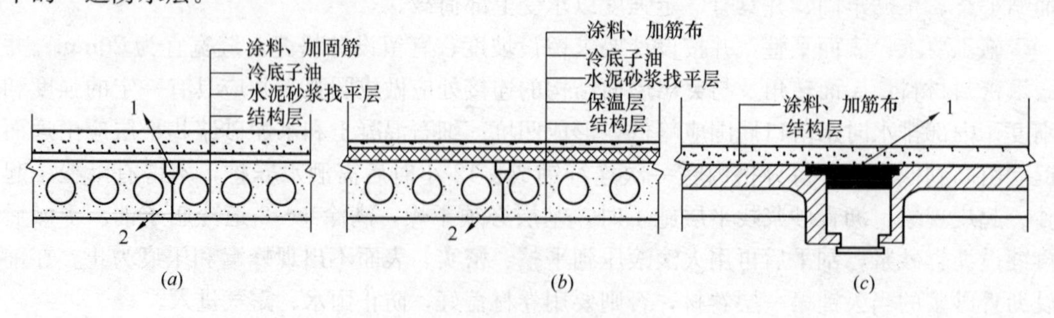

图4-33　涂膜防水屋面构造图

（*a*）无保温涂料防水屋面；（*b*）有保温涂料防水屋面；（*c*）槽形板涂料防水屋面

1—嵌缝油膏；2—细石混凝土

涂膜防水屋面可在水平面、立面、阴阳角及各种复杂表面形成没有接缝的完整防水层；施工时不需加热，便于操作，减少了对环境的污染，改善了劳动条件；延伸性、耐久性、耐腐性较好；防水涂料既是防水层又是胶粘剂，施工质量容易保证，维修简便。

（2）涂膜防水层施工

涂膜防水层施工前，基层应干燥；当采用基层处理剂时，应涂刷均匀，覆盖完全，干燥后再进行涂膜施工。涂膜厚度应满足要求；应分层分遍涂布，而且先涂的干燥成膜后，后一层才可涂布；应由两层以上涂层组成，涂层应厚薄均匀，表面平整；施工顺序：先节点、附加层，后大面积涂布；屋面转角及立面应薄涂，多涂几遍；雨雪天严禁施工，五级风以上或预计涂膜固化前两天不得施工；施工适宜温度：沥青基防水涂膜为5～35℃；高聚物改性沥青防水涂膜及合成高分子防水涂膜的溶剂型涂料为－5～35℃；水乳型涂料为5～35℃；应设置保护层（可用细砂、云母、蛭石、浅色涂料、水泥砂浆或块材），当采用水泥砂浆或块材时，应在涂膜与保护层间设隔离层。

3. 刚性防水屋面

（1）概念及特点

刚性防水屋面（图4-34）是指用细石混凝土、块材或者补偿收缩混凝土等材料做防水层，依靠混凝土自身的密实性并采取一定的构造措施达到防水目的的屋面。

适用于屋面防水等级为Ⅲ级的工业与民用建筑，也可作Ⅰ、Ⅱ级屋面的多道防水设防中的一道，不适用于设有松散材料保温层的屋面以及受较大震动或冲击的建筑。更适用于无保温层的屋面。

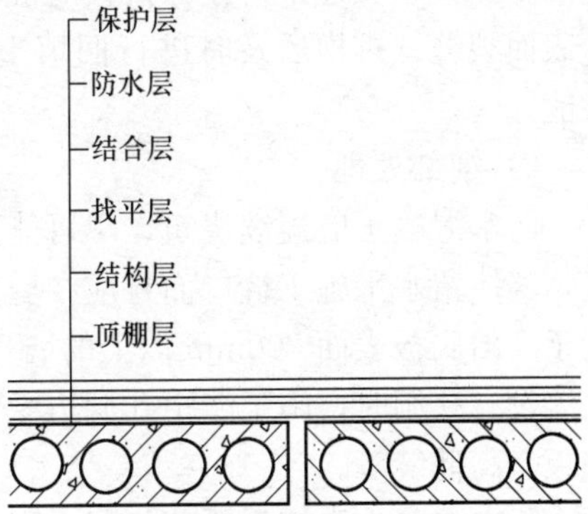

它具有伸缩性小，有较高的抗压强度及一定的抗渗透能力；对地基不均匀沉降等极敏感，但抗冻、抗老化性能较好，耐久年限一般可超过20年；易变形开裂，表面易碳化、风化；施工简便，造价低，便于修补。

图4-34　刚性防水屋面构造

（2）防水层施工

细石混凝土防水层施工时，一个分格缝内的混凝土必须一次浇筑完毕，不得留施工缝。应注意将双向钢筋网片设于防水层上部，混凝土采用机械搅拌不少于2min，机械振捣密实，表面泛浆后抹平，收水后再次压光。混凝土浇筑后12～24h应进行养护，时间不少于14d。

（3）隔离层施工

隔离层常用低等级砂浆，低筋灰，麻筋灰，干铺卷材或塑料薄膜等。主要作用是使结构层和防水层互不制约，防止防水层开裂。

石灰黏土砂浆隔离层将石灰膏：砂：黏土＝1：2.4：3.6铺抹在结构层上，厚10～20mm，表面平整、压实、抹光，干燥后进行防水层施工。

卷材隔离层先在结构层用水泥砂浆找平，干燥后在找平层上铺3～8mm干细砂作滑动层，上面在铺一层卷材，搭接缝用热沥青胶胶结。

4.5.2 地下防水工程施工

地下工程的防水方案，应遵循“防、排、截、堵结合，刚柔并用，因地制宜，综合治理”的原则，根据使用要求、自然环境条件及结构形式等因素确定。常用的防水方案有防水混凝土结构、附加防水层和防水加排水措施。

1. 防水混凝土自防水结构的施工

(1) 概念及特点

防水混凝土自防水结构是以调整混凝土配合比或掺外加剂等方法来提高混凝土的密实性和抗渗性，使其具有一定的防水能力来满足抗渗等级要求的整体式混凝土结构。防水混凝土材料来源丰富、施工简便、进度快、工期较短、耐久性好，造价较低。

(2) 防水混凝土施工

1) 施工要点

防水混凝土施工过程中必须做好基坑排水工作，保持基坑干燥，严防带水操作，防止泥水杂物侵入混凝土造成渗漏水；模板要求拼封严密，支撑牢固；为阻止钢筋的引水作用，迎水面防水混凝土钢筋保护层厚不小于35mm，底板钢筋不能接触混凝土垫层；防水混凝土应用机械搅拌不小于2min；采用机械振捣，并严格掌握振捣时间，不得漏振、欠振；加强养护、保持充分湿润，养护时间不少于14d，不宜采用蒸气养护，更不得使用电热法养护；不宜过早拆模，拆模时混凝土表面温度与周围的温差≤15～20℃，以防止混凝土表面裂缝；拆模后及时进行回填土，以利于混凝土后期强度的增长及获得预期的抗渗性能。

2) 细部处理

防水混凝土应连续浇筑，尽可能不留或少留施工缝。混凝土顶板、底板不允许留施工缝，墙体留水平施工缝，而且应在剪力、弯矩较小处，还要避开底板与侧壁交接处，一般设于高出底板表面200mm以上的墙身上。若必须设垂直施工缝，应留在结构的变形缝处。墙体设有孔洞时，施工缝距孔洞边缘宜≥300mm。施工缝的形式有：凸缝、凹缝及钢板止水板、高低缝等。

防水混凝土浇筑后严禁打洞，因此，所有的预埋件和预留孔在混凝土浇筑前必须埋设准确。对防水混凝土结构内的预埋铁件、穿墙管道等防水薄弱之处，应采取措施，仔细施工。后浇缝是用在不能设柔性变形缝（如大型设备基础）的工程以及后期变形趋于稳定的结构的一种刚性接缝。接缝形式有平直缝、阶梯缝。

2. 附加防水层施工

附加防水层包括水泥砂浆防水层、卷材防水层、涂膜防水层、金属防水层等。适用于增强防水能力、受侵蚀性介质作用及受振动作用的地下工程。宜设在迎水面，应在基础垫层、维护结构，初期支护验收合格后施工。

(1) 水泥砂浆防水层施工

水泥砂浆防水层是一种刚性防水层，也称防水抹面。它是依靠提高砂浆层的密实性来达到防水要求的。适用于地下砖石结构的防水层或防水混凝土结构的加强层。不适用于受腐蚀、高温及反复冻融的砖砌体工程。

按防水原理不同可分为刚性多层防水层和掺外加剂的水泥砂浆防水层两种。外加剂有氯化铁防水剂、膨胀剂、减水剂等。防水层按做法又可分为外抹面防水和内抹面防水两种。外抹面一般指迎水面，内抹面一般指背水面。

1）刚性多层防水层施工

刚性多层防水层是利用素灰（稠度较小的水泥浆）和水泥砂浆分层交替抹压均匀密实，构成一个多层防线的整体防水层，具有较高的抗渗能力。五层交叉抹面做法是：第一层为水泥浆，厚2mm、$W/C=0.55\sim0.6$，主要起防水作用，同时起封闭结构基层上的细小空隙及毛细通路，加强基层与防水层紧密粘结的作用；第二层为水泥砂浆层，厚5～10mm，灰砂比1∶1.5～2.5，$W/C=0.4\sim0.5$，主要起对素灰层保护、养护和加固作用，同时砂浆层本身也有一定的防水作用；第三层为水泥浆层，厚2mm，$W/C=0.37\sim0.4$，作用与第一层相同；第四层为水泥砂浆层，厚5～10mm，作用与第二层相同；第五层为水泥浆层，厚1mm。

刚性防水层施工前必须进行基层处理，包括清理、浇水、刷洗、补平等工作；务必做到分层交替抹压密实，而且素灰层与水泥砂浆层应该在同一天完成；素灰抹面、水泥砂浆揉浆以及收水抹压是三道关键工序，必须保证操作质量；结构阴阳角处的防水层均需要搓成圆角，圆弧半径为阳角10mm，阴角50mm；防水层每层易连续施工，不留施工缝，如必须留设时应留阶梯坡形槎，一般应该留在墙面或地面上，并距阴阳角200mm以上；做好养护工作，养护不小于14d。

2）氯化铁防水砂浆防水层施工

在普通水泥砂浆中掺入占水泥重量3%的氯化铁防水剂后，可使水泥砂浆中的毛细管通路填充、堵塞，而获得较高的密实性，同时抗渗能力也比原来提高两倍。施工时，在基层上，先刷一道水泥浆，分两遍抹垫层的防水砂浆（水泥∶砂∶防水剂=1∶2.5∶0.03，$W/C=0.45\sim0.5$），厚12mm，隔12h左右，再刷一道水泥浆并分两次抹面层防水砂浆（水泥∶砂∶防水剂=1∶3∶0.03，$W/C=0.5\sim0.55$），厚13mm。在终凝前反复多次抹压密实，养护温度不小于5℃，时间不小于14d。

氯化铁防水砂浆可在潮湿条件下使用，防水剂价格便宜，但防水层抗裂性较差。

（2）卷材防水层施工

地下卷材防水层是一种柔性防水层，它是用沥青胶结材料把几层油毡粘贴在地下结构基层表面而形成的。它具有良好的柔韧性和延伸性，可适应一定的结构振动和微小变形，能抵抗酸、碱、盐溶液的侵蚀，防水效果好。但是卷材吸水率大、机械强度低、耐久性差、修补困难。

基层表面必须牢固、平整、清洁干净，转角应做成圆弧形，卷材铺贴前宜使基层表面干燥；卷材要求强度高，延伸率大，具有良好的韧性和不透水性，膨胀率小，且具有抗菌性。

把卷材防水层铺贴在地下需防水结构的外表面时称为外防水。外防水的卷材防水层铺贴方法，按与地下需防水结构施工的先后顺序可分为外防外贴法（简称外贴法）和外防内贴法（简称内贴法）两种，如图4-35所示。

1）外贴法

外贴法是在垫层上铺贴好底板卷材防水层后，进行地下需防水结构的混凝土底板与墙体施工，等墙体侧模板拆除后，再把卷材防水层直接铺贴在墙面上，然后砌筑保护墙。

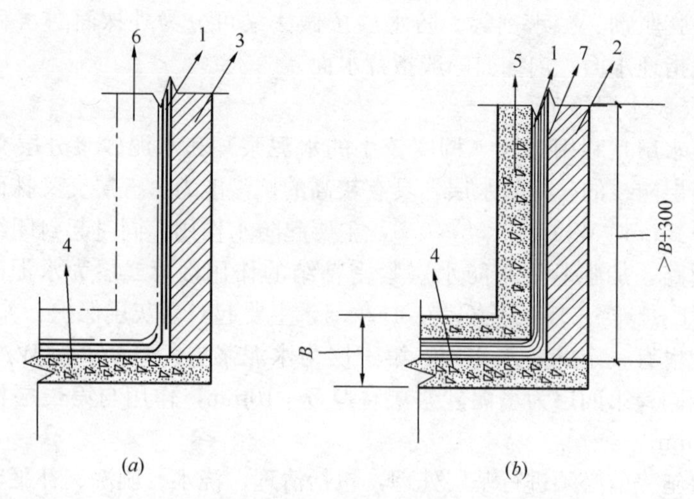

图 4-35　卷材防水层铺贴法

(a) 内贴法；(b) 外贴法

1—卷材防水层；2—临时保护墙；3—永久保护墙；4—垫层；5—先浇构筑物；
6—后浇构筑物；7—木条

当结构产生不均匀沉降时，对防水层影响较小，修补较方便。在施工场地条件允许的情况下可优先采用外贴法。但是施工工序较多，工期较长，占地面积较大；底板与墙面接头处卷材易受损，接槎施工较麻烦且接槎处质量较差。

2）内贴法

内贴法是在垫层四周先砌筑保护墙，然后将卷材防水层铺贴在垫层和保护墙上，最后再进行地下需防水结构的混凝土底板与墙体的施工。

施工较简便，底板与墙体防水层可一次铺贴完，不必留槎；施工占地面积较小。但是结构不均匀沉降时，结构与保护墙发生相对位移，对防水层影响较大；修补较困难。只有当施工条件受限制时，才采用内贴法施工。

4.6　工程施工工艺和方法综合分析

【例题 4-1】

背景：某框架剪力墙结构，框架柱间距 9m，楼盖为梁板结构。第三层楼板施工当天气温为 35℃，没有雨。施工单位制定了完整的施工方案，采用商品混凝土。钢筋现场加工，采用木模板，由木工制作好后直接拼装。其施工过程如下：

模板安装用具有足够强度和风度的钢管做支撑，模板拼接整齐，严密。楼面模板安装完毕后，用水准仪抄平，保证整体在同一个平面上，不存在凹凸不平的问题。

钢筋绑扎符合规范要求。但是，施工现场没有设计图纸上按最小配筋率要求的 HPB300 钢筋（Φ12@200），需要用其他钢筋代替。施工单位经与监理工程师及业主，决定用 HRB335 的钢筋代替，按等强度折算后为 Φ12@250，以保证整体受力不变。

钢筋验收后，将木模板中的垃圾清理干净，就开始浇筑混凝土。浇筑前首先根据要求取足够的试样，送试验室进行试验。之后开始浇筑混凝土，振捣密实。

10d 后经试验室试验，混凝土试块强度达到设计强度的 80％，起过了 75％，施工单位决定拆除模板。拆模后为保证结构的安全性，在梁的中部、雨篷外边缘、楼梯等处采用局部临时支撑。

拆模后发现：(1) 梁板挠度过大，起过了规范的要求；(2) 混凝土局部有蜂窝. 麻面现象，个别部位形成空洞；(3) 楼面混凝土局部有开裂现象。

问：

(1) 对跨度为 9m 的现浇钢筋混凝土梁、板，模板起拱高度有何要求?

(2) 当构件按最小配筋率配筋时，应按什么原则进行钢筋代换?

(3) 钢筋代换时，应征得设计单位的同意并并办理相应手续，按设计变更文件施工，不得随意更换设计要求的钢筋品种、级别和规格。相应费用按有关合同规定。

(4) 对于跨度为 9m 的简支构件（如梁、拱、壳)，底模及支架拆除时的混凝土强度有什么要求?

(5) 拆模顺序一般遵循什么原则?

分析：

(1) 当梁、板的跨度 $L \geqslant 4$m 时，应使梁底模中部略为起拱，起拱高度为全跨长度的 1/1000～3/1000，木模板和其支架系统选较小值，钢模板和其支架系统选较大值。

(2) 钢筋代换包括等强度代换和等面积代换两种。等强度代换按抗拉强度值相等的原则进行代换，适用于不同种类、级别的钢筋的代换。等面积代换按面积相等的原则进行代换，适用于相同种类和级别的钢筋的代换。

(3) 钢筋代换时，应征得设计单位的同意并并办理相应手续，按设计变更文件施工，不得随意更换设计要求的钢筋品种、级别和规格。相应费用按有关合同规定。

(4) 跨度 $L>8$m 的现浇钢筋混凝土梁、板，混凝土强度达设计强度的 100％方可拆除底模及支架。

(5) 拆模一般遵循“先支后拆，后支先拆”的原则，先拆非承重部分（如侧模)，后拆承重部分（如底模)。

第 5 章 工程项目管理基本知识

工程项目管理，是指从事工程项目管理的企业，受工程项目业主方委托，按照合同约定，代表业主对工程项目全过程或分阶段进行专业化管理和服务活动。工程项目管理包含了工程决策阶段和实施阶段的项目管理。

施工项目管理，是指在施工项目管理的全过程中，为了取得各阶段目标和最终目标的实现，在进行各项活动中，必须加强管理工作。必须强调，施工项目管理的主体是以施工项目经理为首的项目经理部，即作业管理层，管理的客体是具体的施工对象、施工活动及相关生产要素。

5.1 施工项目管理概述

5.1.1 项目基本知识

1. 项目

项目是指在一定的约束条件下（主要是限定质量标准、限定时间、限定资源），具有明确目标的一次性活动或任务。

项目具有以下特征：

（1）项目的单件性或一次性。

（2）项目具有明确的目标和一定的约束条件。

（3）项目具有特定的生命周期。

2. 建设项目

建设项目是以项目业主为管理主体，以形成固定资产为目的的建设工程项目。包括：

（1）基本建设项目（新建、扩建、改建等扩大生产能力的项目）。

（2）更新改造项目（以改进技术、增加产品品种、提高质量、治理“三废”、节约资源为主要目的的项目）。

3. 施工项目

施工项目是建筑业企业自工程施工投标开始到保修期满为止的全过程要完成的项目，是以建筑业企业为管理主体的建设工程项目。

施工项目具有以下特征：

（1）可以是建设项目或其中的单项工程、单位工程的施工活动过程。分部工程、分项工程的施工活动过程不能称作施工项目，而只是施工项目的组成部分。

（2）以建筑业企业为管理主体。

（3）任务范围受限于项目业主和承包施工的建筑业企业所签订的合同。

5.1.2 项目管理基本知识

1. 项目管理

项目管理是指为了使项目圆满完成（在限定的时间、限定的资源消耗范围内，达到限定的质量标准）而对项目所进行的全过程、全面的规划、组织、协调和控制。

项目管理具有以下特征：

（1）每个项目都具有其特定的管理程序和管理步骤。

（2）是以项目经理为中心的管理。

（3）运用现代化管理方法和技术手段。

（4）在项目管理过程中实施动态控制。

2. 建设工程项目管理

建设工程项目管理，是指从事工程项目管理的企业，受工程项目业主方委托，对工程建设全过程或分阶段进行专业化管理和服务活动。

建设工程项目管理主要分为以下几类：

（1）建设项目管理：依靠社会化的咨询服务单位、委托监理单位；

（2）设计项目管理：不仅局限于工程设计阶段，而且延伸到施工阶段和竣工验收阶段；

（3）施工项目管理：其目标体系既要与整个建设工程项目目标体系紧密联系，又带有很强的建筑业企业项目管理的自主性特征；

（4）物资供货项目管理；

（5）工程总承包项目管理。

3. 施工项目管理

施工项目管理是建筑业企业运用系统的观点、理论和方法对施工项目进行的计划、组织、协调、监督、控制等全过程、全面的管理。

施工项目管理具有以下特征：

（1）主体是建筑业企业。建设单位、监理单位在项目实施阶段的管理不是严格意义的施工项目管理。

（2）对象是施工项目。施工项目的主要特殊性是生产活动与市场交易活动同时进行。

（3）内容是按阶段变化的。在招标、签订合同、施工准备、施工、竣工验收、竣工后服务（保修期），每个阶段的施工项目管理的内容都有不同。

（4）要求强化组织协调工作。

5.1.3 施工项目管理的主要内容和组织形式

1. 施工项目管理的内容

（1）建立施工项目管理组织。

（2）编制施工项目管理规划。

（3）进行施工项目的目标控制。

（4）对施工项目施工现场的生产要素进行优化配置和动态管理。

（5）施工项目的合同管理。

（6）施工项目的信息管理。

（7）组织协调。

2. 施工项目管理组织机构设置

施工项目管理组织机构的设置原则包括目的性原则、精干高效原则、管理跨度和分层统一的原则。其组织机构的构成要素中最重要的是管理层次和管理跨度两大要素。

（1）管理层次。管理层次是指从最高管理者到实际工作人员之间的等级层次的数量。管理层次通常分为决策层、协调层、执行层、操作层（人数变化规律形成金字塔状）。管理层次不宜过多，否则容易造成资源浪费和信息指令失真。

（2）管理跨度。管理跨度是指一名上级管理人员所直接管理的下属人员的数量。管理跨度的大小取决于需要协调的工作量。直接管理者的协调工作量随管理跨度的加大呈几何级数增长。

3. 施工项目经理部组织形式的确定

施工项目经理部比较常用的组织形式包括矩阵式组织形式、事业部式组织形式和直线职能式组织形式，相应的适用范围见表 5-1。

施工项目经理部常用组织形式选用 **表 5-1**

序号	项目	选用的项目管理组织形式
1	大型项目、复杂项目	矩阵式
2	远离企业管理层的大中型项目	事业部式
3	中小型项目、综合性项目	直线职能式

（1）矩阵式项目组织

结构形式呈矩阵状的组织（图 5-1），其项目管理人员由企业有关职能部门派出并进行业务指导，接受项目经理的直接领导。

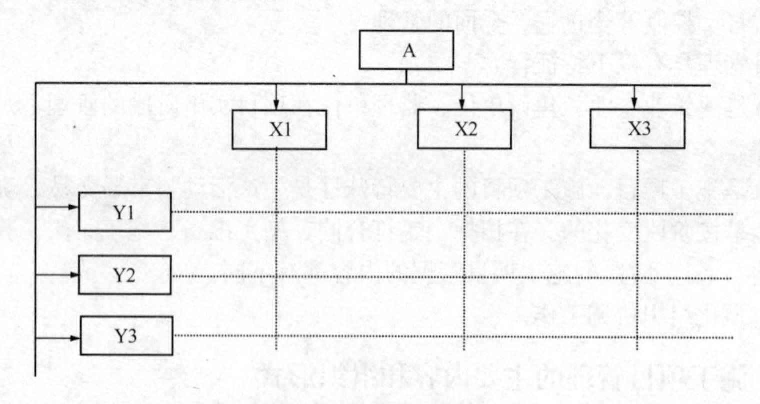

图 5-1 矩阵式项目组织

矩阵式项目组织中，每个专业人员的命令源有两个，一个来源于原部门负责人，另一个是项目经理，一个专业人员可能同时为几个项目服务。

矩阵式项目组织的优点：

1）兼有部门控制式和工作队式两种组织形式的优点，取得了企业长期例行性管理和项目一次性管理的一致性。

2）能以尽可能少的人力，实现多个项目管理的高效率。

3）有利于人才的全面培养。

（2）直线职能式项目组织

直线制是一种最简单的组织机构形式，如图 5-2 所示。直线制的特点是：组织中各种职务按垂直体系直线排列，各级主管人员对所属下级拥有直接指挥权，组织中每一个人只能向一个直接上级负责。在项目管理组织机构中，以个人作为工作单位，不再另设职能部门。

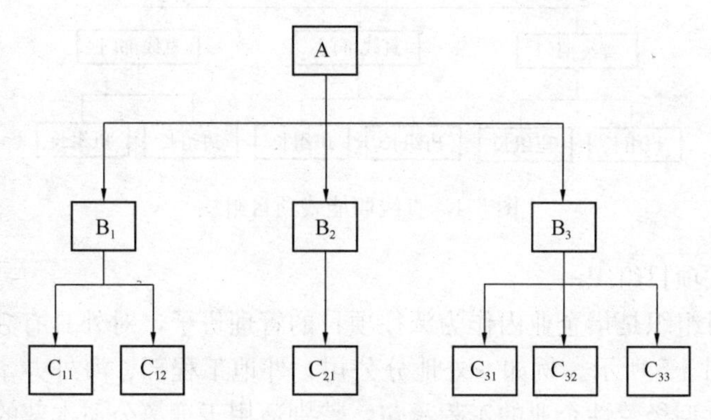

图 5-2　直线式项目组织

注：A、B、C 各节点均为组织中的个人

随着组织规模的扩大，直线制的方式无法再维系机构的运作，这就需要借助各方面专门的人才来打理事业。由多个财务人才构成了财务部门，由多个新产品开发人才构成了新产品开发部门，由多个营销人才构成了营销部门，由多个生产人才构成了生产部门，这就是职能部门。此时，组织中的每一个人的活动集中在某一个特定的部门，显然这是一种专业化分工的方式，是一种按照职能来划分部门的方式，这种形式就叫职能制组织结构，如图 5-3 所示。

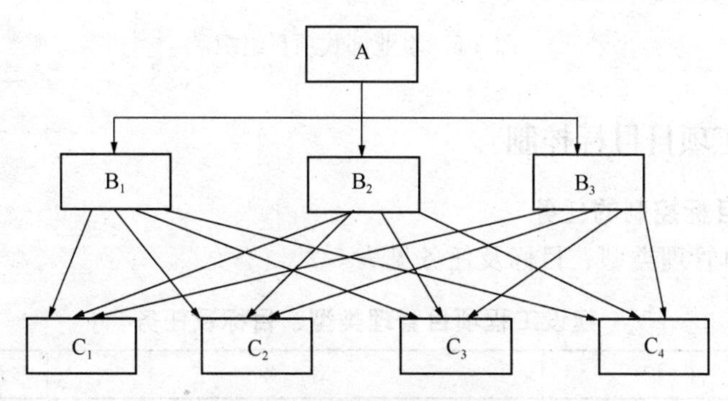

图 5-3　职能式项目组织

注：A、B、C 各节点均为组织中的某个职能部门

直线职能式组织结构的特点是：以直线为基础，在各级行政主管之下设置相应的职能部门（如计划、销售、供应、财务等部门）从事专业管理，作为该级行政主管的参谋，实行主管统一指挥与职能部门参谋-指导相结合。在直线职能型结构下，下级机构既受上级部门的管理，又受同级职能管理部门的业务指导和监督。各级行政领导人逐级负责，高度

集权。因而，这是一种按经营管理职能划分部门，并由最高经营者直接指挥各职能部门的体制，如图 5-4 所示。直线职能式兼具了直线式和职能式的特征，适合于大规模综合性的施工项目任务。

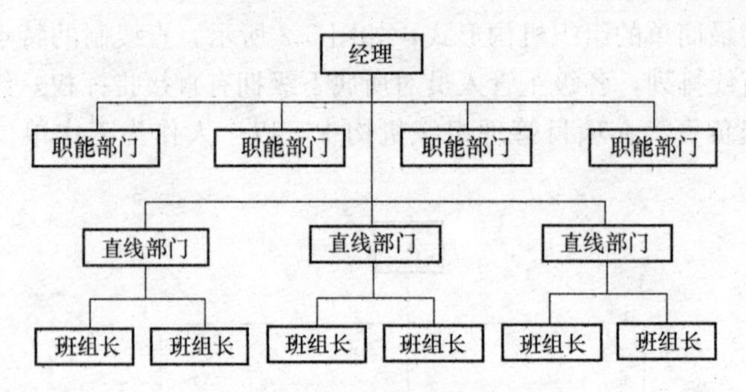

图 5-4 直线职能式项目组织

（3）事业部式项目组织

事业部式项目组织是指企业内作为派往项目的管理班子，对外具有独立法人资格的项目管理组织，如图 5-5 所示。例如：外地分公司、外地工程部、海外办事处等。该种项目组织形式适用于大型经营性企业的工程承包，特别适用于远离公司本部的工程承包。

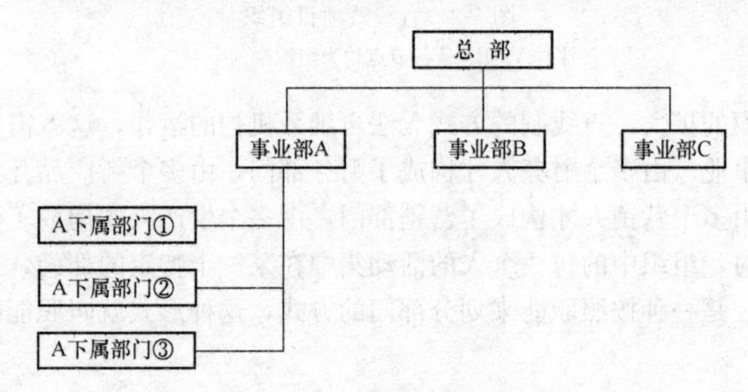

图 5-5 事业部式项目组织

5.1.4 施工项目目标控制

1. 施工项目目标控制的任务

建设工程项目管理类型、目标及任务见表 5-2。

建设工程项目管理类型、目标及任务　　表 5-2

项目管理类型	目 标	任 务	涉及的阶段	主要阶段
业主方的项目管理	投资目标、进度目标、质量目标	1. 安全管理 2. 投资控制 3. 进度控制 4. 质量控制 5. 合同管理 6. 信息管理 7. 组织和协调	实施阶段全过程（5 个阶段）	实施阶段

续表

项目管理类型	目 标	任 务	涉及的阶段	主要阶段
设计方的项目管理	设计的成本目标、设计的进度目标、设计的质量目标、项目的投资目标	1. 与设计工作有关的安全管理 2. 设计成本控制和与设计工作有关的工程造价控制 3. 设计进度控制 4. 设计质量控制 5. 设计合同管理 6. 设计信息管理 7. 与设计工作有关的组织和协调	实施阶段全过程（5个阶段）	设计阶段
施工方的项目管理	施工安全目标、施工成本目标、施工进度目标、施工质量目标	1. 施工安全管理 2. 施工成本控制 3. 施工进度控制 4. 施工质量控制 5. 施工合同管理 6. 施工信息管理 7. 与施工有关的组织和协调	实施阶段全过程（5个阶段）	施工阶段
供货方的项目管理	供货成本目标、供货进度目标、供货质量目标	1. 供货的安全管理 2. 供货的成本控制 3. 供货的进度控制 4. 供货的质量控制 5. 供货的合同管理 6. 供货的信息管理 7. 与供货有关的组织和协调	实施阶段全过程（5个阶段）	施工阶段
项目总承包方的项目管理	项目的总投资目标和总承包方的成本目标、项目的进度目标、项目的质量目标	1. 安全管理 2. 投资控制和总承包方的成本控制 3. 进度控制 4. 质量控制 5. 合同管理 6. 信息管理 7. 与建设项目总承包方有关的组织和协调	实施阶段全过程（5个阶段）	实施阶段

2. 施工项目控制四项管理和四大目标

施工过程中的四项管理包括项目现场管理、项目合同管理、信息管理、项目风险管理。

施工过程中的四大目标控制包括项目质量控制、项目成本控制、项目进度控制、项目安全控制。

3. 施工项目目标控制的手段和措施

施工项目目标控制的措施通常可以概括为组织措施、技术措施、经济措施和合同措施四个方面：

（1）组织措施。分析由于组织的原因而影响项目目标实现的问题，并采取相应的措施，如调整项目组织结构、任务分工、管理职能分工、工作流程组织和项目管理班子人员等。

（2）技术措施。分析由于技术（包括设计和施工的技术）的原因而影响项目目标实现的问题，并采取相应的措施，如调整设计、改进施工方法和改变施工机具等。

（3）经济措施。分析由于经济的原因而影响项目目标实现的问题，并采取相应的措施，如落实加快工程施工进度所需的资金等。

（4）管理措施（包括合同措施）。分析由于管理的原因而影响项目目标实现的问题，并采取相应的措施，如确定对目标控制有利的承发包模式和合同结构，拟订合同条款，参加合同谈判，处理合同执行过程中的问题，调整进度管理的方法和手段，改变施工管理，强化合同管理，以及做好防止和处理索赔的工作等，是建设工程目标控制的重要手段。

5.2 工程项目质量管理

5.2.1 施工项目质量管理的概念和方法

1. 质量管理的概念

《质量管理体系　基础和术语》GB/T 19000—2008标准中，质量管理的定义是：在质量方面指挥和控制组织的协调的活动。

质量管理的首要任务是确定质量方针、目标和职责，核心是建立有效的质量管理体系，通过具体的四项活动，即质量策划、质量控制、质量保证和质量改进，确保质量方针、目标的实施和实现。

质量管理应由项目经理负责，并要求参加项目的全体员工参与并从事质量管理活动，才能有效地实现预期的方针和目标。

2. 施工项目质量的影响因素

全面质量管理体现了“预防为主”的观念，从以往管结果转变为现今管影响工作质量的人、机、料、法、环境因素等。

（1）人

人是质量活动的主体，在这里人是泛指与工程有关的单位、组织及个人，包括：建设单位、勘察设计单位、施工承包单位，监理及咨询服务单位，政府主管及工程质量监督、检测单位，施工项目的决策者、管理者、作业者等。

（2）材料

材料控制包括原材料、成品、半成品、构配件等的控制，主要是严格检查验收，正确合理地使用，建立管理台账，进行收、发、储、运等各环节的技术管理，避免混料和将不合格的原材料使用到工程上。

（3）机械设备

施工机械设备是实现施工机械化的重要物质基础，是现代化施工中必不可少的设备，对施工项目的进度、质量均有直接影响。为此，施工机械设备的选用，必须综合考虑施工现场的条件、建筑结构类型、机械设备性能、施工工艺和方法、施工组织与管理、建筑技术经济等各种因素进行多方案比较，使之合理装备、配套使用、有机联系，以充分发挥机械设备的效能，力求获得较好的综合经济效益。

（4）工艺方法

这里所指的工艺方法控制，包含施工项目建设期内所采取的技术方案、工艺流程、组织实施、检测手段、施工组织设计等的控制。

（5）环境

影响施工项目质量的环境因素较多，有工程技术环境、工程管理环境、劳动环境等。环境因素对质量的影响，具有复杂而多变的特点，因此，根据工程特点和具体条件，应对影响质量的环境因素，采取有效的措施严加控制。尤其是施工现场，应建立文明施工和文明生产的环境，保持材料工件堆放有序，道路畅通，工作场所清洁整齐，施工程序井井有条，为确保质量、安全创造良好条件。

3. 工程项目质量管理的方法

质量管理和其他各项管理工作一样，要做到有计划、有措施、有执行、有检查、有总结，可能使整个管理工作循序渐进，保证工程质量不断提高。

为不断揭示工程项目实施过程中在生产、技术、管理诸多方面的质量问题，通常采用PDCA循环方法。PDCA分为四个阶段，即计划P（Plan）、执行D（Do）、检查C（Check）和处置A（Action）阶段。

（1）计划（P）

此阶段应确定任务、目标、活动计划和拟定措施，可理解为质量计划阶段，明确质量目标并制订实现质量目标的行动方案。

（2）实施（D）

此阶段是按照计划要求及制定的质量目标、质量标准、操作规程去组织实施。具体包含两个环节，即计划行动方案的交底和按计划规定的方法与要求展开工程作业技术活动。

（3）检查（C）

此阶段应将实际工作结果与计划内容相对比，通过检查，看是否达到预期效果，找出问题和异常情况。

（4）处置（A）

此阶段是总结经验，改正缺点，并将遗留问题转入下一轮循环。

5.2.2 施工项目质量控制系统的建立和运行

1. 质量控制的概念

《质量管理体系　基础和术语》GB/T 19000—2008标准中，质量控制的定义是：质量管理的一部分，致力于满足质量要求。

对质量控制的定义，还可以从以下几方面理解：

（1）质量控制的目标就是确保产品的质量能满足顾客、法律、法规等方面提出的质量要求。可通过定量或定性指标对质量进行描述和评价，如适用性、可靠性、安全性、经济性以及环境适宜性等。

（2）质量控制的范围涉及产品质量形成全过程的各个环节，任何一个环节的工作没有做好，会使产品质量受到损害而不能满足质量要求。

（3）质量控制的工作内容包括了作业技术和活动，也就是包括专业技术和管理技术两个方面。

（4）由于施工项目是根据业主的要求而兴建的，因此施工项目的质量总目标是根据业主建设意图提出来的，即通过项目的定义、建设规模、建设标准，使用功能的价值等一系列过程提出来的。施工项目质量控制，包括勘察设计、施工安装、竣工验收等阶段，均应围绕满足业主要求的质量总目标而展开。

2. 施工项目质量控制系统的建立

(1) 施工项目质量控制体系建立的原则

1) 分层次规划原则

施工项目质量控制体系应按层次性原则划分为两个层次，第一层次是对建设单位和工程总承包企业的质量控制体系进行设计；第二层次是对设计单位、施工企业、监理企业的质量控制体系进行设计。两个层次的质量控制分工不同，责任不同。

2) 总目标分解原则

为实现总质量目标，必须按结构层次自上而下按横向和纵向分层次展开，横向是各责任主体，纵向是各责任主体向下分解的分目标及子目标。目标展开其分、子目标值累加总和必须大于上级目标值或总目标值。

3) 质量责任制原则

建立质量责任制是把质量管理各方面的具体要求落实到每个责任主体、每个部门、每个工作岗位，以便使质量工作事事有人管、人人有专责、办事有标准、工作有检查、检查有考核。要将质量责任制与经济利益有机结合，把质量责任作为经济考核的主要内容。

4) 系统有效性原则

要求做到整体系统和局部系统的组织、人员、资源和措施落实到位，实施持续的质量改进，以提高各项质量的有效性。“有效性”是指做的事正确、效果好，能达到预期的目标。

(2) 施工项目质量控制系统的建立程序

1) 确定控制系统各层面组织的工程质量负责人及其管理职责，形成控制系统网络架构。

2) 确定控制系统组织的领导关系、报告审批及信息流转程序。

3) 制订质量控制工作制度，包括质量控制例会制度、协调制度、验收制度和质量责任制度等。

4) 部署各质量主体编制相关质量计划，并按规定程序完成质量计划的审批，形成质量控制依据。

5) 研究并确定控制系统内部质量职能交叉衔接的界面划分和管理方式。

3. 施工项目质量控制系统的运行

(1) 控制系统运行的动力机制

人是管理的动力，也是管理的对象。做好质量控制工作的关键是做好人的工作。要调动质量控制主体和各级各类人员的积极性，就要正确地运用动力机制，才能使质量控制持续而有效地向前发展，最终使质量控制主体各方达到多赢目的。

(2) 控制系统运行的约束机制

施工项目质量控制系统运行的约束机制来自于两个方面，一方面是质量责任主体和质量活动主体的自我约束能力，如经营理念、质量意识、职业道德及技术能力的发挥；另一方面是来自于外部的监控效力，如质量检查监督。缺乏约束机制就无法使工程质量处于受控状态。

（3）控制系统运行的反馈机制

施工项目处于不断变化的客观环境之中，质量控制是否有效，关键在于是否有灵敏、准确、有力的反馈。没有质量信息的反馈，就无法改进质量，就无法作出决策。

（4）控制系统运行的方式

在施工项目实施的各个阶段、不同的层面、不同的范围和不同的主体间，在进行质量控制时均应用PDCA循环原理，使系统始终处于控制之中。在应用PDCA循环的同时，还要抓好控制点的设置，加强重点控制和例外控制。

5.2.3 施工项目施工质量控制

1. 施工质量控制的总体目标

施工质量控制的总目标是贯彻执行建设工程质量法规和标准，正确配置生产要素，采用科 学管理的方法，实现工程项目预期的使用功能和质量标准。不同管理主体的施工质量控制目标不同。

（1）业主的质量控制目标，是通过施工过程的全面质量监督管理、协调和决策，保证竣工项目达到投资决策所确定的质量标准。

（2）设计单位在施工阶段的质量控制目标，是通过设计变更控制及纠正施工中所发现的 设计问题等，保证竣工项目的各项施工结果与设计文件所规定的标准相一致。

（3）施工单位的质量控制目标，是通过施工过程的全面质量自控，保证交付满足施工合同及设计文件所规定的质量标准的建设工程产品。

（4）监理单位在施工阶段的质量控制目标，是通过审核施工质量文件、施工指令和结算支付控制等手段的应用，监控施工承包人的质量活动行为，正确履行工程质量的监督责任，以保证工程质量达到施工合同和设计文件所规定的质量标准。

2. 施工质量控制的依据

（1）工程合同文件。

（2）设计文件。

（3）国家及政府有关部门颁布的有关质量管理方面的法律法规性文件。

（4）有关质量检验与控制的专门技术法规性文件。

3. 施工质量控制的工作程序

（1）在每项工程开始前，承包人须做好施工准备工作，然后填报工程开工报审表，附上该项工程的开工报告、施工方案及施工进度计划等，报送监理工程师审查，若审查合格，则由总监理工程师批复准予施工。否则，承包人应进一步做好施工准备，待条件具备时，再次填报开工申请。

（2）在每道工序完成后，承包人应进行自检，自检合格后，填报报验申请表交监理工程师检验。监理工程师收到检查申请后应在规定的时间内到现场检验，检验合格后予以确认。只有上一道工序被确认质量合格后，方能准许下道工序施工。

（3）当一个检验批、分项工程、分部工程完成后，承包人首先对检验批、分项工程、分部工程进行自检，填写相应质量验收记录表，确认工程质量符合要求，然后向监理工程师提交报验申请表并附上自检的相关资料，经监理工程师现场检查及对相关资料审核后，符合要求予以签认验收，反之，则指令承包人进行整改或返工处理。

(4) 在施工质量验收过程中，涉及结构安全的试块、试件以及有关材料，应按规定进行见证取样检测；对涉及结构安全和使用功能的重要分部工程，应进行抽样检测。承担见证取样检测及有关结构安全检测工作的单位应具有相应资质。

(5) 通过返修或加固处理仍不能满足安全使用要求的分部工程或单位工程严禁验收。

4. 工程施工质量验收

《建筑工程施工质量验收统一标准》GB 50300—2013 于 2014 年 6 月 1 日起实施，原《建筑工程施工质量验收统一标准》GB 50300—2001 同时废止。此标准的修订是为了加强建筑工程质量管理，统一建筑工程施工质量的验收，保证工程质量而制定的。本标准适用于建筑工程施工质量的验收，并作为建筑工程各专业验收规范编制的统一准则。本标准依据现行国家有关工程质量的法律、行政法规、管理标准和有关技术标准编制。建筑工程各专业验收规范应与本标准配合使用。施工质量验收除应符合本标准外，尚应符合国家现行有关标准的规定。

新标准相对于旧版标准，主要修订内容如下：

1) 增加符合条件时，可适当调整抽样复验、试验数量的规定。

2) 增加制定专项验收要求的规定。

3) 增加检验批最小抽样数量的规定。

4) 增加建筑节能分部工程，增加铝合金结构、太阳能热水系统、地源热泵系统子分部工程。

5) 修改主体结构、建筑装饰装修等分部工程中的分项工程划分。

6) 增加计数抽样方案的正常检验一次、二次抽样判定方法。

7) 增加工程竣工预验收的规定。

8) 增加勘察单位应参加单位工程验收的规定。

9) 增加工程质量控制资料缺失时，应进行相应的实体检验或抽样试验的规定。

(1) 基本术语

1) 检验：对被检验项目的特征、性能进行量测、检查、试验等，并将结果与标准规定的要求进行比较，以确定项目每项性能是否合格的活动。

2) 检验批：按相同的生产条件或规定的方式汇总起来供抽样检验用的，由一定数量样本组成的检验体。检验批是施工质量验收的最小单位，是分项工程验收的基础依据。

3) 验收：建筑工程质量在施工单位自行质量检查合格的基础上，由工程质量验收责任方组织，工程建设相关单位参加，对检验批、分项、分部、单位工程及其隐蔽工程的质量进行抽样检验，对技术文件进行审核，并根据设计文件和相关标准以书面形式对工程质量是否达到合格做出确认。

4) 主控项目：建筑工程中对安全、节能、环境保护和主要使用功能起决定性作用的检验项目。如混凝土结构工程中钢筋安装时，受力钢筋的品种、级别、规格和数量必须符合设计要求。

5) 观感质量：通过观察和必要的量测所反映的工程外在质量和功能状态。

6) 返修：对施工质量不符合规定的部位采取的整修等措施。

7) 返工：对施工质量不符合规定的部位采取的更换、重新制作、重新施工等措施。

8）复验：建筑材料、设备等进入施工现场后，在外观质量检查和质量证明文件核查符合要求的基础上，按照有关规定从施工现场抽取试样送至试验室进行检验的活动。

9）错判概率：合格批被判为不合格批的概率，即合格批被拒收的概率，用α表示。

10）漏判概率：不合格批被判为合格批的概率，即不合格批被误收的概率，用β表示。

(2) 建筑工程质量验收的划分

在对整个项目进行验收时，应首先评定检验批的质量，以检验批的质量评定各分项工程的质量，以各分项工程的质量来综合评定分部（子分部）工程的质量，再以分部工程的质量来综合评定单位（子单位）工程的质量。在质量评定的基础上，再与工程合同及有关文件相对照。

1）建筑工程质量验收应划分为单位（子单位）工程、分部（子分部）工程、分项工程和检验批。

2）单位工程的划分应按下列原则确定：

第一，具备独立施工条件并能形成独立使用功能的建筑物及构筑物为一个单位工程。第二，建筑规模较大的单位工程，可将其能形成独立使用功能的部分为一个子单位工程。

3）分部工程的划分应按下列原则确定：

第一，分部工程的划分应按专业性质、建筑部位确定。第二，当分部工程较大或较复杂时，可按材料种类、施工特点、施工程序、专业系统及类别等划分为若干分部工程。

4）分项工程应按主要工种、材料、施工工艺、设备类别等进行划分。

5）分项工程可由一个或若干检验批组成，检验批可根据施工及质量控制和专业验收需要按楼层、施工段、变形缝等进行划分。

6）室外工程可根据专业类别和工程规模划分单位（子单位）工程。

(3) 质量验收评定标准（质量验收合格条件）

在对整个项目进行验收时，应首先评定检验批的质量，以检验批的质量评定各分项工程的质量，以各分项工程的质量来综合评定分部（子分部）工程的质量，再以分部工程的质量来综合评定单位（子单位）工程的质量。

1）检验批质量验收合格的条件：

① 主控项目的质量经抽样检验均应合格。

② 一般项目的质量经抽样检验合格。当采用计数抽样时，合格率应符合有关专业验收规范的规定，且不得存在严重缺陷。

③ 具有完整的施工操作依据、质量检查记录。

2）分项工程质量验收合格的条件：

① 所含检验批的质量均应验收合格。

② 所含检验批的质量验收记录应完整。

3）分部（子分部）工程质量验收合格的条件：

① 所含分项工程的质量均应验收合格。

② 质量控制资料应完整。

③ 有关安全、节能、环境保护和主要功能的抽样检验结果应符合相应规定。

④ 观感质量应符合要求。

4）单位（子单位）工程质量验收合格的条件：

① 所含分部（子分部）工程的质量均应验收合格。

② 质量控制资料应完整。

③ 所含分部工程中有关安全、节能、环境保护和主要功能的检验资料应完整。

④ 主要使用功能的抽查结果应符合相关专业验收规范的规定。

⑤ 观感质量应符合要求。

5）当建筑工程施工质量不符合要求时，应按下列规定进行处理：

① 经返工重做或更换器具、设备的检验批，应重新进行验收。

② 经有资质的检测单位检测鉴定能够达到设计要求的检验批，应予以验收。

③ 经有资质的检测鉴定达不到设计要求、但经原设计单位核算认可能够满足结构安全和使用功能的检验批，可予以验收

④ 经返修成加固处理的分项、分部工程，虽然改变外形尺寸但仍能满足安全使用要求，可按技术处理方案和协商文件进行验收。

6）工程质量控制资料应齐全完整，当部分资料缺失时，应委托有资质的检测机构按有关标准进行相应的实体检验或抽样试验。

7）通过返修或加固处理仍不能满足安全或重要使用功能的分部工程、单位（子单位）工程，严禁验收。

（4）质量验收的程序和组织

1）检验批和分项工程质量验收的组织程序

检验批和分项工程验收前，施工单位先填好检验批和分项工程的验收记录；并由项目专业质量检验员和项目专业技术负责人分别在检验批和分项工程质量检验记录中相关栏目中签字，然后由监理工程师组织，严格按规定程序进行验收。检验批质量由专业监理工程师（或建设单位项目专业技术负责人）组织施工单位项目专业质量检查员等进行验收。分项工程质量应由监理工程师（或建设单位项目专业技术负责人）组织施工单位项目专业技术负责人等进行验收。

2）分部（子分部）工程质量验收组织程序

分部工程应由总监理工程师（或建设单位项目负责人）组织施工单位项目负责人和技术、质量负责人等进行验收。由于地基基础、主体结构技术性能要求严格，技术性强，关系整个工程的安全，因此，规定与地基基础、主体结构分部工程相关的勘察、设计单位工程项目负责人和施工单位技术、质量部门负责人也应参加相关分部工程验收。

3）单位（子单位）工程质量验收组织程序

单位工程中的分包工程完工后，分包单位应对所承包的工程项目进行自检，并应按《建筑工程施工质量验收统一标准》GB 50300—2013所规定的程序进行验收。验收时，总包单位应派人参加。分包单位应将所分包工程的质量控制资料整理完整后，并移交给总包单位。建设单位组织单位工程质量验收时，分包单位负责人应参加验收。

单位工程完工后，施工单位应组织有关人员进行自检。总监理工程师应组织各专业监理工程师对工程质量进行竣工预验收。存在施工质量问题时，应由施工单位及时整改。整改完毕后，由施工单位向建设单位提交工程竣工报告，申请工程竣工验收。最后，由建设单位组织正式验收。

单位（子单位）工程质量验收记录应由施工单位填写，验收结论由监理单位填写，综合验收结论由参加验收各方共同商定，建设单位填写。

5.3 工程项目安全管理

5.3.1 施工安全管理体系

1. 安全管理体系

安全管理体系是施工企业以保证施工安全为目标，运用系统的概念和方法，把安全管理的各阶段、各环节和各职能部门的安全职能组织起来，形成一个有明确的任务、职责和权限，对施工项目管理的安全状态规定的具体的要求和限定，通过科学管理和具体的措施，使施工项目的进行符合安全标准的要求。

安全管理体系是项目管理体系中的一个子系统，建立健全安全管理体系在于以下诸项目标：

（1）使项目参建人员面临的风险减少到最低限度

最终实现预防和控制工伤事故、职业病及其他损失的目标，同时又可以帮助企业在市场竞争中树立起一种负责的形象从而提高企业的竞争能力。

（2）直接或间接获得经济效益

通过实施《职业安全卫生管理体系》可以明显提高项目安全生产管理水平和经济效益。通过改善劳动者的作业条件，提高劳动者身心健康和劳动效率。

（3）实现以人为本的安全管理

人力资源的质量是提高生产率水平和促进经济增长的重要因素，而人力资源的质量是与工作环境的安全卫生状况密不可分的。职业安全管理体系的建立，将是保护和发展生产力的有效方法。

（4）提升企业的品牌和形象

在市场中的竞争已不再仅仅是资本和技术的竞争，企业综合素质的高低将是开发市场的最重要的条件，是企业品牌的竞争。而项目职业安全则是反映企业品牌的重要指标，也是企业素质的重要标志。

2. 安全生产管理目标

安全生产管理目标是指项目部根据企业的整体目标，在分析外部环境和内部条件的基础上，确定安全生产所要达到的目标，并采取一系列措施去努力实现这些目标的活动过程。主要负责人应对安全生产目标管理计划的制订与实施负第一责任。安全生产目标管理的基本内容包括目标体系的确立，目标的实施及目标成果的检查与考核。主要包括以下几方面：

（1）确定切实可行的目标值

采用科学的目标预测法，根据需要和可能，采取系统分析的方法，确定合适的目标值，并研究围绕达到目标应采取的措施和手段。

（2）根据安全目标的要求，制订实施办法

做到有具体的保证措施，力求量化，以便于实施和考核，包括组织技术措施，明确完成目标的程序和时间、承担具体责任的负责人，并签订承诺书。

(3) 规定具体的考核标准和奖惩办法

要认真贯彻执行《安全生产目标管理考核标准》。考核标准不仅应规定目标值，而且要把目标值分解为若干具体要求来考核。

(4) 安全生产目标管理必须与安全生产责任制挂钩

层层分解，逐级负责，充分调动各级组织和全体员工的积极性，保证安全生产管理目标的实现。

(5) 安全生产目标管理必须与项目的承包责任制挂钩

作为整个项目目标管理的一个重要组成部分，实行项目管理者目标责任制和各分包承包责任制的单位负责人，应把安全生产目标管理实现与他们的经济收入和荣誉挂起钩来，严格考核，兑现奖罚。

3. 施工安全管理责任制

(1) 项目经理

1) 对合同工程项目的安全生产负领导责任。

2) 在项目施工生产全过程中，认真贯彻落实安全生产方针、法律法规和各项规章制度，结合项目特点，提出有针对性的安全管理要求，严格履行安全考核指标和安全生产奖惩办法。

3) 认真落实施工组织设计中安全技术管理的各项措施，严格执行安全技术审批制度，施工项目安全交底制度和设施、设备交接验收使用制度。

4) 组织安全生产检查，定期分析承包项目施工中存在的不安全生产问题，并及时解决。

5) 发生事故，及时上报，保护好现场，做好抢救工作，积极配合调查，认真落实纠正和预防措施。

(2) 工程师

1) 对工程项目中的安全生产负技术领导责任。

2) 严格执行安全生产技术规程、规范、标准，主持项目安全技术措施交底工作。

3) 组织编制施工组织设计的制定工作、安全技术措施，保证其可行性与针对性，并检查监督，落实工作。

4) 及时组织使用新材料、新技术、新工艺人员的安全技术培训。认真执行安全技术措施与安全操作规程，防止施工中因化学物品引起的火灾、中毒或其新工艺实施中可能造成的事故。

5) 主持安全防护设施和设备的验收。

6) 参加安全生产检查，从技术上分析施工中不安全因素产生的原因，提出改进措施。

(3) 安全员

1) 认真执行安全生产规章制度，不违章指导。

2) 落实施工组织设计中的各项安全技术措施。

3) 经常进行安全检查，消除事故隐患，制止违章作业。

4) 对员工进行安全技术和安全纪律教育。

5）发生工伤事故及时报告，并认真分析原因，提出和落实改进措施。

（4）工长、施工员

1）组织实施安全技术措施，进行安全技术交底。

2）组织对施工现场各种安全防护装置进行验收，合格后方能使用。

3）不违章指挥。

4）组织学习安全操作规程，教育工人不违章作业。

5）认真消除事故隐患，发生工伤事故要保护现场，并立即上报，协助事故调查。

（5）班组长

1）安排生产任务时要认真进行安全技术交底，严格执行本工种安全操作规程，有权拒绝违章指挥。

2）岗前要对所使用的机具、设备、防护用具及作业环境进行安全检查，发现问题立即采取改进措施，及时消除事故隐患。

3）组织班组开展安全活动，开好岗前安全生产会，做好收工前的安全检查，坚持周安全讲评工作。

4）发生工伤事故要立即组织抢救，保护好现场并向工长报告。

（6）分包单位负责人

1）认真执行安全生产的各项法规、规定、规章及安全操作规程，合理安排班组人员工作，对全体员工在施工生产中的安全和健康负责。

2）严格履行劳务用工审批登记程序，做好岗位安全培训，经常组织学习安全操作规程，监督员工遵守劳动、安全纪律，做到不违章指挥，制止违章作业。

3）保持员工相对稳定，需要变更时，须事先向有关部门申报，批准后新来人员按规定办理各种手续，并经岗前安全教育后，方能上岗。

4）根据上级的交底向各工种进行详细的书面安全交底，针对当天任务、作业环境等情况，提出岗前安全要求，并监督执行。

5）定期组织安全检查。熟知作业现场安全生产状况，发现问题，及时纠正解决。

6）发生伤亡及未遂事故，保护好现场，做好伤者抢救工作，并立即上报有关领导。

5.3.2 施工安全技术措施

1. 施工安全技术措施编制的要求

（1）要有超前性

应在开工前编制，在工程图纸会审时，就应考虑到施工安全。因为开工前已编审了安全技术措施，用于该工程的各种安全设施有较充分的时间做准备，为保证各种安全设施的落实。由于工程变更设计情况变化，安全技术措施也应及时相应补充完善。

（2）要有针对性

施工安全技术措施是针对每项工程特点而制定的，编制安全技术措施的技术人员必须掌握工程概况、施工方法、施工环境、条件等第一手资料，并熟悉安全法规、标准等才能编写有针对性的安全技术措施；主要考虑以下几个方面：

（3）要有可靠性

安全技术措施均应贯彻于每个施工工序之中，力求细致全面、具体可靠。如施工平面布置不当，临时工程多次迁移，建筑材料多次转运，不仅影响施工进度，造成很大浪费，有的还留下安全隐患。再如易爆易燃临时仓库及明火作业区、工地宿舍、厨房等定位及间距不当，可能酿成事故。只有把多种因素和各种不利条件，考虑周全，有对策措施，才能真正做到预防事故。

(4) 要有操作性

对大中型项目工程，结构复杂的重点工程除必须在施工组织总体设计中编制施工安全技术措施外，还应编制单位工程或分部分项工程安全技术措施，详细制定出有关安全方面的防护要求和措施，确保单位工程或分部分项工程的安全施工。此外，还应编制季节性施工安全技术措施。

2. 施工安全技术措施编制的主要内容

应根据工程施工特点不同危险因素，按照有关规程的规定，结合以往的施工经验与教训，编制针对具体工程的安全技术措施。

(1) 一般工程安全技术措施

1) 根据基坑、基槽、地下室等开挖深度、土质类别，选择开挖方法，确定边坡的坡度或采取何种护坡支撑和护地桩、以防塌方。

2) 脚手架、吊篮等选用及设计搭设方案和安全防护措施。

3) 高处作业的上下安全通道。

4) 安全网（平网、立网）的架设要求，范围（保护区域）、架设层次、段落。

5) 对施工电梯、井架（龙门架）等垂直运输设备，位置搭设要求，稳定性、安全装置等的要求。

6) 施工洞口的防护方法和主体交叉施工作业区的隔离措施。

7) 场内运输道路及人行通道的布置。

8) 编制临时用电的施工组织设计和绘制临时用电图纸。在建工程（包括脚手架具）的外侧边缘与外电架空线路的间距达到最小安全距离采取的防护措施。

9) 防火、防毒、防爆、防雷等安全措施。

10) 在建工程与周围人行通道及民房的防护隔离设置。

(2) 特殊工程施工安全技术措施

对于结构复杂，危险性大的特殊工程，应编制单项的安全技术措施。如，爆破、大型吊装、沉箱、沉井、烟囱、水塔、特殊架设作业，高层脚手架、井架和拆除工程必须编制单项的安全技术措施。并注明设计依据，做到有计算、有详图、有文字说明。

(3) 季节性施工安全措施

季节性施工安全措施，就是考虑不同季节的气候，对施工生产带来的不安全因素，可能造成的各种突发性事故，从防护上、技术上、管理上采取的措施。季节性主要指夏季、雨期和冬期。各季节性施工安全的主要内容是：

1) 夏期气候炎热，高温时间持续较长，主要是做好防暑降温工作。

2) 雨期进行作业，主要应做好防触电、防雷、防坍方与防台风和防洪的工作。

3) 冬期进行作业，主要应做好防风、防火、防冻、防滑、防煤气中毒、防亚硝酸钠中毒的工作。

3. 施工安全技术措施的实施要求

经批准的安全技术措施具有技术法规的作用，必须认真贯彻执行。遇到因条件变化或考虑不周需变更安全技术措施内容时，应经原编制，审批人员办理变更手续，否则不能擅自变更。

(1) 工程开工前，应将工程概况、施工方法和安全技术措施，向参加施工的工地负责人、工班长进行安全技术措施交底，每个单项工程开工前，应重复进行单项工程的安全技术交底工作。使执行者了解其要求，为落实安全技术措施打下基础，安全交底应有书面材料，双方签字并保存记录。

(2) 安全技术措施中的各种安全设施的实施应列入施工任务计划单，责任落实到班组或个人，并实行验收制度。

(3) 加强安全技术措施实施情况的检查，技术负责人、安全技术人员应经常深入工地检查安全技术措施的实施情况，及时纠正违反安全技术措施的行为，各级安全管理部门应以施工安全技术措施为依据，以安全法规和各项安全规章制度为准则，经常性地对工地安全技术措施实施情况进行检查，并监督各项安全措施的落实。

(4) 对安全技术措施的执行情况，除认真监督检查外，还应建立起与经济挂钩的奖罚制度。

5.3.3 施工安全教育与培训

1. 安全教育的内容

安全教育，主要包括安全生产思想、安全知识、安全技能和法制教育四个方面的内容。

(1) 安全生产思想教育

1) 思想认识的教育，首先提高各级领导和全体员工对安全生产重要意义的认识，从思上认识搞好安全生产的重要意义，以增强关心人、保护人的责任感，树立牢固的群众观念；其次是通过安全生产方针、政策教育，提高各级领导和全体员工的政策水平，使他们正确全面地理解国家的安全生产方针政策，严肃认真地执行安全生产法律法规和规章制度。

2) 劳动纪律的教育。使全体员工懂得严格执行劳动纪律对实现安全生产的重要性，劳动纪律是劳动者进行共同劳动时必须遵守的规则和秩序。反对违章指挥，反对违章作业，严格执行安全操作规程，遵守劳动纪律是贯彻“安全第一，预防为主”的方针，减少伤亡事故，实现安全生产的重要保证。

(2) 安全知识教育

企业所有员工都应具备安全基本知识。因此，全体员工必须接受安全知识教育和每年按规定学时进行安全培训。安全基本知识教育的主要内容有企业的生产经营概况，施工生产流程、主要施工方法，施工生产危险区域及其安全防护的基本知识和注意事项，机械设备场内运输知识，电气设备（动力照明）、高处作业、有毒有害原材料等安全防护基本知识，以及消防器材使用和个人防护用品的使用知识等等。

(3) 安全技能教育

安全技能教育，就是结合本工种专业特点，实现安全操作、安全防护所必须具备的基本技能知识要求。每个员工都要熟悉本工种、本岗位专业安全技能知识。安全技能知识是比较专门、细致和深入的知识，它包括安全技术、劳动卫生和安全操作规程。国家规定建筑登高架设、起重、焊接、电气、爆破、压力容器、锅炉等特种作业人员必须进行专门的安全技能培训，经考试合格，持证上岗。

（4）法制教育

法制教育就是要采取各种有效形式，对员工进行安全生产法律法规、行政法规和规章制度方面教育，从而提高全体员工学法、知法、懂法、守法的自觉性，以达到安全生产的目的。

2. 新员工三级安全教育

三级教育是企业应坚持的安全生产基本教育制度，对新员工（包括新招收的合同工、临时工、学徒工、农民工、大中专毕业实习生和代培人员）都必须进行三级安全教育。三级安全教育一般由安全教育等部门配合组织进行。经教育考试合格者才准许进人生产岗位；不合格者应补课、补考。对新员工的三级安全教育情况，要建立档案。新员工工作一个阶段后还应进行重复性的安全继续教育，加深安全感性、理性的认识。

三级安全教育的主要内容：

（1）公司进行安全生产、法律法规教育的主要内容：

1）《宪法》、《刑法》、《建筑法》、《消防法》等法律有关章节条款；

2）国务院《关于加强安全生产工作的通知》；

3）国务院发布的《建筑安装工程安全技术规程》有关内容；

4）国务院行政主管部门发布的有关安全生产的规章制度；

5）事故发生的一般规律及典型事故案例；

6）预防事故的基本知识，急救措施。

（2）项目经理部进行规章制度和遵章守纪教育的主要内容：

1）国家法律、行政法规、行业规范、标准、规程和企业规章制度；

2）本项目工程特点及施工生产安全基本知识；

3）本单位安全生产制度、规定及安全注意事项；

4）本工种的安全技术操作规程；

5）机械设备、电气安全及高处作业等安全基本知识；

6）防火、防毒、防尘、防塌方、防爆知识及紧急情况下安全处置和安全疏散知识；

7）防护用品发放标准及防护用具使用的基本知识。

（3）班组安全生产教育由班组长主持，进行本工种岗位安全操作及班组安全制度、安全纪律教育的主要内容：

1）本班组作业特点及安全操作规程；

2）班组安全活动制度及纪律；

3）爱护和正确使用安全防护装置（设施）及个人劳动防护用品；

4）本岗位易发生事故的不安全因素及其防范对策；

5）本岗位的作业环境及使用的机械设备、工具安全要求。

5.4 工程项目成本管理

5.4.1 施工项目成本的构成

施工成本是指施工过程中所发生的全部生产费用的总和，施工成本是项目总成本的重要组成部分。我国现行建筑安装工程造价构成，根据《建筑安装工程费用项目组成》建标［2013］44号规定，由分部分项工程费、措施项目费、其他项目费、规费和税金五部分组成，分部分项工程费、措施项目费、其他项目费均包含人工费、材料费、施工机具使用费、企业管理费和利润。其具体构成如图5-6所示。

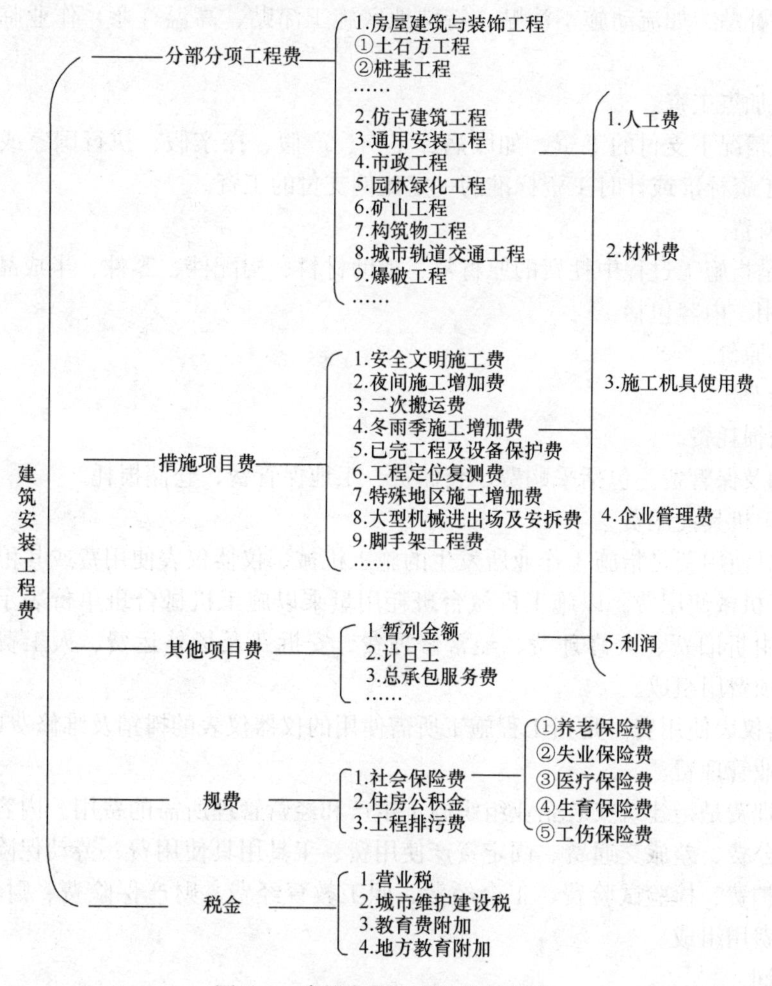

图5-6 建筑安装工程造价的组成

1. 分部分项工程费

分部分项工程费是指各专业工程的分部分项工程应予列支的各项费用。

(1) 专业工程：是指按现行国家计量规范划分的房屋建筑与装饰工程、仿古建筑工程、通用安装工程、市政工程、园林绿化工程、矿山工程、构筑物工程、城市轨道交通工程、爆破工程等各类工程。

(2) 分部分项工程：指按现行国家计量规范对各专业工程划分的项目。如房屋建筑与装饰工程划分的土石方工程、地基处理与桩基工程、砌筑工程、钢筋及钢筋混凝土工程等。

各类专业工程的分部分项工程划分见现行国家或行业计量规范。

(3) 人工费

人工费是指按工资总额构成规定，支付给从事建筑安装工程施工的生产工人和附属生产单位工人的各项费用。内容包括：

1) 计时工资或计件工资。

2) 奖金。如节约奖、劳动竞赛奖等。

3) 津贴补贴。如流动施工津贴、特殊地区施工津贴、高温（寒）作业临时津贴、高空津贴等。

4) 加班加点工资。

5) 特殊情况下支付的工资。如因病、工伤、产假、探亲假、执行国家或社会义务等原因按计时工资标准或计时工资标准的一定比例支付的工资。

(4) 材料费

材料费是指施工过程中耗费的原材料、辅助材料、构配件、零件、半成品或成品、工程设备的费用。内容包括：

1) 材料原价。

2) 运杂费。

3) 运输损耗费。

4) 采购及保管费。包括采购费、仓储费、工地保管费、仓储损耗。

(5) 施工机具使用费

施工机具使用费是指施工作业所发生的施工机械、仪器仪表使用费或其租赁费。

1) 施工机械使用费。以施工机械台班耗用量乘以施工机械台班单价表示，施工机械台班单价应由折旧费、大修理费、经常修理费、安拆费及场外运费、人工费、燃料动力费、税费七项费用组成。

2) 仪器仪表使用费。是指工程施工所需使用的仪器仪表的摊销及维修费用。

(6) 企业管理费

企业管理费是指建筑安装企业组织施工生产和经营管理所需的费用。内容包括管理人员工资、办公费、差旅交通费、固定资产使用费、工具用具使用费、劳动保险和职工福利费、劳动保护费、检验试验费、工会经费、职工教育经费、财产保险费、财务费、税金、其他十四项费用组成。

(7) 利润

是指施工企业完成所承包工程获得的盈利。

2. 措施项目费

措施项目费是指为完成建设工程施工，发生于该工程施工前和施工过程中的技术、生活、安全、环境保护等方面的费用。内容包括：

(1) 安全文明施工费

1）环境保护费：是指施工现场为达到环保部门要求所需要的各项费用。

2）文明施工费：是指施工现场文明施工所需要的各项费用。

3）安全施工费：是指施工现场安全施工所需要的各项费用。

4）临时设施费：是指施工企业为进行建设工程施工所必须搭设的生活和生产用的临时建筑物、构筑物和其他临时设施费用。包括临时设施的搭设、维修、拆除、清理费或摊销费等。

（2）夜间施工增加费：是指因夜间施工所发生的夜班补助费、夜间施工降效、夜间施工照明设备摊销及照明用电等费用。

（3）二次搬运费：是指因施工场地条件限制而发生的材料、构配件、半成品等一次运输不能到达堆放地点，必须进行二次或多次搬运所发生的费用。

（4）冬雨期施工增加费：是指在冬期或雨期施工需增加的临时设施、防滑、排除雨雪，人工及施工机械效率降低等费用。

（5）已完工程及设备保护费：是指竣工验收前，对已完工程及设备采取的必要保护措施所发生的费用。

（6）工程定位复测费：是指工程施工过程中进行全部施工测量放线和复测工作的费用。

（7）特殊地区施工增加费：是指工程在沙漠或其边缘地区、高海拔、高寒、原始森林等特殊地区施工增加的费用。

（8）大型机械设备进出场及安拆费：是指机械整体或分体自停放场地运至施工现场或由一个施工地点运至另一个施工地点，所发生的机械进出场运输及转移费用及机械在施工现场进行安装、拆卸所需的人工费、材料费、机械费、试运转费和安装所需的辅助设施的费用。

（9）脚手架工程费：是指施工需要的各种脚手架搭、拆、运输费用以及脚手架购置费的摊销（或租赁）费用。

措施项目及其包含的内容详见各类专业工程的现行国家或行业计量规范。

3. 其他项目费

（1）暂列金额：是指建设单位在工程量清单中暂定并包括在工程合同价款中的一笔款项。用于施工合同签订时尚未确定或者不可预见的所需材料、工程设备、服务的采购，施工中可能发生的工程变更、合同约定调整因素出现时的工程价款调整以及发生的索赔、现场签证确认等的费用。

（2）计日工：是指在施工过程中，施工企业完成建设单位提出的施工图纸以外的零星项目或工作所需的费用。

（3）总承包服务费：是指总承包人为配合、协调建设单位进行的专业工程发包，对建设单位自行采购的材料、工程设备等进行保管以及施工现场管理、竣工资料汇总整理等服务所需的费用。

4. 规费

规费是指按国家法律、法规规定，由省级政府和省级有关权力部门规定必须缴纳或计取的费用。包括：

（1）社会保险费

1）养老保险费：是指企业按照规定标准为职工缴纳的基本养老保险费。

2）失业保险费：是指企业按照规定标准为职工缴纳的失业保险费。

3）医疗保险费：是指企业按照规定标准为职工缴纳的基本医疗保险费。

4）生育保险费：是指企业按照规定标准为职工缴纳的生育保险费。

5）工伤保险费：是指企业按照规定标准为职工缴纳的工伤保险费。

（2）住房公积金：是指企业按规定标准为职工缴纳的住房公积金。

（3）工程排污费：是指按规定缴纳的施工现场工程排污费。

其他应列而未列入的规费，按实际发生计取。

5. 税金

税金：是指国家税法规定的应计入建筑安装工程造价内的营业税、城市维护建设税、教育费附加以及地方教育附加。

教育费附加和地方教育费附加对缴纳增值税、消费税、营业税的单位和个人征收，以其实际缴纳的增值税、消费税和营业税为计征依据，分别与增值税、消费税和营业税同时缴纳。教育费附加征收比率为3%；地方教育附加征收比率为2%。

5.4.2 项目成本管理的内容

项目成本管理的内容包括：成本预测、成本计划、成本控制、成本核算、成本分析和成本考核等。项目经理部在项目施工过程中对所发生的各种成本信息。通过有组织、有系统地进行预测、计划、控制、核算和分析等工作，使工程项目系统内各种要素按照一定的目标运行，从而将工程项目的实际成本控制在预定的计划成本范围内。

1. 成本预测

项目成本预测是通过成本信息和工程项目的具体情况，并运用一定的专门方法，对未来的成本水平及其可能发展趋势作出科学的估计，其实质就是在施工以前对成本进行核算。项目成本预测是项目成本决策与计划的依据。

2. 成本计划

项目成本计划是项目经理部对项目施工成本进行计划管理的工具。它是以货币形式编制工程项目在计划期内的生产费用、成本水平、成本降低率以及为降低成本所采取的主要措施和规划的书面方案，它是建立项目成本管理责任制、开展成本控制和核算的基础。一般来说，一个项目成本计划应包括从开工到竣工所必需的施工成本，它是降低项目成本的指导文件，是设立目标成本的依据。

3. 成本控制

项目成本控制是指在施工过程中，对影响项目成本的各种因素加强管理，并采取各种有效措施，将施工中实际发生的各种消耗和支出严格控制在成本计划范围内，随时揭示并及时反馈，严格审查各项费用是否符合标准，计算实际成本和计划成本之间的差异并进行分析，消除施工中的损失浪费现象，发现和总结先进经验。通过成本控制，使之最终实现甚至超过预期的成本节约目标。项目成本控制应贯穿在工程项目从招投标阶段开始直到项目竣工验收的全过程，它是企业全面成本管理的重要环节。

4. 成本核算

项目成本核算是指项目施工过程中所发生的各种费用和各种形式项目成本的核算。一是按照规定的成本开支范围对施工费用进行归集，计算出施工费用的实际发生额；二是根据成本核算对象，采用适当的方法，计算出该工程项目的总成本和单位成本。项目成本核算所提供的各种成本信息，是成本预测、成本计划、成本控制、成本分析和成本考核等各个环节的依据。因此，加强项目成本核算工作，对降低项目成本、提高企业的经济效益有积极的作用。

5. 成本分析

项目成本分析是在成本形成过程中，对项目成本进行的对比评价和剖析总结工作，它贯穿于项目成本管理的全过程，也就是说项目成本分析主要利用工程项目的成本核算资料(成本信息)，与目标成本（计划成本)、预算成本以及类似的工程项目的实际成本等进行比较，了解成本的变动情况，同时也要分析主要技术经济指标对成本的影响，系统地研究成本变动的因素，检查成本计划的合理性，并通过成本分析，深入揭示成本变动的规律，寻找降低项目成本的途径，以便有效地进行成本控制。

6. 成本考核

成本考核是指在项目完成后，对项目成本形成中的各责任者，按项目成本目标责任制的有关规定，将成本的实际指标与计划、定额、预算进行对比和考核，评定项目成本计划的完成情况和各责任者的业绩，并以此给以相应的奖励和处罚。通过成本考核，做到有奖有惩，赏罚分明，才能有效地调动企业的每一个职工在各自的施工岗位上努力完成目标成本的积极性，为降低项目成本和增加企业的积累做出自己的贡献。

5.4.3 项目成本管理的措施

为了取得施工成本管理的理想成效，应当从多方面采取措施实施管理，通常可以将这些措施归纳为组织措施、技术措施、经济措施和合同措施。

1. 组织措施

组织措施是从施工成本管理的组织方面采取的措施。施工成本控制是全员的活动，如实行项目经理责任制，落实施工成本管理的组织机构和人员，明确各级施工成本管理人员的任务和职能分工、权利和责任。施工成本管理不仅是专业成本管理人员的工作，各级项目管理人员也负有成本控制责任。

组织措施的另一方面是编制施工成本控制工作计划，确定合理详细的工作流程。要做好施工采购规划，通过生产要素的优化配置、合理使用、动态管理，有效控制实际成本；加强施工定额管理和施工任务单管理，控制活劳动和物化劳动的消耗；加强施工调度，避免因施工计划不周和盲目调度造成窝工损失、机械利用率降低，物料积压等而使施工成本增加。

2. 技术措施

施工过程中降低成本的技术措施，包括：进行技术经济分析，确定最佳的施工方案；结合施工方法，进行材料使用的比选，在满足功能要求的前提下，通过代用、改变配合比，使用添加剂等方法降低材料消耗的费用；确定最合适的施工机械、设备使用方案。结合项目的施工组织设计及自然地理条件，降低材料的库存成本和运输成本；先进的施工技术的应用，新材料的运用，新开发机械设备的使用等。在实践中，也要避免仅从技术角度选定方案而忽视对其经济效果的分析论证。

技术措施不仅对解决施工成本管理过程中的技术问题是不可缺少的，而且对纠正施工成本管理目标偏差也有相当重要的作用。因此，运用技术纠偏措施的关键，一是要能提出多个不同的技术方案，二是要对不同的技术方案进行技术经济分析。

3. 经济措施

经济措施是最易为人们所接受和采用的措施。管理人员应编制资金使用计划，确定、分解施工成本管理目标。对施工成本管理目标进行风险分析，并制定防范性对策。对各种支出，应认真做好资金的使用计划，并在施工中严格控制各项开支。及时准确地记录、收集、整理、核算实际发生的成本。对各种变更，及时做好增减账，及时落实业主签证，及时结算工程款。通过偏差分析和未完工程预测，可发现一些潜在的问题将引起未完工程施工成本增加，对这些问题应以主动控制为出发点，及时采取预防措施。由此可见，经济措施的运用绝不仅仅是财务人员的事情。

4. 合同措施

采用合同措施控制施工成本，应贯穿整个合同周期，包括从合同谈判开始到合同终结的全过程。首先是选用合适的合同结构，对各种合同结构模式进行分析、比较，在合同谈判时，要争取选用适合于工程规模、性质和特点的合同结构模式。其次，在合同的条款中应仔细考虑一切影响成本和效益的因素，特别是潜在的风险因素。通过对引起成本变动的风险因素的识别和分析，采取必要的风险对策，如通过合理的方式，增加承担风险的个体数量，降低损失发生的比例，并最终使这些策略反映在合同的具体条款中。在合同执行期间，合同管理的措施既要密切注视对方合同执行的情况，以寻求合同索赔的机会；同时也要密切关注自己履行合同的情况，以防止被对方索赔。

5.4.4 施工成本计划

1. 项目成本计划的类型

（1）竞争性成本计划

竞争性成本计划是工程项目投标及签订合同阶段的估算成本计划。

（2）指导性成本计划

指导性成本计划是选派项目经理阶段的预算成本计划，是项目经理的责任目标成本。

（3）实施性成本计划

即项目施工准备阶段的施工预算成本计划，它以项目实施方案为依据，落实项目经理责任目标为出发点，采用企业的施工定额，通过施工预算的编制而形成的实施性施工成本计划。

2. 项目成本计划编制的程序

编制成本计划的程序，因项目的规模大小、管理要求不同而不同。大中型项目一般采用分级编制的方式，即先由各部门提出部门成本计划，再由项目经理部汇总编制全项目工程的成本计划；小型项目一般采用集中编制方式，即由项目经理部先编制各部门成本计划，再汇总编制全项目的成本计划。编制程序如图 5-7 所示。

3. 项目成本计划编制的方法

施工成本计划的编制以成本预测为基础，关键是确定目标成本。成本计划的编制方法有以下几种：

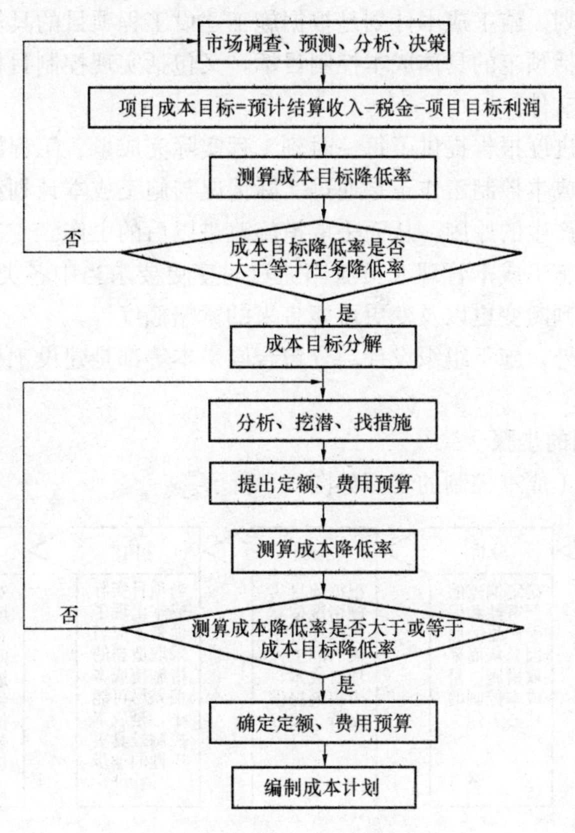

图 5-7 项目成本计划编制程序

（1）按施工成本组成编制施工成本计划

施工成本可以按成本组成分解为人工费、材料费、施工机械使用费、措施费和间接费。

（2）按项目组成编制施工成本计划

首先要把项目总施工成本分分解到单项工程和单位工程中，再进一步分解为分部工程和分项工程。

（3）按工程进度编制施工成本计划的方法

按工程进度编制施工成本计划，一般可利用控制项目进度的网络图进一步扩充得到。在建立网络图时，一方面确定完成各项工作所需花费时间，另一方面同时确定完成进一步工作的合适的施工成本计划。通过对施工成本目标按时间进行分解，在网络计划的基础上，可获得项目进度计划的横道图，并在此基础上编制成本计划。

5.4.5 施工成本控制

1. 施工成本控制的依据

（1）工程承包合同。工程成本控制要以工程承包合同为依据，围绕降低工程成本这个目标，从预算收入和实际成本两方面，努力挖掘增收节支潜力，以求获得最大的经济效益。

（2）施工成本计划。施工成本计划是根据施工建设工程项目的具体情况制定的施工成本控制方案。其既包括预定的具体成本控制目标，又包括实现控制目标的措施和规划，是施工成本控制的指导文件。

（3）进度报告。进度报告提供了每一时刻工程实际完成量、工程施工成本实际支付情况等重要信息。施工成本控制工作正是通过实际情况与施工成本计划相比较，找出二者之间的差别，分析偏差产生的原因，从而采取措施改进以后的工作。

（4）工程变更。施工成本管理人员应当通过对变更要求当中各类数据的计算、分析，随时掌握变更情况，判断变更以及变更可能带来的索赔额度等。

除了上述依据之外，施工组织设计、分包合同文本等都是建设工程项目施工成本控制的依据。

2. 施工成本控制的步骤

建设工程项目施工成本控制的步骤如图 5-8 所示。

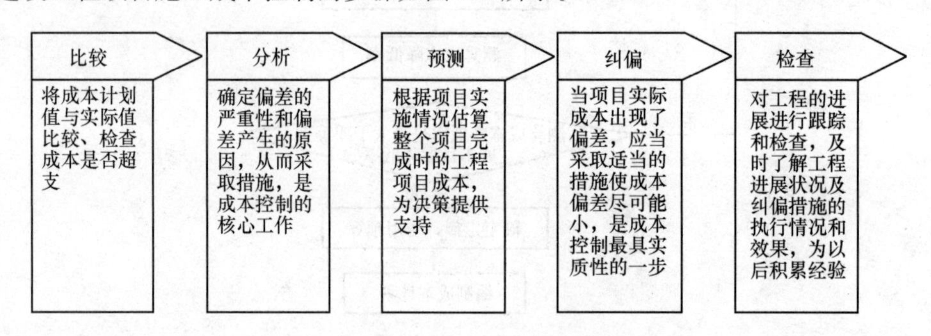

图 5-8　建设工程项目施工成本控制的步骤

3. 施工成本控制的方法

（1）偏差分析法

1）横道图法。用横道图法进行施工成本偏差分析，是用不同的横道标识已完工程计划施工成本、拟完工程计划施工成本和已完工程实际施工成本，横道的长度与其金额成正比，如图 5-9 所示。横道图法的优点是形象而直观，它能够准确表达出施工成本的绝对偏差，而且能一眼感受到偏差的严重性。但是，这种方法反映的信息量少，一般用于建设工程项目的决策分析层次。

项目编码	项目名称	施工成本参数数额	施工成本偏差	进度偏差	偏差原因
041	木门安装	30 30 30	0	0	
042	钢门安装	40 30 50	10	−10	
043	铝合金安装	40 40 50 10 20 30 40 50	10	0	
合计		110 100 130 100 200	20	10	

其中：已完工程计划施工成本　拟完工程计划施工成本　已完工程实际施工成本

图 5-9　横道图法

其中：

计划偏差：即计划成本与预算成本相比较的差额，反映了成本事前预控的状况。个别企业的建设工程项目计划成本与社会平均成本的差异，体现了该企业的技术与管理水平及赢利能力。计划偏差计算方法如下：

计划偏差＝计划成本－预算成本

实际偏差：即实际成本与计划成本相比较的差额，反映施工建设工程项目实际成本控制的效果和业绩，计算方法如下：

实际偏差＝实际成本－计划成本

实际成本：即企业在完成建筑安装工程施工中实际发生的费用总和，是反映企业经济活动效果的综合性指标。

进度偏差：

进度偏差：已完工程实际时间－已完工程计划时间

进度偏差：拟完工程计划成本－已完工程计划成本

拟完工程计划成本：拟完工程量（计划工程量）×计划单位成本

2）表格法。表格法是进行偏差分析最常用的一种方法，它具有灵活、适用性强、信息量大、便于计算机辅助施工成本控制等特点，见表5-3。

表格法施工成本偏差分析 **表5-3**

项目编码	(1)	041	042	043
项目名称	(2)	木门窗安装	钢门窗安装	铝合金门窗安装
单位	(3)			
预算(计划)单价	(4)			
计划工作量	(5)			
计划工作预算费用	(6)＝(5)×(4)	30	30	40
已完成工作量	(7)			
已完工作预算费用(BCWP)	(6)＝(5)×(4)	30	40	40
实际单价	(9)			
其他款项	(10)			
已完工作实际费用(ACWP)	(11)＝(7)×(9)＋(10)	30	50	50
费用局部偏差	(12)＝(8)—(11)	0	—10	—10
费用绩效指数CPI	(13)＝(8)÷(11)	1	0.8	0.8
费用累计偏差	(14)＝Σ(12)	—20		
进度局部偏差	(15)＝(8)—(6)	0	10	0
进度绩效指数SPI	(16)＝(8)÷(6)	1	1.33	1
进度累计偏差	(17)＝Σ(15)	10		

（2）赢得值法

赢得值法（Earned Value Management，EVM）作为一项先进的项目管理技术，最初是由美国国防部于1967年首次确立的。到目前为止国际上先进的工程公司已普遍采用赢得值法进行工程项目的费用、进度综合分析控制。用赢得值法进行费用、进度综合分析控制，基本参数有3项，即已完工作预算费用、计划工作预算费用和已完工作实际费用。赢得值评价曲线如图5-10所示。

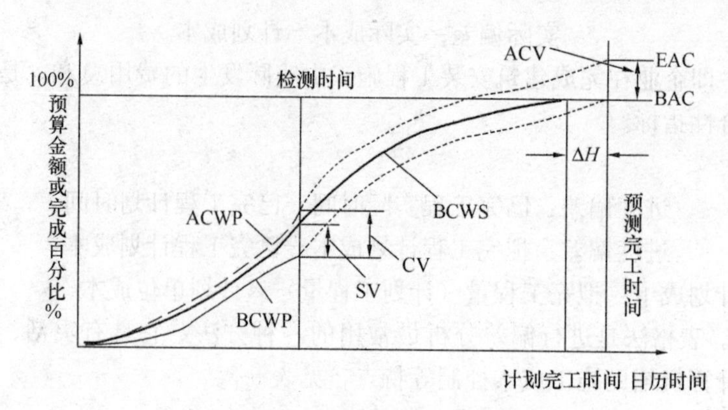

图 5-10 赢得值法评价曲线

1）赢得值法的 3 个基本参数

已完工作预算费用：BCWP（Budgeted Cost for Work Perform)，是指在某一时间已经完成的工作（或部分工作），以批准认可的预算为标准所需要的资金总额，由于业主正是根据这个值为承包人完成的工作量支付相应的费用，也就是承包人获得（挣得）的金额，故将之称为赢得值或挣值。已完工作预算费用(BCWP)＝已完成工作量×预算单价

计划工作预算费用：简称 BCWS（Budgeted Cost for Work Scheduled)，即根据进度计划，在某一时刻应当完成的工作（或部分工作），以预算为标准所需要的资金总额，一般来说，除非合同有变更，BCWS 在工程实施过程中应保持不变。

计划工作预算费用(BCWS)＝计划工作量×预算单价

已完工作实际费用：简称 ACWP（Actual Cost for Work Performed)，即到某一时刻为止，已完成的工作（或部分工作）所实际花费的总金额。

已完工作实际费用(ACWP)＝已完成工作量×实际单价

2）赢得值法的 4 个评价指标

在这 3 个基本参数的基础上，可以确定赢得值法的 4 个评价指标，它们也都是时间的函数。

费用偏差 CV(Cost Variance)＝已完工作预算费用(BCWP)－已完工作实际费用(ACWP)

当费用偏差（CV）为负值时，即表示项目运行超出预算费用；当费用偏差（CV）为正值时，表示项目运行节支，实际费用没有超出预算费用。

进度偏差 SV(Schedule Variance)＝已完工作预算费用(BCWP)－计划工作预算费用(BCWS)

当进度偏差（SV）为负值时，表示进度延误，即实际进度落后于计划进度；当进度偏差（SV）为正值时，表示进度提前，即实际进度快于计划进度。

费用绩效指数(CPI)＝已完工作预算费用(BCWP)/已完工作实际费用(ACWP)

当费用绩效指数(CPI)＜1 时，表示超支，即实际费用高于预算费用；当费用绩效指数(CPI)＞1 时，表示节支，即实际费用低于预算费用。

进度绩效指数(SPI)＝已完工作预算费用(BCWP)/计划工作预算费用(BCWS)

当进度绩效指数(SPI)＜1 时，表示进度延误，即实际进度比计划进度拖后；当进度绩效指数(SPI)>1 时，表示进度提前，即实际进度比计划进度快。

5.5 工程项目进度管理

5.5.1 工程项目进度管理的概念

1. 工程项目进度管理的内涵

建筑工程项目进度管理是指在项目实施过程中，对各阶段的进展程度和项目最终完成的期限所进行的管理。其目的是保证项目能在满足其时间约束条件前提下实现其总体目标，保证项目如期完成和合理安排资源供应、节约工程成本的重要措施之一。

建筑工程项目进度管理是项目管理的一个重要方面，它与项目投资管理、项目质量管理等同为项目管理的重要组成部分。它们之间有着相互依赖和相互制约的关系，工程管理人员在实际工作中要对这三项工作全面、系统、综合的加以考虑，正确处理好进度、质量和投资的关系，提高工程建设的综合效益。在这三大管理目标中，不能只片面强调某一方面的管理，而是要相互兼顾、相辅相成，这样才能真正实现项目管理的总目标。

2. 项目进度计划控制原理

建筑工程项目进度计划控制时，计划不变是相对的，变是绝对的；平衡是相对的，不平衡是绝对的，制订项目进度计划时所依据的条件在不断变化，工程项目的进度受许多因素的影响，必须事先对影响进度的各种因素进行调查，预测它们对进度可能产生的影响，编制可行的进度计划，指导工程建设按进度计划进行。同时，在工程项目进度控制时，必须经常地、定期地对变化的情况，采取对策，对原有的进度计划进行调整。

建筑工程项目进度控制原理包括下面几个方面：

(1) 动态控制原理

进度控制是一个不断进行的动态控制，也是一个循环进行的过程，从项目开始，计划就进入了执行的动态。实际进度与计划进度不一致时，采取相应措施调整偏差，使两者在新的起点重合，继续按其施工，然后在新的因素影响下又会产生新的偏差，施工进度计划控制就是采用这种动态循环的控制方法。

(2) 系统原理

施工进度控制包括计划系统、进度实施组织系统、检查控制系统。为了对施工项目进行进度计划控制，必须编制施工项目的各种进度计划，其中有施工总进度计划、单项工程进度计划、分部分项工程进度计划、季度和月（周）作业计划，这些计划组成了施工项目进度计划系统。为了保证进度实施，项目设有专门部门或人员负责检查汇报、统计整理进度实施资料，并与计划进度比较分析和进行调整，形成纵横相连的检查控制系统。

(3) 信息反馈原理

信息反馈是进度控制的依据，施工的实际进度通过信息反馈给基层进度控制人员，在分工范围内，加工整理逐级向上反馈，直到主控制室，主控制室对反馈信息，分析做出决策，调整进度计划，达到预定目标。

(4) 弹性原理

施工项目进度计划工期长、影响因素多，编制计划时要留有余地，使计划具有弹性，在进度控制时，便可以利用这些弹性缩短剩余计划工期，达到预期目标。

(5) 封闭循环原理

项目进度计划控制的全过程是计划、实施、检查、分析、确定调整措施、再计划，形成一个封闭的循环系统。

(6) 网络计划技术原理

在项目进度的控制中利用网络计划技术原理编制进计划，根据收集的信息，比较分析进度计划，再利用网络工期优化、成本与资源优化调整计划。网络计划技术原理是施工项目进度控制的完整计划管理和分析计算理论基础。

5.5.2 建筑工程流水施工

1. 流水施工的基本概念

在工程项目施工过程中，可以采用以下三种组织方式：依次施工、平行施工与流水施工。

(1) 依次施工

依次施工是指前一个施工过程在施工对象上全部完成后，才开始进行后一个施工过程的施工。这种施工方式组织简单，但是由于同一工种工人无法连续施工造成窝工，从而使得施工工期较长。

(2) 平行施工

平行施工是指把施工对象划分成若干部分，组织同一施工过程的不同班组在各部分同时开始平行作业。这种施工方式施工速度最快，但由于工作面拥挤，同时投入的人力、物力过多而造成组织困难和资源浪费。

(3) 流水施工

流水施工是把施工对象划分成若干施工段，每个施工过程的专业队（组）依次连续地在每个施工段上进行作业，当前一个专业队（组）完成一个施工段的作业之后，就为下一个施工过程提供了作业面，不同的施工过程，按照工程对象的施工工艺要求，先后相继投入施工，使各专业队（组）在不同的空间范围内可以互不干扰地同时进行不同的工作。流水施工能够充分、合理地利用工作面，减少或避免工人停工、窝工。而且，由于其连续性、均衡性好，有利于提高劳动生产率，缩短工期。同时，可以促进施工技术与管理水平的提高。

2. 流水施工的基本参数

流水参数主要包括工艺参数、空间参数与时间参数三类。

(1) 工艺参数

工艺参数主要指施工过程，一般以 n 表示。

(2) 空间参数

流水施工过程中的空间参数主要包括施工段与施工层。

1) 施工段

合理的流水段划分可以给施工管理带来很大的效益，如节省劳动力，节省工具设备，工序搭接紧凑，充分利用空间及时间。施工段一般以 m 表示。

2) 施工层

施工层是指为满足竖向流水施工的需要，在建筑物垂直方向上划分的施工区段，常用 j 表示。

（3）时间参数

流水施工过程中的时间参数主要包括流水节拍、流水步距与间歇时间。

1）流水节拍

流水节拍是指某施工过程的工作班组在一个流水段上的工作持续时间。流水节拍一般以 t 表示。

2）流水步距

流水步距是指前后两个相邻的施工过程先后开工的时间间隔。流水步距一般以 K 表示。

3）间歇时间

间歇时间指两个相邻的施工过程之间，由于工艺或组织上的要求而形成的停歇时间，包括工艺间歇时间和组织间歇时间。间歇时间一般以 Z 表示。

3. 流水施工的基本方式

（1）全等节拍专业流水

等节拍专业流水是指各个施工过程在各施工段上的流水节拍全部相等，并且等于流水步距的一种流水施工。等节拍流水一般适用于工程规模较小，建筑结构比较简单，施工过程不多的房屋或某些建筑物。该流水施工的横道图表示如图 5-11 所示。

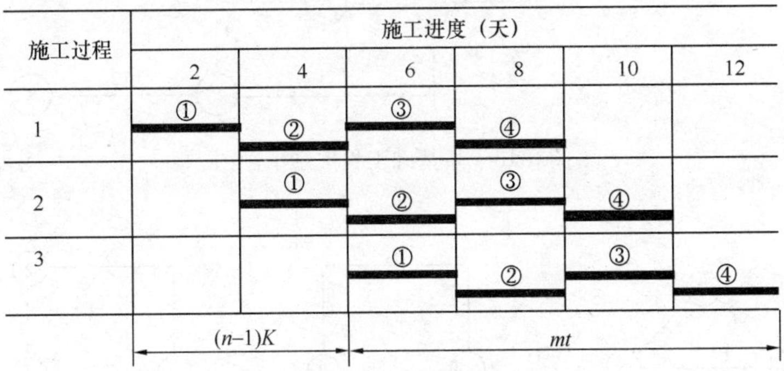

施工过程	施工进度（天）					
	2	4	6	8	10	12
1	①	②	③	④		
2		①	②	③	④	
3			①	②	③	④
	$(n-1)K$		mt			

图 5-11　全等节拍专业流水横道图

（2）无节奏专业流水

无节奏专业流水是指同一施工过程在各施工段上的流水节拍不全相等，各施工过程在同一施工段上的流水节拍也不全相等、也不全成倍数关系的流水施工方式。组织无节奏专业流水的基本要求是：各施工班组尽可能依次在施工段上连续施工，允许有些施工段出现空闲，但不允许许多个施工班组在同一施工段交叉作业，更不允许发生工艺顺序颠倒现象。

5.5.3　网络计划技术

1. 双代号网络图

（1）概述

双代号网络图是由箭线、节点和线路三个要素组成的网络图，如图示 5-12 所示。

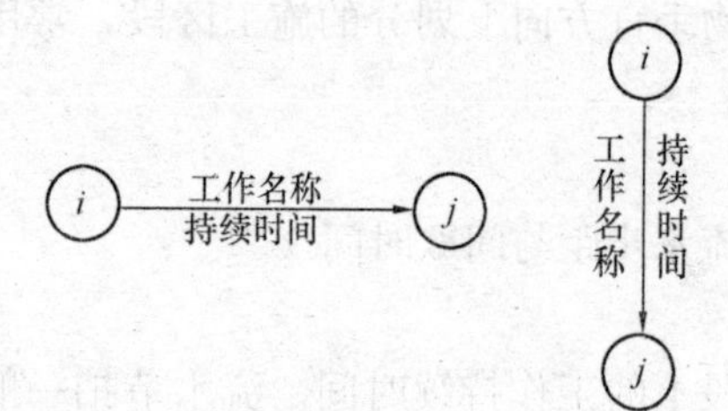

图 5-12　双代号网络图

双代号网络图中的工作分为两类：一类是既需消耗时间，又需消耗资源的工作，称为一般工作；另一类工作，它既不消耗时间，也不需要消耗资源的工作，称为虚工作。虚工作是为了反映各工作间的逻辑关系而引入的，并用虚箭线表示。如图 5-13 中所示。

（2）绘制规则

绘制双代号网络图需遵循下列规则：

1）网络图中不允许出现回路，如图 5-14（*a*）所示。

2）在网络图中，不允许出现代号相同的箭线，图 5-14（*b*），要用虚箭线加以处理，如图 5-14（*c*）所示。

3）在一个网络图中只允许一个起始节点和一个终止节点，图 5-14（*d*），正确的画法如图 5-14（*e*），图 5-14（*f*）是较好的画法。

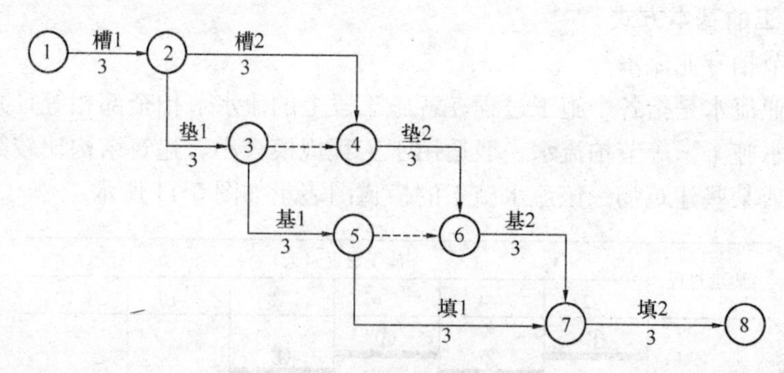

图 5-13　某基础工程关系示例图

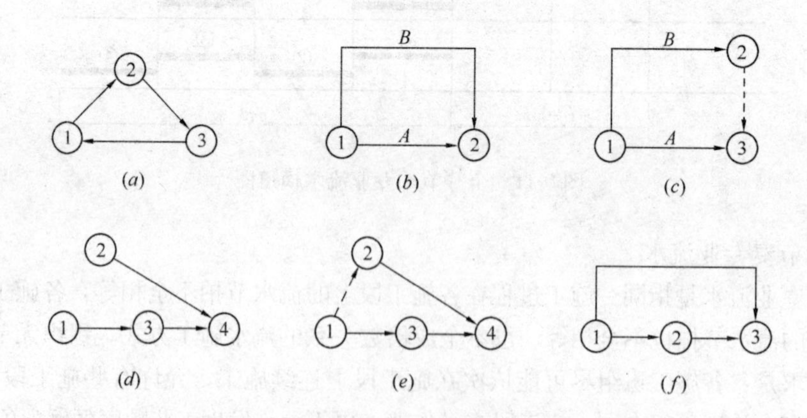

图 5-14　绘网络图规则示例图

4）网络图是有方向的，按习惯从第一个节点开始，各工作按其相互关系从左向右顺序连接，一般不允许箭线箭头从右方向指向左方向。

5）网络图中的节点编号不能出现重号，但允许跳跃顺序编号。用计算机计算网络时间参数时，要求一条箭线箭头节点编号应大于箭尾节点编号。

(3) 时间参数

双代号网络图中各个工作有 6 个时间参数，分别是：

最早开始时间 $ES_{i,j}$— 表示工作(i,j) 最早可能开始的时刻；

最早结束时间 $EF_{i,j}$— 表示工作(i,j) 最早可能结束的时刻；

最迟开始时间 $LS_{i,j}$— 表示工作(i,j) 最迟必须开始的时刻；

最迟结束时间 $LF_{i,j}$— 表示工作(i,j) 最迟必须结束的时刻；

总时差 $TF_{i,j}$— 表示工作(i,j) 在不影响总工期的条件下可以延误的最长时间；

自由时差 $FF_{i,j}$— 表示工作(i,j) 在不影响紧后工作最早开始时间的条件下，允许延误的最长时间。

2. 单代号网络图

(1) 概述

单代号绘图法用圆圈或方框表示工作，并在圆圈或方框内可以写上工作的编号、名称和持续时间，如图 5-15 所示。

图 5-15 单代号网络图

(2) 绘制规则

单代号网络的绘制规则基本同双代号网络，但是单代号网络图中无虚工作。若开始或结束工作有多个而缺少必要的逻辑关系时，须在开始与结束处增加虚拟的起点节点与终点节点。

5.5.4 施工项目进度控制

1. 影响施工项目进度的因素

(1) 人的干扰因素

如因业主使用要求的改变而引起的设计变更；业主应提供的场地条件不及时或不能满足工程需要；勘察资料不准确，特别是地质资料错误或遗漏而引起的不能预料的技术障碍；设计、施工中采用不成熟的工艺或技术方案失当；计划不周，导致停工待料和相关作业脱节，工程无法正常进行等。

(2) 材料、机具、设备干扰因素

如材料、构配件、机具、设备供应环节的差错，品种、规格、数量、时间不能满足工程的需要等。

(3) 地基干扰因素

如受地下埋藏文物的保护、处理的影响。

(4) 资金干扰因素

如业主资金方面的问题，未及时向施工单位或供应商拨款等。

(5) 环境干扰因素

如交通运输受阻，水、电供应不具备；外单位临近工程施工干扰，节假日交通、市容整顿的限制；恶劣天气、地震、临时停水、停电、交通中断、社会动乱等。

2. 施工项目进度控制的措施

进度控制的措施包括组织措施、技术措施、经济措施和合同措施等。

(1) 组织措施

1）建立进度控制小组，将进度控制任务落实到个人。

2）建立进度报告制度和进度信息沟通网络。

3）建立进度协调会议制度。

4）建立进度计划审核制度。

5）建立进度控制检查制度和调度制度。

6）建立进度控制分析制度。

7）建立图纸审查、及时办理工程变更和设计变更手续的措施。

（2）技术措施

1）采用多级网络计划技术和其他先进适用的计划技术。

2）组织流水作业，保证作业连续、均衡、有节奏。

3）缩短作业时间、减少技术间歇的技术措施。

4）采用电子计算机控制进度的措施。

5）采用先进高效的技术和设备。

（3）经济措施

1）对工期缩短给予奖励。

2）对应急赶工给予优厚的赶工费。

3）对拖延工期给予罚款、收赔偿金。

4）提供资金、设备、材料、加工订货等供应时间保证措施。

5）及时办理预付款及工程进度款支付手续。

6）加强索赔管理。

（4）合同措施

1）加强合同管理，加强组织、指挥、协调，以保证合同进度目标实现。

2）严格控制合同变更，对各方提出的工程变更和设计变更，经监理工程师严格审查后补进合同文件。

3）加强风险管理，在合同中充分考虑风险因素及其对进度的影响、处理办法等。

3. 施工阶段进度控制的内容

施工项目的进度控制主要包括以下内容：

（1）根据合同工期目标，编制施工准备工作计划、施工方案、项目施工总进度计划和单位工程施工进度计划。

（2）编制月（旬）作业计划和施工任务书。

（3）采用实际进度与计划进度对比的方法，以定期检查为主，应急检查为辅，对进度实施跟踪控制。

（4）监督并协助分包单位实施其承包范围内的进度控制。

（5）对项目及阶段进度控制目标的完成情况、进度控制中的经验和问题作出总结分析。

（6）接受监理单位的施工进度控制监理。

进度控制的循环过程如图 5-16 所示。

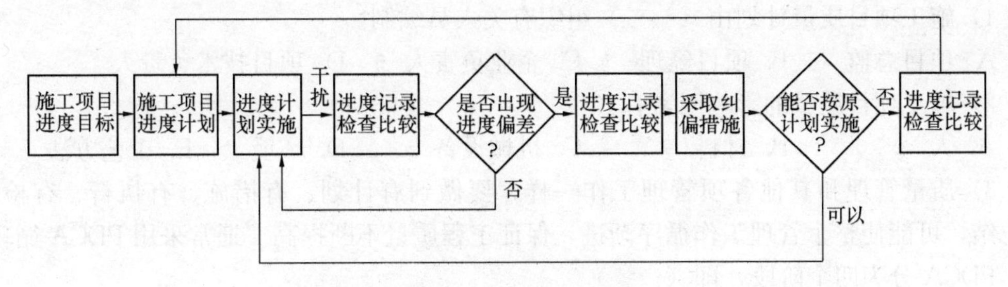

图 5-16　施工项目进度控制循环过程

5.6　工程项目管理基本知识综合分析

【例 5-1】

背景：某公司承接国际公寓工程，该工程总建筑面积约 30000m^2，地下 2 层，地上 12 层，主体结构形式为框架-剪力墙结构，结构跨度大，形式复杂。该工程的业主已委托该市某甲级工程监理单位进行工程监理。为保证工程施工质量，工程监理单位要求该施工企业开工前编制好该工程施工质量计划，做好质量预控工作。

分析：

施工项目质量计划是指确定施工项目的质量目标和如何达到这些质量目标所规定必要的作业过程、专门的质量措施和资源等工作。

（1）工项目质量计划的主要内容包括：

1）编制依据；

2）项目概述；

3）质量目标；

4）组织机构；

5）质量控制及管理组织协调的系统描述；

6）必要的质量控制手段，施工过程、服务、检验和试验程序及与其相关的支持性文件；

7）确定关键过程和特殊过程及作业指导书；

8）与施工阶段相适应的检验、试验、测量、验证要求；

9）更改和完善质量计划的程序。

（2）施工项目质量计划的编制依据：

1）工程承包合同、设计文件；

2）施工企业的《质量手册》及相应的程序文件；

3）施工操作规程及作业指导书；

4）各专业工程施工质量验收规范；

5）《建筑法》、《建设工程质量管理条例》、环境保护条例及法规；

6）安全施工管理条例等。

（3）例题：

1）施工项目质量计划由（　　）组织有关人员编制。

A. 项目总监　　B. 项目经理　　C. 企业负责人　　D. 项目技术负责人

2）施工项目质量的影响因素有（　　）。

A. 人　　B. 材料　　C. 机械设备　　D. 环境　　E. 工艺方法

3）质量管理和其他各项管理工作一样，要做到有计划、有措施、有执行、有检查、有总结，可能使整个管理工作循序渐进，保证工程质量不断提高。通常采用PDCA循环方法。PDCA分为四个阶段，即（　　）。

A. 计划　　B. 执行　　C. 检查　　D. 总结　　E. 处置

4）质量控制的工作内容包括了作业技术和活动，也就是包括专业技术和管理技术两个方面。（　　）

A. 正确　　B. 错误

5）把质量管理各方面的具体要求落实到每个责任主体、每个部门、每个工作岗位，以便使质量工作事事有人管、人人有专责、办事有标准、工作有检查、检查有考核。要将质量责任制与经济利益有机结合，把质量责任作为经济考核的主要内容。这是指施工项目质量控制体系建立中的（　　）。

A. 分层次规划原则　　B. 总目标分解原则

C. 质量责任制原则　　D. 系统有效性原则

知识点：施工项目质量计划的编制。

参考答案：B、ABCDE、ABCE、A、C。

第6章　建筑力学基本知识

用以承受和传递力作用的物体在力的作用下会发生变形甚至破坏，但构件又有一定的承载力，即具有一定的抵抗变形和破坏的能力，而构件的承载力又与构件的材料、截面形状和尺寸等有关。

在各种荷载作用下，建筑物必须保证要有足够的安全度，同时，又要经济合理，本章的任务就是解决安全与经济之间的矛盾。

6.1　平　面　力　系

6.1.1　力的基本性质

力在我们的生产和生活中随处可见，例如物体的重力、摩擦力、水的压力等，人们对力的认识从感性认识到理性认识形成力的抽象概念。

力：物体间的机械作用。

从力的定义中可以看出力是在物体间的相互作用中产生的，这种作用至少是两个物体，如果没有了这种作用，力也就不存在，所以力具有物质性。物体间相互作用的形式很多，大体分两类，一类是直接接触，例如物体间的拉力和压力；另一类是“场”的作用，例如地球引力场中重力，太阳引力场中万有引力等。

1. 力的作用效应（效果）

一是力的运动效应，即力使物体的机械运动状态变化，例如静止在地面上的物体当用力推它时，便开始运动；

二是力的变形效应，即力使物体大小和形状发生变化，例如钢筋受到横向力过大时将产生弯曲，粉笔受力过大时将变碎等。

2. 力的三要素

描述力对物体的作用效应由力的三要素决定，即力的大小、力的方向和力的作用点。

力的大小表示物体间机械作用的强弱程度。力的单位采用国际单位制，牛顿（N）或者千牛顿（kN），$1kN=10^3N$。力的方向是表示物体间的机械作用具有方向性，它包括方位和指向。力的作用点表示物体间机械作用的位置。一般说来，力的作用位置不是一个几何点而是有一定大小的一个范围。例如重力是分布在物体的整个体积上的，称为体积分布力；

水对池壁的压力是分布在池壁表面上的，称为面分布力；同理，若分布在一条直线上的力，称为线分布力；

当力的作用范围很小时，可以将它抽象为一个点，此点便是力的作用点，此力称为集中力。

3. 力的表示

力是矢量，记作 F，黑体均表示矢量，可以用一有向线段表示，如图 6-1 所示，有向线段 AB 的大小表示力的大小；有向线段 AB 的指向表示力的方向；有向线段的起点或终点表示力的作用点。

4. 静力学基本公理 1：二力平衡公理

作用在刚体上的两个力，使刚体保持平衡的必要和充分条件是：此二力必大小相等，方向相反，且作用在同一条直线上。如图 6-2 所示，矢量表示：

$$F_1 = F_2$$

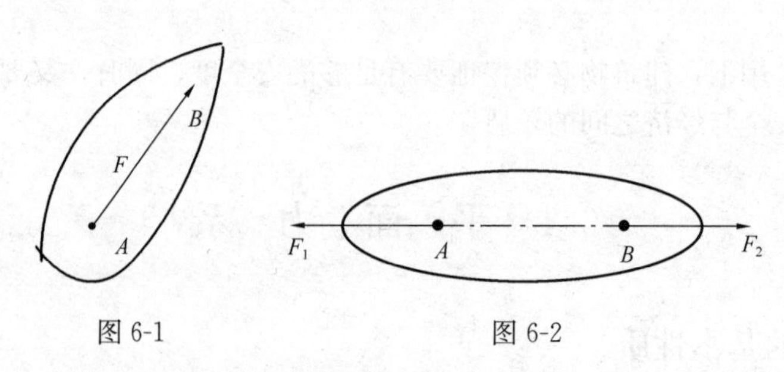

图 6-1　　　　图 6-2

应当指出：二力平衡原理对刚体是必要且充分的，对变形体则是必要的，而不是充分的。

5. 静力学基本公理 2：加减平衡力系原理

在作用于刚体的力系中加上或减去任意的平衡力系，并不改变原来力系对刚体的作用。

此原理表明平衡力系对刚体不产生运动效应，其适用条件只是刚体，根据此原理可有下面推论。

推论 1：力具有可传性

将作用在刚体上的力沿其作用线任意移动到其作用线的另一点，而不改变它对刚体的作用效应。

6. 静力学基本公理 3：力的平行四边形法则

作用在物体上同一点的两个力，可以合成为一个合力，此合力的大小和方向由此二力矢量所构成的平行四边形对角线来确定，合力的作用点仍在该点。如图 6-3 所示，F 为 F_1 和 F_2 的合力，即合力等于两个分力的矢量和，表达式：

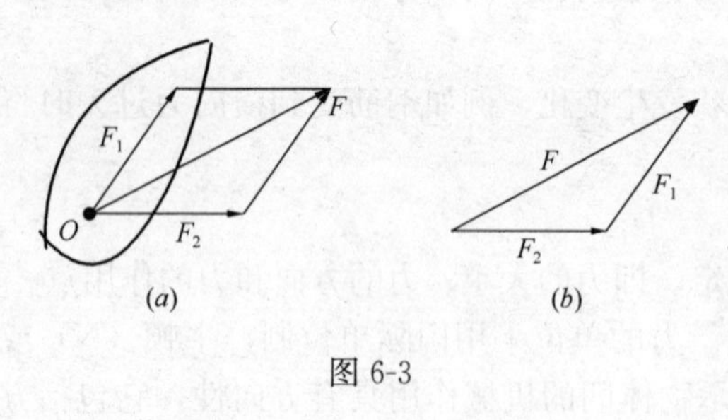

图 6-3

$$F = F_1 + F_2$$

也可采用三角形法则，如图 6-3(b) 所示，力的平行四边形法则是最简单的力系简化，同时此法则也是力的分解法则。

7. 静力学基本公理 4：作用力与反作用力定理

物体间的作用力与反作用力总是成对出现，其大小相等，方向相反，沿着同一条直线，且分别作用在两个相互作用的物体上。

如图 6-4 所示，C 铰处 F_c 与 F'_c 为一对作用力与反作用力。

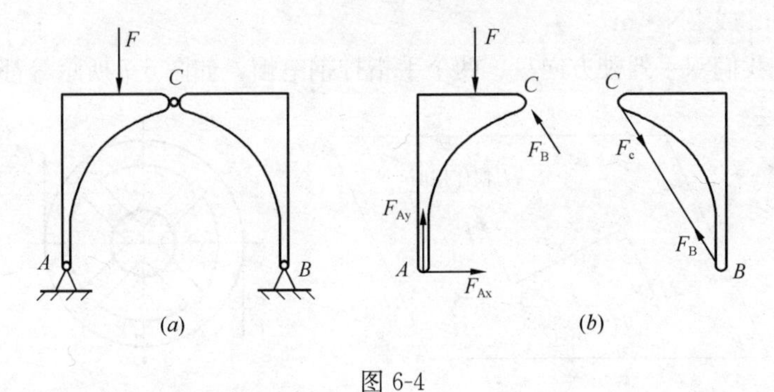

图 6-4

8. 静力学推论

推论 1：力具有可传性

将作用在刚体上的力沿其作用线任意移动到其作用线的另一点，而不改变它对刚体的作用效应。

推论 2：三力平衡汇交定理

刚体在三力作用下处于平衡，若其中两个力汇交于一点，则第三个力必汇交于该点。

6.1.2 力矩和力偶的性质

1. 力对点之矩

如图 6-5 示，在力 F 所在的平面内，力 F 对平面内任意点 O 的矩定义为：力 F 的大小与矩心点 O 到力 F 的作用线的距离 h 的乘积，它是代数量。其符号规定：力使物体绕矩心逆时针转动时为正，顺时针为负。h 称为力臂，用 $M_o(F)$ 表示，即：

$M_o(F) = \pm Fh = \pm 2\triangle OAB$ 的面积

单位：N·m 或 kN·m。

特殊情况：

(1) 当 $M_o(F)=0$ 时，力的作用线通过矩心力臂 $h=0$，或 $F=0$。

(2) 当力臂 h 为常量时，$M_o(F)$ 值为常数，即力 F 沿其作用线滑动，对同一点的矩为常数。

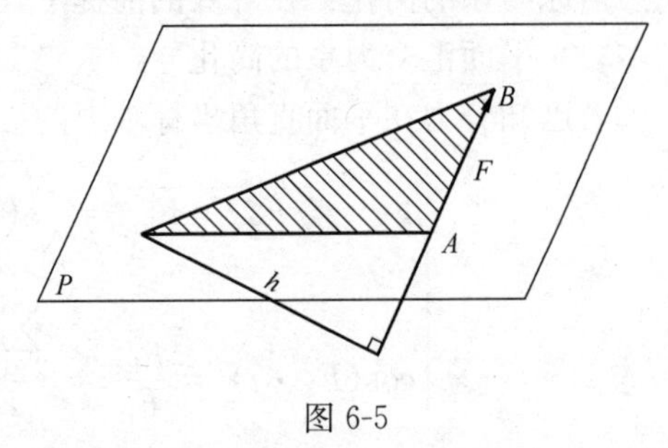

图 6-5

应当指出，力对点之矩与矩心的位置有关，计算力对点的矩时应指出矩心点。

2. 力偶

力偶的定义：由两个大小相等、方向相反且不共线的平行力组成的力系，记作（F，F'）。如图 6-6 所示，力偶所在的平面称为力偶的作用面，力偶中的两个力之间的垂直距离 d 称为力偶臂。

力偶对物体的转动效应用力偶矩来描述。

力偶矩等于力偶中力的大小与力偶臂的乘积，它是代数量。

其符号规定：力偶使物体逆时针转动为正，顺时针为负，用 M 表示，即：

$$M = \pm Fd = \pm 2\triangle ABC \text{ 的面积}$$

单位：N·m或kN·m。

在实际中，我们双手驾驶方向盘、两个手指拧钢笔帽，如图6-7所示等都是力偶的作用。

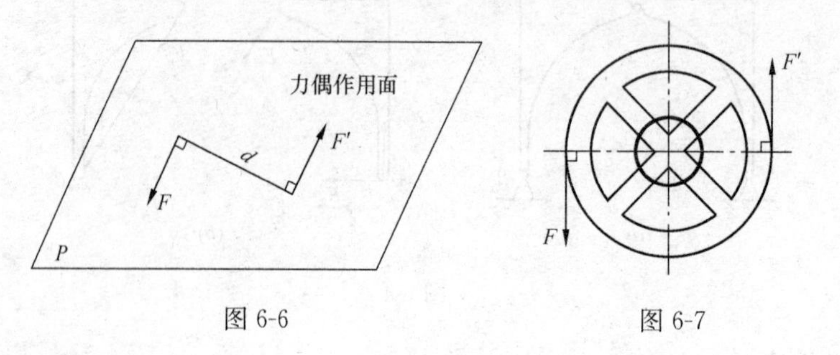

图6-6　　　　图6-7

3. 力偶的性质

性质1：力偶不能简化为一个合力。力偶没有合力，不能与一个力平衡，只能与力偶平衡。力偶在任意坐标轴上的投影都等于零。力偶是一个基本力学量。

性质2：力偶对其所在平面内任一点的矩恒等于力偶矩，而与矩心的位置无关。由于力偶由两个力组成，它的作用是使物体产生转动效应，因此，力偶对物体的转动效应，可以用力偶的两个力对其作用面内某点的矩的代数和来度量。

性质3：作用在同一平面内的两个力偶，只要它们的力偶矩的大小相等，转向相同，则该两个力偶彼此等效。

6.1.3　平面力系的平衡方程

1. 平面汇交力系的平衡

对原力系的简化：在等效的前提下，用最简单的形式代替原力系对刚体的作用。

(1) 平面汇交力系的简化

若已知分力在平面直角坐标轴上的投影 F_{xi}、F_{yi}，则合力 F_R 的大小和方向为：

$$\begin{cases} F_R = \sqrt{F_{Rx}^2 + F_{Ry}^2} = \sqrt{\left(\sum\limits_{i=1}^{n} F_{xi}\right)^2 + \left(\sum\limits_{i=1}^{n} F_{yi}\right)^2} \\ \cos(F_R \cdot i) = \dfrac{F_{Rx}}{F_R} = \dfrac{\sum\limits_{i=1}^{n} F_{xi}}{F_R},\ \cos(F_R \cdot j) = \dfrac{F_{Ry}}{F_R} = \dfrac{\sum\limits_{i=1}^{n} F_{yi}}{F_R} \end{cases}$$

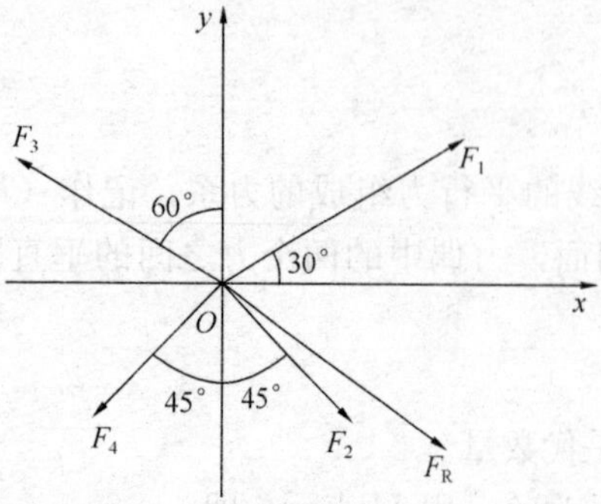

图6-8

【例题6-1】 已知：$F_1 = 100\text{N}$，$F_2 = 200\text{N}$，$F_3 = 300\text{N}$，$F_4 = 400\text{N}$，如图6-8所示，求平面汇交力系的合力。

解：根据公式得

$$F_{Rx} = \sum_{i=1}^{n} F_{xi}$$

$$= F_1\cos30^\circ + F_2\cos45^\circ - F_3\cos30^\circ - F_4\cos45^\circ$$

$$= 235.14\text{kN}$$

$$F_{Ry} = \sum_{i=1}^{n} F_{yi}$$
$$= F_1\cos60° - F_2\cos45° + F_3\cos60° - F_4\cos45°$$
$$= -224.2\text{kN}$$

$$F_R = \sqrt{F_{Rx}^2 + F_{Ry}^2} = \sqrt{(\sum_{i=1}^{n} F_{xi})^2 + (\sum_{i=1}^{n} F_{yi})^2} = 324.89\text{kN}$$

$$\cos(F_R \cdot i) = \frac{F_{Rx}}{F_R} = \frac{\sum_{i=1}^{n} F_{xi}}{F_R} = \frac{235.14}{324.89} = 0.7237$$

$$\cos(F_R \cdot j) = \frac{F_{Ry}}{F_R} = \frac{\sum_{i=1}^{n} F_{xi}}{F_R} = \frac{-224.2}{324.89} = -0.6901$$

方向角 $\alpha = (F_R \cdot i) = \pm 43.64°$，$\beta = (F_R \cdot j) = 180° \pm 46.36°$

合力的指向为第四象限。

（2）平面汇交力系的平衡

平面汇交力系平衡的必要与充分条件是平面汇交力系的合力为零。

$$F_R = \sqrt{F_{Rx}^2 + F_{Ry}^2} = \sqrt{(\sum_{i=1}^{n} F_{xi})^2 + (\sum_{i=1}^{n} F_{yi})^2} = 0$$

从而得平面汇交力系平衡方程：

$$\sum_{i=1}^{n} F_{xi} = 0 \quad \sum_{i=1}^{n} F_{yi} = 0$$

平面汇交力系平衡的解析条件是：力系中各力在直角坐标轴上的投影的代数和均为零。平面汇交力系平衡方程式为两个独立方程，可求解两个未知力。为简便起见方程可忽略下角标 i。

2. 平面一般力系的平衡

（1）平面任意力系向一点简化——主矢与主矩

设刚体上作用有 n 个力 F_1、F_2、…、F_n 组成的平面任意力系，如图 6-9（a）所示，在力系所在平面内任取点 O 作为简化中心，由力的平移定理将力系中各力矢量向 O 点平移，如图 6-9（b）所示，得到作用于简化中心 O 点的平面汇交力系 F'_1、F'_2、…、F'_n 和附加平面力偶系，其矩为 M_1、M_2、…、M_n。

平面汇交力系 F'_1、F'_2、…、F'_n 可以合成为力的作用线通过简化中心 O 的一个力 F'_R，此力称为原来力系的主矢，即主矢等于力系中各力的矢量和。有：

$$F'_R = F'_1 + F'_2 + \cdots + F'_n = F_1 + F_2 + \cdots + F_n = \sum_{i=1}^{n} F_i$$

平面力偶系 M_1、M_2、…、M_n 可以合成一个力偶，其矩为 M_o，此力偶矩称为原来力系的主矩，即主矩等于力系中各力矢量对简化中心的矩的代数和。有

$$M_o = M_1 + M_2 + \cdots + M_n = \sum_{i=1}^{n} M_o(F_i)$$

结论：平面任意力系向力系所在平面内任意点简化，得到一个力和一个力偶。

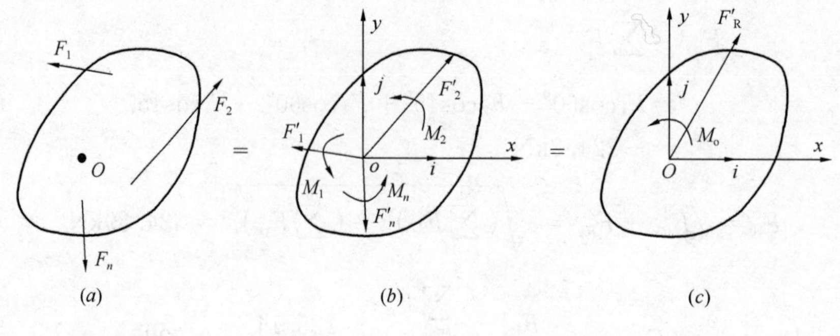

图 6-9

$$F_{\mathrm{R}}=\sqrt{F'^{2}_{\mathrm{Rx}}+F'^{2}_{\mathrm{Ry}}}=\sqrt{\left(\sum_{i=1}^{n}F_{\mathrm{x}i}\right)^{2}+\left(\sum_{i=1}^{n}F_{\mathrm{y}i}\right)^{2}}$$

$$\cos(F_{\mathrm{R}}\cdot i)=\frac{F'^{2}_{\mathrm{Rx}}}{F'^{2}_{\mathrm{R}}}=\frac{\sum_{i=1}^{n}F_{\mathrm{x}i}}{F_{\mathrm{R}}},\ \cos(F_{\mathrm{R}}\cdot j)=\frac{F'^{2}_{\mathrm{Ry}}}{F'^{2}_{\mathrm{R}}}=\frac{\sum_{i=1}^{n}F_{\mathrm{y}i}}{F_{\mathrm{R}}}$$

主矩的解析表达式为

$$M_{\mathrm{o}}(F_{\mathrm{R}})=\sum_{i=1}^{n}(x_{i}F_{\mathrm{y}i}-y_{i}F_{\mathrm{x}i})$$

（2）平面任意力系的平衡条件

平面任意力系平衡的必要与充分条件：力系的主矢和对任意点的主矩均等于零。即：

$$F'_{\mathrm{R}}=0\quad M_{\mathrm{o}}=0$$

由公式得

$$\sum_{i=1}^{n}M_{\mathrm{o}}(F_{i})=0\quad\sum_{i=1}^{n}F_{\mathrm{x}i}=0\quad\sum_{i=1}^{n}F_{\mathrm{y}i}=0$$

于是得平面任意力系平衡的解析条件：平面任意力系中各力向力系所在平面的两个垂直的坐标轴投影的代数和为零，各力对任意点的矩的代数和为零。上式为平面任意力系的平衡方程，是三个独立方程，最多只能解三个未知力。

【例题 6-2】如图 6-10 所示的刚架，已知：$q=3\mathrm{kN/m}$，$F=6\sqrt{2}\mathrm{kN}$，$M=10\mathrm{kN}\cdot\mathrm{m}$，不计刚架的自重，试求固定端 A 的约束力。

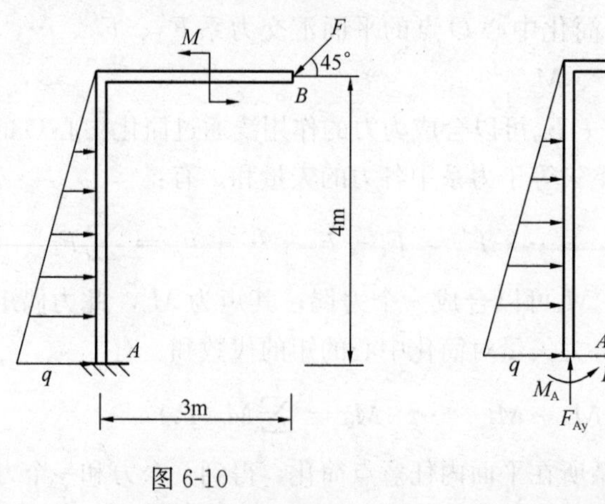

图 6-10　　　　图 6-11

解：（1）选刚架 AB 为研究对象，作用在它上的主动力有：三角形荷载 q、集中荷载 F、力偶矩 M；约束力为固定端 A 两个垂直分力 F_{Ax}、F_{Ay} 和力偶矩 M_A，如图 6-11 所示。

（2）建立坐标系，列平衡方程。

$$\sum_{i=1}^{n} M_A(F_i)=0,\ M_A-\frac{1}{2}q\times4\times\frac{1}{3}\times4+M-3F\sin4^{\circ}+4F\cos45^{\circ}=0$$

$$\sum_{i=1}^{n} F_{xi}=0,\ F_{Ax}+\frac{1}{2}q\times4-F\cos45^{\circ}=0$$

$$\sum_{i=1}^{n} F_{yi}=0,\ F_{Ay}-F\sin45^{\circ}=0$$

由上述公式解得固定端 A 的约束力为

$$F_{Ax}=0\quad F_{Ay}=6\text{kN}(\uparrow)\quad M_A=-8\text{kN}\cdot\text{m}(\text{顺时针})$$

【例题 6-3】 如图 6-12 所示的起重机平面简图，A 端为止推轴承，B 端为向心轴承，其自重为 $P_2=40\text{kN}$，起吊重物的重量为 $P_1=100\text{kN}$，几何尺寸如图 6-12（a），试求 A、B 端的约束力。

解：（1）选起重机 AB 为研究对象，作用在它上的主动力有：起重机的重力 P_2 和起吊重物的重力 P_1；约束力为止推轴承 A 端的 F_{Ax}、F_{Ay} 两个分力，向心轴承 B 端的垂直轴的力 F_{NB}，如图 6-12（b）所示。

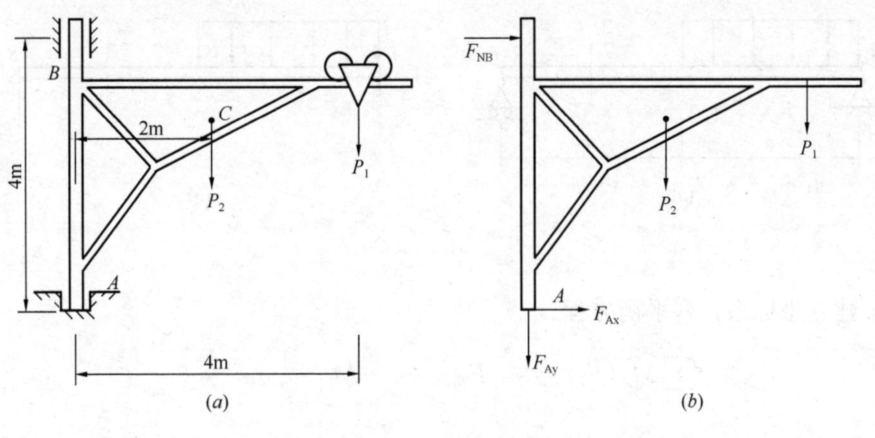

图 6-12

（2）建立坐标系，列平衡方程。

$$\sum_{i=1}^{n} M_A(F_i)=0,\ -4F_{NB}-2P_2-4P_1=0 \quad \text{(a)}$$

$$\sum_{i=1}^{n} F_{xi}=0,\ F_{NB}+F_{Ax}=0 \quad \text{(b)}$$

$$\sum_{i=1}^{n} F_{yi}=0,\ -F_{Ay}-P_2-P_1=0 \quad \text{(c)}$$

由式（a）、式（b）、式（c）解得 A、B 端的约束力为：

$$F_{NB}=-120\text{kN}(\leftarrow)\quad F_{Ax}=120\text{kN}(\rightarrow)\quad F_{Ay}=-140\text{kN}(\uparrow)$$

3. 平面平行力系的平衡

如图 6-13 所示，设在 oxy 坐标下，有一组力的作用线均与 y 轴平行的力系 F_1、F_2、…、F_n，此力系称为平面平行力系，若平衡上述方程变为：

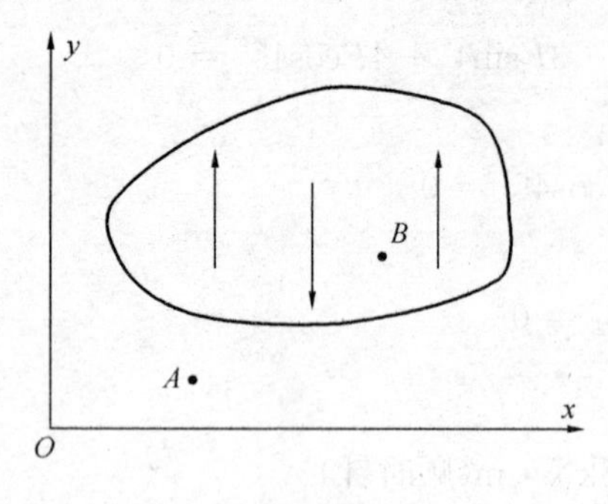

图 6-13

$$\sum_{i=1}^{n} M_{\mathrm{o}}(F_i) = 0 \quad \sum_{i=1}^{n} F_{\mathrm{y}i} = 0$$

则方程变为

$$\sum_{i=1}^{n} M_{\mathrm{A}}(F_i) = 0 \quad \sum_{i=1}^{n} M_{\mathrm{B}}(F_i) = 0$$

其中 A、B 连线不能与力的作用线平行。

因此平面平行力系的平衡方程共有两种形式，每种形式只能列两个方程，共解两个未知力。

【例题 6-4】 水平梁 AB，A 端为固定铰支座，B 端为水平面上的滚动支座，受力及几何尺寸如图 6-14 (a) 所示，若 $M=qa^2$ 试求 A、B 端的约束力。

解：(1) 选梁 AB 为研究对象，作用在它上的主动力有：均布荷载 q，力偶矩为 M；约束力为固定铰支座 A 端的 F_{Ax}、F_{Ay} 两个分力，滚动支座 B 端的铅垂向上的法向力 F_{NB}，如图 6-14 (b) 所示。

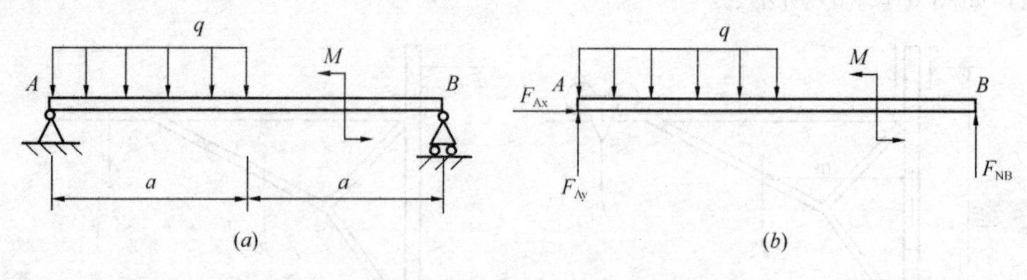

图 6-14

(2) 建立坐标系，列平衡方程。

$$\sum_{i=1}^{n} M_{\mathrm{A}}(F_i) = 0,\ F_{\mathrm{NB}} \cdot 2a + M - \frac{1}{2}qa^2 = 0 \tag{a}$$

$$\sum_{i=1}^{n} F_{\mathrm{x}i} = 0,\ F_{\mathrm{Ax}} = 0 \tag{b}$$

$$\sum_{i=1}^{n} F_{\mathrm{y}i} = 0,\ F_{\mathrm{Ay}} + F_{\mathrm{NB}} - qa = 0 \tag{c}$$

由式 (a)、式 (b)、式 (c) 解得 A、B 端的约束力为

$$F_{\mathrm{NB}} = -\frac{qa}{4}(\downarrow) \quad F_{\mathrm{Ax}} = 0 \quad F_{\mathrm{Ay}} = \frac{5qa}{4}(\uparrow)$$

负号说明原假设方向与实际方向相反。

【例题 6-5】 行走式起重机如图 6-15 (a)所示，设机身的重量为 $P_1=500\mathrm{kN}$，其作用线距右轨的距离为 $e=1\mathrm{m}$，起吊的最大重量为 $P=400\mathrm{kN}$，其作用线距右轨的最远距离为 $l=10\mathrm{m}$，两个轮距为 $b=3\mathrm{m}$，试求使起重机满载和空载不至于翻倒时，起重机平衡重 P_2 的值，平衡重 P_2 的作用线距左轨的距离为 $a=4\mathrm{m}$。

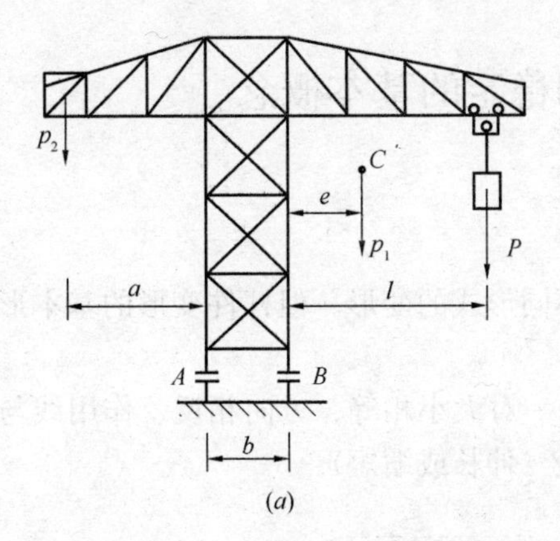

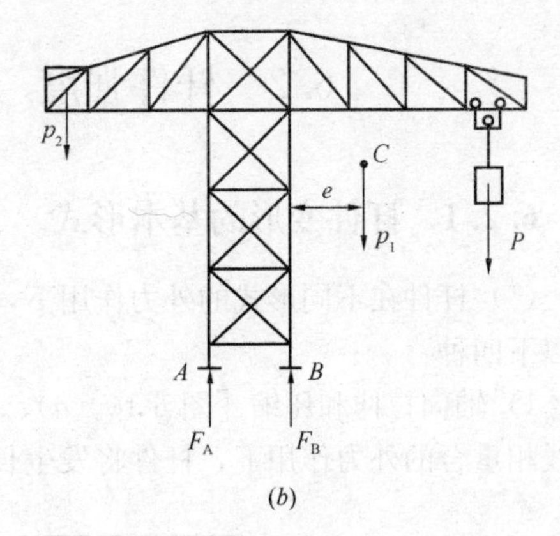

图 6-15

解：(1) 选起重机为研究对象，作用在它上的主动力有：起重机机身的重力 P_1 和起吊重物的重力 P，平衡重 P_2；约束力为 A 端 F_A，B 端 F_B，如图 6-4(b) 所示。

(2) 建立坐标系，列平衡方程。

当满载时：

$$\sum_{i=1}^{n} M_B(F_i) = 0,\ (a+b)P_2 - eP_1 - lP - bF_A = 0 \tag{a}$$

使起重机满载不至于翻倒的条件为

$$F_A \geqslant 0$$

从而由式 (a) 有

$$F_A = \frac{1}{b}[(a+b)P_2 - eP_1 - lP] \geqslant 0$$

解得平衡重 P_2：

$$P_2 \geqslant \frac{eP_1 + lP}{a+b} = \frac{1 \times 500 + 10 \times 400}{4+3} = 642.86\text{kN} \tag{b}$$

当空载时：

$$\sum_{i=1}^{n} M_A(F_i) = 0,\ aP_2 - (e+b)P_1 + bF_B = 0 \tag{c}$$

使起重机空载不至于翻倒的条件为

$$F_B \geqslant 0$$

从而由式 (c) 有

$$F_B = \frac{1}{b}[(e+b)P_1 - aP_2] \geqslant 0$$

解得平衡重 P_2： $$P_2 \leqslant \frac{(e+b)P_1}{a} = \frac{(1+3) \times 500}{4} = 500\text{kN} \tag{d}$$

因此由式 (b) 和式 (d) 得起重机平衡重 P_2 的值为

$$500\text{kN} \leqslant P \leqslant 642.88\text{kN}$$

6.2 杆件强度、刚度和稳定的基本概念

6.2.1 杆件变形的基本形式

（1）杆件在不同形式的外力作用下，将发生不同形式的变形。但杆件变形的基本形式有以下四种：

1）轴向拉伸和压缩［图 6-16（a）、（b）］。在一对大小相等、方向相反、作用线与杆轴线相重合的外力作用下，杆件将发生长度的改变（伸长或缩短）。

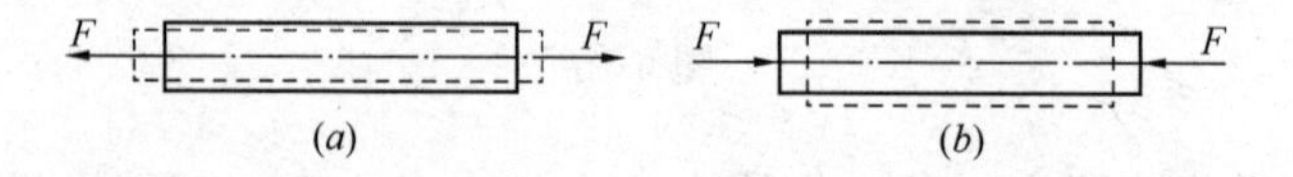

图 6-16 轴向拉伸与压缩受力和变形示意图

2）剪切（图 6-17）。在一对相距很近、大小相等、方向相反的横向外力作用下，杆件的横截面将沿外力方向发生错动。

3）扭转（图 6-18）。在一对大小相等、方向相反、位于垂直杆轴线的两平面内的力偶作用下，杆的任意横截面将绕轴线发生相对转动。

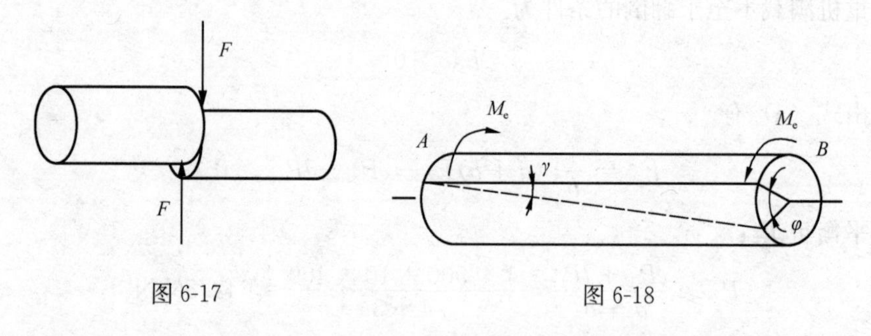

图 6-17　　　　图 6-18

4）弯曲（图 6-19）。在一对大小相等、方向相反、位于杆的纵向平面内的力偶作用下，杆件的轴线由直线弯成曲线。

（2）应力、应变的基本概念。

1）应力概念

截面上一点分布内力的集度称为该点的应力（图 6-20）。

$$p_m = \frac{\Delta F}{\Delta A}$$

p_m称为 ΔA 面积上的平均应力。一点的应力为 ΔA 趋于 0 时的平均应力，即：

$$p = \lim_{\Delta A = 0} \frac{\Delta F}{\Delta A}$$

p 称为截面上 k 点的应力。

单位为：Pa 或 kPa

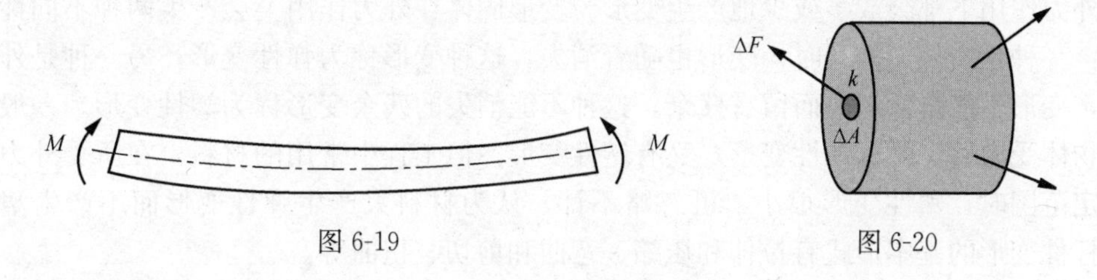

图 6-19　　　　图 6-20

2）应变概念

应变是指变形程度的大小，分为线应变和切应变或者角应变。图 6-21（b）中 Δu 与 Δx 比值ε 称为线应变。图 6-21(*c*) 中单元体相互垂直棱边夹角的该变量 Y，称为切应变或角应变。

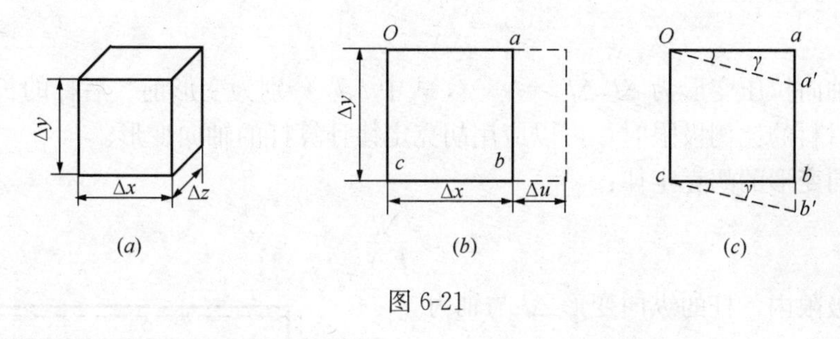

图 6-21

6.2.2　杆件强度的概念

在荷载作用下不发生破坏和断裂，即应具有足够的强度。强度是指结构或构件抵抗破坏和断裂的能力。

6.2.3　杆件刚度和稳定性的概念

在荷载作用下所产生的变形在工程的允许范围内，不影响正常使用，即具有足够的刚度。刚度是指结构或构件抵抗变形的能力。

承受荷载作用时，构件在其原有形态下的平衡状态应保持稳定的平衡，即应具有足够的稳定性。稳定性是指结构或构件保持原有平衡状态的能力。

6.3　材料强度、变形的基本知识

6.3.1　材料强度及常用强度指标

材料的强度是指工程材料在特定的受力状态下达到最大承载力时单位面积上承受的应力值，简而言之，材料的强度是指其抵抗破坏的能力，如抗拉（抗压）强度、抗扭强度、抗剪强度、抗弯强度等。

6.3.2　材料的变形

工程中构件和零件都是由固体材料制成，如铸铁、钢、木材、混凝土等。这些固体材料在外力作用下都会或多或少地产生变形。变形固体在外力作用上会产生两种不同性质的变形：一种是当外力消除时，变形也随着消失，这种变形称为弹性变形；另一种是外力消除后，变形不能全部消失而留有残余，这种不能消失的残余变形称为塑性变形。一般情况下，物体受力后，既有弹性变形，又有塑性变形。但工程中常用的材料，在所受外力不超过一定范围时，塑性变形很小，可忽略不计，认为材料只产生弹性变形而不产生塑性变形。杆件变形的基本形式有拉伸和压缩、弯曲和剪切、扭曲等。

6.3.3 强度和变形对材料选择使用的影响

承受轴向拉力和压力作用的构件，在构件截面承受的设计荷载作用下的产生应力不应超过构件的抗拉强度（抗压强度）设计值，即应满足下式的要求：

$$\sigma = \frac{F}{A} \leqslant [\sigma]$$

构件的轴向拉压变形为 $\Delta l, \Delta l = l_1 - l$，式中 l、l_1 分别为变形前、后杆的长度。当杆的应力不超过材料的比例极限时，可以应用胡克定律计算杆的轴向变形。

纵向变形的胡克定律：

$$\Delta l = \frac{Nl}{EA}$$

在比例极限内，杆的纵向变形 Δl 与轴力 N、杆长 l 成正比，与 EA 成反比。EA，称为杆的抗拉压刚度，其中 E 为材料的弹性模量，A 为材料横截面面积。变形的正负号以伸长为正，缩短为负。如图 6-22 所示。

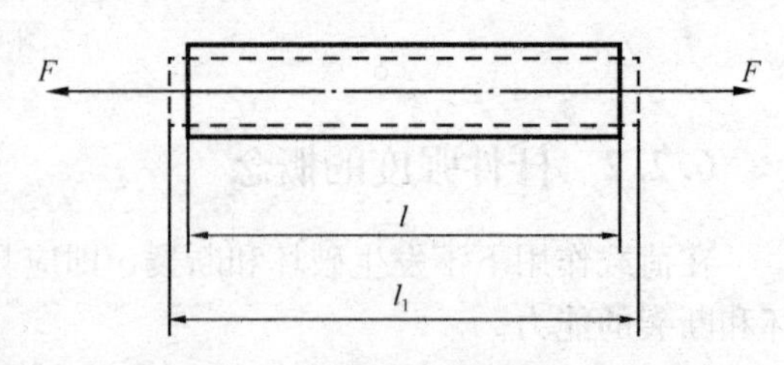

图 6-22　杆轴胡克拉伸时的变形

承受轴剪切力作用的钢结构构件，在构件截面承受的剪力设计荷载作用下产生的剪应力不应超过构件的抗剪强度设计值，即应满足下式的要求：

$$\tau = \frac{Q}{A} \leqslant [\tau]$$

承受扭矩作用的结构构件，在构件截面设计扭矩作用下，截面边缘产生的最大扭转剪应力不应超过构件的抗剪强度设计值，即应满足下式的要求：

$$\tau_{\max} = \frac{T_{\max}}{W_t} \leqslant [\tau]$$

承受扭矩的结构构件，除应满足强度条件外，其变形也应受到限制，使最大单位长度的扭转角不超过许用的单位长度扭转角，即：

$$\frac{\varphi}{l} = \frac{T}{GI_p} \leqslant \left[\frac{\varphi}{l}\right]$$

式中 GI_p 为抗扭刚度，反映了圆轴抵抗变形的能力。

单一均质材料构件在弯矩作用下，截面边缘产生的最大拉（压）应力 $\sigma_{\max}$ 应满足下式的要求：

$$\sigma_{\max} = \frac{M}{W_z} \leqslant [\sigma]$$

除强度满足要求外，该结构构件的最大挠度也应满足要求。用 $[f]$ 表示梁的许用挠度。通常是以挠度的许用值 $[f]$ 和梁跨长的 l 的比值 $\left[\frac{f}{l}\right]$ 作为校核的标准。即构件在荷载作用下产生的最大挠度 $f=f_{\max}$ 与跨长的 l 的比值不能超过 $\left[\frac{f}{l}\right]$：

$$\frac{f}{l}=\frac{f_{\max}}{l}\leqslant\left[\frac{f}{l}\right]$$

6.4 力学试验的基础知识

6.4.1 材料的拉伸试验

拉伸试验是指在承受轴拉伸荷载作用下测定材料特性的试验方法。利用拉伸试验得到的数据可以确定材料的弹性极限、伸长率、弹性模量、比例极限、面积缩减率、拉伸强度、屈服点、屈服强度和其他拉伸指标。材料在受力过程中各种物理性质的数据，材料的力学性能。工程材料根据其受力变形特征，可分为脆性材料和塑性材料两大类。石材、铸铁、玻璃、混凝土等受力破坏前可产生很小变形的材料，称为脆性材料；低碳钢、合金钢、铜、铝等受力破坏前可产生较大变形的材料，称为塑性材料。

6.4.2 材料的压缩试验

压缩试验是测定材料在轴向静压力作用下的力学性能的试验，是材料力学性能试验的基本方法之一。试样破坏时的最大压缩载荷除以试样的横截面积，称为压缩强度极限或抗压强度。压缩试验主要适用于脆性材料，如铸铁、轴承合金和建筑材料等。对于塑性材料，无法测出压缩强度极限，但可以测量出弹性模量、比例极限和屈服强度等。

低碳钢压缩时，超过屈服之后，低碳钢试样由原来的圆柱形逐渐被压成鼓形，即如图6-23所示。继续不断加压，试样将被压扁，但总不破坏。铸铁压缩时试件仍然在较小的变形下突然破坏，破坏面与轴线成45°。即如图6-24所示。

图6-23 压缩时低碳钢变形示意图　图6-24 压缩时铸铁破坏断口

6.4.3 材料的弯曲试验

材料的弯曲试验，是测定承受弯曲荷载时的力学特性试验，是材料机械性能试验的基本方法之一。弯曲试验主要用于测定脆性和低塑性的抗弯强度，并能反映塑性材料的挠度，弯曲试验还可以用来检查材料的表面质量。

6.4.4 材料的剪切试验

材料的剪切试验，是测定材料在剪切力作用下的抗力性能，是材料机械性能试验的基本试验方法之一，主要用于试验承受剪切荷载的杆件和材料其承受剪切作用的性能大小。如土木工程普遍使用的螺栓和铆钉等。

第 7 章　工程预算基本知识

7.1　工　程　计　算

7.1.1　建筑面积的计算

建筑面积是指建筑外墙勒脚以上各层结构外围水平投影面积的总和。建筑面积包括使用面积，辅助面积和结构面积三部分。使用面积是指建筑物各层面积布置中可直接为生产或生活使用的净面积总和。辅助面积是指建筑物各层平面布置中为生产或生活服务所占的净面积的总和。如楼梯间、走廊、电梯井等。结构面积是指建筑物各层平面布置中的墙体、柱、垃圾道、通风道等所占的面积的总和。

1. 建筑面积计算有关概念

（1）层高：上下两层楼面或楼面与地面之间的垂直距离。

（2）自然层：按楼板、地板结构分层的楼层。

（3）架空层：建筑物深基础或坡地建筑吊脚架空部位不回填土石方形成的建筑空间。

（4）走廊：建筑物的水平交通空间。

（5）挑廊：挑出建筑物外墙的水平交通空间。

（6）檐廊：设置在建筑物底层出檐下的水平交通空间。

（7）门斗：在建筑物出入口设置的起分隔、挡风、御寒等作用的建筑过渡空间。

（8）建筑物通道：为道路穿过建筑物而设置的建筑空间。

（9）架空走廊：建筑物与建筑物之何，在二层或二层以上专门为水平交通设置的走廊。

（10）勒脚：建筑物的外墙与室外地面或散水接触部位墙体的加厚部分。

（11）围护结构：围合建筑空间四周的墙体、门、窗等。

（12）落地橱窗：突出外墙面根基落地的橱窗。

（13）阳台：供使用者进行活动和晾晒衣服的建筑空间。

（14）雨篷：设置在建筑物进出口上部的遮雨、遮阳篷。

（15）地下室：房间地平面低于室外地平面的高度超过该房间净高的 1/2 者为地下室。

（16）半地下室：房间地平面低于室外地平面的高度超过该房间净高的 1/3，且不超过 1/2 者为半地下室。

（17）变形缝：伸缩缝（温度缝）、沉降缝和抗震缝的总称。

（18）永久性顶盖：经规划批准设计的永久使用顶盖。

（19）为房间采光和美化造型而设置的突出外墙的窗。

（20）骑楼：楼层部分跨在人行道上的临街楼房。

(21) 过街楼：有道路穿过建筑空间的楼房。

(22) 结构净高：楼面或地面结构层上表面至上部结构层下表面之间的垂直距离。

2. 建筑面积计算规范

(1) 单层建筑物的建筑面积，应按其外墙勒脚（图 7-1）以上结构外围水平面积计算，并符合下列规定：

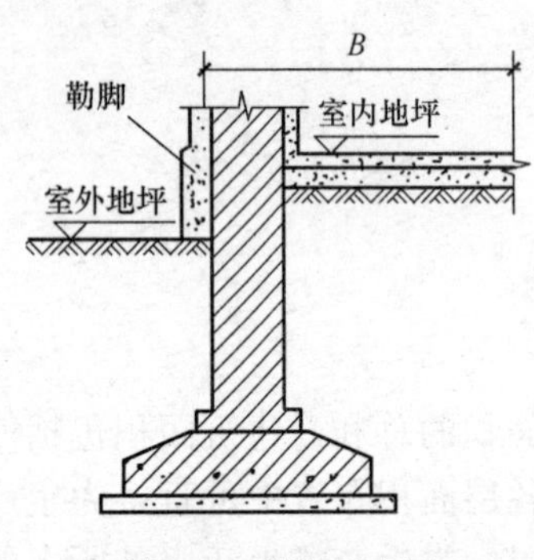

图 7-1　勒脚示意图

1) 单层建筑物高度在 2.20m 及以上者应计算全面积；高度不足 2.20m 者应计算 1/2 面积。

说明：单层建筑物的高度指室内地面标高至屋面板板面之间的垂直距离。遇有以屋面板找坡的平面顶单层建筑物，其高度指室内地面标高至面板最低处面结构标高之间的垂直距离。

2) 利用坡屋顶内空间时净高超过 2.10m 的部位应计算全面积；净高在 1.20～2.10m 的部位应计算 1/2 面积；净高不足 1.20m 的部位不应计算面积。

说明：净高指楼面或地面至上部楼板底面或吊顶底面之间的垂直距离。

(2) 单层建筑物内设有局部楼层者，局部楼层的二层及以上楼层，有围护结构（是指围合建筑空间四周的墙体、门、窗等）的应按其围护结构外围水平面积计算，无围护结构的应按其结构底板水平面积计算，层高在 2.20m 及以上者应计算全面积；层高不足 2.20 者应计算 1/2 面积。如图 7-2、图 7-3 所示。

其建筑面积可用下式表示：

$$S = LB + ab$$

式中　S——部分带楼层的单层的建筑物面积；

L——两端山墙勒脚以上结构外表面之间水平距离；

B——两纵墙勒脚以上结构外表面水平距离；

a，b——楼层部分结构外表面之间水平距离。

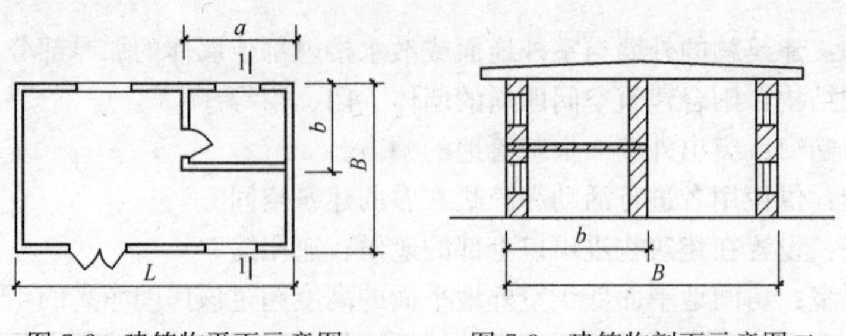

图 7-2　建筑物平面示意图一　　图 7-3　建筑物剖面示意图二

(3) 形成建筑空间的坡屋顶，结构净高在 2.10m 及以上的部位应计算全面积；结构净高在 1.20m 及以上至 2.10m 以下的部位应计算 1/2 面积；结构净高在 1.20m 以下的部位不应计算建筑面积。

(4) 场馆看台下的建筑空间，结构净高在 2.10m 及以上的部位应计算全面积；结构净高在 1.20m 及以上至 2.10m 以下的部位应计算 1/2 面积；结构净高在 1.20m 以下的部位不应计算建筑面积。室内单独设置的有围护设施的悬挑看台，应按看台结构底板水平投影面积计算建筑面积。有顶盖无围护结构的场馆看台应按其顶盖水平投影面积的 1/2 计算面积。

（5）地下室、半地下室应按其结构外围水平面积计算。结构层高在 2.20m 及以上的，应计算全面积；结构层高在 2.20m 以下的，应计算 1/2 面积。

（6）出入口外墙外侧坡道有顶盖的部位，应按其外墙结构外围水平面积的 1/2 计算面积。

（7）建筑物架空层及坡地建筑物吊脚架空层，应按其顶板水平投影计算建筑面积。结构层高在 2.20m 及以上的，应计算全面积；结构层高在 2.20m 以下的，应计算 1/2 面积。

（8）建筑物的门厅、大厅应按一层计算建筑面积，门厅、大厅内设置的走廊应按走廊结构底板水平投影面积计算建筑面积。结构层高在 2.20m 及以上的，应计算全面积；结构层高在 2.20m 以下的，应计算 1/2 面积。

（9）窗台与室内楼地面高差在 0.45m 以下且结构净高在 2.10m 及以上的凸（飘）窗，应按其围护结构外围水平面积计算 1/2 面积。

（10）建筑物间有围护结构的架空走廊，应按其围护结构外围水平面积计算。层高在 2.20m 及以上者应计算全面积；层高不足 2.20m 者应计算 1/2 面积。有永久性顶盖无围护结构的应按其结构地板水平面积的 1/2 计算。

（11）立体书库、立体仓库、立体车库、无结构层的应按一层计算，有结构层的应按其结构层面积分别计算。层高在 2.20m 及以上者应计算全面积；层高不足 2.20m 者应计算 1/2 面积。

（12）有围护结构的舞台灯光控制室，应按其围护结构外围水平面积计算。层高在 2.20m 及以上者应计算全面积；层高不足 2.20m 者应计算 1/2 面积。

（13）有围护设施的室外走廊（挑廊），应按其结构底板水平投影面积计算 1/2 面积；有围护设施（或柱）的檐廊，应按其围护设施（或柱）外围水平面积计算 1/2 面积。

（14）有永久性顶盖无围护结构的场馆看台应按其顶盖水平投影面积的 1/2 计算。

（15）建筑物顶部有围护结构的楼梯间、水箱间、电梯机房等，层高在 2.20m 及以上者应计算全面积；层高不足 2.20m 者应计算 1/2 面积。

（16）围护结构不垂直于水平面的楼层，应按其底板面的外墙外围水平面积计算。结构净高在 2.10m 及以上的部位，应计算全面积；结构净高在 1.20m 及以上至 2.10m 以下的部位，应计算 1/2 面积；结构净高在 1.20m 以下的部位，不应计算建筑面积。

（17）建筑物的室内楼梯、电梯井、提物井、管道井、通风排气竖井、烟道，应并入建筑物的自然层计算建筑面积。有顶盖的采光井应按一层计算面积，结构净高在 2.10m 及以上的，应计算全面积，结构净高在 2.10m 以下的，应计算 1/2 面积。

（18）雨篷结构的外边线至外墙结构外边线的宽度超过 2.10m 者，应按雨篷结构板的水平投影面积的 1/2 计算。有柱雨篷和无柱雨篷计算应一致。

（19）有永久性顶盖的室外楼梯，应按建筑物自然层（按楼板、地板结构分层的楼层）的水平投影面积的 1/2 计算。最上层楼梯无永久性顶盖，或不能完全遮盖楼梯的雨篷，上层楼梯不计算面积，上层楼梯可视为下层楼梯的永久性顶盖，下层楼梯应计算面积。

（20）在主体结构内的阳台，应按其结构外围水平面积计算全面积；在主体结构外的阳台，应按其结构底板水平投影面积计算 1/2 面积。

（21）有永久性顶盖无围护结构的车棚、货棚、站台、加油站、收费站等，应按其顶盖水平投影面积的 1/2 计算。

（22）高低联跨的建筑物，应以高跨结构外边线为界分别计算建筑面积；其高低跨内部连通时，其变形缝应计算在低跨面积内。如图 7-4 所示，该图为高低联跨的单层建筑物示意图，高低跨处的柱应计算在高跨的建筑面积内。可按下式计算：

其高跨部分的建筑面积为：$S_1 = LB_2$；低跨部分的建筑面积为：$S_2 = L(B_1 + B_3)$。

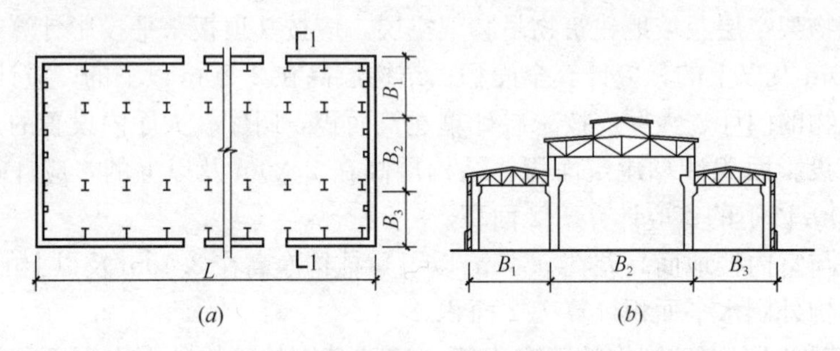

图 7-4　三跨单层厂房示意图

（a）平面图；（b）剖面图

【例题 7-1】某单层厂房平面和剖面示意图所示，该厂房总长为 60500mm；高低跨柱的中心线长分别为 15000mm 和 9000mm，中柱及高跨边柱断面尺寸为 400mm×600mm，低跨边柱断面尺寸为 400mm×400mm，墙厚为 370mm，试分别计算该厂房高跨和低跨的建筑面积。

解：如图 7-5 所示，计算如下：

高跨部分：S_1＝60.5 ×(15＋0.30＋0.2＋0.37)＝960.14m²

低跨部分：S_2＝60.5 ×(9－0.3＋0.2＋0.37)＝560.84m²

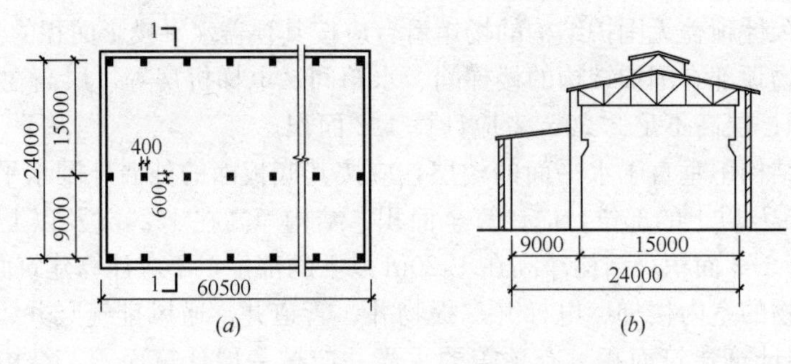

图 7-5　单层厂房平面和剖面示意图

（a）平面图；（b）剖面图

（23）以幕墙作为围护结构的建筑物，应按幕墙外边线计算建筑面积。

（24）建筑物的外墙外保温层，应按其保温材料的水平截面积计算，并计入自然层建筑面积。

（25）与室内相通的变形缝，应按其自然层合并在建筑物建筑面积内计算。对于高低联跨的建筑物，当高低跨内部连通时，其变形缝应计算在低跨面积内。

（26）对于建筑物内的设备层、管道层、避难层等有结构层的楼层，结构层高在2.20m及以上的，应计算全面积；结构层高在2.20m以下的，应计算1/2面积。

7.1.2 建筑工程的工程量计算

1. 工程量计算概述

工程量是以物理计量单位或自然计量单位表示的建筑工程的各分项工程或结构构件的实体数量。在确定工程造价时，要按照一定的规则对图纸所反映的工程实体数量做出正确的计算，这一过程叫作工程量计算。

（1）工程量计算的作用

1）工程量计算是编制施工图预算及进行工程报价的重要因素。

计算工程造价是否正确，主要取决于两个因素。一个是分项工程数量，另一个是项目的单价取定，因为分项工程直接费就是这两个因素相乘的结果，因此，工程量是否正确，直接影响工程造价的准确性，直接影响招投标的报价，对工程是否中标其关键作用。

2）工程量是施工企业编制施工作业计划、合理地安排施工进度、组织安排材料和构件的重要依据。

工程量是建筑工程财务管理和会计核算的重要依据。

（2）工程量计算依据

工程量计算依据主要有：施工图纸及设计说明、相关图集、施工方案、设计变更、工程签证、图纸答疑、会审记录等；工程施工合同、投标文件的商务条款；工程量计算规则。

工程量计算规则分为清单工程计算规则和定额工程量计算规则，它详细规定了各分部分项工程量的计算方法，编制工程量清单需使用清单计算规则，投标、报价、组价、算量需使用定额计算规则。

（3）工程量计算的方法

一个建筑物或构筑物是由很多分部分项工程组成的，在实际计算时容易发生漏项或重复计算，影响了工程量计算的准确性，为了加快计算速度，避免重复计算或漏算，同一个分项工程量的计算，也应根据工程项目的不同结构形式，按照施工图纸，循着一定的计算顺序依次进行，主要有以下几种方法：

1）按顺时针方向计算工程量。

从图纸的左上方一点开始，从左至右逐项进行，环绕一周后又回到原开始点为止。这种方法一般适用于计算外墙，外墙基础，外墙挖地槽，地面，天棚等工程量。

2）按先横后竖计算，先下后上，先左后右顺序计算工程量。

该方法适用于计算内墙，内墙基础，内墙挖槽，内墙装饰等工程。

3）按轴线编号顺序计算工程量。

该方法适用于计算内外墙挖地槽，内外墙基础，内外墙砌筑，内外墙装饰等工程。

4）按结构构件编号顺序计算工程量。

5）灵活运用统筹法原理计算工程量。

运用统筹法计算工程量不但可以快速计算工程量，还可以减少漏项和不必要的重复劳动。运用统筹法计算工程量的基本要点主要有以下几点：统筹程序，合理安排，利用基数，连续计算，一次算出，多次使用，结合实际，灵活运用。在实际计算时，通常把这几种方法相互结合起来应用。

2. 工程量计算规则

定额工程量具体计算规则，参见《全国统一建筑工程预算工程量计算规则》(GJDGZ 101—1995)。

清单工程量具体计算规则，参见《房屋建筑与装饰工程工程量计算规范》(GB 50854—2013)。

7.1.3 装饰装修工程的工程量计算

1. 装饰装修工程的工程量计算依据

装饰装修工程的工程量计算除依据《全国统一建筑装饰装修工程消耗量定额》(GYD 901—2002)，经审定的施工设计图纸及其说明，经审定的施工组织设计与施工技术措施方案，经审定的其他有关技术经济文件。

2. 楼地面工程量计算

(1) 楼地面装饰面积按饰面的净面积计算，不扣除 0.1m^2 以内的孔洞所占面积。拼花部分按实贴面积计算。

(2) 楼梯面积（包括踏步、休息平台，以及小于 50mm 宽的楼梯井）按水平投影面积计算。

(3) 台阶面积（包括踏步及最上一层踏步沿 300mm）按水平投影面积计算。

(4) 踢脚线按实贴长乘高以平方米计算，成品踢脚线按实贴延长米计算。楼梯踢脚线按相应定额乘以 1.15 系数。

(5) 点缀按个计算，计算主体铺贴地面面积时，不扣除点缀所占面积。

零星项目按实铺面积计算。

(6) 栏杆、栏板、扶手均按其中心线长度以延长米计算，计算扶手时不扣除弯头所占长度。

(7) 弯头按个计算。

石材底面刷养护液按底面面积加 4 个侧面面积，以平方米计算。

3. 墙柱面工程量计算

(1) 外墙面装饰抹灰面积，按垂直投影面积计算，扣除门窗洞口和 0.3m^2 以上的孔洞所占的面积，门窗洞口及孔洞侧壁面积亦不增加。附墙柱侧面抹灰面积并入外墙抹灰面积工程量内。

(2) 柱抹灰按结构断面周长乘高计算。

(3) 女儿墙（包括泛水、挑砖）、阳台栏板（不扣除花格所占孔洞面积）内侧抹灰按垂直投影面积乘以系数 1.10，带压顶者乘系数 1.30 按墙面定额执行。

(4) "零星项目"按设计图示尺寸以展开面积计算。

(5) 墙面贴块料面层，按实贴面积计算。

(6) 墙面贴块料、饰面高度在 300mm 以内者，按踢脚板定额执行。

(7) 柱饰面面积按外围饰面尺寸乘以高度计算。

(8) 挂贴大理石、花岗岩中其他零星项目的花岗岩、大理石是按成品考虑的，花岗岩、大理石柱墩、柱帽按最大外径周长计算。

(9) 除定额已列有柱帽、柱墩的项目外，其他项目的柱帽、柱墩工程量按设计图示尺寸以展开面积计算，并入相应柱面积内，每个柱帽或柱墩另增人工：抹灰0.25工日，块料0.38工日，饰面0.5工日。

(10) 隔断按墙的净长乘净高计算，扣除门窗洞口及0.3m^{2}以上的孔洞所占面积。

(11) 全玻璃断的不锈钢边框工程量按边框展开面积计算。

(12) 全玻隔断、全玻幕墙如有加强肋者，工程量按其展开面积计算；玻璃幕墙、铝板幕墙以框外围面积计算。

4. 天棚工程的工程量计算

(1) 各种吊顶天棚龙骨按主墙间净空面积计算，不扣除间壁墙、检查洞、附墙烟囱、柱、垛和管道所占面积。

(2) 天棚基层按展开面积计算。

(3) 天棚装饰面层，按主墙间实钉（胶）面积以平方米计算，不扣除间壁墙、检查口、附墙烟囱、垛和管道所占面积，但应扣除0.3m^{2}以上的孔洞、独立柱、灯槽及与天棚相连的窗帘盒所占的面积。

(4) 消耗量定额中龙骨、基层、面层合并列项的子目，工程量计算规则同第一条。

(5) 板式楼梯底面的装饰工程量按水平投影面积乘1.15系数计算，梁式楼梯底面按展开面积计算。

(6) 灯光槽按延长米计算。

(7) 保温层按实铺面积计算。

(8) 网架按水平投影面积计算。

(9) 嵌缝按延长米计算。

5. 门窗工程的工程量计算

(1) 铝合金门窗、彩板组角门窗、塑钢门窗安装均按洞口面积以平方米计算。纱扇制作安装按扇外围面积计算。卷闸门安装按其安装高度乘以门的实际宽度，以平方米计算。安装高度算至滚筒顶点为准。带卷筒罩的按展开面积增加。电动装置安装以套计算，小门安装以个计算，小门面积不扣除。

(2) 防盗门、防盗窗、不锈钢格栅门按框外围面积以平方米计算。

(3) 成品防火门以框外围面积计算，防火卷帘门从地（楼）面算至端板顶点乘设计宽度。

(4) 实木门框制作安装以延长米计算。实木门扇制作安装及装饰门扇制作按扇外围面积计算。装饰门扇及成品门扇安装按扇计算。木门扇皮制隔声面层和装饰板隔声面层，按单面面积计算。

(5) 不锈钢板包门框、门窗套、花岗岩门套、门窗筒子板按展开面积计算。门窗贴脸、窗帘盒、窗帘轨按延长米计算窗台板按实铺面积计算。电子感应门及转门按定额尺寸以樘计算。不锈钢电动伸缩门以樘计算。

6. 油漆、涂料、裱糊工程的工程量计算

(1) 楼地面、天棚、墙、柱、梁面的喷（刷）涂料、抹灰面油漆及裱糊工程，均按消耗量定额附表相应的计算规则计算。

(2) 木材面、金属构件油漆的工程量按规则计算。

(3) 定额中的隔墙、护壁、柱、天棚木龙骨及木地板中木龙骨带毛地板，刷防火涂料工程量计算规则如下：

1) 隔墙、护壁木龙骨按其面层正立面投影面积计算。

2) 柱木龙骨按其面层外围面积计算。

3) 天棚木龙骨按其水平投影面积计算。

4) 木地板中木龙骨及木龙骨带毛地板按地板面积计算。

(4) 隔墙、护壁、柱、天棚面层及木地板刷防火涂料，执行其他木材面刷防火涂料相应子目。

(5) 木楼梯(不包括底面)油漆，按水平投影面积乘以系数2.3，执行木地板相应子目。

7.1.4 建筑设备安装工程的工程量计算

1. 建筑设备安装工程的工程量编制依据

(1)《全国统一安装工程预算定额》；

(2) 经审定的施工设计图纸及其说明；

(3) 经审定的施工组织设计或施工技术措施方案；

(4) 经审定的其他有关技术经济文件。

2. 建筑设备安装工程计算规则说明

本规则的计算尺寸，以设计图纸表示的或设计图纸能读出的尺寸为准。除另有规定外，工程量的计量单位应按下列规定计算：

(1) 以体积计算的为立方米（m^3）；

(2) 以面积计算的为平方米（m^2）；

(3) 以长度计算的为米（m）；

(4) 以重量计算的为吨（t）；

(5) 以台（套或件等）计算的为台（套或件等）。

(6) 计算工程量时，应依施工图纸顺序，分部、分项依次计算，并尽可能采用计算表格及计算机计算，简化计算过程。

3. 建筑设备安装工程内容

(1) 设备安装工程的工程量计算

安装工程量计算设计的内容包括机械设备安装工程、电气设备安装工程、热力设备安装工程、炉窑砌筑工程、静置设备与工艺金属结构制作安装工程、工业管道工程、消防及安全防范设备安装工程、给排水采暖燃气工程、通风空调工程、自动化控制仪表安装工程、刷油、防腐蚀、绝热工程。

(2) 工程量计算规则

工程量具体计算规则，参见《全国统一安装工程预算定额》。

7.1.5 市政工程的工程量计算

市政工程的工程量计算依据是市政工程工程量计算规范《市政工程工程量计算规范》

GB 50857—2013，本规范适用于市政工程发承包及实施阶段计价活动中的工程量计算清单编制及工程计量，含术语、工程量清单编制规则及附录等。下面说明土石方和市政道路工程量计算。

1. 土石方工程的工程量计算

(1) 土、石方体积均以天然密实体积（自然方）计算，回填土按碾压后的体积（实方）计算。

(2) 土方工程量按图纸尺寸计算，修建机械上下坡的便道土方量并入土方工程量内。

(3) 夯实土堤按设计断面计算。清理土堤基础按设计规定以水平投影面积计算，清理厚度为 30cm 内，废土运距按 30cm 计算。

(4) 人工挖土堤台阶工程量，按挖前的堤坡斜面面积计算，运土应另行计算。

(5) 管道接口作业坑和沿线各种井室所需增加开挖的土石方工程量按沟槽全部土(石) 方量 2.5%计算。管沟回填土应扣除管径 200mm 以上的管道、基础、垫层和各种构造物所占的体积。

(6) 挖土放坡和沟、槽底加宽应按图纸尺寸计算，挖土交接处产生的重复工程量不扣除。如在同一断面内遇有数类土壤，其放坡系数可按各类土占全部深度的百分比加权计算。管道结构宽：无管座按管道外径计算，有管座按管道基础外缘计算，构筑物按基础外缘计算，如设挡土板则每侧增加 10cm。

(7) 土石方运距以挖土重心至填土重心或弃土重心最近距离计算，挖土重心、填土重心、弃土重心按施工组织设计确定。如遇下列情况应增加运距：

(8) 沟槽、基坑、平整场地和一般土方量的划分：底宽 7m 以内，底长大于底宽 3 倍以上按沟槽计算；底长小于底宽 3 倍以内按基坑计算，其中基坑底面积在 $150m^2$ 以内执行基坑计价依据。厚度在 30cm 以内就地挖、填土按平整场地计算。超过上述范围的土、石方按挖土方和石方计算。

(9) 机械挖土方，按实际挖土方计算，对机械挖不到的地方（如：死角、沟底预留厚度、修整边坡等），需人工辅助开挖时，按人工挖土定额相应项目执行。

(人工装土汽车运土时，汽车运土计价依据乘以系数 1.1。

土壤及岩石分类见土壤及岩石（普氏）分类表。

2. 市政道路工程的工程量计算规则

(1) 路基处理

土工布的铺设面积为锚固沟外边源所包围的面积，包括锚固沟的底面积和侧面积。

(2) 道路基层

1) 道路路床（槽）碾压宽度计算，设计有规定按设计规定计算。设计无规定时，为了利于路基压实，需按设计车道宽度另计两侧加宽值，加宽值按每侧加宽 25cm 计。

2) 道路基层宽度按设计基层顶面与底面的平均宽度计算。

3) 石灰土、多合土养生的面积按设计基层顶层的面积计算。

4) 道路基层计算不扣除 $1.5m^2$ 以内各种井位所占的面积。

5) 室内停车坪、球场、地坪等以图示尺寸计算。

6) 道路工程的侧缘（平）石、树池等项目以延米计算，包括各转弯处的弧形长度。

(3) 道路面层

1）道路工程沥青混凝土、水泥混凝土及其他类型路面工程量以设计长度乘以设计宽度加上圆弧等加宽部分的实铺面积计算，不扣除 1.5m² 以内各类井所占面积。

2）伸缩缝按设计伸缩缝长度×伸缩缝深度以面积计算，锯缝机锯缝按长度以米计算。

3）道路面层按设计图所示面积（带平石的面层应扣除平石面积）以平方米计算。

（4）人行道及其他交通管理设施

1）人行道块料铺设面积计算按实铺面积计算。

2）标牌、标杆、门架及零星构件。

① 标牌制作

按不同板形以平方米计算；标杆制作按不同杆式类型以吨计算；门架制作综合各种类型以吨计算；图案、文字按最大外围面积计算；双柱杆以吨计算。

② 标牌、标杆、门架安装

A. 交通标志杆安装，其中单柱式杆、单悬臂杆（L 杆）按不同杆高以套数计算，其他均按不同杆型以套数计量，包括标牌的紧固件；

B. 门架安装按不同跨度以座计算；

C. 圆形、三角形、矩形标志板安装，按不同板面面积以块数计算；

D. 诱导器安装以只计算；

E. 反光防护柱安装以根数计算。

③ 路面标线

A. 标线损耗已计入子目中，工程量按漆划实漆面积以平方米计算；

B. 异形标线中的图案、文字按单个标记的最大外围矩形面积以平方米计算，菱形、三角形、箭头按漆划实漆面积以平方米计算。

④ 隔离设施

A. 隔离护栏制作综合各类类型以吨计算；

B. 道路隔离护栏的安装长度按设计长度计算，护栏高度 1.2m 以内，20cm 以内的间隔不扣除；

C. 波形钢板护栏包括波形钢板梁、立柱两部分，螺栓已含于子目中，因此主材重量不包含连接螺栓，但包含防阻块（重量归入波形钢板），型钢横梁（重量归入立柱）等配件；

D. 在计算隔离栅钢立柱重量应包括斜撑等零件；

E. 金属网面增加型钢边框时，应另计边框材料消耗，但人工及其他材料不调整。

⑤ 交通设施拆除

交通设施拆除按相应项目的计量单位计算。

7.2 工程造价计价

7.2.1 工程造价构成

1. 工程造价的概念

工程造价的通常就是工程的建造价格。工程计价的三要素：量、价、费。广义上工程造价涵盖建设工程造价（土建专业和安装专业），公路工程造价，水运工程造价，铁路工程造价，水利工程造价，电力工程造价，通信工程造价，航空航天工程造价等。工程造价是指进行某项工程建设所花费的全部费用，其核心内容是投资估算、设计概算、修正概算、施工图预算、工程结算、竣工决算等。工程造价的主要任务：根据图纸、定额以及清单规范，计算出工程中所包含的直接费（人工、材料及设备、施工机具使用）、企业管理费、措施费、规费、利润及税金等等。

2. 工程造价的特点

（1）工程造价的大额性

能够发挥投资效用的任一项工程，不仅实物体型庞大，而且造价高昂。动辄数百万、数千万、数亿、十几亿，特大型工程项目的造价可达百亿、千亿元人民币。工程造价的大额性使其关系到有关各方面的重大经济利益，同时也会对宏观经济产生重大影响。这就决定了工程造价的特殊地位，也说明了造价管理的重要意义。

（2）工程造价的个别性

任何一项工程都有特定的用途、功能、规模。因此，对每一项工程的结构、造型、空间分割、设备配置和内外装饰都有具体的要求，因而使工程内容和实物形态都具有个别性、差异性。产品的差异性决定了工程造价的个别性。同时，每项工程所处地区、地段都不相同，使这一特点得到强化。

（3）工程造价的动态性

任何一项工程从决策到竣工交付使用，都有一个较长的建设期间，而且由于不可控因素的影响，在预计工期内，许多影响工程造价的动态因素，如工程变更，设备材料价格，工资标准以及费率、利率、汇率会发生变化。这种变化必然会影响到造价的变动。所以，工程造价在整个建设期中处于不确定状态，直至竣工后才能最终确定工程的实际造价。

（4）工程造价的层次性

造价的层次性取决于工程的层次性。一个建设项目往往含有多个能够独立发挥设计效能的单项工程（车间、写字楼、住宅楼等）。一个单项工程又是由能够各自发挥专业效能的多个单位工程（土建工程、电气安装工程等）组成。与此相适应，工程造价有三个层次：建筑项目总造价、单项工程造价和单位工程造价。如果专业分工更细。单位工程（如土建工程）的组成部分分部分项工程也可以成为交换对象。如大型土方工程、基础工程、装饰工程等，这样工程造价的层次就增加分部工程和分项工程而成为5个层次，即使从造价的计算和工程管理的角度看，工程造价的层次性也是非常突出的。

（5）工程造价的兼容性

工程造价的兼容性首先表现在它具有两种含义，其次表现在工程造价构成因素的广泛性和复杂性，在工程造价中，首先说成本因素非常复杂。其中为获得建设工程用地支出的费用、项目可行性研究和规划设计费用、与政府一定时期政策（特别是产业政策和税收政策）相关的费用占有相当的份额。再次，盈利的构成也较为复杂，资金成本较大。

3. 工程造价的构成

建设项目投资固定资产投资和流动资产投资两部分，其中，建设项目总投资中的固定资产投资与建设项目的工程造价在量上相等。所谓工程造价的构成。是按工程项目建设过程中各类费用支出或花费的性质、途径等来确定，是通过费用划分和汇集所形成的工程造价的费用分解结构。

工程造价基本构成中，包括用于购买工程项目所含各种设备的费用，用于建筑施工和安装施工所需支出的费用，用于委托工程勘察设计应支付的费用，用于购置土地所需的费用，也包括用于建设单位自身进行项目筹建和项目管理所花费费用等。总之，工程造价是工程项目按照确定的建设内容、建设规模、建设标准、功能要求和使用要求，全部建成并验收合格交付使用所需的全部费用。

现行工程造价的构成主要划分为设备及工、器具购置费用、建筑安装工程费用、工程建设其他费用、预备费、建设期贷款利息、固定资产投资方向调节税等几项。具体构成内容如图 7-6 所示。

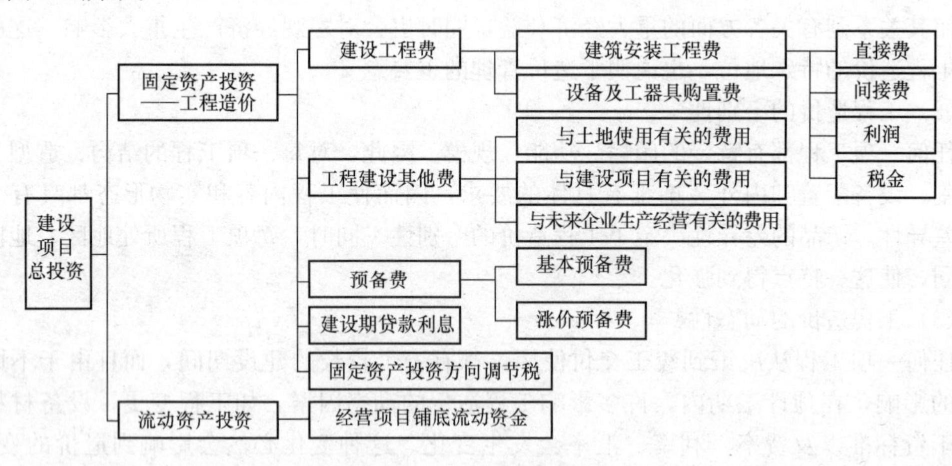

图 7-6　建设工程造价构成

(1) 设备及工、器具购置费

设备、工器具购置费是指按照建设项目设计文件要求，建设单位（或其委托单位）购置或自制达到固定资产标准的设备和新建扩建项目配套的首套工、器具及生产家具所需的费用。它由设备、工器具原价和包括设备成套公司服务费在内的运杂费组成。在生产性建设工程中，设备、工器具购置费用占工程造价的比重的增大，意味着生产技术的进步和资本有机构成的提高。

1) 设备购置费用

设备购置是指为建设项目购置或自制的达到固定资产标准的各种国产或进口设备的购置费用。它由设备原价和设备运杂费组成。

$$设备购置费 = 设备原价 + 设备运杂费$$

式中设备原价指国产设备原价或进口设备原价；设备运杂费指除设备的原价以外的用于设备采购，运输，途中包（安）装及仓库保管等方面指出的费用的总和。

2) 工器具即生产家具的购置费

工具、器具及生产家具购置费，是指新建或扩建项目初步设计规定的，保证初期正常生产必须购置的没有达到固定资产标准的设备，仪器，工卡模具，器具，生产家具和备品备件等的购置费用。计算公式为：

工具、器具及生产家具购置费 = 设备购置费 × 定额费率

(2) 建筑安装工程费用

建筑安装工程费用是指建设单位支付给从事建筑安装工程的施工单位的全部生产费用，包括用于建筑物，构筑物的建造及有关准备，清理等工程投资；用于需要安装设备的安装，装配工程的投资。它是以货币表现的建筑安装工程的价值，包括建筑工程费用和安装工程费用。

(3) 工程建设其他费用

工程建设其他费用是指有项目投资支付的，为保证工程建设顺利完成和交付使用后能够正常发挥效用而发生的各项费用的总和，它包括土地使用有关的费用，与项目建设有关的费用，与未来企业生产经营有关的其他费用。

1) 与土地有关的费用

由于工程项目在一定地点与地面相连接，必须占用一定的土地，因此，也就必然发生获得建设用地而支付的费用，这就是与土地有关的费用。包括使用集体土地，国有土地所发生的费用。

2) 与项目建设有关的其他费用

包括建设管理费，可行性研究费，研究试验费，勘察设计费，环境影响评价费，劳动安全卫生评价费，场地准备及临时设施费，引进技术和进口的设备其他费用，工程保险费，特殊设备安全监督检验费，专利及专有技术使用费，人防工程异地建设费，城市基础设施配套费，城市消防设施配套费，高可靠性供电费。

3) 与未来企业生产经营有关的其他费用

预备费包括联合试运转费，生产准备费，办公和生或家具购置费等。

(4) 预备费

包括基本预备费和涨价预备费。

(5) 建设期贷款利息

建设期利息包括向国内银行和其他非银行金融机构贷款，出口信贷，外国政府贷款，国际商业银行贷款即在境内外发行的债券等在建设期间应计的借款利息。建设期贷款利息按复利计算。

(6) 固定资产投资方向调节税

固定资产投资方向调节税是指国家在我国境内进行固定资产投资的单位和个人，就是其固定资产的各种资金征收的一种税。1991 年 4 月 16 日国务院发布《中华人民共和国固定资产投资方向调节税暂行条例》，从 1991 年起施行。自 2000 年 1 月一日起新发生的投资额，暂停征收固定资产投资方向调节税。

4. 建筑安装工程费用构成

根据国家住房城乡建设部和财政部颁发的《建筑安装场工程费用项目的组成》[建标(2013) 44 号] 文件规定，我国建筑安装工程费用的组成如图 7-7、图 7-8 所示。

(1) 建筑安装工程费用项目组成（按费用构成要素划分）

建筑安装工程费按照费用构成要素划分：由人工费、材料（包含工程设备，下同）费、施工机具使用费、企业管理费、利润、规费和税金组成。其中人工费、材料费、施工机具使用费、企业管理费和利润包含在分部分项工程费、措施项目费、其中项目费中。

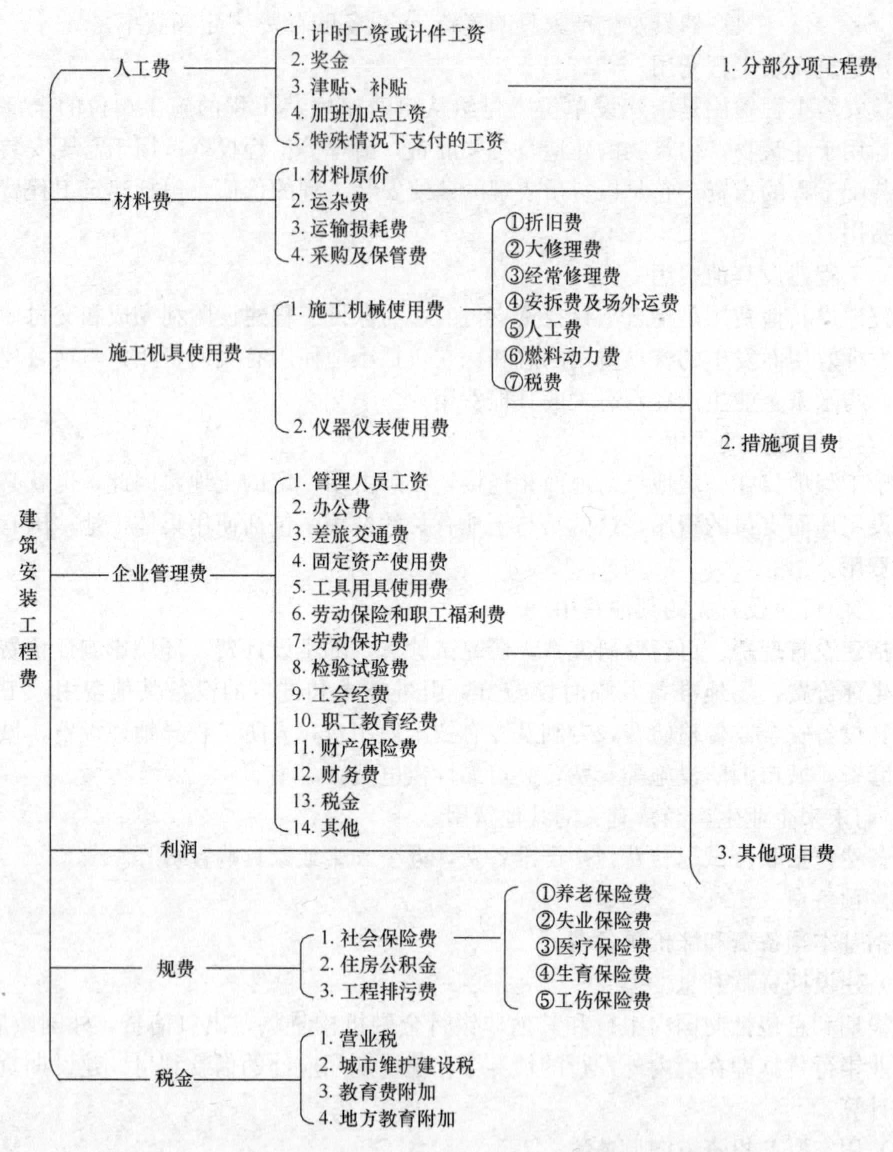

图 7-7　建筑安装工程费用项目组成表（按费用构成要素划分）

1）人工费：是指按工资总额构成规定，支付给从事建筑安装工程施工的生产工人和附属生产单位工人的各项费用。内容包括：

① 计时工资或计件工资：是指按计时工资标准和工作时间或对已做工作按计件单价支付给个人的劳动报酬。

② 奖金：是指对超额劳动和增收节支支付给个人的劳动报酬。如节约奖、劳动竞赛奖等

③ 津贴补贴：是指为了补偿职工特殊或额外的劳动消耗和因其他特殊原因支付给个人的津贴，以及为了保证职工工资水平不受物价影响支付给个人的物价补贴，如流动施工津贴，特殊地区施工津贴、高温（寒）作业临时津贴、高空津贴等。

④ 加班加点工资：是指按规定支付的在法定节假日工作的加班工资和在法定工作时

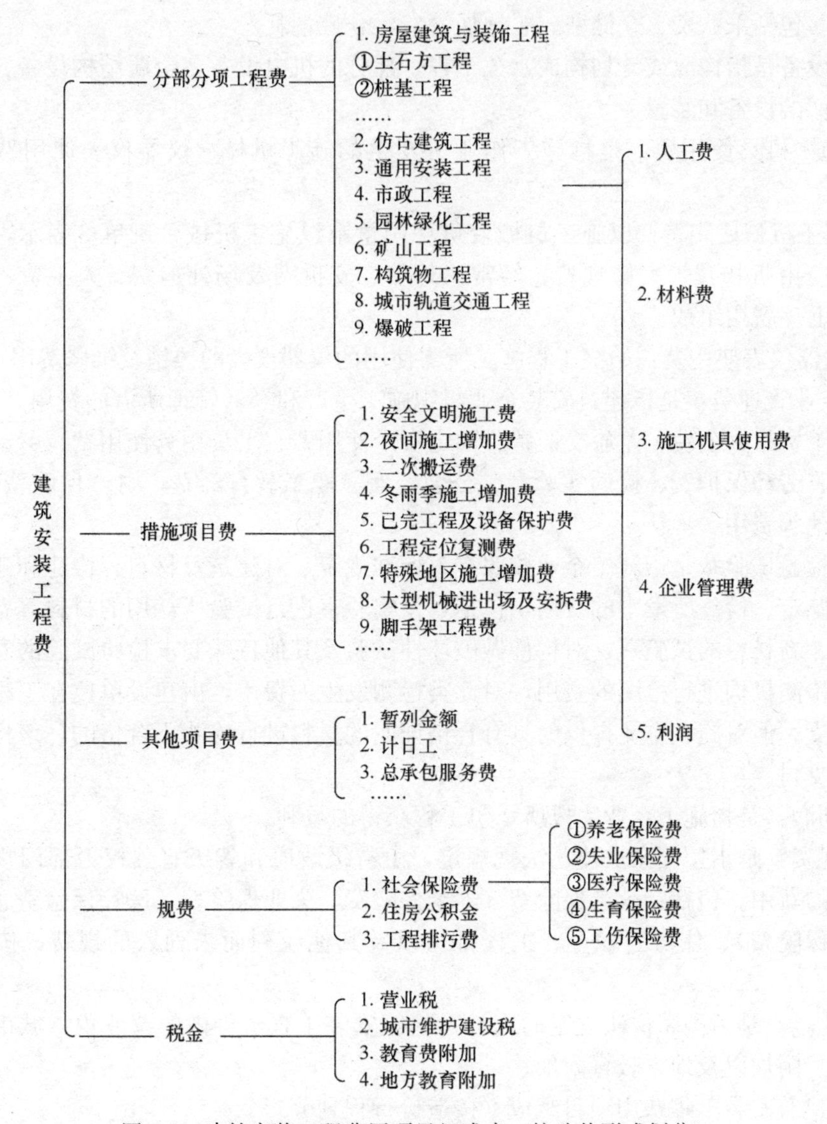

图 7-8　建筑安装工程费用项目组成表（按造价形成划分）

间外延时工作的加点工资。

⑤ 特殊情况下支付的工资：是指根据国家法律、法规和政策规定，因病工商、产假、计划生育假、婚丧假、事假、探亲假、定期休假、停工学习、执行国家或社会义务等原因按计时工资标准或计时工资标准的一定比例支付的工资。

2）材料费：是指施工过程中耗费的原材料、辅助材料、构配件、零件、半成品或成品、工程设备的费用。内容包括：

① 材料原价：是指材料、工程设备的出厂价格或商家供应价格。

② 运杂费：是指材料、工程设备来自源地运至工地仓库或指定堆放地点所发生的全部费用。

③ 运输损耗费：是指材料在运输装卸过程中不可避免的损耗。

④ 采购及报关费：是指为组织采购、供应和报关材料、工程设备的过程中所需要的

各项费用。包括采购费、仓储费、工地保管费、仓储消耗。

工程设备是指构成或计划构成永久工程一部分的机电设备、金属结构设备、仪器装置及其他类似的设备和装置。

3）施工机具使用费：是指施工作业所发生的施工机械、仪器仪表使用费或其他租赁费。

① 施工机械使用费：以施工机械台班耗用量乘以施工机械台班单价表示，施工机械台班单价应由折扣费、大修理费、经常修理费、安拆费及场外运费、人工费、燃料动力费、水费七项费用组成。

② 仪器仪表使用费：始终工程施工所需使用的仪器仪表的摊销及维修费用。

4）企业管理费：是指建筑安装企业组织施工生产和经营管理所需的费用。内容包括：管理人员工资、办公费、差旅交通费、固定资产使用费、工具用具使用费、劳动保险和职工福利费、劳动保护费、检验实验费、公会经费、职工教育经费、财产保险费、财务费、税金、其他等费用。

其中检验试验费是指施工企业按照有关标准规定，对建筑及材料、构建和建筑安装物进行一半鉴定、检查所发生的费用，包括自设实验室进行试验所耗用的材料等费用。不包括新结构、新材料的试验费，对构件做破坏性试验及其他特殊要求检验试验的费用和建设单位委托检测机构进行检测的费用，对此类检测发生的费用，由建设单位在工程建设其他费用中列支。但对施工企业提供的具有合格证明的材料进行检测不合格的，该检测费用由施工企业支付。

5）利润：是指施工企业完成所承包工程获得的盈利。

6）规费：是指按国家法律、法规规定，由省级政府和省级有关权力部门规定必须缴纳或计取的费用。包括：社会保险费（养老保险费、失业保险费、医疗保险费、生育保险费、工伤保险费）、住房公积金、工程排污以及其他应列而未列入的规费，按实际发生计取。

7）税金：是指国家税法规定的应计入建筑安装工程造价内的营业税、城市围护建设税、教育费附加以及地方教育附加。

（2）建筑安装工程费用项目组成（按造价行程划分）

建筑安装工程费按照工程造价形成由分部分项工程费、措施工程费、其他项目费、规费、税金组成，分部分项工程费、措施工程费、其他项目费包含人工费、材料费、施工机具使用费、企业管理费和利润。

1）分部分项工程费：是指各专业工程的分部分项工程费应予列支的各项费用。

2）措施项目费：是指为完成建筑工程施工，发生于该工程施工前和施工过程中的技术、生活、安全、环境保护等方面的费用。内容包括：

① 安全文明施工费

安全文明施工费包括环境保护费（施工现场为达到环境部门要求所需要的各项费用），文明施工费（施工现场文明施工所需要的各项费用），安全施工费（施工现场安全施工所需要的各项费用），临时设施费（施工企业为进行建设工程施工所必须搭设的生活和生产用的临时建筑物、构建物和其他临时设施费用。包括临时设施的搭设、维修、拆除、清理费或推销费等）。

② 夜间施工增加费：是指因夜间施工所发生的夜班补助费、夜间施工降效、夜间施工照明设备摊销及照明用灯等费用。

③ 二次搬运费：是指因施工场地条件限制而发生的材料、购配件、半成品等一次运输不能到达堆放地点，必须进行二次或多次搬运所发生的费用。

④ 冬雨季施工增加费：是指在冬季或雨季施工需增加的临时设施、防滑、排除雨雪，人工及施工机械效率降低等费用。

⑤ 已完工程及设备保护费：是指竣工验收前，对已完工程及设备采取的必要保护措施所发生的费用。

⑥ 工程定位复测费：是指工程施工过程中进行全部施工测量放线和复测工作的费用。

⑦ 特殊地区施工增加费：是指工程在沙漠或其边缘地区、高海拔、高寒、原始森林等特殊地区施工增加的费用。

⑧ 大型机械设备进出场及安拆费：是指机械整体或分体自停放场地运至施工现场或由一个施工地点运至另一个施工地点，所发生的机械进出场运输及转移费用及机械在施工现场进行安装、拆卸所需的人工费、材料费、机械费、试运转费和安装所需的辅助设施的费用。

⑨ 脚手架工程费：是指施工需要的各种脚手架搭拆、运输费用以及脚手架购置费的摊销（或租赁）费用。

3）其他项目费：内容包括暂列金额、记日工、总承包服务费。

4）规费：定义同1）建筑安装工程费用项目组成（按费用构成要素划分）。

5）税金：定义同1）建筑安装工程费用项目组成（按费用构成要素划分）。

7.2.2 工程造价的定额计价基本知识

1. 定额的概念及分类

（1）定额的概念

所谓定额，就是进行生产经营活动时，在人力、物力、财力消耗方面所应遵守达到的数量标准。建筑工程定额是建筑产品生产中需消耗的人力、物力和财力等各种资源的数量标准。即在合理的劳动组织和合理地使用材料和机械条件下，完成单位和各产品所需消耗的资源数量标准。

建筑工程定额是工程造价的计价依据，它反映了社会生产力投入和产出的关系，它不仅规定了建设工程投入与产出的数量标准，而且还规定了具体工作内容、质量标准和安全要求。工程定额反映了在一定社会生产力条件下，建筑行业生产与管理的社会平均水平或平均先进水平。

建筑工程定额是建筑工程设计、预算、施工及管理的基础。由于工程建设产品具有构造复杂、规模大、种类繁多、生产周期长、耗费大量人力物力等特点，因此就决定了工程定额的多种类、多层次，也决定了定额在工程建设管理中占有的极其重要的地位。

（2）建筑工程定额的分类

建筑工程定额包括许多种类，根据内容、用途和使用范围的不同，可以有以下几种分类方式：

1）按定额反映的生产要素分类

① 劳动定额

劳动定额也称人工定额，是指在合理的劳动组织条件下，某工种的劳动者，为完成单位合格产品（工程实体或劳务）所需消耗的劳动数量标准。劳动定额一般采用工作时间消耗量来计算人工工日消耗的数量。所以劳动定额的主要表现形式是时间定额，但同时也表现为产量定额。

它反映建筑工人在正常施工条件下的劳动效率。这个标准时国家和企业对生产工人在单位时间内的劳动数量和质量的综合要求，也是建筑施工企业内部组织生产、编制施工作业计划、签发施工任务单、考核工效、计算报酬的依据。

② 材料消耗定额

是指在正常的施工条件和合理、节约使用材料的额前提下，生产单位合格产品所必须消耗的建筑材料（原材料、半成品、构配件、水、电等）的数量标准。建筑工程材料消耗定额是企业推行经济承包、编制材料计划、进行单位工程核算的重要依据，是促进企业合理使用材料、实行限额领料和材料核算、正确核算材料需要量和储备量的基础。

③ 机械台班定额

机械台班定额是指在正常的施工、合理的劳动组合和合理使用施工机械的条件下，生产单位合格产品所必须消耗的某种施工机械作业时间的数量标准或在单位时间内某种施工机械完成合格产品的数量标准。机械台班定额是台班内小组总工日完成的合格产品数。它是编制机械需要计划、考核机械效率和签发施工任务书等的重要依据。

2）按定额的编制程序和用途分类

① 施工定额

施工定额是施工企业（建筑安装企业）组织生产和加强管理，在企业内部使用的一种定额，属于企业定额的性质。它是以同一性质的施工过程——工序作为对象编制，表示生产产品数量与生产要素消耗综合关系的定额。为了适应组织生产和管理的需要，施工定额的项目划分很细，是工程定额中分项最细、定额子目最多的一种定额，也是工程定额中的基础性定额。

② 预算定额

预算定额是一种计价性定额，是编制施工图预算和计算工程中人工、材料、机械台班需要量而使用的一种定额，是在施工定额的基础上综合、扩大而成的。它是指在正常的施工条件下，完成一定计量单位的分项工程或结构构件所需的人工、材料、机械台班消耗的数量标准。

③ 概算定额

概算定额是以扩大分项工程和扩大结构构件为对象编制的，计算和确定人工、材料、机械台班消耗量所使用的定额，也是一种计价性定额。概算定额是编制扩大初步设计概算、确定建设项目投资额的依据。概算定额的项目划分粗细，与扩大初步设计的深度相适应，一般是在预算定额的基础上综合扩大而成的，每一综合分项概算定额都包含了数项预算定额。

④ 概算指标

概算指标的设定和初步设计的深度相适应，比概算定额更加综合扩大。概算指标是概算定额的扩大与合并，它是以每 $100m^2$ 建筑面积或 $1000m^3$ 建筑体积、建筑物以座为计量单位来编制的。概算指标的内容包括人工、材料、机械台班消耗量定额三个基本部分，同时还列出了各结构分部的工程量及单位建筑工程（以体积计或面积计）的造价，是一种计价定额。

⑤ 投资估算指标

投资估算指标是在项目建议书和可行性研究阶段编制投资估算、计算投资需要量时使用的一种定额。它非常概略，往往以独立的单项工程或完整的单项工程为计算对象，项目划分粗细与可行性研究阶段相适应。它的主要作用是为项目决策和投资控制提供依据。

3）按主编单位和管理权限分类

① 全国统一定额

全国统一定额是由国家建设行政主管部门综合全国工程建设中技术和施工组织管理的情况编制，并在全国范围内普遍执行的定额，如全国统一安装工程预算定额。

② 行业统一定额

行业统一定额是根据各行业部门专业工程技术特点或特殊要求以及施工生产和管理水平编制的，由国务院行业主管部门发布。行业统一定额一般只在行业部门内和相同专业性质的范围内使用，如矿井建设工程定额、铁路建设工程定额等。

③ 地区统一定额

地区统一定额是指各省、自治区、直辖市编制颁发的定额，它主要是考虑地区特点和对全国统一定额水平做适当调整和补充编制的。由于各地区气候条件、经济技术条件、物质资源条件和交通运输条件等不同，使得各地区定额内容和水平则有所不同。因此，地区统一定额只能在本地区范围内使用

④ 企业定额

企业定额是指由施工企业根据自身具体情况，参照国家，部门或地区定额的水平制定的，代表企业技术水平和管理优势的定额，企业定额用于企业内部的施工生产与管理，按企业定额计算出的工程费用是本企业生产和经营中所需支出的成本。

⑤ 补充定额

补充定额是指随着设计，施工技术的发展，在现行定额不能满足需要的情况下，为了补充缺项所编制的定额。补充定额只能在指定的范围内使用，补充定额可以作为以后修订定额的依据。

2. 预算定额（消耗量定额）的应用

预算定额的应用通常包含两种方式，即直接套用和换算套用。当实际发生的施工内容与定额条件完全不符实，则定额缺项，此时可编制补充定额。

（1）直接套用

当设计要求与预算定额项目内容完全一致时，可以直接套用定额的工料机消耗量，并且可以根据预算定额价目汇总表或当时当地人、材、机的市场价格，计算该分项的直接工程费以及工料机消耗量。套用时，应注意以下几点：

1）根据施工图纸，对分项工程施工方法，设计要求等了解清楚后进行消耗量定额项目的选择，分项工程的实际做法和工作内容必须与定额项目规定的完全相符时才能直接套用。否则，必须根据有关规定进行换算或补充。

2）分项工程名称，内容和计量单位要与预算定额相一致。

【例题 7-2】某工程墙基防潮层500m^2，设计要求用200mm厚1∶2水泥砂浆（32.5级矿渣硅酸盐水泥）加防水粉来施工（普通做法），试计算完成该分项工程的预算价格。

解： ① 确定定额项目

由已知条件可知，本例为墙基防潮层，即为平面防潮层，则由表7-1可以看出应套用定额项目A7-147。因设计内容与定额给定内容完全一致，所以定额项目A7-147可直接套用。

刚性防水工程消耗量定额表　　表 7-1

工作内容	清理基层，调制砂浆，抹水泥砂浆，表面压光，养护；		单位：100m^2			
定额编号			A7-145	A7-146	A7-147	A7-148
项目			防水砂浆			
			五层做法		普通	
			平面	立面	平面	立面
名称		单位	数量			
人工	综合工日	工日	17.46	14.60	18.38	15.28
材料	水泥砂浆1∶2	m^3	1.01	1.02	2.02	2.04
	防水粉	kg			55.55	56.10
	素水砂浆	m^3	0.61	0.61		
	工程用水	m^3	3.80	3.80	3.80	3.80
机械	灰浆搅拌机	台班	0.17	0.17	0.34	0.34

② 计算预算价格

省消耗量额价目可知，额定项目A7-147的定额基价为665.0元/100m^2，则：

500m^2 墙基防潮层预算价格 = 定额基价 × 工程量 = 665.0 × 500/100 = 3325.0元

（2）换算套用

当施工图设计要求与预算定额（消耗定额）及价目表的内容、材料规格、施工方法等条件不完全相符时，则应按照预算定额规定的换算方法对项目进行调整换算。定额换算涉及人工消耗量、材料消耗量及机械消耗量的换算，特别是材料的换算占很大的比重。

1）不同砂浆、混凝土强度等级的换算

此类换算的特点是：换算时人工费、机械费、材料用量不变，只根据材料不同强度等级进行材料费的调整，即将不同强度等级的砂浆或混凝土的单价进行调整即可。换算公式如下：

换算后定额基价 = 原定额基价 + 定额材料消费量 ×（换人材料单价 − 换出材料单价）

【例题 7-3】采用M7.5混合砂浆（32.5级矿渣硅酸盐水泥）砌筑一砖内墙250m^3，试计算完成该分项目工程的预算价格。砖墙消耗量定额见表 7-2。

砖墙消耗量定额表 **表 7-2**

工作内容	调、运、铺砂浆，运砖、砌砖（包括墙体窗台虎头转、腰线、门窗套等）					
定额编号			A3-2	A3-3	A3-4	A3-5
项　　目			内墙		外墙	
			1/2 砖	1 砖及以上	1/2 砖	1 砖及以上
名　　称		单位	数　　量			
人工	综合工日	工日	17.46	14.60	18.38	15.28
材料	机红砖	块	5590.00	5321.00	5591.00	5335.00
	240×115×53mm	m^3	2.00	2.37	2.04	2.47
	混合砂浆 M5（32.5 级水泥）工程用水	m^3	2.04	2.03	2.05	2.08
机械	砂浆搅拌机	台班	0.33	0.40	0.34	0.41

① 确定定额项目

由表 7-2 可以看出，本例应套用定额项目 A3-3。但因设计采用 M7.5 混合砂浆砌筑一砖内墙，而定额采用 M5 混合砂浆砌筑已砖内墙，所以项目 A3-3 不能直接套用，需进行换算，定额编号应为 A3-3 换。

② 计算预算价格

经查：M7.5 混合砂浆（32.5 级矿渣硅酸盐水泥）定额取定单价为 113.06 元、m^3，M5 混合砂浆（32.5 级矿渣硅酸盐水泥）定额取定单价为 94.42 元/m^3，A3-3 定额基价为 1311.69 元/m^3，其中：人工费 365.00 元/10m^3，材料费为 925.46 元/10m^3，机械费 21.23 元/10m^3，故 M7.5 混合砂浆砌筑一砖内墙的定额基价为：

换算后定额基价 ＝原定额基价 ＋ 定额材料消耗量 ×（换人材料单价 － 换出材料单价）

＝1311.69 ＋ 2.37 ×（113.06 － 94.42）＝ 1355.87 元 /10m^3

250m^3 一砖内墙的预算价格＝1355.87×250/10＝33896.75 元

其中：人工费＝365.00×250/10＝9125.00 元

材料费＝[925.46＋2.37×(113.5－94.42)]×250/10＝24241.00 元

250m^3 一砖内墙的预算价格＝1355.87×250/10＝33896.75 元

其中：人工费＝365.00×250/10＝9125.00 元

材料费＝[925.46＋2.37×(113.5－94.42)]×250/10＝24241.00 元

机械费＝21.23×250/10＝530.75 元

不同砂浆配合比的换算方法与其不同强度等级的换算方法相同。

2）乘系数换算

系数换算是按预算定额说明中规定，用定额基价的一部分或全部乘以规定的系数得到一个新定额基价的换算。

【例题 7-4】某带形基础下设 C15 素混凝土垫层 50m^3，是计算完成该分项工程的预算价格。

解 ①确定定额项目

由表 7-3 可以看出，本列应套用定额项目 A10-12，设计采用混凝土强度等级与定额给定一致，故不需进行混凝土强度等级的换算。但根据定额项目表下的“注”，可知本例需进行换算，定额编号应为 A10-12 换。

垫层消耗量定额项目表 **表 7-3**

工作内容	铺设垫层，拌合，找平，夯实				
定额编号			A10-12	A10-13	A10-14
项目			无筋混凝土	炉渣	
				混凝土	干铺
名称		单位	数量		
人工	综合工日	工日	13.92	9.67	
材料	现浇碎石混凝土（32.5 级水泥）	m^3	10.10		
	炉渣混凝土 50 号			10.20	
	炉渣	m^3			12.18
	工程用水	m^3	5.00	5.00	2.00
	草袋	m^3	22.00	22.00	
机械	滚筒式混凝土搅拌机电动 400L	台班	0.39	0.24	1.10
	混凝土振捣器平板式	台班	0.37		

注：1. 混凝土用于带形基础或独立基础垫层时，人工乘以系数 1.05；

2. 炉渣用于带形基础或独立基础垫层时，人工乘以系数 1.2。

② 计算预算价格

经查：定额人工单价为 25 元/工日，A10-12 定额基价为 1784.22 元/$10m^3$，其中：人工费 348.00/$10m^3$，材料费 1394.26 元/$10m^3$，机械费 41.96 元/$10m^3$。故带形基础下设 C15 素混凝土垫层的定额基价位：

换算后定额基价＝1784.22＋348×(1.05－1)＝1801.62 元/$10m^3$

$50m^3$ 混凝土垫层的预算价格＝1801.62×50/10＝9008.10 元

其中：人工费用＝348.00×1.05×50/10＝1827.00 元

或人工费＝13.92×25×1.05×50/10＝1827.00 元

材料费＝1394.26×50/10＝6971.30 元

机械费＝41.96×50/10＝209.80 元

3）运距、厚度换算

当设计运距与额定运距不同、设计厚度与额定厚度不同时，根据定额规定通过增减进行换算。换算公式为：

换算后定额基价＝原定额基价＋/－与定额内容相差部分的定额基价

【例题 7-5】 正铲挖掘机挖土，自卸汽车运土（运距 5000m）$1200m^3$ 的预算价格。

解：查某消耗量定额及其价目汇总表可知，正铲挖掘机挖土、自卸汽车运土运距在 1000m 以内的定额基价为 6732.76 元/$1000m^3$，自卸汽车运土运距每增 1000m 的定额基价为 1279.92 元/1000 立方米，则

正铲挖掘机挖土、自卸汽车运土运距为 5000m 时：

定额基价＝6732.76＋5000－1000/1000×1279.92＝11852.44 元/$1000m^3$

1200m³ 挖运土方的预算价格＝11852.44×1200/1000＝14222.93 元

4）其他换算

其他换算是指上述几种情况外按预算额定的方法进行的换算。例如，某省消耗量定额防腐工程的平面砌块料面层的定额中，用耐酸沥青胶泥在隔离板层上砌板时，按相应定额每 100m² 需人工 2.7 工日、冷底子油 48kg。虽然这类换算没有固定的公式，但换算的思路仍然是在原定额的基础上加上换人部分的费用，再减去换出部分的费用。也就是说，无论采用何种换算方法，最终的换算结果都应与设计内容相一致。

（3）工料分析的计算

工料分析是指对完成的单位工程或部分工程所需的人工工日、材料数量进行分解、汇总的过程。它是利用分项工程量和预算定额（或消耗量定额）定额项目中的人工、材料消耗量，计算出分项工程所需的人工工日。材料数量，经汇总可以得到单位工程或分部工程所需的人工工日、材料数量。

【例题 7-6】某钢筋混凝土满堂基础下设置 C15 素混凝土现场搅拌，垫层工程量为 100m³，试对该垫层进行工料分析。

解：

① 分析

表 7-4 为《××省建筑工程消耗量定额》中垫层定额项目表。由表 7-4 可知，本例应套用定额项目 A10-12。

垫层消量定额项目表 **表 7-4**

工作内容	铺垫垫层，拌合、找平、夯实						
	定额编号		……	A10-10	A10-11	A10-12	……
	项目			碎（卵）石		无筋混凝土	
				干铺			
	名　称	单位		数　量			
人工	综合工日	工日		5.63	8.94	13.92	
材料	中（粗）砂	m³		2.94			
	混合砂浆 M2.5（32.5 级水泥）	m³			2.91		
	碎石 10～40mm	m³		11.02	11.02		
	现浇碎石混凝土 C15～40（32.5 级水泥）	m³				10.10	
	工程用水	m³			1.00	5.00	
	草袋	m³				22.00	
机械	夯实机电动 200～620Nm	台班		0.20	0.31		
	灰浆搅拌机 200L	台班			0.49		
	滚筒式混凝土搅拌机电动 400L	台班				0.39	
	混凝土振捣器平板式	台班				0.37	

从定额项目 A10-12 的材料构成中可以看出，混凝土垫层共使用三种材料，即现浇碎石混凝土 C15、工程用水和草袋。其中，现浇碎石混凝土 C15 还需按其配合比再进行二次分析。

现浇混凝土配合比表（单位：m^3） **表 7-5**

定额编号	……		P01065	P01066	P01067	……
项目			粗骨料粒径 5～40mm（T=35～50mm）			
			碎石			
			混凝土强度等级			
			C15	C20	C25	
名称		单位				
材料	矿渣硅酸盐水泥 32.5 级	t	0.296	0.347	0.42	
	矿渣硅酸盐水泥 42.5 级	t				
	水洗中（粗）砂	m^3	0.52	0.46	0.42	
	碎石 5～40mm	m^3	0.87	0.89	0.88	
	工程用水	m^3	0.192	0.189	0.189	

② 工料分析

由表 7-4 中定额项目 A10-12 和表 7-5 可知，无筋混凝土垫层的工料消耗：

a. 人工消耗量

人工消耗量＝定额人工消耗量×工程量＝13.92×100÷10＝139.20 工日

b. 材料消耗量＝定额材料消耗量×工程量

（a）现浇碎石混凝土 C15

现浇混凝土 C15 消耗量＝10.10×100÷10＝101.0m^3

其中：矿渣硅酸盐水泥 32.5 级消耗量＝0.296×101.0＝29.90t

水洗中（粗）砂消耗量＝0.52×101.0＝52.52m^3

碎石 5～40mm 消耗量＝0.87×101.0＝87.87m^3

工程用水消耗量＝0.192×101.0＝19.39m^3

（b）工程用水

工程用水消耗量＝5.0×100÷10＝50.00m^3

（c）草袋

草袋消耗量＝22.0×100÷10＝22.00m^3

经汇总，可知各种材料的消耗量为：矿渣硅酸盐水泥 32.5 级为 29.90t；水泥中(粗)砂：52.52m^3；碎石 5～40mm：87.87m^3；工程用水：19.39＋50.0＝69.39m^3；草袋：22.00m^3。

7.2.3 工程造价的工程量清单计价基本知识

1. 建设工程工程量清单计价规范

《建设工程工程量清单计价规范》GB 50500—2013（简称《计价规范》）自 2013 年 7 月 1 日起实施，原《建设工程工程量清单计价规范》GB 50500—2008（简称“08 规范”）同时废止。

（1）《计价规范》的特点

《计价规范》全面总结了“08 规范”实施 10 年来的经验，针对存在的问题，对“08 规范”进行了修订，与之比较，具有以下特点：

1）确立了工程计价标准体系的组成；

2）扩大了计价计量规范的适用范围；

3）深化了工程造价运行机制的改革；

4）强化了工程计价计量的强制性规定；

5）注重了与施工合同的衔接；

6）明确了工程计价风险分担的范围；

7）完善了招标控制价制度；

8）规范了不同合同形式的计量与价款交付；

9）统一了合同价款调整的分类内容；

10）确立了施工全过程计价控制与工程结算的原则；

11）提供了合同价款争议解决的方法；

12）增加了工程造价鉴定的专门规定；

13）细化了措施项目计价的规定；

14）增强了规范的操作性；

15）确保了规范的先进性。

(2)《计价规范》的组成

《计价规范》内容组成如图 7-9 所示。

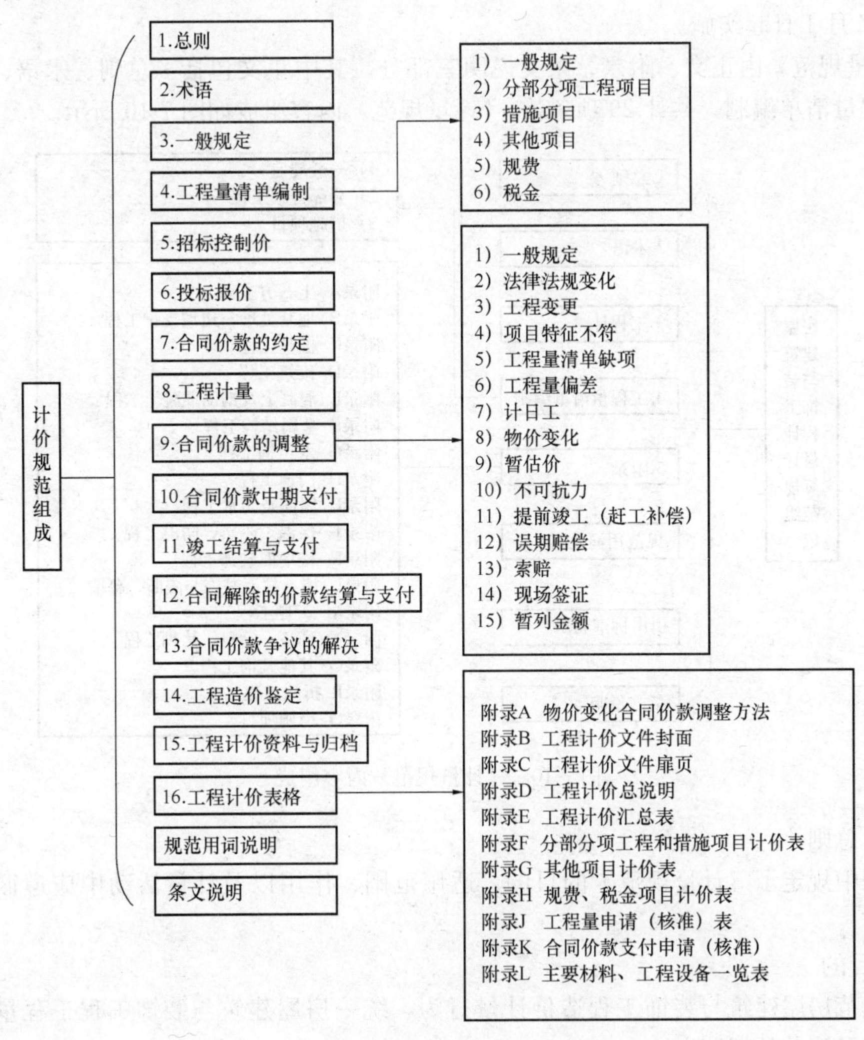

图 7-9 《计价规范》内容组成

(3)《计价规范》的试用范围

《计价规范》强制规定了使用国有资金投资的建设工程发承包，必须采用工程量清单计价。国有资金投资的工程建设项目包括使用国有资金投资项目和国家融资项目投资的工程建设项目。

《计价规范》适用于建设工程发承包及实施阶段的计价活动。

建设工程是指房屋建设与装饰工程、仿古建设工程、安装工程、市政工程、园林绿化工程、矿山工程、构筑物工程、城市轨道与交通工程、爆破工程等。

建设工程发承包及实施阶段的计价活动包括：工程量清单编制、招标控制价编制、投标报价编制、工程合同价款的约定、工程施工过程中工程计量与合同价款的支付、索赔与现场签证、合同价款的调整、竣工结算的办理和合同价款争议的解决以及工程造价鉴定等活动，涵盖了工程建设发承包以及施工阶段的整个过程。

2. 房屋建筑与装饰工程工程量计算规范

《房屋建筑与装饰工程工程量计量规范》GB 50854—2013（简称《计量规范》）自2013年7月1日起实施。

《计量规范》由正文、附录、条文说明三部分，其中正文包括：总则、术语、工程计量、工程量清单编制，共计29项条款。《计量规范》内容组成如图7-10所示。

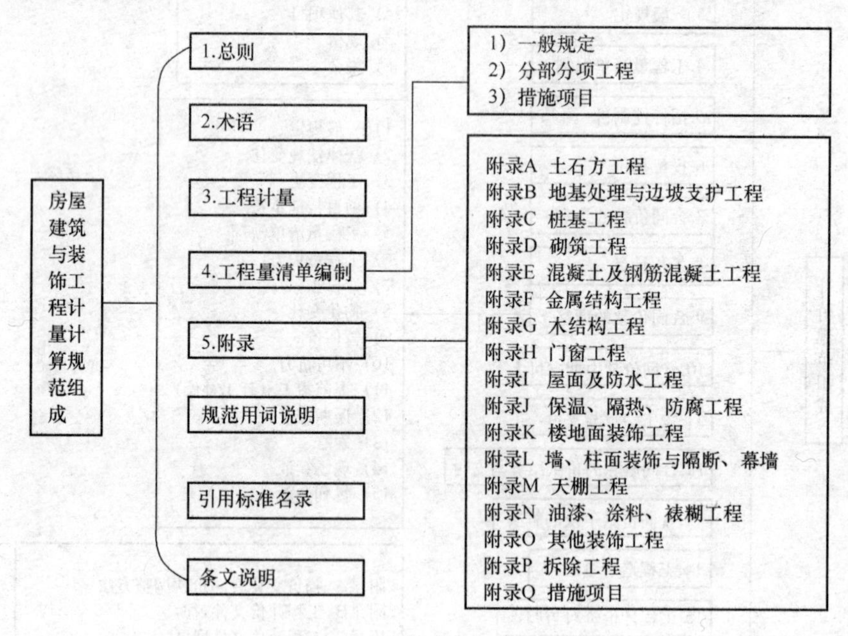

图7-10 《计量规范》内容组成

(1) 总则

总则中规定了《计量规范》的目的、适用范围、作用以及计量活动中应遵循的基本原则。

1) 目的

为规范房屋建筑与装饰工程造价计量行为，统一房屋建筑与装饰工程工程量计价规则、工程量清单的编制方法。

2）适用范围

本规范适用于工业与民用的建筑与装饰、装修工程施工发承包计价活动中的“工程量清单编制和工程计量”。

（2）术语

按照编制标准规范的基本要求，术语是对本规范特有名词给予的定义，尽可能避免本规范贯彻实施过程中由于不同理解造成的争议，本规范术语共计 4 条。

（3）工程计量

本章共 6 条，规定了工程计量的依据、原则、计量单位、工作内容的确定、小数点位数的取定以及房屋建筑与装饰工程与其他专业在使用上的划分界限。

1）工程计量的依据

①《计量规范》；

② 经审定通过的施工设计图纸及其说明、施工组织设计或施工方案；

③ 经审定通过的其他有关经济文件。

2）计量单位

《计量规范》附录中有两个或两个以上计量单位的项目，在工程计量时，应结合拟建工程项目的实际情况，选择其中一个作为计量单位，在同一个建设项目（或标段或同段）中，有多个单位工程的相同项目计量单位必须保持一致。

同时工程计量时每一项目汇总的有效位数应遵守下列规定；

① 以“t”为单位，应保留小数点后三位数字，第四位小数四舍五入。

② 以“m”、“kg”为单位，应保留小数点后两位数字，第三位小数四舍五入。

③ 以“个”、“件”、“根”、“组”、“系统”为单位，应取整数。

3）工作内容

《计量规范》规定了工作内容应按以下三个方面规定执行：

①《计量规范》对项目的工作内容进行了规范，除另有规定和说明外，应视为已经包括完成该项目的全部工作内容，未列内容或未发生，不应另行计算。

②《计量规范》附录项目工作内容列出了主要施工内容，施工过程中必然发生的机械移动、材料运输等辅助内容虽然未列出，但应包括。

③《计量规范》以成品考虑的项目，如采用现场制作的，应包括制作的工作内容。

（4）工程量清单编制

本章共 3 节 15 条，详见工程量清单文件的编制。

（5）附录

附录部分共包含 17 个分部工程。具体格式见表 7-6。

土石方工程（编号：010101） **表 7-6**

项目编号	项目名称	项目特征	计量单位	工程量计算规则	工作内容
010101001	平整场地	1. 土壤类别 2. 弃土运距 3. 取土运距	m^3	按设计图示尺寸以建筑物首层建筑面积计算	1. 土方挖填 2. 场地找平 3. 运输
…	…	…	…	…	…

7.2.4 工程量清单文件编制

1. 工程量清单的概念和内容

工程量清单是载明建筑工程分部分项工程项目、措施项目和其他项目的名称和相应数量以及规费和税金项目等内容的明细清单。招标工程量清单招标人依据国家标准、招标文件、设计文件以及施工现场实际情况编制的，随招标文件发布共投标人报价的工程量清单，包括其说明和表格。已标价工程量清单是指构成合同文件组成部分的投标文件中已标明价格，经算术性错误修正（如有）且承包人已确认的工程量清单，包括其说明和表格。

招标工程量清单计价的基础，是作为编制招标控制价、投标报价、计算或调整工程量、施工索赔等的依据之一。工程量清单是根据统一的工程量计算规则和施工图纸及清单项目编制要求计算得出的，体现了招标人要求投标人完成的工程项目及相应的工程数量。采用工程量清单方式招标，招标工程量清单必须作为招标文件的组成部分，其准确性和完整性由招标人负责。

招标工程量清单包括说明与清单表两部分，如图 7-11 所示。

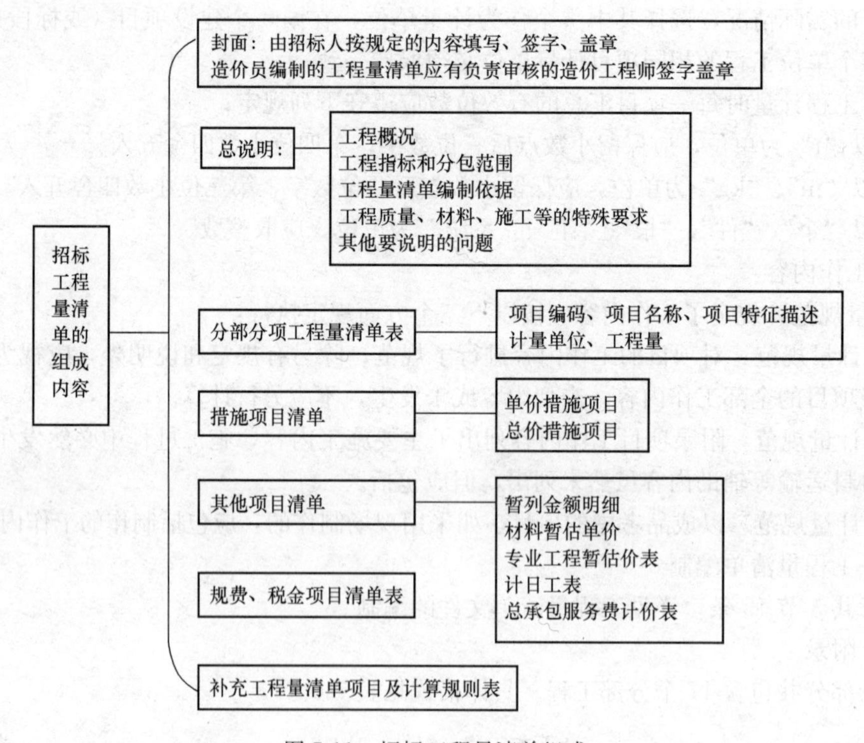

图 7-11 招标工程量清单组成

招标工程量清单编制依据：

（1）本规范和相关工程的国家计量规范；

（2）国家或省级、行业建设主管部门颁发的计价定额和办法；

（3）建设工程设计文件及相关资料；

（4）与建筑工程有关的标准、规范、技术资料；

（5）拟定的招标文件；

（6）施工现场情况、地勘水文资料、工程特点及常规施工方案；

（7）其他相关资料。

2. 分部分项工程量清单的编制

（1）分部分项工程量清单的内容

分部分项工程量清单是指构成建设工程实体的全部分项实体项目名称和相应数量的明细清单。其格式见表7-7。

分部分项工程清单与计价表 **表7-7**

工程名称：×××× 标段：

序号	项目编码	项目名称	项目特征描述	计量单位	工程量	金额（元）		
						综合单价	合价	其中：暂估价
		附录A 土石方工程						
1	011101001001	平整场地	1. 土壤类别：三类土 2. 弃土运距：5m 3. 取土运距：5m	m^3	73.71			
	…	…	…					

1）项目编码

项目编码按《计量规范》规定，采用五级编码，12位阿拉伯数字表示，一至9位为统一编码，即必须依据《计量规范》设置。其中1，2位（1级）为专业工程代码，3，4位（2级）为附录分类顺序码，5，6位（3级）为分部工程顺序码，7，8，9位（4级）为分项工程项目名称顺序码，10至12位（5级）为清单项目名称顺序码，第五级编码由清单编制人根据设置的清单项目自行编制。

2）项目名称

工程量清单的项目名称应按附录的项目名称结合拟建工程的实际确定。

3）项目特征

项目特征是指分部分项工程清单项目自身价值的本质特征。清单项目特征应按附录中规定当项目特征，结合拟建工程项目的实际予以描述。

4）工程量

工程量的计算，应按《计量规范》规定的统一计算进行计量。

5）计量单位

《计量规范》规定，分部分项工程量清单的计量单位应按附录中规定的计量单位确定，当计量单位有两个计量及以上时所编工程量清单项目的特征要求，选择最宜表现该项目特征并方便计量和组成综合单价的单位。

（2）缺项补充

随着科学技术日新月异的发展，工程建设中新材料，新技术，新工艺不断涌现，《计量规范》附录所列的工程量清单项目不可能白罗万象，不可避免出现新项目。因此《计量规范》规定在实际编制工程量清单时，当出现附录中未包括的清单项目时，编制人因作补充。在编制补充项目时应注意以下三方面。

1）补充项目的编码应按本规范的规定确定。具体项目的编码由专业工程代码与B和三位阿拉伯数字组成，并应从××B起顺序编制，同一招标工程的项目不得重码。

2）在工程量清单中需附有补充项目的名称，项目特征计量单位，工程量计算规则，工程内容。

3）将编制的补充项目报省级或行业工程造价管理机构备案。

补充项目举例见表7-8。

墙、柱面装饰与隔断、幕墙工程 **表7-8**

项目编码	项目名称	项目特征	计量单位	工程计算规则	工程内容
01B001	成品GRC隔断	1. 隔墙材料，品种，规格 2. 隔墙厚度 3. 嵌缝，塞口材料品种	m^2	按设计图示尺寸以面积计算，扣除门窗洞口及≥0.3m^2空洞所占面积	1. 骨架及边框安装 2. 隔断安装 3. 嵌缝，塞口

（3）分部分项工程量清单的编制程序

在进行分部分项工程量清单编制时，其编制程序如图7-12所示。

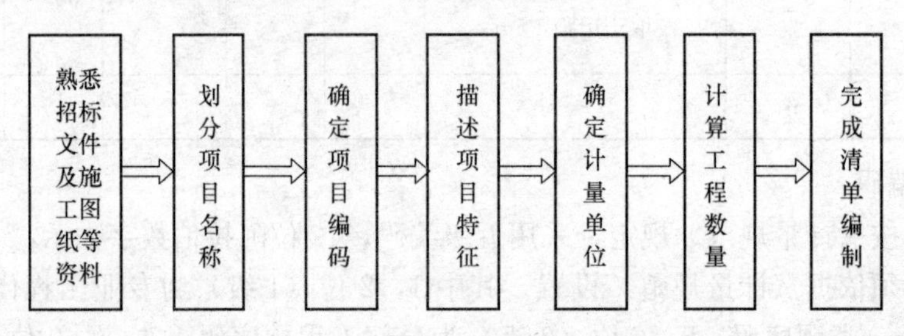

图7-12　分部分项工程量清单编制程序

【例题7-7】某C25钢筋混凝土独立基础，如图7-13所示。要求编制其分部分项工程量清单。

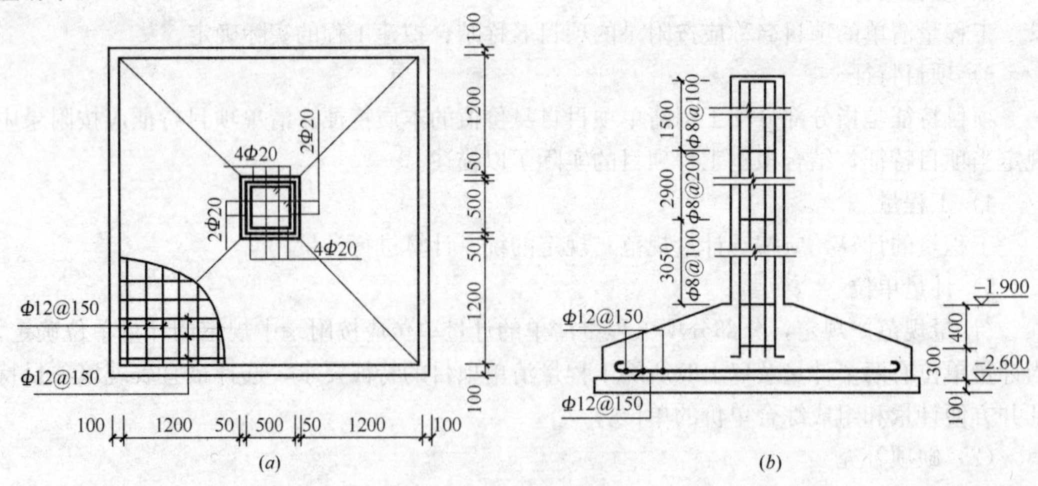

图7-13　独立基础

（a）平面图；（b）剖面图

解：

① 项目名称：独立基础；

② 项目特征：混凝土强度等级 C25，商品混凝土；

③ 项目编码：010501003001

④ 计量单位：m^3

⑤ 工程数量：$3.0\times3.0\times0.3+[3.0\times3.0+0.6\times0.6+(3.0+0.6)\times(3.0+0.6)]\times1/6\times0.4=2.7+1.49=4.19(m^3)$

⑥ 表格填写：见表 7-9。

分部分项工程和单价措施项目清单与计价表 **表 7-9**

序号	项目编码	项目名称	项目特征描述	计量单位	工程量	金额（元）		
						综合单价	合价	其中
								暂估价
1	010501003001	独立基础	1. 混凝土类型：商品混凝土 2. 混凝土强度等级：C25	m^3	4.19			

3. 措施项目清单的编制

措施项目是指为完成工程项目施工，发生于该工程施工准备和施工过程中的技术、生活、安全、环境保护等方面的项目。如脚手架工程、模板工程、安全文明施工、冬雨季施工等。

《计量规范》规定：

(1) 措施项目中列出了项目编码，项目名称。项目特征，计量单位，工程量计算规则的项目（即单价措施项目），编制工程量清单是按分部分项工程清单执行。

措施项目中，可是计算工程量的项目，典型的有混凝土模板及支架，脚手架工程，垂直运输，超高施工增加，大型机械进出场安拆，施工排水及降水。如要求根据图 7-14 及表 7-10 所示编制钢筋混凝土模板及支架措施项目清单，钢筋混凝土模板及支架属于可以计算工程量的项目（单价措施项目），宜采用分部分项工程量清单的方式编制，见表 7-11。

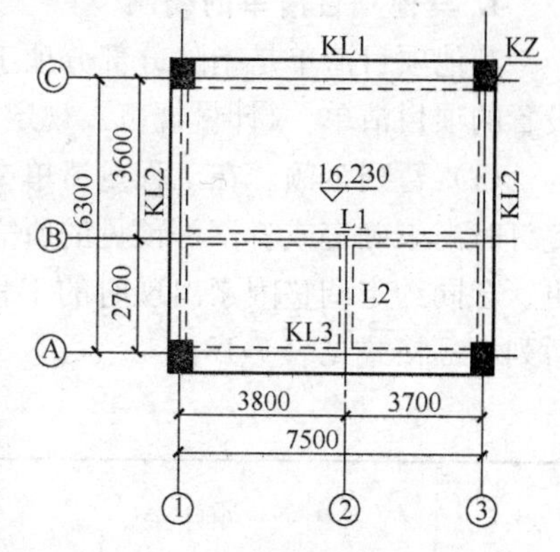

支模高度 3.2m

板厚 100mm

图 7-14 梁、板、柱平面布置图（局部）

构件尺寸表 **表 7-10**

构件名称	构件尺寸（mm×mm）	构件名称	构件尺寸（mm×mm）
KZ	600×600	KL3	350×600
KL1	350×600	L1	250×600
KL2	350×650	L2	250×500

分部分项工程和单价措施项目清单与计价表 **表 7-11**

工程名称：

序号	项目编码	项目名称	项目特征描述	计量单位	工程量	金额（元）	
						综合单价	合价
1	011702002001	矩形柱		m^2	略		
2	011702006001	矩形梁		m^2	略		
3	011702014001	板		m^2	略		

（2）措施项目中仅列出项目编码、项目名称、未列出项目特征、计量单位和工程量计算规则的项目（即总价措施项目），编制工程量清单时，应按《计量规范》第 5 章措施项目规定的项目编码、项目名称确定清单项目，不必描述项目特征和确定计量单位。

例如：安全文明施工、夜间施工见表 7-12。

总价措施项目与清单计价表 **表 7-12**

序号	项目编码	项目名称	计算基础	费率（%）	金额（元）	调整费率（%）	调整后金额	备注
1	01107001001	安全文明施工	定额基价					
2	011707002001	夜间施工	定额人工费					

4. 其他项目清单的编制

其他项目清单是指除分部分项工程清单、措施项目清单外的由于招标人的特殊要求而设置的项目清单。《计量规范》规定其他项目清单宜按照下列内容列项：

（1）暂列金额。在工程量清单中暂定并包括在合同价款中的一笔款项。用于施工合同签订时尚未确定或者不可预见的所需材料、设备、服务的采购，施工中可能发生的工程变更、合同约定调整因素出现时的工程价款调整以及发生的索赔、现场签证确认等的费用。暂列金额格式见表 7-13。

暂列金额 **表 7-13**

序号	项目名称	金额（元）	结算金额（元）	备注
1	暂列金额	100000		明细详见表 7-13-1
2	暂估价			
2.1	材料（工程设备）暂估价/结算价			明细详见表 7-13-2
2.2	专业工程暂估价/结算价			明细详见表 7-13-3
3	计日工			明细详见表 7-13-4
4	总承包服务费			明细详见表 7-13-5
5	索赔与现场签证			
合计				

暂列金额明细表 **表 7-13-1**

工程名称：××工程标段：第　页　共　页

序号	项目名称	计量单位	暂定金额（元）	备注
1	工程量偏差和设计变更		50000	
2	政策性调整规和材料价格风险		50000	
合计			100000	

（2）暂估价。包括材料暂估价、工程设备暂估价、专业工程暂估价。招标人在招标文件中提供的用于支付必然要发生但暂时不能确定价格的材料以及需另行发包的专业工程金额。材料（工程设备）暂估价、专业工程暂估价见表 7-13-2、表 7-13-3。

材料（工程设备）暂估价格及调整表 **表 7-13-2**

序号	材料（工程设备）名称规格型号	计量单位	数量		暂估（元）		确认（元）		差额±（元）		备注
			暂估	确认	单价	合价	单价	合价	单价	合价	
1	钢筋（规格见施工图）	t	200		4000	800000					用于现浇钢筋混凝土项目
合计						800000					

注：此表由招标人填写“暂估价格”，并在备注栏说明暂估价的材料，工程设备拟用在哪些清单项目上，投标人应将上述材料，工程设备暂估单价计入工程量清单综合报价中。

专业工程暂估价及结算价表 **表 7-13-3**

序号	工程名称	工程内容	暂估金额（元）	结算金额（元）	差额±（元）	备注
1	消防工程	合同图纸中标明的以及消防工程规范的技术说明中规定的各项系统中的设备管道阀门线缆等的供应安装和调试工作	200000			
合计			200000			

（3）计工日。在施工过程中，完成发包人提出的施工与纸以外的零星项目或工作（所需的人工、材料、施工机械台班等），按合同中约定的综合单价计价。格式见表 7-13-4。

计日工表 **表 7-13-4**

编号	项目名称	单位	暂定数量	实际数量	综合单位（元）	合价	
一	人工					暂定	实际
1	普工	工日	30				
2	木工	工日	30				
3	抹灰工	工日	50				
人工小计							

续表

编号	项目名称	单位	暂定数量	实际数量	综合单位（元）	合价
二	材料					
1	32.5矿渣水泥	kg	500			
	材料小计					
三	施工机械					
1	载重汽车	台班	20			
2						
	施工机械小计					
	四、企业管理费和利润					
	总计					

注：此表项目名称、暂定数量由招标人填写，编制招标控制价时，单价由招标人按有关计价规定确定；投标时，单价由投标人自主报价，按暂定数量计算合计入投标总价中。结算时，按发承包双方确定的实际数量计算合价。

（4）总承包服务费。总承包人为配合协调发包人进行的工程分包自行采购的设备材料等进行管理、服务以及施工现场管理、竣工资料汇总整理等服务所需的费用。其格式见表7-13-5。

总承包服务费计价表 **表7-13-5**

序号	工程名称	项目价值	服务内容	计算基础	费率（%）	金额（元）
1	发包人发包专业工程	200000	1. 按专业工程承包人的要求提供施工工作面并对施工现场进行统一管理，对竣工资料进行统一整理汇总 2. 为专业工程承包人提供垂直运输机械和焊接电源接入点，并承担垂直运输费和电费			
2	发包人供应材料	100000	对发包人供应的材料进行验收及保管和使用发放			
	合计	—	—		—	

注：此表项目名称，服务内容由招标人按有关计价规定确定；投标时，费率及金额由投标自主报价，计入投标总价中。

出现上述未列的项目，可根据工程实际情况补充。其他项目清单的编制格式见表7-13。

5. 规费项目清单的编制

规费项目清单应按下列内容列项：

（1）社会保险费：包括养老保险费/失业保险费/医疗保险费/工伤保险费/生育保险费；

（2）住宅公积金；

（3）工程排污费。

当出现上述未列的项目，投标人应根据省级政府或省级有关权力部门的规定列项。其清单格式表7-14。

6. 税金项目的编制

税金项目清单按下列内容列项：

（1）营业税；

（2）城市维护建设税；

（3）教育费附加；

（4）地方教育费附加。

当出现上述未列项目，投标人应根据税务部门的规定列项，其清单格式表7-14。

规费、税金项目清单与计价表 **表7-14**

序号	项目名称	计算基础	费率（%）	金额（元）
1	规费	定额人工费		
1.1	社会保障费	定额人工费		
(1)	养老保险费	定额人工费		
(2)	失业保险费	定额人工费		
(3)	医疗保险费	定额人工费		
(4)	工伤保险	定额人工费		
(5)	生育保险	定额人工费		
1.2	住房公积金	定额人工费		
1.3	工程排污费	按工程所在地环境保护部门收取标准，按实计入		
2	税金	部分分项工程费＋措施项目费＋其他项目费＋规费－按规定不计税的工程设备金额		
合计				

第8章　物资管理基本知识

物资是物质资料的简称，从广义的角度看，物资包括生产资料和生活资料。从狭义的角度看，物资主要是生产资料。对我们建筑企业而言，物资主要是指施工生产中的劳动手段和劳动对象，其中包括原材料、燃料、生产工具、劳保用品、机械及动力设备和交通工具等。建筑材料属于物资范畴，是建筑安装施工过程中的劳动对象，是建筑产品的物质基础。建筑材料投入施工生产后，原有的实物形式改变或消失，构成工程实体或有助于工程实体的形成。物资管理就是建筑企业的材料和设备管理，也就是对施工过程中所需的各种材料、设备。围绕采购、储备和消费所进行的一系列组织和管理工作。由于建筑材料品种规格繁多、材料耗用量多，重量大、安装生产周期较长，占用的生产储备资金较多、材料供应很不均衡、工作涉及面广、建筑生产的流动性大、材料的质量要求高等特点，使得建筑企业的材料管理工作具有自身的特殊性、艰巨性和复杂性。

物资供销体制概述

简单说来，物资供销体制是指物资经营业务的分工关系，包括“供”和“销”两部分，“供”是指企业所需生产资料由谁供应，“销”则是指企业生产出来的生产资料产品由谁销售。

物资供销分工大体有三种形式：一是产需直接见面，签订供货合同。二是由物资部门设立各种专业公司等负责供应。三是地方管理物资（三类物资），自由采购。物资供销体制具体规定了物资流通领域内购销环节的关系、权限分工和组织形式。即规定企业的生产资料产品由谁销售，怎样销售；企业所需生产资料由谁供应，怎样供应的经营管理体制。物资供销体制包括供销目录和供销关系两个主要内容。供销目录是根据物资分配目录的各大类物资具体列出的物资品种、规格、型号和技术条件的目录。供销关系，即供销渠道，一般采取以下几种形式：由国家物资部门负责物资的供应和产品的销售。由生产部门负责组织其所属企业所需物资的供应及其生产资料产品的销售，即产、供、销统一的办法。结合上述两种形式，采取较为灵活的供销形式。对通用的、用户比较分散的物资，由物资部门负责供应和销售；专用的、精度要求高、技术性能强、需要技术维修服务的机电产品，由生产部门来组织供销。对一些批量较大、变化不大的物资，签订长期供货合同，直达供应。

8.1　材料管理的基本知识

材料管理是为顺利完成工程项目施工任务，合理使用和节约材料，努力降低材料成本所进行的材料计划、订货采购、运输、库存保管、供应、加工、使用、回收、再利用等一系列的组织和管理工作。做好材料管理工作，除了需要材料部门积极努力外，还需各有关方面的协作配合，落实资源，保证供应，抓好实物采购运输，加速周转，节约费用，抓好商情信息管理，降低材料单耗，以达到供好、管好、用好建筑材料，降低工程成本的目的。

8.1.1 材料管理的意义

（1）材料管理的意义是对项目工程成本的控制和建筑成品的质量有举足轻重的作用。材料的价格、质量、使用、保管、发放，每一个步骤都影响工程的成本。价格的合理、合格的品质、使用不浪费、妥当的管理、发放不超供，是材料管理的重点。搞好材料管理对于加快施工进度、保证工程质量、降低工程成本、提高经济效益，具有十分重要的意义。

（2）材料管理的主要目的是：性价比高的材料满足施工和生产的需要，并在施工过程中控制材料的质量和数量，同时把工程的材料成本控制在最低范围。

（3）施工生产过程中，同时也是材料消耗的过程，材料是生产要素中价值量最大的组成要素。因此，加强材料的管理是建筑生产的客观要求。由于建筑生产的技术经济特点，使得建筑企业的材料供应管理工作具有一定的特殊性和复杂性，主要表现为：供应的多样化、多变性、消耗的不均匀性，带来季节性的储备和供应问题，并且要受到运输方式和运输环节的影响与牵制。

（4）加强材料管理是改善企业各项技术经济指标和提高经济效益的重要环节。材料管理水平的高低，直接影响到企业的经济利益。因此，材料组织工作直接影响到企业的生产、技术、财务、劳动、运输等方面的活动。对企业完成生产任务，满足社会需要和增加企业利润起着重要作用。

8.1.2 材料管理的任务

建筑企业材料管理工作的基本任务是：本着“管物资必须全面管供、管用、管节约和管回收、修旧利废”的原则，把控好供、管、用三个主要环节，以最低的材料成本，按质、按量、及时、配套供应施工生产所需的材料，并监督和促进材料的合理使用。

1. 材料管理的主要任务

（1）提高计划管理质量，保证材料供应

提高计划管理质量，首先要核算工程用料的正确性。计划是组织指导材料业务活动的重要环节，是组织货源和供应工程用料的依据。无论是需用计划还是材料平衡分配计划，都要以单位工程（大的工程可用分部工程）进行编制。材料计划工作需用与设计、建设单位和施工部门保持密切联系。对重大设计变更、大量材料代用、材料的价差和量差等重要问题，应与有关单位协商解决好。同时，材料供应员要有应变的工作水平，才能保证工作需要。

（2）提高供应管理水平，保证工程进度

材料供应与管理包括采购、运输及仓库管理业务，这是配套供应的先决条件。由于建筑工程产品的规格、式样多，每项工程都是按照特定要求设计和施工，其处理各种有不同的需求，数量和质量受设计的制约，而在处理流通过程中受生产和运输条件的制约，价格上受地区预算价格的制约。因此，材料部门要主动与施工部门保持密切联系，交流情况，互相配合，才能提高供应管理水平，适应施工要求。对特殊材料要采取专料专用控制，以确保工程进度。

(3) 加强施工现场材料管理，坚持定额供料

建筑工程产品体量大、生产周期长，用料数量多、运量大，而且施工现场一般都比较狭小，储存材料困难，在施工高峰期间，土建、安装交叉作业，材料储存地点与供、需、运、管之间矛盾突出，容易造成材料浪费。因此，施工现场材料管理，首先要建立健全材料管理责任制，材料员要参加施工现场平面总图关于材料布置的规划工作，在组织管理方面要认真发动群众，建材专人管理与群众管理相结合的原则，建立健全施工队（组）的管理网，这是材料使用管理的基础。在施工过程中要坚持定额供料，严格领退手续，达到“工完料清，场地净”。

(4) 严格经济核算，降低成本，提高效益

建筑企业提高经济效益，必须立足于全面提高经营管理水平。由于材料供应方面的经济效果较为直观，目前在不同程度上已重视材料价格差异的经济效益，但仍忽视材料的使用管理，甚至以材料差价盈余掩盖企业管理的不足，这不利于提高企业管理水平，应当引起重视。经济核算是借助价值形态对生产经营活动中的消耗和生产成果进行记录、计算、比较及分析，促使企业以最低的成本取得最大经济效益的一种方法，材料供应管理中的业务活动要全面实行经济核算责任制度，以寻求降低成本的途径。

2. 材料的分层管理

建筑企业材料管理实行分层管理，一般分为管理层材料管理和劳务层的材料管理。

(1) 管理层材料管理的任务

管理层材料管理的任务主要是确定并考核施工项目的材料管理目标，承办材料资源开发、订购、储运等业务；负责报价、定价及价格核算；制定材料管理制度，掌握供求信息，形成监督网络和验收体系，并组织实施。具体任务有以下几方面：

1) 建立稳定的供货关系和资源基地，在广泛搜集信息的基础上，发展多种形式的横向联合，建立长远的、稳定的、多渠道可供选择的货源，以便获取优质低价的物质资源，为提高工程质量、缩短工期、降低工程成本打下牢固的物质基础。

2) 组织投标报价工作。一般材料费用约占工程造价的70%，因此，在投标报价过程中，选择材料供应单位、合理估算用料、正确制定材料价格，对于争取中标、扩大市场经营业务范围具有重要作用。

3) 建立材料管理制度。随着市场竞争机制的引进及项目法施工的推广，必须相应建立一套完整的材料管理制度，包括材料目标管理制度，材料供应和使用制度，以便组织材料的采购、加工、运输、供应、回收和废物利用，并进行有效的控制、监督和考核，以保证顺利实现承包任务和材料使用过程的效益。

(2) 劳务层材料管理的任务

劳务层材料管理的任务主要是管理好领料、用料及核算工作。具体任务如下：

1) 属于限额领用时，要在限定用料范围内，合理使用材料，对领出的料具要负责保管，在使用过程中遵守操作规程；任务完成后，办理料具的领用或租用，节约归己，超耗自付。

2) 接受项目管理人员的指导、监督和考核。

(3) 材料的分类管理

目前，大部分企业在对物资进行分类管理中，运用了“ABC法”的原则，即关键的

少数，次要的多数，根据物资对本企业质量和成本的影响程度和物资管理体制将物资分成了 ABC 三类进行管理。

根据物资对工程质量和成本的影响程度，将材料分为 ABC 三类，见表 8-1。

A 类：对工程质量有直接影响的，关系用户使用生命和效果的，占工程成本较大的物资。

B 类：对工程质量有间接影响，为工程实体消耗的物资。

C 类：指辅助材料，也就是占工程成本较小的物资。

物资分类表　　表 8-1

类　别	序　号	材料名称	具体种类
A 类	1	钢材	各类钢筋，各类型钢
	2	水泥	各等级袋装水泥、散装水泥，装饰工程用水泥，特种水泥
	3	木材	各类板、方材，木、竹制模板，装饰、装修工程用各类木制品
	4	装饰材料	精装修所用各类材料，各类门窗及配件，高级五金
	5	机电材料	工程用电线、电缆，各类开关、阀门、安装设备等所有机电产品
	6	工程机械设备	公司自购各类加工设备，租赁用自升式塔吊，外用电梯
B 类	1	防水材料	室内外各类防水材料
	2	保温材料	内外墙保温材料，施工过程中的混凝土保温材料，工程中管道保温材料
	3	地方材料	砂石，各类砌筑材料
	4	安全防护用具	安全网，安全帽，安全带
	5	租赁设备	（1）中小型设备：钢筋加工设备，木材加工设备，电动工具；（2）钢模板；（3）架料，U 形托，井字架
	6	建材	各类建筑胶，PVC 管，各类腻子
	7	五金	火烧丝，电焊条，圆钉，钢丝，钢丝绳
	8	工具	单价 400 元以上使用的手用工具
C 类	1	油漆	临建用调合漆，机械维修用材料
	2	小五金	临建用五金
	3	杂品	
	4	工具	单价 400 元以下手用工具
	5	劳保用品	按公司行政人事部有关规定执行

8.1.3　材料管理的主要内容

1. 材料管理分为流通过程的管理和生产过程的管理，这两个阶段的具体管理工作就是处理管理的内容。具体说来，包括两个领域、三个方面和八项业务。

（1）两个领域：材料管理的两个领域就是指物资流通领域的材料管理和生产领域的材料管理。

1）物资流通领域是指组织整个国民经济物资流通的组织形式。建筑材料的流通是物资流通领域的组成部分，是在企业材料计划指导下，组织货源，进行订货、采购、运输和保管，以及企业对多余材料向社会提供资源等活动的管理。

2）生产领域的材料管理是指生产消费领域中，实行定额供料，采取节约措施和奖励办法，鼓励降低材料单耗，实行退材回收和修旧利废活动的管理，建筑企业的项目都是材料供、管、用的基层单位。材料工作的重点是管，其工作的好坏对整个材料管理的成效有明显作用。

（2）三个方面材料管理的三个方面就是指建筑材料的供、管、用，它们是紧密结合的。

（3）八项业务材料管理的八项业务是指材料计划、采购订货、运输供应、验收保管、加工与发料、使用与回收、材料核算和统计分析，各项业务相互依存，相互联系。

2. 企业材料管理

建筑企业材料管理体制是企业组织领导材料管理工作的根本制度，它明确了企业内部各级、各部门在材料采购、运输、储备、消耗等各方面的管理权限及管理形式，是企业生产经营管理体制的重要组成部分。因此，正确确定企业材料管理体制，对于实现企业材料管理的基本任务，改善企业经营管理，提高企业的承包能力、竞争能力都具有重要意义。

决定和影响企业材料管理体制的条件和因素：

（1）材料管理体制要反映建筑工程生产及需求特点

建筑工程产品的生产具有流动性的特点，所以材料必须随生产转移，而且分散多变；建筑工程产品体量大，生产周期长，不仅需要大量的材料、资金，而且在产品建成之前，大量的材料和资金都停留在半成品上，决定了供应的多变性、特殊性。因此，在确定企业材料管理体制的过程中，应考虑下列问题。

1）要适应建筑工程生产的流动性

材料、机具的储备不宜分散，尽可能提高成品、半成品供应程度，能够及时组织剩余材料的转移和回收，减轻基层的负担。

2）要适应建筑工程生产的多变性

要有准确的预测，对常用材料必须有适当的储备，要建立灵活的信息传递、处理、反馈体系，要有一个有力的指挥系统，这样可以对变化了的情况及时处理，保证施工生产的顺利进行。

3）要适应建筑工程生产多工种的连续混合作业

按不同施工阶段实行综合配套，按材料的使用方向分工协作，在方法上、组织上保证生产的顺利进行。

4）要体现供、管并重

建筑工程生产用料多，工期长，为实现材料合理使用，降低消耗，要健全计量、定额、凭证和统计，以利于开展核算，加强监督，保证企业的经济效益。

（2）材料管理体制要适应企业的施工任务和企业的施工组织形式

建筑企业的施工任务状况主要包括规模、工期和分布三个方面。一般地企业承担的任务规模较大，工期较长，任务就相对集中；反之，规模较小，工期较短，任务必然分散。按照企业承担任务的分布状况，可将建筑企业分为现场型企业、城市型企业和区域性企业。

现场型企业一般采取集中管理的体制，把供应权集中在企业，实行统一计划、统一订购、统一储备、统一供应、统一管理。这种形式有利于统一指挥，减少层次、减少储备、节约设施和人力，材料供应工作对生产的保证程度高。

城市型企业，其施工任务相对集中在一个城市内，常采用“集中领导，分级管理”的体制，把施工用主要材料和机具的供应权、管理权集中在企业，把施工用一般材料和机具的供应权、管理权放给基层，这样既能保证企业的统一指挥，又能调动各级的积极性，同样可以达到减少中转环节、减少资金使用、加速材料周转和保证供应的目的。

区域型企业，其任务比较分散，甚至跨省跨市。这类企业应因地制宜，或在“集中领导，分级管理”的体制下，扩大基层单位的供应和管理权限，或在企业统一计划指导下，把材料供应权和管理权完全放给基层，这样既可以保证企业总体上的指挥和调节，又能发挥各基层单位的积极性、主动性，从而避免由于过于集中而增加不必要的层次、环节，造成人力、物力、财力的浪费。

(3) 材料管理体制要适应社会的材料供应方式

建筑材料依靠社会提供。企业的材料管理体制受国家和地方材料分配方式与供应方式的制约。只有适应国家和地方有关材料分配方式和供销方式，企业才能顺利地获得自己所需要的材料。在一般情况下，须考虑以下几个方面：

1) 要考虑和适应指令性计划部分的材料分配方式和供销方式

凡是由国家材料部门承包供应的，企业除了接管、核销能力外，还要具备调剂、购置能力，解决配套承包供应的不足。以建设单位供料为主的地区，有条件的企业应考虑在高层次接管，扩大调剂范围，提高保证程度。直接接受国家和地方计划分配、负责产需衔接的企业，还应具备申请、订货和储备能力。

2) 要适应地方生产资源供货情况

凡是有供货渠道、生产厂家的地区，企业除具有采购能力外，要根据生产供货周期建立适当的储备能力，要创造条件直接与生产厂家衔接，销售价格优惠，建立稳定的供货关系。对于没有供货渠道的地区，企业要具备外地采购、协作，以及扶持生产、组织加工、建立基地的能力，通过扩大供销关系和发展生产的途径，满足企业生产的需要。

3) 要结合社会资源形势

一般情况下，当社会资源比较丰富，甚至供大于求时，企业材料的采购权、管理权不宜过于集中，否则会增加企业不必要的管理层次；当社会资源比较短缺时，甚至供不应求时，企业材料的采购权、管理权不宜过于分散，否则就会出现相互抢购、层层储备的现象，造成人力、物力、财力的浪费，甚至影响施工生产。

3. 建筑企业材料管理对项目成本的影响

中国加入 WTO，世界多极化和经济全球化的趋势越来越明显。随着资源能源缺乏问题的凸显，大部分建筑材料价格不断攀升，木材、钢材和建筑五金等所需的生产原料价格每年都至少以 10%的速度上涨，特别是各类五金件价格近几年来涨幅达到 30%，某些钢材的价格更是涨幅达到了 65%。我国的企业财务通则第二十六条规定：“企业为生产经营商品和提供劳务等发生的各项直接支出，包括直接工资、直接材料、商品进价以及其他直接支出，直接计入生产经营成本。企业为生产经营商品和提供劳务而发生的各项间接费用，分别计入生产经营成本。”所以对建筑材料进行有效的管理也就成了对项目成本管理的关键，做好以下工作至关重要。

(1) 编制好材料的计划管理

做好编制准备工作，根据合同的供应分工，掌握供应地点的交通条件，工程的施工特点；参照施工组织设计要求，确定材料的供应原则和供应方法，对工程中的特殊材料，设备等确定其供应措施。掌握施工任务和生产进度安排，确定该季度中每月材料的供应间隔天数和经济批量。同时，还应遵循综合的评价原则、实事求是原则、留有余地的原则和严肃性和灵活性统一的原则，这四个编制基本原则。在编制好了材料计划后，还应对计划建立信息传递和反馈制度，定期进行分析，保证计划的落实与完成。

(2) 做好材料的储备管理

材料储备是指材料脱离了制造生产过程，尚未进入再生产消耗过程而以在库、在途、待验、加工等多种形态停留在流通领域和生产领域的过程。从材料储备所处的领域和所在的环节，企业材料储备是生产储备，它处于生产领域里，是为了保证生产进行、材料不间断供应而建立的储备，可以细分为经常储备、保险储备和季节储备三类。

1) 经常储备

经常储备也叫周转储备，是指建筑企业在正常工程施工条件下两次材料到货的间隔期间，为了保证工地有材料配合施工而做的材料储备工作。但建筑企业在材料的消耗上也是不可估计的，材料的消耗量在每个时期也是不同的，它的到货时间间隔和批量也是不相等的，所以要解决这些条件下的储备问题，就要从研究经常储备开始。

经常储备具有一定的特征，在进料后达到最大值，叫最高经常储备。之后随着陆续投入工程的施工而陆续的减少，在下一批材料到达之前，降到最小值，叫作最低经常储备，然后再补充进料。

2) 保险储备

保险储备是在材料不能按期到货或者到货不合用，又或者材料的消耗速度加快的情况下，为了保证工程施工需要而建立的保险性材料库存。

一般情况下不动用这部分的储备，在材料供应发生问题时才使用，不需要对施工影响不大和容易补充的，甚至可以用其他的材料来替换本身材料的这些材料做储备，但要注意因为是保险储备，动用后，必须及时对储备量进行补充。

3) 季节储备

季节储备是指由于材料生产、运输或其他原因，每年有一段时间不能供料，而且带有明显的季节性。

季节性储备材料，譬如生产上有洪水期的河砂和河卵石等；运输上有遇到恶劣的天气等。在这种情况下，在季节供应中断到来以前，所做的材料储备以应付材料供应中断期内的全部用料，直到材料恢复正常的生产和运输条件后，可将其转入经常储备中。

(3) 处理好材料储备管理的实施

三种储备管理中，经常储备是保持建筑施工中材料供应最基本的材料储备，所以保证供应商能安全、及时的供应货物的经常储备是十分重要的。但是在建筑施工中材料的消耗是不可估计的，消耗量在每个时期也有许多的不同，保险储备正是在这个时候发挥它的作用，如果在经常储备的两次进货间隔的时间段内，对某些材料发生短缺，从保险储备中补充材料，来配合工程的继续进行。

如果因为没有材料而导致工程施工被迫停止，影响到了工程的进度，那一定会对当月的产值造成影响，而且在这个时候买入材料的话，因为是少量购买，价格也相对较高，从而影响到材料的采购成本，导致项目成本的相应增加。同时季节储备也正是因为这个原因而建立的，目的是为了防止在特殊时期、特殊季节到来时，由于材料生产的暂停导致供求关系发生改变，使价格上涨抬高了材料的成本。

因此经常储备管理是否到位主要要决定于材料在采购环节的管理是否到位，而保险储备和季节储备则是储备管理的重点环节，如果能做好这两个方面的管理则可以大大地降低建筑企业材料使用时由于不确定原因对材料成本的影响。

（4）重视企业材料管理体制

企业材料管理体制取决于企业材料队伍的素质状况，在其他条件不变的情况下，高素质的队伍既能集中指挥，又能独立作战，能供能管；反之，队伍素质低，依赖性强，必然增加层次和环节。另外一个企业如果能管理好材料的成本，加强项目成本管理，将是建筑企业进入成本竞争时代的竞争利器，也是企业推进成本发展战略的基础。

因此企业的材料管理体制既是实现企业经营活动的主要条件，又是企业联系社会的桥梁和纽带，受企业内外各种条件和因素的制约。确定企业材料管理体制必须从实际出发，调查研究，综合各种因素，使之科学化和合理化。

对于建筑项目管理的一切活动，同时也是成本活动，没有成本的发生和运动，对这个项目管理的生命周期随时都可能中断。因为传统建筑业的巩固发展是建立在生产的三大要素——劳动者、劳动机具及建筑材料之上的。同时企业材料管理也要有利于信息的收集、传递、反馈和处理，有利于各种反馈信息投入和调整，使材料管理机制有机地运行。

4. 现场材料管理

（1）现场材料管理的概念

现场材料管理是指在现场施工过程中，根据工程类型、场地环境、材料保管和消耗特点，采取科学的管理办法，从材料投入到成品产出全过程进行计划、组织、协调和控制，力求保证生产需要和材料的合理使用，最大限度地降低材料消耗的工作。

施工现场是建筑安装企业从事施工生产活动，最终形成建筑产品的场所，占建筑工程造价60%左右的材料费，都是通过施工现场投入的。施工现场的材料与工具管理，属于生产领域里材料耗用过程的管理，与企业其他技术经济管理有密切的关系，是建筑企业材料管理的关键环节。现场材料管理的水平，是衡量建筑企业经营管理水平和实现文明施工的重要标志，也是保证工程进度、工程质量，提高劳动效率，降低工程成本的重要环节，并对企业的社会声誉和投标承揽任务有极大影响。因此，加强现场材料管理，是提高材料管理水平，克服施工现场混乱和浪费现象，提高经济效益的重要途径之一。

（2）现场材料管理的原则和任务

1）全面规划

在开工前作出现场材料管理规划，参与施工组织设计的编制，规划材料存放场地、道路，做好材料预算，制定现场材料管理目标。

2）计划进场

按施工进度计划，组织材料分期分批有秩序地入场，一方面保证施工生产需要，另一方面要防止形成大批剩余材料。计划进场是现场材料管理的重要环节和基础。

3）严格验收

按照各种材料的品种、规格、质量、数量要求，严格对进场材料进行检查，办理收料。验收是保证进场材料品种、规格对路以及质量完好、数量准确的第一道关口，是保证工程质量，降低成本的重要保证。

4）合理存放

按照现场平面布置要求，做到合理存放，在方便施工、保证道路畅通、安全可靠的原则下，尽量减少二次搬运。合理存放是妥善保管的前提，是生产顺利进行的保证，是降低成本的有效措施。

5. 妥善保管

按照各项材料的自然属性，依据物资保管技术要求和现场客观条件，采取各种有效措施进行维护、保养，保证各项材料不降低使用价值。妥善保管是物尽其用，实现成本降低的保证条件。

6. 控制领发

按照操作者所承担的任务，依据定额及有关资料进行严格的数量控制。控制领发是控制工程消耗的重要关口，是实现节约的重要手段。

7. 监督使用

按照施工规范要求和用料要求，对已转移到操作者手中的材料，在使用过程进行检查，督促班组合理使用，节约材料。监督使用是实现节约，防止超耗的主要手段。

8. 准确核算

用实物量形式，通过对消耗活动进行记录、计算、控制、分析、考核和比较，反映消耗水平。准确核算既是对本期结果的反映，又为下期提供改进的依据。

8.1.4 现场材料管理的阶段划分及各阶段的工作要点

1. 施工前的准备工作

（1）了解工程合同的有关规定、工程概况、供料方式、施工地点和运输条件、施工方法和施工进度、主要材料和机具的用量、临时建筑及用料情况等，全面掌握整个工程的用料情况及大致供料时间。

（2）根据生产部门编制的材料预算和施工进度计划，及时编制材料供应计划，包括组织人员、材料名称、规格、数量、质量与进场日期。掌握主要构件的需用量和加工工件所需图纸、技术要求等情况，组织和委托门窗、铁件、混凝土构件的加工，材料的申请工作。

（3）深入调查当地地方材料的货源、价格、运输工具及运载能力等情况。

（4）积极参加施工组织设计中关于材料堆放位置的设计。按照施工组织设计平面图和施工进度需要，分批组织材料进场和堆放，堆放位置应以施工组织设计中材料平面布置图为依据。

（5）根据防火、防水、防雨、防潮的管理要求，搭设必需的临时仓库，需防潮和其他特殊要求的材料，要按照有关规定妥善保管，确定材料堆放方案时，应注意以下问题：

1）材料堆场应以使用地点为中心，在可能的条件下，越靠近使用地点越好，避免发生二次搬运。

2）材料堆场及仓库、道路的选择不能影响施工用地，避免料场、仓库中途搬家。

3）材料堆场的容量必须能够存放供应间隔期内最大需用量。

4）材料堆场的场地要平整，设排水沟，不积水，构件堆放场地要夯实。

5）现场临时仓库要符合防火、防雨、防潮和保管要求，雨期施工需要排水措施。

6）现场运输道路要坚实，循环畅通，有回转余地。

7）现场的石灰池要避开施工道路和材料堆场，最好设在现场的边沿。

2. 施工过程的组织与管理

施工过程中现场材料管理工作的主要内容是：

（1）建立健全现场管理的责任制。

（2）加强现场平面布置管理。

（3）掌握施工进度，搞好平衡。

（4）所用材料和构件，要严格按照平面布置图堆放整齐。

（5）认真执行材料、构件的验收、发放、退料和回收制度。

（6）认真执行限额领料制度，监督和控制队组节约使用材料，加强检查、定期考核，努力降低材料的消耗。

（7）抓好节约措施的落实。

3. 工程竣工收尾和施工现场转移的管理

工程完成总工作量的70%以后，即进入收尾阶段，新的施工任务即将开始，必须做好施工转移的准备工作。

8.1.5 现场材料管理的内容

1. 现场材料的验收和保管

（1）收料前的准备

现场材料人员接到材料进场的预报后，要做好以下五项准备工作：

1）检查现场施工便道有无障碍及平整通畅。

2）按照施工组织设计的场地平面布置图的要求，选择好堆料场地，要求平整、没有积水。

3）必须进现场临时仓库的材料，按照“轻物上架，重物近门，取用方便”的原则，准备好库位，防潮、防霉材料要事先铺好垫板，易燃易爆材料一定要准备好危险品仓库。

4）夜间进料，要准备好照明设备，在道路两侧及堆料场地，都有足够的亮度，以保证安全生产。

5）准备好装卸设备、计量设备、遮盖设备等。

（2）材料验收的步骤

现场材料的验收主要是检验材料品种、规格、数量和质量。验收步骤如下：

1）查看送料单，是否有误送。

2）核对实物的品种、规格、数量和质量，是否与凭证一致。

3）检查原始凭证是否齐全正确。

4）作好原始记录，逐项详细填写收料日记，其中验收情况登记栏，必须将验收过程中发生的问题填写清楚。

2. 材料的保管

现场材料的保管应注意以下几个方面：

（1）材料场地的规划：要方便进料、加工、使用、运输。特别是大型的材料，不能产生二次搬运。

（2）分类要明确：做好材料标识，把容易弄混淆的材料分隔开来，避免用错造成损失。

（3）做好材料管理台账：入库单、出库单、库存月报等。

（4）更重要的一点就是加强管理：找有能力的项目经理、有责任心的库管员，做好劳务队人员的监督管理。

（5）实行定额领料制度，能有效避免浪费。

3. 几种主要材料的管理

（1）钢材

1）钢材进场时，必须进行资料验收、数量验收和质量验收。

2）资料验收：钢材进场时，必须附有盖钢厂鲜章或经销商鲜章的包括炉号、化学成分、力学性能等指标的质量证明书，同采购计划、标牌、发票、过磅单等核对相符。

3）数量验收必须两人参与，通过过磅、点件、检尺换算等方式进行，目前盘条常用的是过磅方式，直条、型钢、钢管则采用点件、检尺换算方式居多；检尺方式主要便于操作，但从合理性来讲，只适用于国标材，不适用于非标材，有条件应全部采用过磅方式，但过磅验收必须与标牌重量及检尺重量核对，一般不超过标牌重量或检尺计重，因此采购议价时应明确过磅价或检尺价。验收后填制“材料进场计量检测原始记录表”。

4）质量验收：先通过眼看手摸和简单工具检查钢材表面是否有缺陷、规格尺寸是否相符、锈蚀情况是否严重等，然后通知质检（试验）人员按规定抽样送检，检验结果与国家标准对照判定其质量是否合格。

5）进入现场的钢材应入库入棚保管，尤其是优质钢材、小规格钢材、镀锌管、板及电线管等；若条件所限，只能露天存放时，应做好上盖下垫，保持场地干燥。

6）入场钢材应按品种、规格、材质分别堆放，尤其是外观尺寸相同而材质不同的材料，如受力钢筋，优质钢材等，并挂牌标识。

7）钢材收料后要及时填制收料单，同时作好材质书台账登记，发料时应在领料单备注栏内注明炉（批）号和使用部位。

（2）水泥

1）水泥进场时，应进行资料验收、数量验收和质量验收。

2）资料验收：水泥进场时检查水泥出厂质量证明（3d 强度报告），查看包装纸袋上的标识、强度报告单、供货单和采购计划上的品种规格是否一致，散装水泥应有出厂的计量磅单。

3）数量验收必须两人参与。袋装水泥在车上或卸入仓库后点袋记数，同时对袋装水泥重量实行抽检，不能出现负差，破袋的水泥要重新灌装成袋并过秤计量；散装水泥可以实际过磅计量，也可按出厂磅单计量，但卸车应干净，验收后填制“材料进场计量检测原始记录表”。

4）质量验收：查看水泥包装是否有破损，清点破损数量是否超标；用手触摸水泥袋或查看破损水泥是否有结块；检查水泥袋上的出厂编号是否和发货单据一致，出厂日期是否过期；遇有两个供应商同时到货时，应详细验收，分别堆码，防止品种不同而混用；通知试验人员取样送检，督促供方提供 28d 强度报告。

5）水泥必须入库保管，水泥库房四周应设置排水沟或积水坑，库房墙壁及地面应进行防潮处理；水泥库房要经常保持清洁，散灰要及时清理、收集、使用；特殊情况需露天存放时，要选择地势较高，便于排水的地方，并要有足够的遮垫措施，做到防雨水、防潮湿。

6）水泥收发要严格遵守先进先出的原则，防止过期使用；要及时检查保存期限，水泥的存储时间不宜过长，从出厂到使用不得超过90d。

7）袋装水泥一般码放10袋高，最高不超过15袋，不同厂家、品种、强度等级、编号水泥要分开码放，并拴挂标识牌。

8）水泥收料后要及时填制收料单，在备注栏内填制出厂编号和出厂日期；发料时应在领料单备注栏内注明水泥编号和使用部位。

（3）砂石

1）砂石数量验收必须两人参与。按车牌号、车厢尺寸、实际高度车车实测，单车签单验收，并填制“材料进场计量检测原始记录表”；每月至少办理一次入账手续。

2）砂石质量验收通过目测进行，主要看含泥量和云母等杂质含量，石子还要看针、片状数量和连续级配情况等，再通知试验人员取样送检。

3）砂石料均为露天存放，存放场地要砌筑围护墙，地面必须硬化；若同时存放砂和石，砂石之间必须砌筑高度不低于1m的隔墙。

（4）红砖（砌块）

1）红砖（砌块）数量验收必须两人参与。一般实行车车点数，点数时应注意堆码是否紧凑、整齐，必要时可以重新堆码记数，验收后填制“材料进场计量检测原始记录表”，每月至少办理收料一次。

2）红砖（砌块）质量验收主要是目测和测量外观尺寸，过火砖比例不得超过规定比例，不允许出现欠火砖，外观尺寸偏差应符合标准要求，及时通知试验人员抽样送检测中心进行抗压、抗折等强度检测。

3）红砖（砌块）堆码应按照现场平面布置图进行，一般应码放于垂直运输设备附近，使用时要注意清底和断砖的及时利用。

（5）商品混凝土

1）签订商品混凝土合同时应尽量按施工图理论计量。如按实际车次计量，材料员应严格按照合同对随车发货单进行签证和抽查，如抽查出计量不足，则当批次供应的所有车次均按抽查出的单车最少量计量。

2）每批次混凝土浇筑完后材料员应及时和混凝土工长一起进行复核，按车次计量与施工图理论计量对比，不超出正常偏差。如超出正常偏差，应及时与商品混凝土公司协调采取措施纠正。

3）商品混凝土的质量检验分为出厂检验和交货检验。出厂检验的取样试验工作由供方承担，交货检验的取样试验工作由需方承担。

4）试验员除了在施工现场按规范取样试验进行交货检验外，还应到商品混凝土搅拌站抽检，并做好抽检台账。

4. 现场材料发放和耗用管理方法

（1）现场材料发放

1）材料发放的依据

现场发料的依据是下达给班组、专业施工队的班组作业计划（任务书），根据任务书上签发的工程项目和工程量所计算的材料用量，办理材料的领发手续。由于施工班组、专业施工队伍各工种所担负的施工部位和项目有所不同，因此除任务书以外，还须根据不同的情况办理一些其他领发料依据。

2）材料发放的程序

① 将施工预算或定额员签发的限额领料单下达到班组。工长对班组交代生产任务的同时，做好用料交底。

② 班组料具员持限额领料单向材料员领料。材料员经核实工程量、材料品种、规格、数量等无误后，交给领料员和仓库保管员。

③ 班组凭限额领料单领用材料，仓库依此发放材料。发料时应以限额领料单为依据，限量发放，可直接记载在限额领料单上，也可开领料小票，双方签字认证，见表 8-2。若一次开出的领料量较大需多次发放时，应在发放记录上逐日记载实领数量，由领料人签认，见表 8-3。

材料领用单 **表 8-2**

工程名称________________ 队组________________

工程项目________________ 年 月 日

用途________________

材料编号	材料名称	规格	单位	数量	单价	

材料保管员： 领料人： 材料核算员：

材料发放记录 **表 8-3**

班组________________ 栋号________ 年 月 日

任务书编号	日期	工程项目	发放量	领料人	

主管： 保管员：

④ 当领用数量达到或超过限额数量时，应立即向主管工长和材料部门主管人员说明情况，分析原因，采取措施。若限额领料单不能及时下达，应由工长填制并由项目经理审批的工程借用用料单，办理因超耗及其他原因造成多用材料的领用手续。

3）材料发放的方法

工程用料的发放包括大堆材料、主要材料、成品和半成品等。大堆材料主要包括砖、瓦、灰、砂、石等材料；主要材料包括水泥、钢材、木材等；成品及半成品主要包括混凝土构件、门窗、金属件及成型钢管等材料。这类材料以限额领料单作为发料依据。限额领料单见表 8-4。

限额领料单

表 8-4

领料日期＿＿＿＿＿＿＿＿　　　　　　　　　　　　　　　　编号＿＿＿＿

<table>
<tr><td>领料单位</td><td colspan="2"></td><td>工程名称</td><td colspan="2"></td><td colspan="2">用途</td><td colspan="2"></td></tr>
<tr><td>发料仓库</td><td colspan="2"></td><td>工程编号</td><td colspan="2"></td><td colspan="2">任务单号</td><td colspan="2"></td></tr>
<tr><td rowspan="2">材料编号</td><td rowspan="2">类别</td><td rowspan="2">名称</td><td rowspan="2">规格</td><td rowspan="2">单位</td><td colspan="2">数量</td><td colspan="2">计划</td><td rowspan="2">参考数量</td></tr>
<tr><td>请领数</td><td>实发数</td><td>单价</td><td>金额</td></tr>
<tr><td></td><td></td><td></td><td></td><td></td><td></td><td></td><td></td><td></td><td></td></tr>
<tr><td></td><td></td><td></td><td></td><td></td><td></td><td></td><td></td><td></td><td></td></tr>
<tr><td colspan="2">备注</td><td colspan="8"></td></tr>
</table>

材料主管：　　　　保管员：　　　　领料主管：　　　　领料员：

① 大堆材料

大堆材料一般都是露天存放，供工程使用。根据有关规定，大堆材料的进出场及现场发放都要进行计量检测。

② 主要材料

主要材料一般是库发材料或是指定露天料场和大棚内保管存放，由专职人员办理领发手续。主要材料的发放要凭限额领料单（任务书）、有关的技术资料和使用方案发放。

③ 成品及半成品

成品及半成品主要包括混凝土构件、门窗、金属件及成型钢管等材料。混凝土构件一般在工厂生产，再运输到现场安装；门窗材质种类繁多，常见的有木质、钢质、塑料质和铝合金质等，多在工厂加工后运到现场安装；铁件一般在露天存放，精密的放在库内或棚内，铁件要按加工计划核对验收，按单位工程登记台账，并经常清点，防止散失和腐蚀。成型钢管工厂加工后运到现场，交由班组使用。成品及半成品发放时，凭限额领料单与工程进度办理领发手续。

4）材料发放中应注意的问题

① 必须提高材料人员的业务素质和管理水平，熟悉概况、施工进度计划、材料性能及工艺要求等，便于配合施工生产。

② 根据施工生产需要，按照国家计量法规定，配备足够的计量器具，严格执行材料进场及发放的计量检测制度。

③ 在材料发放过程中，认真执行定额用料制度，核实工程量、材料的品种、规格及定额用量，以免影响施工生产。

④ 严格执行材料管理制度，大堆材料清底使用，水泥早进早发，装修材料按计划配套发放，以免造成浪费。

⑤ 对价值较高及易损、易坏、易丢失的材料，发放时领发双方须当面点清，签字认证并做好发放记录。

⑥ 实行承包责任制，防止丢失损坏，避免重复领发料现象的发生。

（2）材料的耗用

现场材料的耗用主要是指在施工过程中，对构成工程实体的材料消耗所进行的核算活动。

1）材料耗用依据

现场耗料的依据是根据施工班组、专业施工队报持的限额领料单（任务书）到材料部门领料时所办理的领料手续的凭证。常见有两种：一是领料单；二是材料调拨单。领料单的使用范围包括施工班组、专业施工队领料时，领发料双方办理领发（出库）手续，填制领料单，按领料单上的项目逐项填写，注明单位工程、施工班组、材料名称、规格、数量及领用日期，双方签字认证。

2）材料耗用的程序

现场材料消耗的过程应根据材料的种类及使用去向，采用不同的耗料程序。

① 工程耗料

大堆材料、主要材料及成品、半成品等的耗料程序，根据领料凭证（任务书）所发出的材料经核算后，对照领料单进行核实，并按实际工程进度计算材料的实际耗料数量。由于设计变更、工序搭接造成材料超耗的，也要如实记入耗料台账，便于工程结算。耗料台账具体格式见表 8-5。

耗料台账 **表 8-5**

工程名称________ 结构________ 层数________ 面积________

开工日期____年___月___日 竣工日期____年___月___日

材料名称	计量单位	包干指标		上年接转		分月耗料数量											
						1		2		3		4		…		12	
		原指标	调整	预算	实际	预算	实际	预算	实际	预算	实际	预算	实际	预算	实际	预算	实际

② 暂设耗料

大堆材料、主要材料及可利用的剩余材料，根据施工组织设计要求，所搭设的设施视同工程用料，要按单独项目进行耗料。按项目经理（工长）提出的用料凭证（任务书）进行核算后，与领料单核实，计算出材料的耗料数量。如果超耗也要计算在材料成本之内，并且记入耗料台账。

③ 行政公共设施耗料

根据施工队主管领导或材料主管批准的用料计划进行发料，使用的材料一律以外调材料形式耗料，单独记入台账。

④ 调拨材料耗料

调拨材料耗料是材料在不同部门之间的调动，标志着所属权的转移。不管内调与外调都应记入台账。

⑤ 班组耗料

根据各施工班组和专业施工队的领发料手续（小票），考核各班组、专业施工队是否按工程项目、工程量、材料规格、品种及定额数量进行耗料，并且记入班组耗料台账，作为当月的材料移动月报，如实地反映出材料的收、发、存情况，为工程材料的核算提供可靠依据。材料移动月报见表 8-6。

材料移动月报　　　　　　　　　　　　　　　　**表 8-6**

编制单位＿＿＿＿＿＿＿＿＿＿　　　　　　　　　　年＿＿＿＿月＿＿＿＿日

材料名称	规格	计量单位	预算单价	上月结存		本月结存		耗料						本月调出		本月结存	
				数量	金额	数量	金额	1		2		合计		数量	金额	数量	金额
								数量	金额	数量	金额	数量	金额				

财务主管：　　　　　材料主管：　　　　　核算员：　　　　　材料员：

在施工过程中，施工班组由于某种原因或特殊情况，发生多领料或剩余材料，都要及时办理退料手续和补领手续，及时冲减账面，调整库存量，保证账物相符，正确反映工程耗料的真实情况。

3）材料耗用计算方法

根据现场耗用材料的特点，使材料得到充分利用，保证施工生产，应根据材料的种类、型号分别采用不同的耗料方法。

① 大堆材料

由于大堆材料多露天堆放，计数不方便，耗料多采用定额耗料或配合比计算耗料两种方式。

定额耗料是按实际完成工程量计算出材料耗用量，并结合盘点，计算月度耗用数量。按配合比计算耗料方法是根据混凝土、砂浆配合比和水泥消耗量，计算其他材料用量，并按项目逐项计入材料发放记录，到月底累计结算，作为月度耗料数量。有条件的现场，可采取进场划拨，结合盘点进行耗用量计算。

② 主要材料

主要材料大多库存或集中存放，根据工程进度计算实际耗用数量。

对于水泥的耗料，根据月度实际进度、部位，以实际配合比为依据计算水泥需用量，然后将根据实际数量开具的领料小票或按实际使用量逐日记载的水泥记录累计结算，作为水泥的耗料数量。对于块材的消耗量，根据月度实际进度、部位，以实际工程量为依据计算块材需用量，然后将根据实际使用数量开具的领料小票或按实际使用量逐日记载的块材发放记录累计结算，作为块材的耗用数量。

③ 成品及半成品

一般采用按工程进度、部位进行耗料，也可以按配料单或加工单进行计算，求得与当月进度相适应的数量，作为当月耗用数量。

如果对于金属件或成型钢筋，一般按照加工计划进行验收，然后交班组保管使用，或是按照加工翻样的加工单，分层、分段以及分部位进行耗料。

4）材料耗用中应注意的问题

现场耗料是保证施工生产、降低材料消耗的重要环节，切实做好现场耗料工作，是搞好项目管理的根本保证。为此应做好以下工作：

①要加强材料管理制度，建立健全各种台账，严格执行限额领料和料具管理规定。

②分清耗料对象，按照耗料对象分别记入成本。对于分不清的，例如群体工程同时使

用一种材料，可根据实际总用量，按定额和工程进度进行分解。

③严格保管原始凭证，不得任意涂改凭证，避免乱摊、乱耗，保证耗料的准确性。

④建立相应的考核制度，对材料的耗用要逐项登记，避免乱摊、乱耗，保证耗料的准确性。

⑤加强材料使用过程中的管理，认真进行材料核算，按规定办理领料手续。

5. 加强材料消耗管理，降低材料消耗

材料消耗过程的管理，就是对材料在施工生产消耗过程中进行组织、指挥、监督、调节和核算，消除不合理的消耗，达到物尽其用，降低材料成本，提高企业经济效益。在建设工程中，材料费用占工程造价比重很大，建筑企业的利润，大部分来自材料采购成本的节约和降低材料消耗，特别是降低现场材料消耗。目前，施工现场材料管理仍很薄弱，浪费惊人，反映出的问题颇多。

（1）对材料工作的认识上，普遍存在着“重供应、轻管理”观念。

（2）在施工现场管理与材料业务管理上，普遍存在着现场材料堆放混乱、管理不严，余料不能充分利用；材料计量设备不齐、不准，造成用料上的不合理；材料质量不稳定；材料紧缺，无法按材料原有功能使用，要配制高强度等级的混凝土时，因无高强度等级水泥供应，只能用低强度等级水泥替代，大量增加水泥用量；技术操作水平差，施工管理不善，工程质量差，造成返工，浪费材料，设计多变，采购进场的原有材料不合用，形成积压变质浪费；盲目采购，由于责任心不强或业务不熟悉，采购了质次或不适用的物资，或图方便，大批购进，造成积压浪费。

（3）基层材料人员队伍建设上，普遍存在着队伍不稳定，文化水平偏低，懂生产技术和管理的人员偏少的状况，造成现场材料管理水平较低。为改善现场材料管理水平，强化现场材料管理的科学性，达到节约材料的目的，主要应从加强施工管理和采购技术措施节约材料两方面着手。材料具体节约措施如下。

1）水泥节约措施

① 优化混凝土配合比。

② 级配相同的情况下，选用骨料粒径最大的可用石料。

③ 掌握合理的砂率。

④ 合理掺用外加剂。

⑤ 充分利用水泥活性及其富余系数。

⑥ 合理掺加粉煤灰。

2）钢材节约措施

①集中断料。

②钢筋加工成型时，应注意合理焊接或绑扎钢筋的搭接长度。

③充分利用短料、旧料。对建筑企业来说，需加的品种、规格繁多，加工时，可以大量利用短料、边角料、旧料。

④尽可能不以大代小，以优代劣。

3）木材节约措施

① 以钢代木。

② 改进支模办法。

③ 优材不劣用。

④ 长料不短用。

⑤ 以旧料代新料。

⑥ 综合利用。

木材是一种自然资源，我国森林覆盖率只有12%，木材资源缺乏，开采方法较为落后，目前国内提供的木材远远不能满足建设的需要，每年都要花大量外汇进口木材。近几年木材价格不断上涨，节约木材尤为重要。

4）块材、砂石节约措施

块材可以通过利用非整块材、减少损耗、减少二次搬运等措施节约。通过集中搅拌混凝土、砂浆，利用三合土代替石子，利用粉煤灰、石屑等材料代替砂子等节约措施节约砂、石用量。

6. 提高企业管理水平、加强材料管理、降低材料消耗

（1）加强基础管理是降低材料消耗的基本条件。

（2）合理供料、一次就位、减少二次搬运和堆积损失。

（3）开展文明施工和做到施工操作落手清，所谓"走进工地，脚踏钱币"就是对施工现场浪费材料的形象批评。

（4）回收利用、修旧利废。

（5）加速材料周转：

1）计划准确、及时，材料储备不能超越储备定额，注意缩短周转天数。

2）周转材料必须按工程进度及时安排、及时拆除并迅速转移。

3）减少料具流通过程中的中间环节，简化手续和层次，选择合理的运输方式。

（6）定期进行经济活动分析和揭露浪费堵塞漏洞。

7. 实行材料节约奖励制度，提高节约材料的积极性

建筑企业在满足具有合理材料消耗定额、材料收发制度、材料消耗考核制度的基础上，在确保工程质量的前提下，可实行材料节约奖励制度，提高节约材料的积极性。

实行材料节约奖励制度，是材料消耗管理中运用经济方法管理经济的重要措施。材料节约奖属于单项奖，奖金在材料节约价值中支付，应在认真执行定包、计量准确、手续完备、资料齐全、节约有物的基础上，按照多节约奖励的原则进行奖励。

（1）材料节约奖励的形式

实行材料节约奖励的办法，一般有两种基本形式。一种是规定节约奖励标准，按照节约额的比例提取节约奖金，奖励操作工人及有关人员；另一种是在节约奖励标准中还规定了超耗罚款标准，控制材料超耗。

（2）实行材料节约奖具备条件

建筑企业实行材料节约奖，是一项繁重而细致的工作，要积极慎重稳妥地进行。实行材料节约奖必须具备以下五个条件：

1）有合理的材料消耗定额。

2）有严格的材料收发制度。

3）有完善的材料消耗考核制度。

4）工程质量稳定。

5）制定材料节约奖励办法。

（3）实行现场材料承包责任制，提高经济效益

现场实行材料承包责任制，主要是材料消耗过程中的材料承包责任制。它是使责、权、利紧密结合，以提高经济效益、降低单位工程材料成本为目的的一种经济管理手段。

1）实行材料承包制的条件

① 材料要能计量、能考核、算得清账。

② 以施工定额为核算依据。

③ 执行材料预算单价，预算单价缺项的，可制定综合单价。

④ 严格执行限额领料制度，料具管理的内部资料，要求做到齐全、配套、准确、标准化、档案化。

⑤ 执行材料承包的单位工程，质量必须达到优良品方能提取奖金。

⑥ 材料节约，按节约额提取奖金，可根据材料价值的高、低，节约的难易程度分别确定。

2）实行现场材料承包的形式

① 单位工程材料承包

对工期短、便于单一考核的单位工程，从开工到竣工的全部工程用料，实行一次性包死。各种承包既要反映材料实物量，也要反映材料金额，实行双控指标，向项目负责人发包，考核对象是项目承包者。这种承包可以反映单位工程的整体效益，堵塞材料消耗过程的漏洞，避免材料串、换、代造成的差额。项目负责人从整体考虑，注意各工种、工序之间的衔接，使材料消耗得到控制。

② 按工程部位承包

对工程长、参建人员多或操作单一、损耗量大的单位工程，按工程的基础、结构、装修、水电安装等施工阶段，分部位实行承包，由主要工种的承包作业队承包。实行定额考核，包干使用，节约有奖，超耗有罚的制度。这种承包的特点是：专业性强，不易串料，奖罚兑现快。

③ 特殊材料单项承包

对消耗量大、价格昂贵、资源紧缺、容易损耗的特殊材料实行物量承包。这种材料一般用于建筑产品造价高，功能要求特殊，使用材料贵重，甚至从国进口的材料。承包对象为专业队组。这种承包适用于大面积施工，多工种参建的条件下，是某项专用材料消耗过程的有效管理措施。

8.2　机械设备管理的基本知识

我国经济的发展推动着建筑业的发展，建筑业的高速发展促使了建筑机械设备的发展。械设备在使用的过程中一定要确保机械设备的资源，并且还要确定它的使用能力，良好的机机械设备在建筑施工中也起着越来越重要的作用，机械设备代表着一个企业的外在形象，机械设备能够带动企业的发展，并且能够增加企业的经济效益，从而更好地为企业服务，在建筑施工的企业中加强机械设备的管理，使机械设备的功能有效地发挥出来，起着至关重要的作用。

建筑机械设备管理是指对建筑机械设备从购置、使用、维修、更新改造直至报废全过程管理的总称。建筑机械设备是现代建筑业的主要生产手段。是建筑生产力的重要组成部

分；加强建筑机械设备管理。对提高生产效率、降低工程成本、缩短工期和提高工程质量具有重要作用。

8.2.1 建筑现场机械设备管理的重要性

机械设备的应用发展推进了建筑行业的发展，加快了工程的进度和工程质量，从而提高了施工效率。在效率提高的同时，一个显而易见的问题摆在我们面前，这就是施工机械设备的管理和维护问题，由于机械设备数量和设备技术水平的不断提高，传统的登记造册、摆放整齐、擦洗加油的管理办法，已经不能适应现代建筑工程机械设备现场管理的需要，建筑机械设备管理是施工项目安全管理的重中之重。在建筑机械设备使用过程中，因操作不当、机械设备故障及其流动性作业等诸多原因引起的人身伤害事故屡屡发生，给企业经营和行业健康发展造成极为不良的影响。因此，我们必须要加强施工现场机械管理。

1. 设备管理的概念

设备管理的全过程，就是设备的日常管理。它是从设备的计划开始，对购置、安装、使用、维修、改造、更新直至报废的全过程管理，是一项兼有技术、经济、业务三方面的技术管理工作。设备管理的全过程涉及设备的设计、制造、安装、使用等许多部门和单位，所以从宏观范围来看，设备的日常管理是社会管理。而对使用设备的企业来说，企业的设备日常管理是一个企业范围内的微观管理。

2. 企业设备管理

建筑机械设备管理工作是建筑业企业最基本的一项工作，企业必须摆正它的位置。设备管理不仅是安全施工的重要保障，也关系到建筑工程的产品质量和施工的成本和效益。因此，施工企业必须明确设备管理在企业管理工作中的重要地位，应根据本企业实际情况，建立相应的设备管理机构，配备必要的专职管理人员，绝不能用单纯的安全管理来替代系统的设备管理工作。

（1）首先，建筑业企业设备管理必须从企业发展的全局角度出发，纠正过去设备部门管设备，其他部门不参与的错误想法，要把设备管理工作纳入到公司宏观管理的范畴，把设备管理工作纳入到公司法人、项目负责人及相关责任人的经营考核指标中去，把设备管理工作的好坏与相关责任人的收入挂钩，树立“全员设备管理”的理念。其次，要把建筑机械设备管理能力作为企业的核心竞争力来培育，充分利用企业自身资源、社会资源为本企业设备管理的各个环节提供优质服务。

（2）认真做好基础管理工作，重视设备的维修保养。一是制定并切实执行机械设备的维修保养制度，按规定进行机械设备大修。二是重视设备日常的维护保养，保持和及时恢复设备的功能。三是抓好对技术工人的上岗及技能培训，坚持持证上岗制度，坚决杜绝无证上岗、违章作业。四是由设备产权单位建立和完善设备档案，由设备操作人员建立设备交接班记录台账，由设备维修人员建立设备维修保养记录台账。五是完善信息化平台建设，利用互联网和局域网资源进行设备信息的查询，加强设备状态监测与故障诊断的准确性，为管理者提供数据统计、预测、分析等手段，提升信息数据的价值，使相关决策具有可靠的依据，不断提高企业设备管理现代化水平。

（3）对于老旧设备及时更换的控制，随着设备的使用时间的增长，其使用寿命也会越来越短。所以，我们要及时引进新的设备，淘汰旧设备，不能为了节约成本，抱着侥幸心理继续使用旧设备。所以需制定以下设备淘汰与报废的技术标准：因事故等原因设备主要结构性能损坏严重，无修复可能或修复费用超过更新设备价百分之六十的；能耗高、效率低、经济效益差、保养维护、改造不经济的；国家和有关部门规定淘汰的达到报废条件的设备，都要毫不犹豫的给予更换，只有坚持这么做，才能有效控制设备安全问题的发生。

3. 建立完善建筑机械设备监管体系

（1）应明确主管部门对建筑机械设备的监管职责。应当充分利用建筑安全监管体系，从建筑机械设备登记、检测、使用到相关人员培训、教育、考核全过程的监管体系，并努力实现全范围内建筑安全监督机构的动态考核管理。建立设备评估，引入注册机械工程师管理制度，指导企业加速设备更新、改造、报废步伐。

（2）结合江苏省建筑起重机械登记备案管理制度，从机制上杜绝以包代管、以租代管和无人管理的现象。设立设备监管科，配置专职设备监管人员。加强对施工项目、机械设备拆装企业、设备租赁企业设备的管理和安全责任落实情况的监督检查。

（3）建筑机械设备使用单位、拆装单位必须要有与资质标准对应的机械设备专业技术人员并现场持原件交监理工程师核验后上岗作业。建筑起重机械的租赁单位必须具备建筑业企业拆装资质，否则设备事故发生的危险源将得不到有效控制。建立联网的建筑机械设备监管平台，对机械设备的租赁、拆装、使用实行动态申报和监管，保障生产安全。

8.2.2 施工机具的分类

在选择施工方法时，必然涉及施工机械的选择。选择不同的施工机械直接影响到工程项目的施工进度、施工质量、施工安全以及工程成本。

施工机具不仅品种繁多搞好机具管理，对提高企业经济效益很关键。机具分类的目的是满足某一方面管理的需要，便于分析机具管理动态，提高机具管理水平。为了便于管理将机具按不同内容进行分类。

1. 按机具的价值和使用期限分类

（1）固定资产机具。是指使用年限1年以上，单价在规定限额（一般为1000元）以上的工具。如50t以上的千斤顶、测量用的水准仪等。

（2）低值易耗机具，是指使用期或价值低于固定资产标准的机具，如手电钻、灰槽、苫布、灰桶等。这类工具量大繁杂，约占企业生产总价值的60%以上。

（3）消耗性机具。是指价值较低（一般单价在10元以下），使用寿命很短，重复使用次数很少且无回收价值的机具，如铅笔、扫帚、油刷、锨把、锯片等。

2. 按使用范围分类

（1）专用机具。为特殊需要或完成特定作用项目所使用的机具，如量卡具、根据需要自制或定制的非标准机具。

（2）通用机具。广泛使用的定性机具，如扳手、钳子等。

3. 按使用方式和保管范围分类

（1）个人随手机具。施工中使用频繁、体积小、便于携带、交由个人保管的机具，如砖刀、抹子等。

（2）班组共用机具。在一定作业范围内为一个或多个施工班组所共同使用的机具，如脚轮车、水桶、水管、磅秤等。

另外，按机具的性能分类，有电动机具、手动机具两类。按使用方向划分，有木工机具、瓦工机具、油漆机具等。按机具的产权划分有自有机具、借入机具、租赁机具。

4. 根据不同分部工程的用途，可分为基础工程机械、土方机械、钢筋混凝土施工机械、起重机械、装饰工程机械

（1）基础工程机械（表 8-7）

桩是一种人工基础，也是工程中最常见的一种基础形式，桩工机械是主要的基础工程机械，根据桩的施工工艺不同，分为预制桩施工机械和灌注桩施工机械。

（2）土石方机械（表 8-8～表 8-11）

土石方机械是土石方工程机械化施工所有机械和设备的统称，用于铲掘、运送、堆筑填铺、压实和平整等作业。

（3）钢筋混凝土施工机械（表 8-12、表 8-13）

在现代建筑工程中，广泛采用钢筋混凝土结构，因而钢筋混凝土施工的两类专用机械是混凝土机械和钢筋加工机械。随着建筑施工机械化程度的提高，钢筋混凝土施工机械在品种、规格、型号等方面均有很大的发展。

（4）起重机械（表 8-14）

起重机械是一种间歇吊升并短距离运送物料的机械，是现代生产部门中应用极为广泛的设备。它主要用于建筑构件、建筑材料和设备的吊升、安装、报送和装卸作业。由于使用要求和工作条件的不同，起重机有许多类型，通常特殊结构机械分为三类：简单式起重机、转臂式起重机和桥式起重机。

（5）装饰工程机械（表 8-15）

装饰工程机械是当房屋或建筑物主体结构完成以后，用来进行室内外装饰工程的机械。由于装饰工程品目繁多，在某些建筑物中装饰机械工程的工程量和费用都很大，所以装饰机械的种类也很多，主要有灰浆机械、喷涂机械、地坪机械、油漆机械、木工机械，以及各种手持机动工具等。

桩工机械产品类组划分表 **表 8-7**

类	组	产品名称
桩工机械	（1）柴油打桩锤	（1）筒式柴油打桩锤
		（2）导杆式柴油打桩锤
	（2）液压锤	（3）液压打桩锤
	（3）柴油打桩架	（4）走管式柴油锤打桩架
		（5）轨道式柴油锤打桩架
		（6）履带式柴油锤打桩架
		（7）轮胎式柴油锤打桩架
		（8）步履式柴油锤打桩架
	（4）振动桩锤	（9）机械式振动桩锤
		（10）液压振动锤
	（5）振动沉拔桩架	（11）走管式振动沉拔桩架
		（12）轨道式振动沉拔桩架
		（13）履带式振动沉拔桩架
		（14）轮胎式振动沉拔桩架
		（15）步履式振动沉拔桩架

续表

类	组	产品名称
桩工机械	(6) 压桩机	(16) 机械式压桩机
		(17) 液压式压桩机
	(7) 钻孔机	(18) 螺旋式钻孔机
		(19) 冲抓成孔机
		(20) 冲吸成孔机
		(21) 潜水钻孔机
		(22) 牙轮钻孔机
		(23) 锚杆钻孔机
		(24) 组合式成孔机
	(8) 落锤打桩机	(25) 机械式落锤打桩机
		(26) 法兰克式打桩机
	(9) 其他	(27) 软地基加固机械
		(28) 地下连续墙成槽机
		(29) 混水分离设备取土器

取土器

挖掘机械产品类组划分表 **表 8-8**

类	组	产品名称
挖掘机械	(1) 单斗挖掘机	(1) 履带式机械单斗挖掘机
		(2) 履带式电动单斗挖掘机
		(3) 履带式液压单斗挖掘机
		(4) 轮胎式机械单斗挖掘机
		(5) 轮胎式液压单斗挖掘机
		(6) 轮胎式电动单斗挖掘机
		(7) 汽车式单斗挖掘机
		(8) 步履式机械单斗挖掘机
		(9) 步履式液压单斗挖掘机
	(2) 多斗挖掘机	(10) 机械轮斗挖掘机
		(11) 液压轮斗挖掘机
		(12) 电动轮斗挖掘机
		(13) 机械链斗挖掘机
		(14) 液压链斗挖掘机
		(15) 电动链斗挖掘机
	(3) 多斗挖沟机	(16) 机械轮斗挖沟机
		(17) 液压轮斗挖沟机
		(18) 电动轮斗挖沟机
		(19) 机械链斗挖沟机
		(20) 液压链斗挖沟机
		(21) 电动链斗挖沟机

续表

类	组	产品名称
挖掘机械	(4) 斗轮挖掘机	(22) 机械斗轮挖掘机
		(23) 液压斗轮挖掘机
		(24) 电动斗轮挖掘机
	(5) 挖掘装载机	(25) 挖掘装载机
	(6) 滚切挖掘机	(26) 滚切挖掘机
	(7) 铣切挖掘机	(27) 铣切挖掘机
	(8) 掘进机	(28) 盾构掘进机
		(29) 顶管掘进机
		(30) 隧道掘进机
		(31) 涵洞掘进机
	(9) 特殊用途挖掘机	(32) 水陆两用挖掘机
		(33) 隧道挖掘机
		(34) 湿地挖掘机
		(35) 船用挖掘机

铲土运输机械产品类组划分表 **表 8-9**

类	组	产品名称
铲土运输机械	(1) 推土机	(1) 机械履带推土机
		(2) 液压履带推土机
		(3) 液压轮胎式推土机
	(2) 装载机	(4) 机械履带装载机
		(5) 液压履带装载机
		(6) 液压轮胎装载机
		(7) 隧道型轮胎装载机
	(3) 铲运机	(8) 自行轮胎式铲运机
		(9) 自动履带式铲运机
		(10) 链板轮胎式铲运机
		(11) 双发动机轮胎式铲运机
		(12) 拖式机械铲运机
		(13) 拖式液压铲运机
	(4) 平地机	(14) 自行机械式平地机
		(15) 自行液压式平地机
		(16) 拖式平地机
	(5) 翻斗车	(17) 前置式重力卸料翻斗车
		(18) 后置式重力卸料翻斗车
		(19) 液压翻斗车
		(20) 铰接式液压翻斗车
	(6) 清除机	(21) 除根机
		(22) 除荆机

压实机械产品类组划分表 **表 8-10**

类	组	产品名称
压实机械	(1) 静碾压路机	(1) 两光轮静碾压路机
		(2) 三光轮静碾压路机
		(3) 拖式光轮压路机
		(4) 拖式凸块压路机
		(5) 拖式羊角压路机
		(6) 拖式格栅压路机
	(2) 振动压路机	(7) 两轮串联振动压路机
		(8) 两轮并联振动压路机
		(9) 两轮铰接振动压路机
		(10) 四轮振动压路机
		(11) 轮胎驱动光轮振动压路机
		(12) 轮胎驱动凸块振动压路机
		(13) 钢轮轮胎组合振动压路机
		(14) 手扶式振动压路机
		(15) 拖式振动压路机
	(3) 轮胎压路机	(16) 自行式轮胎压路机
		(17) 拖式轮胎压路机
	(4) 夯实机	(18) 电动平板振动夯实机
		(19) 内燃平板振动夯实机
		(20) 电动振动冲击夯
		(21) 内燃振动冲击夯
		(22) 爆炸式夯实机
		(23) 蛙式夯实机
	(5) 冲击式压路机	(24) 冲击式压路机

路面机械产品类组划分表 **表 8-11**

类	组	产品名称
路面机械	(1) 道路翻松机	(1) 自行式道路翻松机
		(2) 拖式道路翻松机
		(3) 悬挂式道路翻松机
	(2) 稳定土拌和设备	(4) 自行式稳定土拌和机
		(5) 拖式稳定土拌和机
		(6) 稳定土厂拌设备
	(3) 沥青路面修筑机械	(7) 沥青混凝土搅拌设备
		(8) 沥青混凝土摊铺设备
		(9) 沥青乳化设备
		(10) 沥青熔化加热设备

续表

类	组	产品名称
路面机械	（3）沥青路面修筑机械	（11）沥青洒布机
		（12）乳化沥青稀浆封层机
		（13）沥青混合料再生设备
		（14）沥青泵
		（15）沥青路面加热设备
		（16）沥青路面再生设备
		（17）改性沥青搅拌设备
		（18）石屑撒布机
		（19）联合碎石设备
		（20）液态沥青运输车
	（4）水泥混凝土路面修筑机械	（21）混凝土摊铺机
		（22）混凝土路面填缝机
		（23）混凝土路面切缝机
		（24）混凝土路面脱水装置
		（25）混凝土路面抹光机
		（26）混凝土路面振动梁
		（27）混凝土路缘成型机
		（28）混凝土边沟成型机
		（29）混凝土拉毛机
		（30）混凝土路面凿毛机
	（5）养护机械	（31）路面养护车
		（32）路面铣刨机
		（33）撒砂机
		（34）路面划线机
	（6）扫雪机	（35）联合扫雪机
		（36）刷式扫雪机
		（37）转子扫雪机
		（38）犁板扫雪机

钢筋加工机械产品类组划分表 表 8-12

类	组	产品名称
钢筋和预应力机械	(1) 钢筋强化机械	(1) 钢筋冷拉机
		(2) 钢筋冷拔机
		(3) 冷轧带肋钢筋成型机
		(4) 钢筋轧扭机
	(2) 钢筋加工机械	(5) 钢筋切断机
		(6) 钢筋调直切断机
		(7) 钢筋弯曲机
		(8) 钢筋弯箍机
		(9) 钢筋网成型机
		(10) 钢筋除锈机
		(11) 钢筋镦头机
	(3) 钢筋连接机械	(12) 钢筋点焊机
		(13) 钢筋平焊机
		(14) 钢筋对焊机
		(15) 钢筋骨架滚焊机
		(16) 钢筋气压焊机
		(17) 钢筋套筒挤压机
		(18) 钢筋螺纹成型机
	(4) 钢筋预应力机械	(19) 预应力千斤顶
		(20) 预应力液压泵
		(21) 预应力钢筋张拉机
		(22) 预应力钢丝钢筋镦头器
		(23) 孔道成型机
		(24) 穿束机
		(25) 灌浆泵

混凝土机械产品类组划分表 表 8-13

类	组	产品名称
混凝土机械	(1) 混凝土搅拌机	(1) 齿圈锥形反转出料混凝土搅拌机
		(2) 摩擦锥形反转出料混凝土搅拌机
		(3) 内燃驱动锥形反转出料混凝土搅拌机
		(4) 齿圈锥型倾翻出料混凝土搅拌机
		(5) 摩擦锥型倾翻出料混凝土搅拌机
		(6) 涡浆式混凝土搅拌机
		(7) 行星式混凝土搅拌机
		(8) 单卧轴式机械上料混凝土搅拌机
		(9) 单卧轴式液压上料混凝土搅拌机
		(10) 双卧轴式混凝土搅拌机
		(11) 连续式混凝土搅拌机

续表

类	组	产品名称
混凝土机械	（2）混凝土搅拌楼	（12）倾翻出料混凝土搅拌楼
		（13）涡浆式混凝土搅拌楼
		（14）行星式混凝土搅拌楼
		（15）单卧轴式混凝土搅拌楼
		（16）双卧轴式混凝土搅拌楼
		（17）连续式混凝土搅拌楼
	（3）混凝土搅拌站	（18）锥型反转出料混凝土搅拌站
		（19）锥型倾翻出料混凝土搅拌站
		（20）涡浆式混凝土搅拌站
		（21）行星式混凝土搅拌站
		（22）单卧轴式混凝土搅拌站
		（23）双卧轴式混凝土搅拌站
		（24）连续式混凝土搅拌站
	（4）混凝土搅拌运输车	（25）汽车式混凝土搅拌运输车
		（26）轨道式混凝土搅拌运输车
		（27）拖式混凝土搅拌运输车
	（5）混凝土泵	（28）固定式混凝土泵
		（29）拖式混凝土泵
		（30）臂架式混凝土泵车
	（6）混凝土喷射机	（31）缸罐式混凝土喷射机
		（32）螺旋式混凝土喷射机
		（33）转子式混凝土喷射机
		（34）混凝土喷射机械手
		（35）混凝土喷射台车
	（7）混凝土浇筑机	（36）轨道式混凝土浇筑机
		（37）轮胎式混凝土浇筑机
		（38）固定式混凝土浇筑机
	（8）混凝土振动机	（39）电动软轴行星插入式混凝土振动器
		（40）电动软轴偏心插入式混凝土振动器
		（41）内燃软轴行星插入式混凝土振动器
		（42）电机内装插入式混凝土振动器
		（43）平板式混凝土振动器
		（44）附着式混凝土振动器
		（45）单向振动附着式混凝土振动器
		（46）混凝土振动台
		（47）混凝土振动梁

续表

类	组	产品名称
混凝土机械	（9）混凝土布料杆	（48）混凝土布料杆
	（10）气卸散装水泥运输车	（49）气卸散装水泥运输车
	（11）混凝土配料站	（50）混凝土配料站
	（12）混凝土制品机械	（51）混凝土砌块成型机
		（52）混凝土空心成型机
		（53）混凝土构件成型机
		（54）混凝土管件成型机
		（55）混凝土构件整型机
		（56）模板及配件机械
		（57）水泥瓦成型机

工程起重机械产品类组划分表 **表 8-14**

类	组	产品名称
工程起重机械	（1）汽车起重机	（1）机械式汽车起重机
		（2）液压式汽车起重机
		（3）全路面越野汽车起重机
	（2）塔式起重机	（4）轨道式上回转塔式起重机
		（5）轨道式上回转自升塔式起重机
		（6）轨道式下回转塔式起重机
		（7）轨道式下回转自升塔式起重机
		（8）快装式塔式起重机
		（9）汽车塔式起重机
		（10）轮胎塔式起重机
		（11）履带塔式起重机
		（12）组合塔式起重机
	（3）履带起重机	（13）履带式机械起重机
		（14）履带式液压起重机
		（15）履带式电动起重机
	（4）桅杆起重机	（16）缆绳式桅杆起重机
		（17）斜撑式桅杆起重机
	（5）缆索起重机	（18）辐射式缆索起重机
		（19）平移式缆索起重机
		（20）固定式缆索起重机
	（6）管道起重机	（21）机械式管道起重机
		（22）液压式管道起重机
	（7）抓斗起重机	（23）履带式抓斗起重机
		（24）轮胎式抓斗起重机

续表

类	组	产品名称
工程起重机械	(8) 轮胎起重机	(25) 轮胎起重机
	(9) 卷扬机	(26) 单筒快带卷扬机
		(27) 单筒慢速卷扬机
		(28) 单筒快溜式卷扬机
		(29) 单筒慢溜式卷扬机
		(30) 单筒调速式卷扬机
		(31) 双筒快速卷扬机
		(32) 双筒调速卷扬机
		(33) 三筒快速卷扬机
	(10) 施工升降机	(34) 三角型导轨架齿轮齿条式升降机
		(35) 矩型导轨架齿轮齿条式升降机
		(36) 倾斜式齿轮齿条升降机
		(37) 曲线式齿轮齿条升降机
		(38) 双导轨架钢丝绳式升降机
		(39) 单导轨架包容吊笼钢丝绳式升降机
		(40) 单导轨架不包容式吊笼钢丝绳式升降机
		(41) 混合式升降机
	(11) 液压顶升机	(42) 自控式液压顶升机
		(43) 手动式液压顶升机
	(12) 高空作业机械	(44) 高空作业车
		(45) 高空作业平台
	(13) 随车起重机	(46) 随车起重机
	(14) 清障抢救车	(47) 机械式清障抢救车
		(48) 液压式清障抢救车

装修机械产品类组划分表 **表 8-15**

类	组	产品名称
装修机械	(1) 灰浆制备及喷涂机械	(1) 电动筛砂机
		(2) 卧轴式灰浆搅拌机
		(3) 立轴式灰浆搅拌机
		(4) 筒转式灰浆搅拌机
		(5) 柱塞式单缸灰浆泵
		(6) 柱塞式双缸灰浆泵
		(7) 隔膜式灰浆泵
		(8) 气动式灰浆泵
		(9) 挤压式灰浆泵

续表

类	组	产品名称
装修机械	(1) 灰浆制备及喷涂机械	(10) 螺杆式灰浆泵
		(11) 灰浆联合机
		(12) 淋灰机
		(13) 麻刀灰拌和机
	(2) 涂料喷刷机械	(14) 喷浆泵
		(15) 气动式无气喷涂机
		(16) 电动式无气喷涂机
		(17) 内燃式无气喷涂机
		(18) 抽气式有气喷涂机
		(19) 自落式有气喷涂机
		(20) 喷塑机
		(21) 石膏中喷涂机
	(3) 油漆制备及喷涂机械	(22) 油漆喷涂机
		(23) 油漆搅拌机
	(4) 地面修整机械	(24) 地面抹光机
		(25) 地板磨光机
		(26) 踢脚线磨光机
		(27) 地面水磨石机
		(28) 地板刨平机
		(29) 打蜡机
		(30) 地面清除机
		(31) 地板砖切割机
	(5) 屋面装修机械	(32) 屋面涂沥青机
		(33) 屋面铺毡机
	(6) 高处作业吊篮	(34) 手动式高处作业吊篮
		(35) 气动式高处作业吊篮
		(36) 电动爬绳式高处作业吊篮
		(37) 电动卷扬式高处作业吊篮
	(7) 擦窗机	(38) 轮载式变幅擦窗机
		(39) 屋面轨道式擦窗机
		(40) 悬挂轨道式擦窗机
		(41) 插杆式擦窗机
	(8) 建筑装修机具	(42) 射钉机
		(43) 电动铲刮机
		(44) 混凝土开槽机
		(45) 石材切割机

续表

类	组	产品名称
装修机械	（8）建筑装修机具	（46）型材切割机
		（47）剥离机
		（48）电镐
		（49）电锤
		（50）电钻
		（51）冲击电钻
		（52）混凝土切割机
		（53）混凝土切缝机
		（54）混凝土钻孔机
		（55）角向磨光机
		（56）直向磨光机
		（57）水磨石磨光机
	（9）其他	（58）贴墙纸机
		（59）单螺旋结石机
		（60）穿孔机
		（61）孔道压浆机
		（62）弯管机
		（63）管子套丝切断机
		（64）管材弯曲套丝机
		（65）电动坡口机
		（66）电动弹涂机
		（67）电动滚涂机

8.2.3 施工机具装备的原则

1. 机械设备使用管理规定

（1）必须严格按照厂家说明书规定的要求和操作规程使用机械。

（2）配备熟练的操作人员，操作人员必须身体健康，经过专门训练，方可上岗操作。

（3）特种作业人员（起重机械、起吊指挥、挂钩作业人员、电梯驾驶等）必须按国家和省、市安全生产监察局的要求培训和考试，取得省、市安全生产监察局颁发的“特种作业人员安全操作证”后，方可上岗操作，并按归家规定的要求和期限进行审证。

（4）实习操作人员必须有实习证，在师傅的指挥下，才能操作机械设备。

（5）在非生产时间内，未经主管部门批准，任何人不得私自动用设备。

（6）新购或改装的大型施工设备应有公司设备科验收合格后方可投入运作，现场使用的机械设备都必须做标志、挂牌。

（7）经过修理的设备，应该由有关部门验收发给使用证后方可使用。

（8）机械使用必须贯彻“管用结合”、“人机固定”的原则，实行定人、定机、定岗位的岗位责任制。

(9) 有单独机械操作者，改人员为机械使用负责人。

(10) 多班作业或多人操作的机械（如塔吊、升降机），应任命一名为机长，其余为组员。

(11) 班组共同使用的机械以及一些不宜固定操作人员的机械设备，应将这类设备编为一组，任命一名为机组长，对机组内所有设备负责。

(12) 机长及机组长是机组的领导者和组织者，负责本机组设备的所有活动。

(13) 在交班时，机组负责人应及时、认真的填写机械设备运行记录。

(14) 所有施工现场的机管员、机修员和操作人员必须严格执行机械设备的保养规程，应按机械设备的技术性能进行操作，必须严格执行定期保养制度，做好操作前、操作中、操作后的清洁、润滑、紧固、调整和防腐工作。

(15) 起重机械必须严格执行“十不吊”的规定，遇六级（含六级）以上的大风或大雨、大雪、打雷等恶劣天气，应停止使用。

(16) 机械设备转运过程中，一定要进行中修、保养，更换已坏损的部件，紧固螺钉，加润滑油，脱漆严重的要重新油漆。

2. 机械设备走合期制度

(1) 一般机械的走合工作，由使用单位派修理工配合主管司机进行，特种和大型机械，由公司业务主管部门组织实施。

(2) 机械（车辆）的走合期必须按说明书进行，要逐步加载，平稳操作，避免突然加速或加载。

(3) 走合期内出现问题或异常现象时应及时停机，待找出原因，处理后方可继续进行。

(4) 重点设备的走合期，必须在供方和公司有关部门技术人员的指导下进行。

(5) 走合期结束后，应进行一次全面的检查保养，更换润滑油脂，并由机械技术负责人在记录表上签章，交付正常使用。

3. 机械设备交接班制度

(1) 所有多班作业设备的操作人员必须严格执行交接班制度。

(2) 交接班内容。

1) 本班完成任务情况，生产要求及其他注意事项。

2) 本班机械运转情况，、燃油、润滑油的消耗和准备情况。

3) 本班保养情况、存在问题及注意事项。

(3) 由交班人负责填写本班报表及交接班记录，接班人核实后交班人方可下班。

(4) 严禁交班人故意隐瞒机械故障或存在问题。

(5) 如因交接不清，设备在交班后发生问题，由接班人负责。

(6) 设备管理人员应经常检查交接班情况，查看交接班记录。

4. 机械设备使用“三定”制度

(1) 凡需持证操作的设备必须执行定人、定机、定岗位的“三定”制度。

(2) 中型机械一班制时，采用一人一机此人称机长或操作负责人。

(3) 大型多班多人作业的机械，由机长主管，其余为操作保管人。

(4) 中小型机械采用一人多机，要挂牌以示管理范围，无法固定人员的多用途及附属性机械应由班组长或指定具体负责人员进行管理。

(5) 为保证机长和操作人员的相对稳定，以及机械设备的合理使用和保养，要做到：

1) 一般机械的主管司机（负责人）由项目经理部任命。

2) 重点设备的司机长由使用单位提出人选，报公司审批后正式任命，并报上一级主管部门备案。

3) 机长（负责人）一经任命不能轻易调动，如需调动须经原审批单位批准。

5. 机械设备安全管理制度

(1) 必须认真贯彻执行 ISO 9002 质量保证体系中机械设备管理职能要素，建立机械设备管理台账，健全管理机构和各项管理职责。

(2) 新购机械设备必须由项目部申请，工程处安全设备科审核，工程处主任审批后方可购置，新购的设备必须具有制造商的生产和经销许可证，并附有检验报告和相关资料，经工程处安全设备科验收确认后方可购进使用，并及时建立新的台账。

(3) 项目部之间调配的机械设备必须完好，附件配件齐全，由项目安全设备管理员到现场验收确认后方可调进，并办理交接手续。

(4) 大型机械设备的安装拆卸，必须先编制施工方案，经公司审批后方可进行。装拆工作由公司大型机械安装队进行。大型机械设备安装调试完毕后，必须组织自检，并报公司验收，由公司安全设备科报检测部门检测，在取得合格证后方可正式启动使用。大型设备的安装拆卸资料必须报公司和当地安监部门备案。

(5) 中小型机械设备的安装拆卸工作由项目部组织进行，安装完毕后进行自检，并做好相关验收检查记录，部分验收检查资料报上级部门存档。

(6) 必须根据工地现场的具体情况和特点合理配备相应的机械设备，并配备技术水平较高的操作人员和维修保养人员。

(7) 大型机械操作人员必须经北京市有关部门培训，经考试合格取得操作证后方可独立作业，并按时验证复证。中小型机械设备操作人员必须经公司指定的培训部门培训合格取证后方可持证上岗。

(8) 进一步提高操作人员的高度责任心和操作技术本领，作业人员必须遵守操作规程，做到“精心操作、杜绝违章”，能有效地掌握机械设备性能特点并具有一定的设备维修保养经验和能力。机械设备使用中一定要做到“勤检查、勤保养、勤联系”，保养必须遵守“清洁、润滑、紧固、调整、防腐”的十字作业方针，禁止设备带病运转。

(9) 项目部安全设备管理人员必须定期对操作人员进行安全技术交底和操作规程交底，并根据不同的作业特点及时进行针对性的安全交底。操作人员必须进行例行检查和保养，并做好机械台班运行例保记录。严禁违章指挥和违章作业，在遇到所作业内容和设备状态危机设备和人身安全时，操作人员有权拒接作业，现场管理人员必须立即予以制止并采取有效措施进行控制处理。

(10) 现场施工机械实行“定人、定机、定岗位”的责任制，禁止无证作业。

(11) 项目部必须组织对机械设备进行定期检查和专项检查，对危险作业内容进行监控，发现问题及时排除，并建立机械设备管理台账，及时反馈机械设备使用情况和性能状况，以保证机械设备的使用安全，防止设备事故的发生。

6. 机械设备检查制度

(1) 总则

为了确保现场机械设备在施工中正常运转，搞好机械设备的平时维修、保养和合理使用，提高机械设备完好、使用率，杜绝重大机械事故，避免一般机械事故，延长机械使用寿命，做到安全生产，文明施工，特制定本制度。

(2) 机械设备检查方法

项目部机管员每月定期对本项目部的机械设备进行一次检查，并将检查资料整理归档后备查。

(3) 机械设备检查内容

1) 各类机械设备安全装置是否齐全，限位开关是否可靠有效，设备接地线是否符合有关规定。

2) 塔吊轨道接地线、路轨顶端止挡装置是否齐全可靠。

3) 轨道铺设是否平整，拉杆、压板是否符合要求。

4) 设备钢丝绳、吊索具是否符合安全要求。

5) 各类设备制动装置性能是否灵敏可靠。

6) 固定使用设备的布局搭设是否符合有关规定。

7) 人货电梯限速器、附墙装置是否符合有关规定。

8) 井架、人货电梯进出口处、防护棚、门是否符合有关规定。

9) 机械设备重要部位螺钉是否紧固，各类减速箱和滑轮等需要润滑部位的润滑是否符合有关规定。

7. 机械设备事故处理制度

(1) 总则

为合理处理由于使用、维修、管理不当等原因而造成机械设备非正常损坏的统称为机械事故。

(2) 事故分类

1) 一般事故：机械设备直接经济损失为 2000～20000 元，或因损坏造成停工 7～14 天者。

2) 大事故：机械设备直接经济损失为 20001～50000 元，或因损坏造成停工 15～30 天者。

3) 重大事故：机械设备直接经济损失为 50001 元以上，或因损坏造成停工 31 天以上者。

4) 非责任事故：指事前不可预料的自然灾害所造成的破坏行为。

(3) 事故处理原则

1) 事故发生后应先抢救受伤人员，保护事故现场，以利于事故的分析处理。

2) 各类事故发生后，都应进行认真的检查、分析，任何人不得隐瞒不报，弄虚作假。

3) 严格执行三不放过原则，即事故原因分析不清不放过、事故责任者与群众未受到教育不放过、没有防范措施不放过。

(4) 事故处理方法

1) 一般事故由项目部（分公司）处理，并填写“设备事故报告表”报公司设备管理部备案。

2）大事故由公司处理，并填写“设备事故报告表”报总公司主管部门备案。

3）重大事故由公司设备管理部逐级上班，按上级有关部门指示精神对事故进行分析并提出处理意见，报送总公司主管部门审批，并填写“设备事故报告表”。

8. 机械设备报废制度

（1）机械设备报废条件

机械设备凡具备下列条件之一者，均可申请报废。

1）设备主要结构、部件已严重损坏，虽经修理其性能仍达不到技术要求和不能保证安全生产的。

2）修理费过高，在经济上不如更新合算的。

3）因意外灾害或事故，设备受到严重损害已无法修复的。

4）技术性能落后、耗能高、没有改造价值的。

5）设备超过使用周期年限、非标准专用设备或无配件来源的。

6）国家明文规定列为强制淘汰的设备。

（2）机械设备报废处理原则

1）凡经批准报废的设备可核减设备资产和实力台账。

2）设备报废后，原则上不准继续使用或整机出售给其他单位。

3）对报废设备的零部件拆卸，必须经设备管理部门同意，并办理有关手续，其余部分一律送交总公司规定的回收公司。

（3）机械设备报废处理程序

1）对需报废的设备，各单位要组成技术鉴定小组进行全面的技术鉴定。

2）根据技术鉴定小组对设备的鉴定情况，填写设备报废申请表，经公司领导审核后上报总公司。

3）车辆报废应先由公司办理车辆注销手续，后报总公司办理资产报废手续。

9. 机械设备维修及保养制度

为使机械设备处于良好的性能和安全，确保机械设备对环境影响达标，延长使用寿命，应对机械设备实行单级或多级的定期保养，定期保养时贯彻预防为主的原则，特制定本制度。

（1）设备的定期保养周期、作业项目、技术规范，必须遵守设备各组成和零部件的磨损规律，结合使用条件，参照说明书的要求执行。

（2）定期保养一般分为例行保养和分级保养：分级保养分二级保养，以清洁、润滑、紧固、调整、防腐为主要内容。

（3）例行保养是由机械操作工或设备使用人员在上下班或交接时间进行的保养，重点是清洁、润滑检查，并做好记录。

（4）一级保养由机械操作工或机组人员执行，主要以润滑、紧固为重点，通过检查、紧固外部紧固件，并按润滑图表加注润滑脂，加添润滑油，或更换滤芯。

（5）二级保养由机管员，协同机操工、机修工等人员执行，主要以紧固调整为重点，除执行一级保养作业项目外，还应检查电气设备、操作系统、传动、制动、变速和行走机构的工作装置，以及紧固所有的紧固件。

(6) 各级保养均应保证其系统性和完整性，必须按照规定或说明书规定的要求如期执行，不应有所偏废。

(7) 项目部机管员应每月督促操作工进行一次等级保养，并保存相应记录，这里汇总后备查。

(8) 机械设备的修理，按照作业范围可分为小修、中休、大修和项目修理：

1) 小修：小修是维护性修理，主要是解决设备在使用过程中发生的故障和局部损伤，维护设备的正常运行，应尽可能按功能结合保养进行并做好记录。

2) 项目修理：以状态检查为基础，对设备磨损接近修理极限前的总成，有计划地进行预防性、恢复性的修理，延长大修的周期。

3) 中休：大型设备在每次转场前必须进行检查与修理，更换已，磨损的零部件，对有问题的总成部件进行解体检查，整理电气控制部分，更换已损的线路。

4) 大修：大多数的总成部分即将到达极限磨损的程度，必须送生产厂家修理或委托有资格修理的单位进行修理。

(9) 通过定期保养，减少施工机械在施工过程中的噪声、振动、强光对环境造成的污染；在保养过程中产生的废油、废弃物，作业人员及时清理回收，确保其对环境影响达标。

机操工人人员登记表 **表 8-16**

工程名称：________ 日期：________

序号	姓名	性别	年龄	文化程度	职务	取证时间	发证机关	操作证号	进场时间	备注

机械安全教育记录表 **表 8-17**

工程名称：________

<table>
<tr><td>时间</td><td></td><td>教育类别</td><td></td><td>授课（时）</td><td></td></tr>
<tr><td>教育者</td><td colspan="2"></td><td>受教育者</td><td colspan="2"></td></tr>
<tr><td colspan="6">教育内容：</td></tr>
<tr><td>班组长
（或受教育者）
签字</td><td colspan="5"></td></tr>
</table>

注：教育类别：三级教育。专业技能，操作规程，季节性、节假日、经常性教育等。

机械安全技术交底记录表 **表 8-18**

工程名称：__________ 交底编号：________

<table>
<tr><td>机械名称</td><td></td><td>机械型号</td><td></td><td></td></tr>
<tr><td>机械编号</td><td></td><td>施工部位</td><td></td><td></td></tr>
<tr><td colspan="5"></td></tr>
<tr><td>工地负责人</td><td>安全责任人</td><td>交底人</td><td>接受交底人</td><td>交底日期</td></tr>
<tr><td></td><td></td><td></td><td></td><td>年 月 日</td></tr>
</table>

现场中小型机械安全检查表 **表 8-19**

________项目部 年 月 日

序号	检查项目	检查标准	检查情况	备注
1				
2				
3				
4				
5				
6				
7				
8				
9				
10				

机械安全检查、整改记录表 表 8-20

________项目部 年 月 日

参加检查人员：
存在问题（隐患）：
整改措施：
复查结论：

记录人：__________

现场机械设备运转记录表 表 8-21

工程名称：__________ 年 月 日

大型机械设备月检表 **表 8-22**

工程名称：__________ 年 月 日

施工单位			租赁		
设备名称		设备型号		设备编号	
检查项目	情况记载		处理结果		
金属结构					
绳轮钩系统					
传动系统					
电气系统					
附着锚固					
安全限位保险制度					
路基基础					
检查结论					
检查人员	工地负责人：		技术负责人：		检查负责人：

填表人：__________

8.2.4 施工机具管理的主要内容

1. 施工机具管理的目的

设备管理的主要目的是用技术上先进、经济上合理的装备，采取有效措施，保证设备高效率、长周期、安全、经济地运行，来保证企业获得最好的经济效益。设备管理是企业管理的一个重要部分。在企业中，设备管理搞好了，才能使企业的生产秩序正常，做到优质、高产、低消耗、低成本，预防各类事故，提高劳动生产率，保证安全生产。

2. 机具管理的主要任务

（1）及时、齐备地向施工班组提供优良、适用的机具，积极推广和采用先进机具，保证施工生产，提高劳动效率。

（2）采取有效的管理办法，加速机具的周转，延长使用寿命，最大限度地发挥机具效能。

（3）做好机具的收、发、保管和维护、维修工作。

3. 机具管理的内容

机具管理主要包括储存管理、发放管理和使用管理等。

（1）储存管理

机具验收后入库，按品种、质量、规格、新旧残次程度分开存放。同样，机具一般不得分存两处，并注意不同机具不叠放压存，成套机具不随意拆开存放。对损坏的机具及时修复，延长机具使用寿命，让机具随时可投入使用。同时，注重制定机具的维修保养技术规程，如防锈、防刃口碰伤、防易燃品自燃、防雨淋和日晒。

（2）发放管理

按机具费定额发出的机具，要根据品种、规格、数量、金额和发出日期登记入账，以便考核班组执行机具费定额的情况。出租和临时借出的机具，要做好详细记录并办理相关租赁或借用手续，以便按质、按量、按期归还。坚持交旧领新、交旧换新和修旧利废等行之有效制度，更要做好废旧机具的回收和修理工作。

（3）使用管理

根据不同机具的性能和特点制定相应的机具使用技术规程和规则。监督、指导班组按照机具的用途和性能合理使用。

4. 机具管理的方法

由于机具具有多次使用，在劳动生产中能长时间发挥作用等特点，因此机具管理的实质是使用过程中的管理，是在保证生产使用的基础上延长使用寿命的管理。机具管理的方法主要有租赁管理、定包管理、机具津贴法、临时借用管理等方法。

（1）机具租赁管理方法

机具租赁是在一定的期限内，机具的所有者在不改变所有权的条件下，有偿地向使用者提供机具的使用权，双方各自承担一定的义务的一种经济关系。机具租赁的管理方法适合于除消耗性机具和实行机具费补贴的个人随手机具以外的所有机具品种。企业对生产机具实行租赁的管理方法，需要进行的工作包括：

1）建立正式的机具租赁机构，确定租赁机具的品种范围，制定规章制度，并设专人负责办理租赁业务。班组也应专人办理租用、退租和赔偿事宜。

2）测算租赁单价或按照机具的日摊销费确定日租金额的计算公式是：

$$\text{某种工具的日租金}=\frac{\text{该种工具的原值}+\text{采购、维修、管理费}}{\text{使用天数}}$$

式中，采购、维修、管理费——按机具原值的一定比例计算，一般为原值的1%～2%；

使用天数——按企业的历史水平计算。

3）机具出租者和使用者签订租赁协议，格式见表8-23。

机具租赁合同　　表8-23

根据×××施工需要，租方向供方租用如下一批机具。

名称	规格	单位	需用数	始租数	备注

租用时间：自____年____月____日起至____年____月____日止，租金标准、结算方法、有关事宜均按租赁管理办法管理。

本合同一式____份（双方管理部门____份，财务部门____份），双方签字盖章后生效，退租结算清楚后失效。

租用单位　　　　　　供应单位

负责人　　　　　　负责人

____年____月____日　　　　　　____年____月____日

4）根据租赁协议，租赁部门应将实际出租机具的有关事项登入“租金结算台账”，台账格式见表8-24。

机具租金结算明细表 **表 8-24**

施工队建设单位＿＿＿＿＿＿＿＿＿＿ 工程名称＿＿＿＿＿＿＿＿

机具名称	规格	租用数量	计费时间		计费天数	租金计算	
			起	止		每日	合计
总计	万千百拾元角分						

租用单位： 负责人： 货单单位： 负责人：

＿＿＿年＿＿月＿＿日

5）租赁期满后，租赁部门根据“租金结算台账”填写“租金及赔偿结算单”，格式见表 8-25。如发生机具的损坏和丢失，应将丢失损坏金额一并填入该单赔偿栏内。结算单中金额合计应等于租赁费和赔偿费之和。

租金及赔偿结算单 **表 8-25**

合同编号＿＿＿＿＿＿＿＿ 本单编号＿＿＿＿＿＿＿＿

机具名称	规格	单位	租金			赔偿费						合计金额
			租用天数	日租金	资料费	原值	损坏量	赔偿比例	丢失量	赔偿比例	金额	

制表： 材料主管： 财务主管：

6）班组用于支付租金的费用来源是定包机具费收入和固定资产机具及大型低值机具的平均占用费。计算方法如下：

班组租赁费收入＝定包机具费收入＋固定资产机具和大型低值机具平均占用费

式中，某种固定资产机具和大型低值机具平均占用费＝该种机具摊销额×月利用率（%）

班组所付租金，从班组租赁费收入中核减，财务部门查收后，作为班组机具费支出，计入工程成本。

（2）机具的定包管理办法

机具定包管理是“生产机具定额管理、包干使用”的简称。是施工企业对班组自有或个人使用的生产机具，按定额数量配给，由使用者包干使用，实行节奖超罚的管理方法。

机具定包管理一般在瓦工组、抹灰工组、木工组、油工组、电焊工组、架子工组、水暖工组、电工组实行。实行定包管理的机具品种范围，可包括除固定资产机具及实行个人机具费补贴的个人随手机具外的所有机具。

班组机具定包管理是按各工种的机具消耗定额，对班组集体实行定包。实行班组机具定包管理，需要进行以下工作：

1）实行定包的机具，所有权属于企业。企业材料部门指定专人为材料定包员，专门负责机具定包的管理工作。

2）测定各种工程的机具费定额。定额的测定，由企业材料管理部门负责，具体分三步进行。

① 在向有关人员调查的基础上，查阅不少于 2 年的班组使用机具材料。确定各工种所需机具的品种、规格、数量，并以此作为各工种的标准定包机具。

② 分布确定各工种机具的使用年限和月摊销费，月摊销费的计算方法如下：

$$某种工具的月摊销费=\frac{该种工具的单价}{该种工具的使用期限（\quad 月）}$$

式中，机具的单价采用企业内部不变价格，以避免因市场价格的经常波动，影响机具费定额，机具的使用期限，可根据本企业具体情况凭经验确定。

③ 分别测定各工种的日机具费定额，公式为：

$$某工种人均日工具费定额=\frac{该工种全部标准定包工具月摊销费总额}{该工种班组额定人数\times月工作日}$$

式中，班组额定人数是由企业劳动部门核定的某工种的标准人数，月工作日按 20.5 天计算。

3）确定班组月定包机具费收入，公式为：

某工种班组月度定包机具费收入=班组月度实际作业工日×该工种人均日机具费定额

班组机具费收入可按季度或按月度，以现金或转账方式向班组发放，用于班组使用定包机具的开支。

4）企业基层材料部门，根据工种班组标准定包机具的品种、规格、数量，向有关班组发放机具。凡因班组责任造成机具丢失和非正常使用造成损坏，由班组承担损失。班组可控标准定包数量足额领取，也可以根据实际需要少领。自领用之日起，按班组实领机具数量计算摊销，使用期满以旧换新后继续摊销。但使用期满后能延长使用时间的机具，应停止摊销收费。

5）实行机具定包的班组需设立兼职机具员，负责保管机具，督促组内成员爱护机具和填写保管手册。

零星机具可按定额规定使用期限，由班组交给个人保管，丢失赔偿。班组因手册需要调动工作，小型机具执行搬运，不报销任何费用或增加工时，班组确实无法携带需要运输车辆时，由公司出车运送。

企业应参照有关机具修理价格，结合本单位各工种实际情况，指定机具修理取费标准及班组定包机具修理费收入，这笔收入可计入班组月度定包机具费收入，统一发放。

6）班组定包机具费的支出与结算。此项工种也分三步进行。

① 根据“班组机具定包及结算台账”（表 8-26），按月计算班组定包机具费支出，公式为：

$$某工种班组月度定包工具费支出=\sum_{i=1}^{n}(第\ i\ 种工具数\times该种工具的日摊销费)\times班组月度实际作业天数$$

其中：

$$某种工具的日摊销费=\frac{该种工具的月摊销费}{20.5（天）}$$

班组机具定包及结算台账 **表 8-26**

班组名称________ 工种________

日期	机具名称	规格	单位	领用数量	机具费定额	机具费支出					盈亏金额
						小计	定包支出	租赁费	赔偿费	其他	

② 按月或季度结算班组定包机具费收支额，公式为：

某工种班组月度定包机具费收支额＝该工种班组月度定包机具费收入－月度定包机具费支出－月度租赁费用－月度其他支出

式中，租赁费若班组已用现金支付，则此项不计。

其他支出包括应扣减的修理费和丢失损失费。

③ 根据机具费计算结果，填制机具定包结算单，见表 8-27。

机具定包结算单 **表 8-27**

班组名称________ 工种________

月份	机具费收入	机具费支出					盈亏金额	奖罚金额
		小计	定包支出	租赁费	赔偿费	其他		

制表： 班组： 财务： 主管：

7）班组机具费结余若有盈余，为班组机具节约，盈余额可全部或按比例作为机具节约奖，归班组支出；若有亏损，则由班组负担。企业可将各工种班组实际定包机具费收入作为企业的机具费开支，记入工程成本。

企业每年年终应对机具定包管理效果进行总结分析，找出影响因素，提出有针对性的处理意见。

5. 机具津贴法

机具津贴法是指对于个人使用的随手机具，由个人自备，企业按实际作业的工日发给机具磨损费。

目前，施工企业对瓦工、木工、抹灰工等专业工种的本企业个人所使用的个人随手机具，实行个人机具津贴费管理办法，这种方法使工人有权自选顺手机具，有利于加强维护保养，延长机具使用寿命。凡实行个人机具津贴费的机具，单位不再发给，施工中需要的这类机具，由个人负责购买、维修和保管。丢失、损坏也由个人负责。学徒工在学徒期不享受机具津贴费，可以由企业一次性发给需用的生产机具。学徒期满后，将原领用机具按质折价卖给个人，再享受机具津贴。

机具津贴费标准的确定方法是根据一定时期的施工方法和工艺要求，确定随手机具的范围和数量，然后测算分析这部分机具的历史消耗水平，在这个基础上，制定分工种的作业工日和个人机具津贴费标准。再根据每月实际工作日，发给个人机具津贴费。

6. 劳动保护用品的管理

(1) 劳动保护用品概念

劳动保护用品，是指施工生产过程中为保护职工安全和健康的必须用品。包括措施性用品：如安全网、安全带、安全帽、防毒口罩、绝缘手套、电焊面罩等；个人劳动保护用品：如工作服、雨衣、雨靴、手套等。应按省、市、区劳动条件和有关标准发放。

(2) 劳动保护用品管理

1) 劳动保护用品的发放管理要求

劳动保护用品的发放管理建立劳保用品领用手册，设置劳保用品临时领用牌；对损毁的措施性用品应填制报损报废单，注明损毁原因，连同残余物交回仓库。

2) 劳动保护用品的发放管理

劳动保护用品的发放管理上采取全额摊销、分次摊销或一次列销等形式。一次列销主要是指单位价值很低、易耗的手套、肥皂、口罩等劳动保护用品。

7. 对外包队使用机具的管理方法

(1) 凡外包队使用企业机具者，均不得无偿使用，一律执行购买和租赁的办法

外包队领用机具时，须由企业劳资部门提供有关详细资料，包括：外包队所在地区出具的证明、人数、负责人、工种、合同期限、工程结算方式及其他情况。

(2) 对外包队一律按进场时申报的工种颁发机具费

施工期内变换工种的，必须在新工种连续操作 25d，方能申请按新工种发放机具费。外包队机具费发放的数量，可参照班组机具定包管理中某工种班组月度定包机具费收入的方法确定。外包队的机具费随企业应付工程款一起发放。

(3) 外包队使用企业机具的支出

采取预扣机具款的方法，并将此项内容列入承包合同。预扣机具款的数量，根据所使用机具的品种、数量、单价和使用时间进行预计。

(4) 外包队向施工企业租用机具的具体程序

1) 外包队进场后由所在施工队工长填写“机具租用单”，经材料员审核后，一式三份（外包队、材料部门、财务部门各一份）。

2) 财务部门根据“机具租用单”签发“预扣机具款凭证”，一式三份（外包队、财务部门、劳资部门各一份）。

3) 劳资部门根据“预扣机具款凭证”按月分期扣款。

4) 工程结束后，外包队需按时归还所租用的机具，将材料员签发的实际机具租赁费凭证，与劳资部门结算。

5) 外包队领用的小型易耗机具，领用时 1 次性计价收费。

6）外包队在使用机具期内，所发生的机具修理费，按现行标准付修理费，从预扣工程款中扣除。

7）外包队丢失和损坏所租用的机具，一律按机具的现行市场价格赔偿，并从工程款中扣除。

8）外包队退场时，料具手续不清，劳资部门不准结算工资，财务部门不得付款。

第9章 抽样统计分析基本知识

9.1 数理统计的基本概念、抽样调查的方法

9.1.1 总体、样本、统计量、抽样分布的概念

在数理统计学中，我们把所研究的全部元素组成的集合称为总体；而把组成总体的每个元素称为个体。例如：需要知道某批钢筋的抗拉强度，则该批钢筋的全体就组成了总体，而其中每根钢筋就是个体。

一般地，我们都是从总体中抽取一部分个体进行观察，然后根据观察所得数据来推断总体的性质。按照一定规则从总体 X 中抽取的一组个体（$X_1, X_2, X_3, \cdots, X_n$）称为总体的一个样本。样本的抽取是随机的，才能保证所得数据能够代表总体。

统计量是根据具体的统计要求，结合对总体的统计期望进行的推断。由于工作对象的已知条件各有所不同，为了能够比较客观、广泛地解决实际问题，使统计结果更为可信，需要研究和设定一些常用的随机变量，这些统计量都是样本的，他们的概率密度的解析式比较复杂。

如果从容量为 N 的有限总体抽样，若每次抽取容量为 n 的样本，那么一共可以得到 N 取 n 的组合个样本（所有可能的样本个数）。抽样所得到的每一个样本可以计算一个平均数，全部可能的样本都被抽取后可以得到许多平均数。如果将抽样所得到的所有可能的样本平均数集合起来便构成一个新的总体，平均数就成为这个新总体的变量。由平均数构成的新总体的分布，称为平均数的抽样分布。随机样本的任何一种统计数都可以是一个变量，这种变量的分布称为统计数的抽样分布。

9.1.2 抽样的方法

通常是利用数理统计的基本原理。在产品的生产过程中或一批产品中随机的抽取样本，并对抽取的样本进行检测和评价，从中获取样本的数据信息。以获取的信息为依据，通过统计手段对总体的情况做出分析和判断。

9.1.3 材料数据抽样和统计分析方法

1. 材料数据抽样的基本方法

工程中大多采用随机抽样的检测方法，主要有以下几种：

2. 完全随机抽样

这是一种简单的抽样方法，是对总体中的所有个体进行随机获取样本的方法。即不对总体进行任何加工，而对所有个体进行事先编号，然后采用客观形式（如抽签、摇号）等

确定中选的个体，并以其为样本进行检测。

3. 等距随机抽样

这是一种机械、系统的抽样方法，是对总体中的所有个体按照某一规律进行系统排列、编号，然后均分为若干组，并在第一组抽取第一件样品，然后每隔一定间距抽取出其余样品最终造成样本的方法。

4. 系统抽样

当总体的个数比较多的时候，首先把总体分成均衡的几部分，然后按照预先定的规则，从每一个部分中抽取一些个体，得到所需要的样本，这样的抽样方法叫作系统抽样。

5. 分层抽样

抽样时，将总体分成互不交叉的层，然后按照一定的比例，从各层中独立抽取一定数量的个体，得到所需样本，这样的抽样方法为分层抽样。

分层抽样适用于总体由差异明显的几部分组成。

6. 整群抽样

整群抽样又称聚类抽样，是将总体中各单位归并成若干个互不交叉、互不重复的集合，称之为群；然后以群为抽样单位抽取样本的一种抽样方式。

应用整群抽样时，要求各群有较好的代表性，即群内各单位的差异要大，群间差异要小。

7. 多段抽样

多段随机抽样，就是把从调查总体中抽取样本的过程，分成两个或两个以上阶段进行的抽样方法。

9.2 材料数据抽样和统计分析方法

常用数据统计分析的基本排列图、因果分析图、直方图、控制图、散布图和分层法等。

9.2.1 排列图

排列图又称帕累托图，是用来需找影响产品质量主要因素的一种方法。

9.2.2 因果分析图

因果分析图是一种逐步深入研究和讨论质量问题的图示方法。

9.2.3 直方图

直方图是反应产品质量数据分布状态和波动规律的图标。

参 考 文 献

[1] 宋春岩. 建设工程招投标与合同管理. 北京大学出版社 2014

[2] 方俊、胡向真. 工程合同管理. 北京大学出版社. 2015

[3] 池巧珠. 成本核算岗位实务. 重庆大学出版社. 2013

[4] 秦守婉. 材料员专业管理实务. 黄河水利出版社. 2010

[5] 江苏省建设教育协会. 材料员管理实务. 中国建筑工业出版社. 2014

[6] 贾福根，宋高嵩. 土木工程材料. 北京：清华大学出版社，2016.

[7] 姚昱晨. 道路建筑材料. 北京：中国建筑工业出版社，2014.

[8] 付巧云. 道路建筑材料. 北京：机械工业出版社，2013.

[9] 赵丽萍. 土木工程材料. 北京：人民交通出版社，2013.

[10] 姚燕等. 高性能混凝土(混凝土技术从书). 化学工业出版社，2006.

[11] 田文玉. 道路建筑材料(高等学校教材). 北京：人民交通出版社(北京中交盛世书刊有限公司，2006.

[12] 郑木莲. 沥青路面养护与维修技术. 北京：中国建筑工业出版社，2012.

[13] 郭庆春，陈远吉. 建筑工程识图入门. 北京：化学工业出版社，2010.

[14] 黄梅. 一例一讲. 建筑工程识图入门(建筑工程识图实例详解系列). 北京：化学工业出版社，2014.

[15] 袁建新，沈华. 建筑工程识图及预算快速入门. 北京：中国建筑工业出版社，2014.

[16] 张红星. 土木建筑工程制图与识图. 南京：江苏科技出版社，2014.

[17] 田希杰，刘召国. 图学基础与土木工程制图. 北京：机械工业出版社，2011.

[18] 何培斌. 建筑制图与识图. 北京：中国电力出版社，2005.

[19] 梁玉成. 建筑识图. 北京：中国环境科学出版社，2012.

[20] 赵研. 建筑工程基础知识. 北京：中国建筑工业出版社，2005.

[21] 严玲，尹贻林. 工程计价实务. 北京：科学出版社，2010.

[22] 蔡红新等. 建筑工程计量与计价实务. 北京：北京理工大学出版社，2011.

[23] 张建平. 工程概预算. 重庆：重庆大学出版社，2012.

[24] 全国建设工程造价员资格考试命题研究组. 工程造价基础知识. 北京：北京大学出版社，2013.

[25] 陈小满. 建设工程造价基本知识. 合肥：安徽科学技术出版社，2011.

[26] 李珺. 建筑工程计量. 北京：北京理工大学出版社，2013.

[27] 宋建学. 工程概预算. 郑州：郑州大学出版社，2007.

[28] 蔡红新等. 建筑工程计量与计价实务. 北京：北京理工大学出版社，2011.

[29] 姚谨英. 建筑施工技术. 中国建筑工业出版社，2012.

[30] 中国建筑工业出版社. 建筑施工手册(第五版). 中国建筑工业出版社，2013.